智能制[illegible]高素质技术技能型人才培养方案精品教材
高职高专院校机械设计制造类专业"十四五"系列教材

公差配合与测量技术

（第2版）

GONGCHA PEIHE YU CELIANG JISHU

主　编 ◎ 张晓宇　刘伟雄
副主编 ◎ 刘丽凤　杨晓波　李忠敏　张国强

華中科技大學出版社
http://www.hustp.com
中国 · 武汉

内 容 简 介

本书主要内容包括绪论、测量技术基础、极限与配合、几何公差、表面粗糙度、量具与光滑极限量规、典型零件公差配合及检测、尺寸及几何公差测量技术。本书集理论教学、实操实训为一体，全书采用最新国家标准，文字叙述精练、内容通俗易懂，文字与图片并举。

本书既可作为高职高专院校机械设计与制造、机电一体化、数控技术、模具及汽车维修等专业的专业基础课教材，也可供成人高校、函授大学相关专业学员作教材使用，为企业工程技术人员提供参考。

图书在版编目(CIP)数据

公差配合与测量技术/张晓宇，刘伟雄主编. —2 版. —武汉：华中科技大学出版社，2020.5(2022.11 重印)
ISBN 978-7-5680-5329-7

Ⅰ.①公… Ⅱ.①张… ②刘… Ⅲ.①公差-配合-高等职业教育-教材 ②技术测量-高等职业教育-教材
Ⅳ. ①TG801

中国版本图书馆 CIP 数据核字(2019)第 171613 号

公差配合与测量技术(第 2 版)
Gongcha Peihe yu Celiang Jishu(Di-er Ban)

张晓宇 刘伟雄 主编

策划编辑：张 毅
责任编辑：刘 静
封面设计：孢 子
责任监印：朱 玢
出版发行：华中科技大学出版社(中国·武汉) 电话：(027)81321913
武汉市东湖新技术开发区华工科技园 邮编：430223
录 排：武汉正风天下文化发展有限公司
印 刷：武汉市首壹印务有限公司
开 本：787mm×1092mm 1/16
印 张：16
字 数：417 千字
版 次：2022 年 11 月第 2 版第 2 次印刷
定 价：48.00 元

前言 QIANYAN

我国高职高专教育的根本任务是培养综合素质高、实践能力强和创新能力突出的一线复合技能型人才。在这种职业改革精神的引领下，我们教学团队对“公差配合与技术测量”课程不断进行教学改革与创新，引入企业实际产品案例，充实教学内容，注重学生理论学习与实践技能的提升。

“公差配合与测量技术”课程是机械类专业的重要基础课程，既涉及机械制图、机械设计等设计类课程，又与机械制造、加工等课程紧密结合，是联系设计和制造的纽带。本书在编写过程中认真调研了机械类行业对公差选配及质量检测相关专业技术人才需求情况，并结合高职高专教育培养目标及教学特点，在吸取各类教材的基础上，形成以下特点。

(1) 结合高职高专教育的培养目标及教学特点，深入浅出，图文并茂，理论联系实际，以增加学生的学习与阅读兴趣。

(2) 结合企业真实工作案例，形成教学内容，使教学更贴近生产一线工作环境，以培养和提高学生的分析和解决实际问题的能力。

(3) 采用最新的国家标准，注重标准的实际应用能力。

(4) 配备了大量的习题，并安排有复习提要，以便学生更快地掌握每章节内容的重点。

本书由江门职业技术学院张晓宇、刘伟雄担任主编并统稿，由内蒙古化工职业学院刘丽凤、辽宁农业职业技术学院杨晓波、南阳工业学校李忠敏、福建中烟工业有限责任公司张国强担任副主编。具体编写分工如下：张晓宇编写第 1 章、第 2 章，刘伟雄编写第 3 章、第 7 章、第 8 章，刘丽凤编写第 4 章第 4.1 节、第 4.2 节，杨晓波编写第 4 章第 4.3 节、第 4.4 节，张国强编写第 4 章第 4.5 节、第 6 章，李忠敏编写第 5 章。

本书在编写过程中参阅了有关教材和资料，得到了各编写单位以及江门市江晟电机厂有限公司、江门海力数控电机有限公司等企业的大力支持，在此表示衷心的感谢！

限于编者的学术水平和实践经验，书中的不足之处在所难免，恳请广大读者批评与指正，以便修订时改进。

编　者

目录

第 1 章 绪论

在机械制造行业发展步伐日益加快的今天，机械制造、装备制造的进步，水平的升级更加快速、明显。机械制造以专业特性影响行业的运行轨迹，一个国家的机械制造水平也左右着国民经济的发展。在日常的工作和生活中，给车轮换一个轴承时，为什么该型号的轴承买回来装上去就能用呢？从供应商的仓库里随便挑一台设备，它为什么能实现它的技术能力和工作能力呢？这些问题都涉及公差配合的基本理论。

1.1 互换性与尺寸分组

一、互换性的定义与类型

1. 互换性的定义

互换性是指某一产品（包括零件、部件）与另一产品在尺寸、功能上能够彼此互相替换的性能。这一定义表明具有互换性的零件、部件在装配或修配时可以相互替换，而替换后又能完全满足功能要求。许多现代工业产品，如手表、自行车、缝纫机、汽车、拖拉机等的某一零件损坏后，都可以迅速替换一个新的，并且在替换与装配后，其功能仍能很好地满足要求。之所以这样方便，是因为这些产品的零件具有互换性。

如何才能获得零件的互换性呢？首先，从理论上讲应该在尺寸、形状等几何参数方面达到完全一致。但是，由于零件在加工中难免有误差，各个零件在加工几何参数方面要达到完全一致是不可能的。因此，要保证零件具有互换性，也只能是将其几何参数控制在一定的变动范围内，这一允许的变动范围即称为公差。生产实践证明，只要把零件的几何参数控制在一定的范围内，就能完全满足功能要求。所以要使零件具有互换性，首先必须合理地确定零件的公差。另外，零件是否具有互换性还取决于其所用材料的物理性能，如强度、硬度和弹性等。本课程主要研究的是零件几何参数的互换性。

2. 互换性的类型

体现互换性的例子在我们日常的生活、工作中不胜枚举。买一把锁，配上六把钥匙，任意一把钥匙插入匙孔均可以把锁打开，这就是互换性的典型应用。实际上，有些场合要实现互换性并不是轻而易举的事，这在一些装配精度很高的场合表现得更加明显。在这些场合下，必须采用分组装配法才能满足设定的装配精度要求。因此，相应地出现了完全互换装配生产与不完全互换装配生产两种生产形式。

1）完全互换（绝对互换）

具有完全互换性的零件，在制造时按一定的公差要求进行加工，在装配或修配机器时，不需要对该零件进行任何修配、调整或选择，任取其一即能装上，而装上后又能完全满足要求。一般产品的零件,按现代生产水平都是可以完全做到完全互换的,所以完全互换的应用很广。但当某一产品结构复杂,装配精度要求较高,生产条件又不能完全适应时,则会采用不完全互换法。

2) 不完全互换(有限互换)

具有不完全互换性的零件,在制造时可按一定公差加工,但在装配时要经过适当分组、调整或修配才能装上,而装上后也能满足要求。以分组法为例,如果机器部件要求装配精度较高,采用完全互换将使零件公差很小,加工很难,成本也高,甚至无法加工。这时,可将零件的公差适当地放大,使之便于加工,而在零件加工完毕后,再用测量器具将零件按实际尺寸大小分为若干组,此时每组之间的零件尺寸差别减小,装配时按相应的组进行装配(大孔装大轴,小孔装小轴)。这样既保证了装配精度要求,又使加工变得相对容易,降低了成本,实际上这也是一种提高装配精度的措施。这种互换,仅组内零件可以互换,而组与组之间的零件不能互换,故称为不完全互换。

不完全互换有以下特点。

(1) 可以将零件的制造尺寸范围适当地加大。装配前按一定的尺寸范围确定分组界限,同一尺寸精度范围内的相关零件进行装配。

(2) 组内零件可以互换,组与组之间零件不可互换。因为零件在装配前首先经过尺寸分组,只有同组的零件与相关组零件的装配才会满足所设计的精度要求。因此,不完全互换也叫分组互换。一旦跨组装配,将引起装配精度降低甚至不能满足零件、部件使用性能的要求,或根本无法装配。

(3) 通过不完全互换方式生产的零件只能在厂内进行装配使用,不允许替代通过完全互换生产出来的零件而对外供应、销售。

3. 互换性的作用

互换性在机械制造业中有着很重要的作用。

从设计方面来看,按互换性进行设计,可以最大限度地采用标准件、通用件,大大地减少了计算、绘图等工作量,缩短了设计周期,并有利于产品品种的多样化和计算机辅助设计。

从制造方面来看,互换性不仅有利于组织大规模的专业化生产,而且有利于采用先进工艺和高效率的专用设备,还有利于实现加工和装配过程的机械化、自动化,从而减轻工人的劳动,提高生产率,保证产品质量,降低生产成本。

从使用方面来看,零件、部件具有互换性,可以及时更换那些已经磨损或损坏了的零件、部件,因此缩短了机器的维修时间,减少了机器的维修费用,保证机器能连续而持久地运转,提高了机器的利用率。

综上所述,互换性对保证产品质量、提高生产效率和增加经济效益具有重大的意义,它不仅适用于大批量生产,即便是单件小批量生产,也常常采用已标准化了的具有互换性的零件、部件。因此,互换性已成为现代机械制造业中一个普遍遵守的原则。

二、尺寸与尺寸分组

1. 基本概念

尺寸是一个带有某种计量单位的线性几何量。它通常是指某两个几何要素(点、线、面)之间的长度、直径或距离。从不同角度出发,尺寸可以表现出不同的属性。

公称尺寸是指一个符合使用要求且从优先数系中选取的尺寸数值,是设计上的理论值。从方便设计来讲，它是一个标准值。

实际尺寸是指加工之后测量出来的尺寸。由于存在量具的固有误差，同时又受到测量条件、测量环境及操作者的操作水平和习惯等影响，实际尺寸不是一个真值，即实际尺寸与该尺寸真值之间存在一定的误差。

极限尺寸是指允许实际尺寸变动的界限值，这个界限值总是成对出现的。

上极限尺寸是指允许实际尺寸变动的最大界限值。

下极限尺寸是指允许实际尺寸变动的最小界限值。

实际尺寸不是一个真值，它偏离公称尺寸的程度称为误差。误差可分为绝对误差和相对误差两种。绝对误差是指实际尺寸与公称尺寸的代数差。绝对误差为正值，说明实际尺寸大于公称尺寸；绝对误差为负值，说明实际尺寸小于公称尺寸。相对误差是指绝对误差与公称尺寸的比值。

我们来看以下例子。

(1) 若公称尺寸为100.00 mm，测得实际尺寸为100.12 mm，则

$$\text{绝对误差}=\text{实际尺寸}-\text{公称尺寸}=(100.12-100.00)\ \text{mm}=0.12\ \text{mm}$$

$$\text{相对误差}=\frac{0.12}{100}=1.2‰$$

(2) 若公称尺寸为150 mm，测得实际尺寸为150.12 mm，那么，绝对误差依然是0.12 mm，但

$$\text{相对误差}=\frac{0.12}{150}=0.8‰$$

由此可以看出，公称尺寸不同，绝对误差可能相同，但相对误差是不一样的。

2. 尺寸分组与分组区间的确定

对于一般精度的装配要求而言，零件的合格条件为

$$\text{下极限尺寸}\leqslant\text{实际尺寸}\leqslant\text{上极限尺寸}$$

由于实际尺寸与公称尺寸之间存在一定的误差，而且采用不完全互换装配的生产通常将制造公差适当地加大，所以直接参加装配的两个零件在装配上往往不符合要求，甚至根本不能装配。要解决这一问题，根本的办法是对不同实际尺寸的零件进行分组，而组内实际尺寸的允许变动量由组界确定。组界以组的最大值、最小值来确定。我们来看看以下例子。

设定相配合的两个零件的尺寸分别为$\phi40^{+0.007}_{0}$ mm、($\phi40\pm0.002$)mm。这是一个精度相当高的配合，要在加工中保证尺寸精度是很困难的。若要满足零件的使用性能要求，通常在制造时将零件的尺寸变动范围适当地加大，然后通过按零件的实际尺寸进行分组装配来保证配合精度，假定把$\phi40^{+0.007}_{0}$ mm、($\phi40\pm0.002$)mm分别放大至$\phi40^{+0.016}_{0}$ mm、$\phi40^{+0.011}_{-0.002}$ mm，那么两个零件的组界尺寸如下(仅供参考)。

第一组的组界尺寸为

$$\phi40^{+0.016}_{+0.013}\ \text{mm}、\phi40^{+0.011}_{+0.007}\ \text{mm}$$

第二组的组界尺寸为

$$\phi40^{+0.013}_{+0.010}\ \text{mm}、\phi40^{+0.008}_{+0.004}\ \text{mm}$$

第三组的组界尺寸为

$$\phi40^{+0.010}_{+0.007}\ \text{mm}、\phi40^{+0.005}_{+0.001}\ \text{mm}$$

第四组的组界尺寸为

$$\phi40^{+0.007}_{0}\ \text{mm}、\phi40^{+0.002}_{-0.002}\ \text{mm}$$

分组既保证了每一组均能满足设计的配合精度要求,又使得零件在加工时的尺寸精度有所放松,降低了加工难度,减小了废品率,节约了费用成本。采用不完全互换时,装配的尺寸是测量出来的实际尺寸,组界可以划分得更细,可以获得更高的配合精度。

1.2 公差与标准化

生产及装配具有互换性的零件、部件,在设计上和生产制造上的技术经济效益都非常明显,尤其是在军工行业,零件、部件的互换性更为重要,甚至会成为影响战局走向的重要条件。可以说互换性是设计和生产出来的。不具备互换性的零件、部件的生产基本属于修配、调整、单件式的生产。我们需要了解使零件、部件实现互换性的条件。

我们来看看以下例子。

某优秀运动员 110 m 跨栏的成绩可以达到 12″88,伤病复出后也跑出 13″05 的成绩。但是如果指定其每次出场都必须跑出 13″00 的成绩,会有很大的难度。当把成绩定为 12″95～13″05 时,该运动员要完成任务应该说是有较大把握的,这个时间的区间可以看成是时间允许的变动量,只要运动员的成绩在这个时间区间,就表明他完成了比赛任务,表现合格。

一、公差

公差是指允许尺寸变动的范围。实际尺寸总是对公称尺寸存在一定的偏差,我们也知道零件的合格条件和允许尺寸变动的两个界限值,容易得到:

公差＝上极限尺寸－下极限尺寸

这是尺寸公差描述的第一种形式。对于机械制造业来说,加工没有公差的零件的成本是非常高的,也可以说没有公差的加工对于加工者而言是无法实现的。从公差的定义出发,公差是个绝对数,不能为零,更不能是负数。零件的尺寸公差越小,表明其尺寸精度越高,反之越低。只要为零件的制造设定了有关尺寸和几何公差要求,那么只要零件的各个部位结构都分别满足设定的公差要求,该批零件就基本上具备了完全互换性。

二、标准化

标准化是指在标准的制定、发布和贯彻过程中的一系列活动。标准化的体现形式主要为具体的标准章程。标准化的完善是一个不断循环、提高的过程。目前,我国也在参照国际标准化组织(ISO)颁布的国际标准对我国相关的国家标准进行完善、修订,以利于加强我国对外的技术交往和产品往来。在我国,标准分为国家标准、行业标准、地方标准和企业标准等类型。当相关领域还未制定出国家标准时,行业标准、地方标准担负着规范行业设计和制造的职能。一旦相关的国家标准发布,在用的行业标准、地方标准、企业标准的要求与规范应高于国家标准的要求与规范,否则是不具有保留和实际应用价值的。

标准的应用范围极广,种类繁多。按标准化的应用对象划分,标准可分为基础标准、产品标准、方法标准和安全环境保护标准等。其中,基础标准是以标准化共性要求和前提条件为对象的标准,是为保证产品结构功能及制造质量而制定、颁布和实施的标准,是工程技术人员必须采用的通用性标准。在制定其他标准时,应参照相关的基础标准。国家标准就是典型的基础标准。

1.3 优先数系

为了保证互换性，必须合理地确定零件公差，而公差数值标准化的理论基础即为优先数系和优先数。

一、工业生产对数系的要求

在工业产品的设计和制造中，常常要用到很多数值。当选定一个数值作为某产品的参数指标时，这个数值就会按一定的规律，向一切有关制品和材料中的相应指标传播。例如，当螺纹孔的尺寸一定时，相应的丝锥尺寸、检验该螺纹孔的塞规尺寸、攻丝前的钻孔尺寸和钻头尺寸，也随之而定。这种情况常称为数值的传播。

由于数值如此不断关联、不断传播，所以机械产品中的各种技术参数不能随意确定，否则会出现规格品种恶性膨胀的混乱局面，给生产带来极大的困难。产品品种、规格过多、过杂会影响生产的技术和经济效果，而产品的品种、规格过少，则可能不能满足社会的需求。产品的品种、规格与一系列的技术参数有关。要简化产品的品种、规格并且满足社会的需求，就要合理地对技术参数进行分级、分档，形成总体功能最佳的参数系列。标准化的本质就是优化，对数值系列进行优化就得到了优先数系。

二、优先数系的形成

国家标准《优先数和优先数系》(GB/T 321—2005)是一个重要的参数选择标准，要求工业产品技术参数的选择尽可能采用它。GB/T 321—2005 规定了五个优先系列，它们分别用 R5、R10、R20、R40 和 R80 表示。其中，前四个系列为基本系列；R80 系列为补充系列，仅用于分级很细的特殊场合。各系列的公比如下。

R5 的公比：　$q_5=\sqrt[5]{10}\approx1.60$

R10 的公比：　$q_{10}=\sqrt[10]{10}\approx1.25$

R20 的公比：　$q_{20}=\sqrt[20]{10}\approx1.12$

R40 的公比：　$q_{40}=\sqrt[40]{10}\approx1.06$

R80 的公比：　$q_{80}=\sqrt[80]{10}\approx1.03$

优先数系的五个系列中的任意一个项值均为优先数。按公比计算得到的优先数的理论值，除 10 的整数幂外，都是无理数，工程技术中不能直接应用，工程技术中实际应用的优先数都是经过圆整后的近似值。根据圆整的精确程度，优先数可分为计算值和常用值两种。

1. 计算值

计算值取五位有效数字，供精确计算用。

2. 常用值

常用值即经常使用的通常所称的优先数，取三位有效数字。

表 1-1 列出了 1～10 范围内基本系列的常用值。如果将表中所列优先数乘以 10，100，…，或乘以 0.1，0.01，…，即可得到所有大于 10 或小于 1 的优先数。

表 1-1　优先数系的基本系列

基本系列(常用值)				计算值
R5	R10	R20	R40	
1.00	1.00	1.00	1.00	1.000 0
—	—	—	1.06	1.059 3
—	—	1.12	1.12	1.122 0
—	—	—	1.18	1.188 5
—	1.25	1.25	1.25	1.258 9
—	—	—	1.32	1.333 5
—	—	1.40	1.40	1.412 5
—	—	—	1.50	1.496 2
1.60	1.60	1.60	1.60	1.584 9
—	—	—	1.70	1.678 8
—	—	1.80	1.80	1.778 3
—	—	—	1.90	1.883 6
—	2.00	2.00	2.00	1.995 3
—	—	—	2.12	2.113 5
—	—	2.24	2.24	2.238 7
—	—	—	2.36	2.371 4
2.50	2.50	2.50	2.50	2.511 9
—	—	—	2.65	2.660 7
—	—	2.80	2.80	2.818 4
—	—	—	3.00	2.985 4
—	3.15	3.15	3.15	3.162 3
—	—	—	3.35	3.349 7
—	—	3.55	3.55	3.548 1
—	—	—	3.75	3.758 1
4.00	4.00	4.00	4.00	3.981 1
—	—	—	4.25	4.217 0
—	—	4.50	4.50	4.466 8
—	—	—	4.75	4.731 5
—	5.00	5.00	5.00	5.011 9
—	—	—	5.30	5.308 8
—	—	5.60	5.60	5.623 4
—	—	—	6.00	5.956 6

续表

基本系列(常用值)				计算值
R5	R10	R20	R40	
6.30	6.30	6.30	6.30	6.309 6
—	—	—	6.70	6.683 4
—	—	7.10	7.10	7.079 5
—	—	—	7.50	7.498 9
—	8.00	8.00	8.00	7.943 3
—	—	—	8.50	8.414 0
—	—	9.00	9.00	8.912 5
—	—	—	9.50	9.440 6
10.00	10.00	10.00	10.00	10.000

国家标准还允许从基本系列和补充系列中隔项取值组成派生系列。例如,在R10系列中,每三项取一项构成R10/3系列,若起始项为1.00,则派生系列是1.00,2.00,4.00,8.00,…。

国家标准规定的优先数系分档合理,疏密均匀,有广泛的适用性,简单易记,便于使用。常见的量值,如长度、直径、转速及功率等的分级,基本上都是按一定的优先数确定的。在本课程所涉及的有关标准中,诸如尺寸分段、公差分级及表面粗糙度的参数系列等,也基本上采用了优先数系。

1.4 技术测量与数据处理

好的产品是设计和制造出来的,这是制造业的共识。对产品是否达到了设计要求、是否达到了精度要求、是否能够满足使用性能的判定,必须进行相关的检测。而这种检测就是对零件技术参数的测量,简称技术测量。检测是保证零件制造质量的必要手段。

检测是检定和测量的统称。检定包含检验和确定之意。从工作性质来看,测量是检定的基础,为检定工作提供前提。从现场管理的层次来看,测量的目的是获得数据,检定的目的是处理数据,检定是将测量数据与设计规定的标准值(理论值)进行比较,以确定零件几何量合格与否,检验和确定是检定的标志特点。在现实的操作中,质量的检测工作已经合二为一,由检验员(QC)去完成。只有当测量数据有争议或不能确定时,质量管理(计量)部门才出面进行更精细的检验。由质量管理(计量)部门做出的检验更具权威性,其“确定”的属性更加突出。

另外,检定并非必须完全依靠测量数据才能进行,毛坯的缺陷、零件形状的差异、装配的效果等都能直接地反映出其与设计相符的程度。

检测是制造业的把关环节,测量数据的陈列及检定的结果体现了零件的加工质量状态。基于零件的加工质量状态,可以分析影响零件质量的原因;通过对数据的处理,可以判断出零件加工质量变化的趋势,这样就为及时调整机械加工工艺流程,预防废、次品的产生提供了思路。因此,除设计与制造的因素外,检测水平的高低也是影响产品质量的关键因素,要保证零件的互换性,设计、制造、检测水平的提高同样重要,缺一不可。

数据处理的方式、方法有很多,采用不同的数据处理方式,结果也不尽相同。简单来说,不同的取样方式、不同的精度等级、不同的概率模型、不同的置信度要求,甚至不同的平均值计算都会使测量数据的处理结果产生较大的差异。数据处理本身需要应用到统计学的原理与手段,其方式一般分为数据随机误差处理、数据系统误差处理、数据粗大误差处理、数据标准偏差处理等。

1.5 本课程的性质和要求

本课程是机械类专业的重要基础课程,既涉及机械制图、机械设计等课程,又与机械制造、机械加工等课程紧密结合,是联系设计和制造的纽带,是从基础课程过渡到专业课程的桥梁,也是将理论和实践紧密结合起来的专业必修课程。本课程从互换性的角度出发,围绕误差与公差来研究如何解决使用与制造的矛盾,而这一矛盾的解决需要合理地确定公差和采用适当的技术测量手段。

本课程定义多、概念多、符号多、标准多、记忆内容多,但简单易学。在学习中,应注重理解、实操与实际应用,切忌死记硬背。

学完本课程后,应初步达到以下要求。

(1) 掌握互换性原理的基础知识。

(2) 了解本课程所介绍的各种公差标准和基本内容,并掌握其特点。

(3) 学会根据产品的功能要求,选择合理的公差并能正确地标注到图样上。

(4) 会正确选择和使用常规量具、仪器、仪表,掌握一般几何参数测量的基础知识。

(5) 了解各种典型零件的测量方法,学会使用常用的计量器具。

第2章 测量技术基础

检测是检定和测量的统称。对于机械零件的加工，设计者的意图基本上是出于完全互换的生产理念，加工人员只要依照零件图及其加工工艺进行加工，保证各要素符合设计要求，零件在主观上就满足了完全互换或不完全互换的生产需要。但实际的加工精度如何，尤其是批量性的生产，只有秉着严谨、认真、细致的工作态度，才能基于检测结果对零件的质量做出客观的结论。可以说，检测的水平决定着产品质量的水平，我们常说，好的产品是设计和生产出来的，然而没有可靠的检测，产品的好坏就难以区别。产品质量的提高是一个不断循环、逐步优化的过程，是从属于管理范畴的。检测说白了就是加工质量管理及控制的具体手段和表现，一切以数据说话是检测的根本含义。应该说，检测技术的发展促进了机械工业的发展，是产品质量提升的重要动力。

2.1 测量术语

测量是指经过技术操作来获得被测几何量量值的过程。几何量量值通过相应的计量标准量的比值来确定。如果被测几何量量值为 x，计量标准量为 E(mm)，而比值为 q，则 $q=x/E$，而被测量几何量量值为 $x=qE$。

在测量过程中，涉及的测量术语有被测几何量、计量标准量（单位）、测量方法和测量精度四个。

1. 被测几何量

被测几何量是指长度、直径、角度、表面粗糙度、形状误差、位置误差等几何参数。

2. 计量标准量（单位）

在我国法定的计量单位中，用于机械制造业的默认单位为毫米(mm)。在精密的测量中，也常用单位微米(μm)。目前，超高精度的制造已经进入了纳米(nm)数量级。平面角度的单位有度(°)、分(′)、秒(″)、弧度(rad)，以及微弧度(μrad，1 rad$=10^6$ μrad)。

3. 测量方法

测量方法是指测量操作时所采用的测量原理、量具、量仪和测量条件。测量时，需要充分考虑被测零件的结构、物理性能、批量性质、精度要求和测量内容，制定测量方案，合理选用计量器具，并规范与验收标准相适应的测量条件。

4. 测量精度

测量精度是指量值与真值相一致的程度。由于测量误差是客观存在的，量值与真值的误差越小，测量精度越高；量值与真值的误差越大，测量精度越低。

2.2 长度和角度的量值传递

一、长度量值传递系统

准确的长度测量需要一个足够精确的标准量与之进行比较，而该标准量的量值只能来源于基准量值，准确且统一的基准量值是几何量测量的基础。我国法定的长度计量单位是米，单位符号为 m。米的定义在 1983 年第十七届国际计量大会上通过，1 米是指"光在真空中在 1/299 792 458 s 的时间间隔内所走过的距离"。米的定义主要采用稳频激光来复现，将其波长作为长度基准有极佳的稳定性和复现性，保证了计量单位的长久稳定、可靠和统一，其精度经得起时间的考验。但波长比较无法直接应用在生产的尺寸测量上，必须将作为基准量值的波长传递到实体计量器具上，由实体计量器具去体现基准量值。为了保证实测操作的量值统一于基准量值波长，就必须建立一个由国家基准波长到企业生产使用量具的量值传递系统。长度量值传递系统如图 2-1 所示。

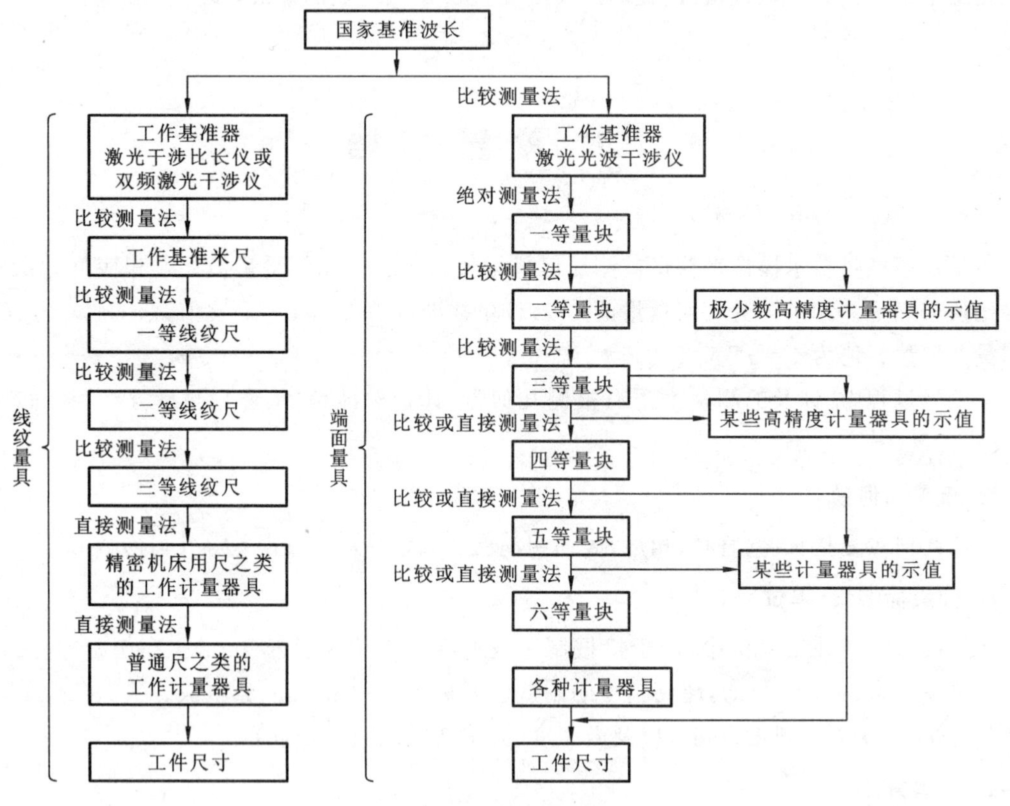

图 2-1 长度量值传递系统

二、量块

量块是用特殊合金钢制成的、无刻度的标准端面量具，分为长方体量块和圆柱体量块两种。常用的量块是长方体量块，如图 2-2(a)所示，它有两个平行的测量面和四个非测量面。从量块的一个测量面上任意一点(距边缘 0.5 mm 区域除外)到与此量块相研合的面的垂直距离称为量块的长度 L_i，从量块一个测量面上中心点到与此量块另一个测量面相研合的面的垂直距离称为量块的中心长度 L。量块上标出的尺寸称为量块的标称长度。

1. 量块的精度

根据不同的使用要求,可做成不同精度等级的量块。划分量块精度有两种规定:按“级”划分和按“等”划分。

GB/T 6093—2001 按制造精度不同将量块分为 00、0、1、2、3 和 K 级,其中 00 级精度最高,3 级精度最低,K 级为标准级。量块按“级”使用时,是以量块的标称长度为工作尺寸的,该尺寸包含了量块的制造误差,它们将被引入测量结果中。

按检定精度不同,可将量块分为 1～6 等,精度依次降低。量块按“等”使用时,不再以标称长度作为工作尺寸,而是用量块经检定后所给出的实测中心长度作为工作尺寸,该尺寸排除了量块的制造误差,仅包含检定时较小的测量误差。

2. 量块的选用

量块在使用时,常常用几个量块组合成所需要的尺寸,如图 2-2(b)所示。在组合量块时,为了获得较高的尺寸精度,应力求用最少的块数(一般不超过 5 块)获得所需要的尺寸。选用量块时,应从所需组合尺寸的最后一位数开始,每选一块至少要减去所需尺寸的尾数。国家标准 GB/T 6093—2001 中规定了 17 种成套的量块系列,表 2-1 中摘录了两种。

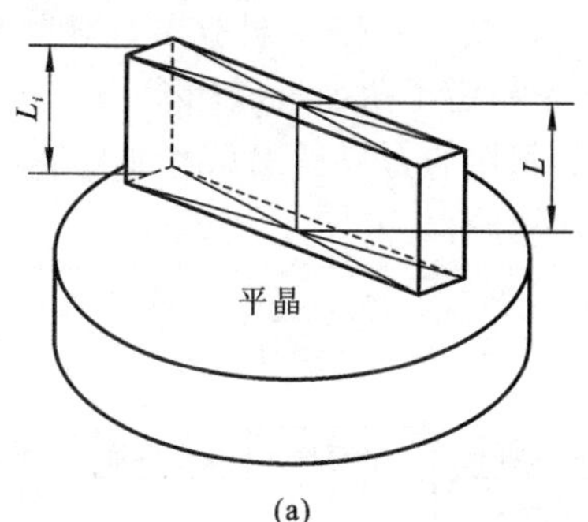

(a)

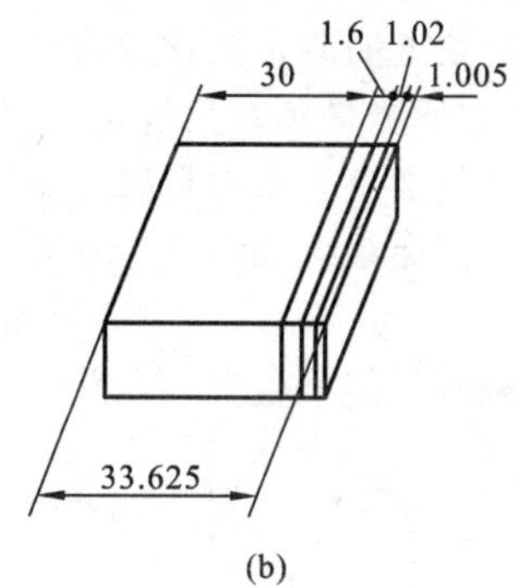

(b)

图 2-2 量块及其选用

表 2-1 成套量块的尺寸

套别	总块数	级别	尺寸系列/mm	间隔/mm	块数/块
1	83	0,1,2	0.5	—	1
			1	—	1
			1.005	—	1
			1.01,1.02,…,1.49	0.01	49
			1.5,1.6,…,1.9	0.1	5
			2.0,2.5,…,9.5	0.5	16
			10,20,…,100	10	10
2	46	0,1,2	1	—	1
			1.001,1.002,…,1.009	0.001	9
			1.01,1.02,…,1.09	0.01	9
			1.1,1.2,…,1.9	0.1	9
			2,3,…,9	1	8
			10,20,…,100	10	10

【例 2-1】 以 83 块组对尺寸 83.775 mm、123.425 mm 分别进行量块组合。

解:选择顺序如下。

(1) 组合尺寸:83.775 mm。

①第一块:1.005 mm,(83.775−1.005)mm=82.77 mm。

②第二块:1.37 mm,(82.77−1.37)mm=81.40 mm。

③第三块:1.40 mm,(81.40−1.40)mm=80.00 mm。

④第四块:80 mm,(80−80)mm=0 mm。

(2) 组合尺寸:123.425 mm。

①第一块:1.005 mm,(123.425−1.005)mm=122.42 mm。

②第二块:1.42 mm,(122.42−1.42)mm=121.00 mm。

③第三块:1 mm,(121.00−1)mm=120.00 mm。

④第四块:20 mm,(120−20)mm=100.00 mm。

⑤第五块:100 mm,(100−100)mm=0 mm。

三、角度量值传递系统

特定角度的量值一般可以通过等分圆周来获得,但等分的精度往往难以满足角度量具的精度鉴定要求。角度的测量同样存在作为测量量值体现的实体角度块制造误差对测量精度的影响。因此,为方便测量和对角度量具、量仪的检定,国家制定了角度量值标准。

角度量值基准是一个由特殊合金组成或超精工艺制作的石英玻璃正八面棱体,如图 2-3 所示。角度量值传递系统如图 2-4 所示。

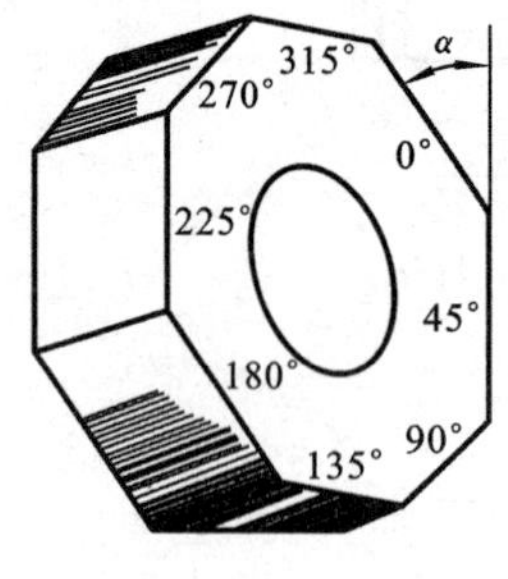

图 2-3 正八面棱体

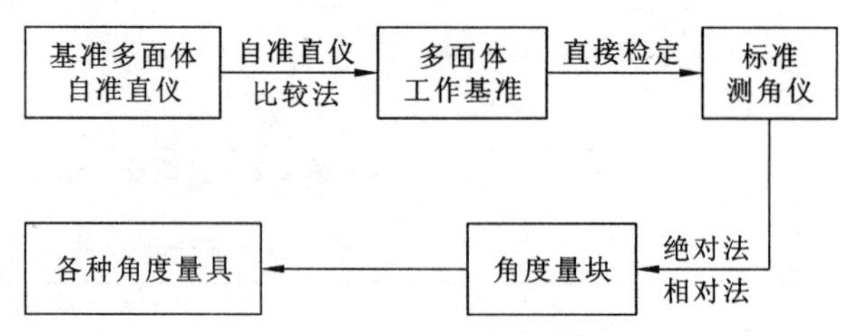

图 2-4 角度量值传递系统

2.3 计量器具的类型与技术指标

一、计量器具的类型

1. 按用途分类

1) 标准计量器具

标准计量器具是指测量时体现标准量的计量器具。它通常用来校对和调整其他计量器具,或作为标准量与被测量值进行比较。线纹尺、量块、多面体等都属于标准计量器具。

2) 通用计量器具

通用计量器具是指通用性大、可用来测量某一范围内各种尺寸(或其他量值),并获得具体读数值的计量器具。千分尺、千分表、测长仪等都属于通用计量器具。

3）专用计量器具

专用计量器具是指用于专门测量某种或某个特定几何量值的计量器具。量规、圆度仪、基节仪等都属于专用计量器具。

2. 按结构和工作原理分类

1）机械式计量器具

机械式计量器具是指通过机械结构实现对被测量值的感受、传递和放大的计量器具。机械式比较仪、百分表和扭簧比较仪等都属于机械式计量器具。

2）光学式计量器具

光学式计量器具是指用光学方法实现对被测量值的转换和放大的计量器具。光学比较仪、投影仪、自准直仪和工具显微镜等都属于光学式计量器具。

3）气动式计量器具

气动式计量器具是指靠压缩空气通过气动系统时的状态（流量或压力）变化来实现对被测量值的转换的计量器具。水柱式气动量仪和浮标式气动量仪等都属于气动式计量器具。

4）电动式计量器具

电动式计量器具是指将被测量值通过传感器转变为电量，再经变换而获得读数的计量器具。电动轮廓仪和电感测微仪等都属于电动式计量器具。

5）光电式计量器具

光电式计量器具是指利用光学方法放大或瞄准，通过光电元件再转换为电量进行检测，以实现测量被测量值的计量器具。光电显微镜、光电测长仪等都属于光电式计量器具。

二、计量器具的技术指标

计量器具的技术指标也称为技术性能。选用计量器具时应以被测量值的尺寸和精度为依据。只有合理地选用计量器具，被测量值才能被正确地反映，与真值的误差才更小。计量器具的主要技术指标如下。

1. 刻线间距

刻线间距是指相邻两示值刻度线之间的距离。

2. 分度值

分度值是指计量器具标尺上相邻刻线代表的量值。通用计量器具的分度值一般分为0.001 mm、0.01 mm、0.02 mm、0.05 mm、0.10 mm 等。分度值越小，计量器具的测量精度越高，测量误差越小。

3. 分辨力

分辨力是指使用数字式计量器具或传感式计量器具读取样本时所能显示的最后一个数位所代表的量值。因为数字式计量器具和传感式计量器具不以刻线表示量值，故其分辨力不能称为分度值。

4. 示值范围

示值范围是指计量器具所指示的起始值到终值的范围。

5. 测量范围

测量范围是指计量器具所能测量的从最小量值到最大量值的范围。

6. 灵敏度

灵敏度是指计量器具对被测量值变化的响应能力。若被测量值的变化率为 Δx,计量器具的响应示值为 Δk,则灵敏度 $S=\Delta k/\Delta x$。显然,S 越大,计量器具的灵敏度越高。在指示式刻度线量具的示值中,如果 Δk 与 Δx 是同名的量,S 称为放大系数。

7. 示值误差

示值误差是指计量器具示值与被测量真值的代数差。示值误差越小,计量器具的测量精度越高。

8. 修正值

计量器具本身的固有误差将直接影响测得值的准确性,因此必须使用修正值对测得值进行修正。

例如,利用组合量值为 40.36 mm 的量块检定测量范围为 25～50 mm 的外径千分尺。使用该外径千分尺测得组合量块的读数为 40.363 mm。+0.003 mm 对于新外径千分尺来说是固有误差,对于在用外径千分尺来说为测量误差。作为修正值被引入尺寸为 40 mm 左右的测得值时,修正值与校对误差大小相等,符号方向相反,故修正值应为−0.003 mm。

9. 测量重复性

测量重复性是指在相同测量方法、相同观测者、相同计量器具、相同场所、相同工作条件和短时期条件下,对同一被测量值连续测量所得结果之间的一致性。一致程度越高,测得值的可靠性也越高。测量重复性可用于鉴定计量器具的分辨力、灵敏度、示值误差。

10. 测量不确定度

测量不确定度是指由计量器具本身误差造成的对被测量值中不能确定的那部分量值。

2.4 测量方法的类型

按照不同的出发点,测量方法有不同的类型。

1. 直接测量和间接测量

直接测量是指直接从计量器具获得被测量值的测量方法,如用游标卡尺、千分尺或比较仪测量轴径。间接测量是指先测量与被测量值有一定函数关系的量值,然后通过函数关系算出被测量值的测量方法,如测量大尺寸圆柱形零件直径 D 时,先测出其周长 L,然后按公式 $D=L/\pi$ 求得零件的直径 D。为了减小测量误差,一般都采用直接测量的方法,必要时才采用间接测量的方法。

2. 绝对测量和相对测量

绝对测量是指被测量值的全值从计量器具的读数装置直接读出的测量方法,如用测长仪测量零件,其尺寸从刻度尺上直接读出。相对测量是指计量器具的示值仅表示被测量值对已知标准量的偏差,而被测量值为计量器具的示值与标准量的代数和的测量方法,如用比较仪测量时,先用量块调整仪器零位，然后测量被测量值，所获得的示值就是被测量值相对于量块尺寸的偏差。一般来说，相对测量的测量精度比绝对测量的测量精度高。

3. 单项测量和综合测量

单项测量是指分别测量工件的各个参数的测量方法，如分别测量螺纹的中径、螺距和牙型半角。综合测量是指同时测量工件上某些相关的几何量的综合结果，以判断综合结果是否合格的测量方法，如用螺纹通规检验螺纹的单一中径、螺距和牙型半角实际值的综合结果。

单项测量的效率比综合测量的效率低，但单项测量的结果便于工艺分析。

4. 接触测量和非接触测量

接触测量是指在测量时，计量器具的测头与被测表面直接接触的测量方法，如用游标卡尺、千分尺测量工件。非接触测量是指测量时，计量器具的测头与被测表面不接触的测量方法，如用气动量仪测量孔径和用显微镜测量工件的表面粗糙度。

接触测量有测量力，会导致被测表面和计量器具有关部分产生弹性变形，因而影响测量精度，非接触测量则无此影响。

5. 在线测量和离线测量

在线测量是指在加工过程中对工件进行测量的测量方法。其测量结果用来控制工件的加工过程，决定是否需要继续加工或调整机床。在线测量可及时防止废品的产生。离线测量是指在加工后对工件进行测量的测量方法。其测量结果主要用来发现并剔除废品。

在线测量使检测与加工过程紧密结合，以保证产品质量，因而是检测技术的发展方向。

6. 等精度测量和不等精度测量

等精度测量是指决定测量精度的全部因素或条件都不变的测量方法，如由同一人员使用同一台仪器，在同样的条件下，以同样的方法和测量次数，同样仔细地测量同一量值。不等精度测量是指在测量过程中，决定测量精度的全部因素或条件可能完全改变或部分改变的测量方法，如上述的测量在改变其中之一或几个甚至全部条件或因素后就属于不等精度测量。

在一般情况下，都采用等精度测量。不等精度测量数据处理比较麻烦，只应用于重要的科研实验中的高精度测量。

2.5 测量误差

一、测量误差的概念

任何测量过程，由于受到计量器具和测量条件的影响，不可避免地会产生测量误差。所谓测量误差 δ，是指测量值 x 与真值 Q 之差，即

$$\delta = x - Q \tag{2-1}$$

式(2-1)所表达的测量误差反映了测量值偏离真值的程度，也称为绝对误差。由于测量值 x 可能大于真值 Q，也可能小于真值 Q，因此测量误差可能是正值，也可能是负值。若不计其符号正负，式(2-1)可用绝对值表示为

$$|\delta| = |x - Q| \tag{2-2}$$

测量误差的绝对值越小，说明测量值越接近真值，测量精度越高；反之，测量精度越低。但这一结论只适用于测量尺寸相同的情况，因为测量精度不仅与绝对误差的大小有关，还与被测量的尺寸大小有关。为了比较不同尺寸的测量精度，可应用相对误差的概念。

相对误差 ε 是指绝对误差的绝对值 $|\delta|$ 与被测量真值之比，即

$$\varepsilon = \frac{|\delta|}{Q} \approx \frac{|\delta|}{x} \times 100\% \tag{2-3}$$

相对误差是一个无量纲的数值，通常用百分数表示。例如，某两个轴颈的测量值分别为 $x_1=500\ \mathrm{mm}$，$x_2=50\ \mathrm{mm}$；$\delta_1=\delta_2=0.005\ \mathrm{mm}$，则其相对误差分别为 $\varepsilon_1=0.005/500\times100\%=0.001\%$，$\varepsilon_2=0.005/50\times100\%=0.01\%$。由此可以看出，前者的测量精度要比后者的测量精度高。

二、测量误差产生的原因

产生测量误差的原因很多，通常可归纳为以下几个方面。

1. 计量器具误差

计量器具误差是指计量器具本身固有的误差，它与被测零件及外部测量条件无关。传动误差、计量器具制造和装配调整误差、测量力不够稳定引起的误差和对准误差等都属于计量器具误差。

2. 测量方法误差

测量方法误差是指由测量方法不完善所引起的误差，包括计算公式不准确、测量方法选择不当、测量基准不统一、工件安装不合理以及测量力不够稳定等引起的误差。

例如，测量大圆柱的直径 D，先测量周长 L，再按 $D=L/\pi$ 计算直径，若取 $\pi=3.14$，则计算结果带入 π 取近似值的误差。

3. 测量环境误差

测量环境误差是指测量时的环境条件不符合标准条件所引起的误差。环境条件是指湿度、温度、振动、气压和灰尘等。其中，温度对测量结果的影响最大。在长度计量中，规定标准温度为 20 ℃。若不能保证在标准温度 20 ℃条件下进行测量，则引起的测量误差为

$$\Delta L = L[\alpha_2(t_2-20)-\alpha_1(t_1-20)] \tag{2-4}$$

式中　ΔL——测量误差；

L——被测尺寸；

t_1、t_2——计量器具、被测工件的温度，单位为℃；

α_1、α_2——计量器具、被测工件的线胀系数。

4. 人员误差

人员误差是指测量人员的主观因素（如技术熟练程度、分辨能力、思想情绪等）引起的误差。例如，测量人员的眼睛的最小分辨能力、调整能力、量值估读错误等引起的误差均属于人员误差。

总之，造成测量误差的因素很多，有些误差是不可避免的，有些误差是可以避免的。测量时应采取相应的措施，设法减小或消除它们对测量结果的影响，以保证测量的精度。

三、测量误差的类型

测量误差按性质分为随机误差、系统误差和粗大误差（过大或反常误差）三类。

1. 随机误差

随机误差是指在一定测量条件下，多次测量同一量值时，其数值大小和符号以不可预定的方式变化的误差。它是由测量中的不稳定因素综合形成的，是不可避免的。

随机误差的出现，说明系统存在不稳定因素。对于计量器具来说，随机误差主要表现为不同结构中的游隙位置随机出现、运动件相互间的摩擦力发生变化、测量力不够稳定、测量时基础温度不一等导致的测量误差。

1）随机误差的分布规律及特性

掷币试验告诉我们，硬币正反面出现的概率在试验次数足够的前提下是趋于相等的。测量的随机误差同样服从这一规律——随机事件的正态分布规律。图 2-5 所示为随机误差正态分布曲线，图 2-6 所示为标准偏差对随机误差分布的影响。在图 2-5、图 2-6 中，y 为概率密度，δ 为随机误差值；在图 2-6 中，$\sigma_1<\sigma_2<\sigma_3$。

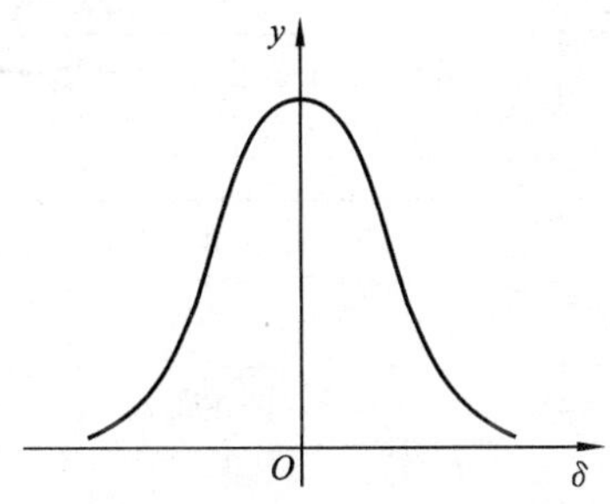

图 2-5 随机误差正态分布曲线

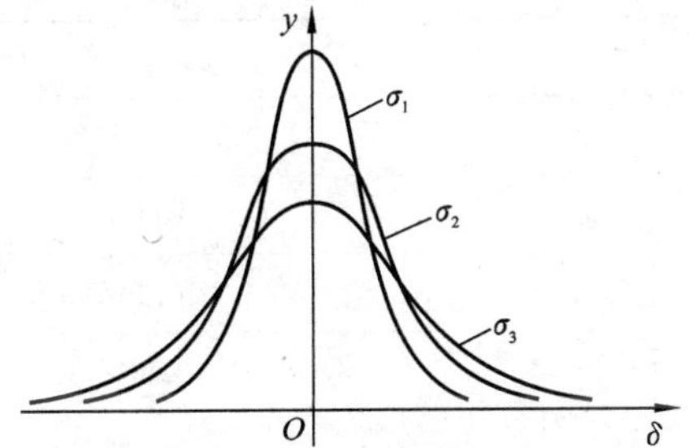

图 2-6 标准偏差对随机误差分布的影响

随机误差具有以下四个基本特性。

（1）单峰性。绝对值越小的随机误差出现的概率越大，绝对值越大的随机误差出现的概率越小。

（2）对称性。绝对值相等、符号相反的随机误差出现的概率基本一致。

（3）有界性。在一定的测量条件下，随机误差的绝对值不会超出一定的界限。

（4）抵偿性。当测量的数次足够多时，各次随机误差的代数和趋于零。

2）随机误差的评定指标

根据随机误差的特性和概率论知识，随机误差出现的概率符合正态分布。随机误差正态分布曲线的数学表达式为

$$y=\frac{1}{\sigma\sqrt{2\pi}}e^{-\frac{\delta^2}{2\sigma^2}} \tag{2-5}$$

式中 y——概率密度函数；

e——自然对数的底；

σ——标准偏差；

δ——随机误差。

由概率论知识可知，标准偏差 σ 可采用下式计算：

$$\sigma=\sqrt{\frac{\delta_1^2+\delta_2^2+\cdots+\delta_n^2}{n}}=\sqrt{\frac{\sum_{i=1}^{n}\delta_i^2}{n}} \tag{2-6}$$

式中 δ_i——各测得值的随机误差；

n——测量次数。

由式(2-5)知,当$\delta=0$时,y获得极大值;σ越大,y越小。由式(2-6)可以看出,σ的大小受各测量值随机误差δ_i影响。从图2-6来看,$|\sigma|$越小,δ-y曲线越陡,随机误差δ的分布越集中,而随着σ的增大,δ-y曲线越平缓,随机误差分布越广。

3) 随机误差的极限值

随机误差不应超出某一范围,这是由随机误差的有界性决定的,即随机误差的极限值就是测量极限误差。

由概率积分函数(拉普拉斯函数)得

$$\Phi(t)=\frac{1}{\sqrt{2\pi}}\int_0^t e^{\frac{-t^2}{2}}\,dt \tag{2-7}$$

特殊t值对应的概率如表2-2所示。

表2-2 特殊t值对应的概率

t	$\delta\pm t\sigma$	不超出$\vert\delta\vert$的概率$P=2\Phi(t)$	超出$\vert\delta\vert$的概率$\alpha=1-2\Phi(t)$
1	1σ	0.682 6	0.317
2	2σ	0.954 4	0.045 6
3	3σ	0.997 3	0.002 7
4	4σ	0.999 36	0.000 64

由表2-2可知,当$P=2\Phi(3)$时,δ落在$\pm3\sigma$范围内的概率达99.73%,而δ落在$\pm3\sigma$范围外的概率为$1-P=1-2\Phi(t)$,即0.27%。也就是说,随机误差出现在$\pm3\sigma$之外的可能性几乎为零,故此在概率计算中取$\pm3\sigma$为随机误差的极限值。

由$P=2\Phi(t)$知,当标准差一定时,t不同将产生不同的概率P(也称为概率置信度,t为置信系数),通过概率可以对真值落在的区间做出合理估计。

【例2-2】 比较仪某次测得读数的均值为65.076 mm,设本检测批次标准偏差$\sigma=0.002$ mm,试估计真值所在区间。

解:由正态分布函数$P=2\Phi(t)$得,当$t=3$时,置信概率为99.73%,故真值区间为:$(65.076\pm3\times0.002)$mm$=(65.076\pm0.006)$mm,即真值落在65.070~65.082 mm区间的置信概率度大于99.73%。

如果t分别取1和2,由表2-2可知,结果如下。

当$t=1$时,真值有68.26%的可能落在区间(65.076 ± 0.002) mm。

当$t=2$时,真值有95.44%的可能落在区间$(65.076\pm2\times0.002)$ mm。

相比之下,当$t=3$时,对真值所在区间的估计最为合理。

2. 系统误差

系统误差是指同一测量条件下,对同一量值进行重复测量,其误差的方向不变,大小也无明显波动,或以某种规律波动而引起的测量误差。这种误差主要来源于计量器具本身,所以也称为固有误差。固有误差不容易从根本上消除,但可以利用标准量块或其他标准计量器具对所使用的量具进行检定后,再通过引入修正值将其减小。

3. 粗大误差

粗大误差是指在获得实际量值时量值突变且幅度较大,明显与绝大部分量值背离的测量误差。该量值称为异常值。产生粗大误差的客观因素为检测条件可能发生了变化。例如,辅助器具松弛,定位不准确,测量面清洁度下降等;检测人员操作不当(人为因素)致读值错误或数据记录发生错误等。

必须将粗大误差从测量误差记录中剔除,以免影响标准偏差 σ 的计算,进而导致在对真值区间进行估算时产生错误等。

四、测量精度的类型

测量精度与测量误差实际上是对同一概念的不同表述。例如,游标卡尺可以分辨出 0.02 mm 的尺寸,它的测量精度即为 0.02 mm,而若问它的测量误差的话,也是 0.02 mm。被测量值的测得值与真值的接近程度被定义为测量精度。与测量精度紧密相关的几个概念如下。

(1) 正确度。正确度反映系统误差对测得值的影响程度。系统误差小,正确度高。

(2) 精密度。精密度反映随机误差对测得值的影响程度。随机误差小,精密度高。

(3) 准确度。准确度反映系统误差和随机误差对测得值的综合影响程度。如果系统误差和随机误差均较小,则准确度高。

对于正确度、精密度、准确度,可以通过子弹射击靶纸时留在靶纸上的弹着点(见图 2-7)加深理解。

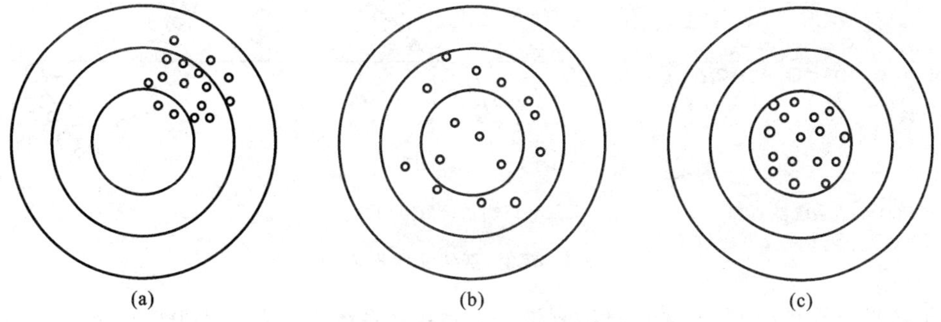

图 2-7　子弹射击靶纸时留在靶纸上的弹着点

在图 2-7(a)中,弹着点多落在 8、9 环区域,且较为集中。按照射手的心理,这些点本应都落在靶心圆之内,弹着点高度集中,又基本偏于某一位置,只能算正确度低、精密度高。这说明弹着点受射手自身和环境因素的影响不明显,但受系统(准星偏侧、射程标尺定得过远等)的影响相当明显。

在图 2-7(b)中,弹着点落在 9、10 环区域,但并不集中,说明射手自身和环境因素(击发不稳定,专注度不高,没有屏住呼吸,风速、风向影响等)对弹着点造成的影响明显,随机因素也影响着结果,但系统的影响基本看不出来,这种情况归类为正确度高、精密度低。

在图 2-7(c)中,弹着点均落在 10 环区域,显然基本上没有受到系统和随机因素的影响,射手想打哪儿就打哪儿,这种情况叫作准确度高。

五、测量误差的数据处理

1. 系统误差的处理

我们知道,系统误差有一定的规律,从计量器具中寻出原因,采取适当的措施,能从根本上消除系统误差对测得值的影响。当这种条件尚不具备时，对受系统影响而出现的数据误差进行处理，就显得很有必要了。

1）定值系统误差的处理

定值系统误差的特点是数据的大小与方向保持不变，数据本身不会改变误差的分布状态。如果改变测量条件，数据就发生分布上的改变，则说明定值系统误差是存在的。引入修正值(可以数据的算术平均值为修正值)，将修正值加入每个测量数据中，即可消除定值系统误差对测得值的影响。

定值系统散点图如图 2-8(a)所示。

2）变值系统误差的处理

变值系统误差的大小与方向均按一定的规律变化，它会影响到数据分布的状态及改变分布中心的位置。可根据测得值通过采用顺序描点法去观察点对中心值的分布趋势来判断是否存在变值系统误差。如果测得值有明显的大小变化及点有偏离中心值的分布趋势，则说明变值系统误差是存在的。

变值系统散点图如图 2-8(b)、(c)所示。

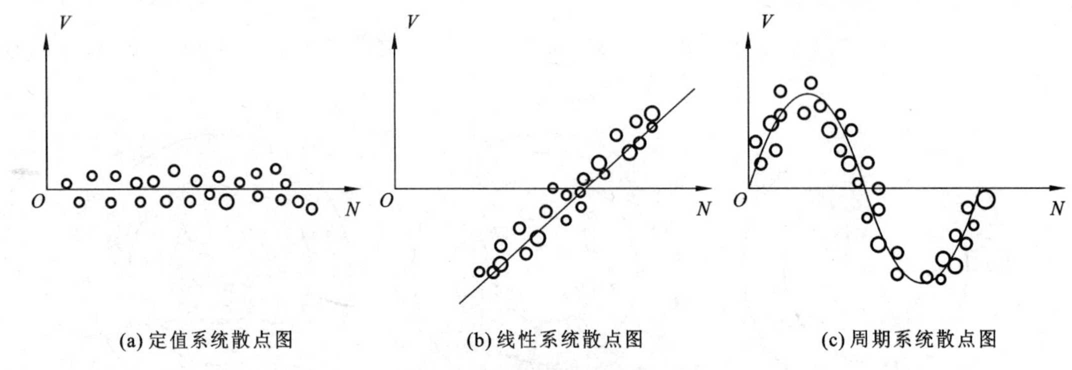

(a) 定值系统散点图　(b) 线性系统散点图　(c) 周期系统散点图

图 2-8　定值、变值系统散点图

如果数据呈线性分布，可采用对称测量法消除线性系统误差对测得值的影响。周期系统误差可通过采用相隔半个周期的两个数据的平均值作为测得值来消除对测得值的影响。

事实上，造成系统误差的原因比较复杂，如果将它的影响程度降到随机误差的影响程度，就认为消除了系统误差的影响。

2. 粗大误差的处理

如果数据中出现变化较大的测值误差，而且这个误差超出了$\pm 3\sigma$这个极限，那么可以认定这个误差属于粗大误差，应予以剔除。需要说明的是，这要考虑到操作的测量水平必须是稳定的且连续测量的数据样本个数不低于 20 个。将误差超出$\pm 3\sigma$的数据作为粗大误差数据进行剔除的原理如下。

数据真值落在$\pm 3\sigma$的概率为 99.73%，而超出$\pm 3\sigma$边界的概率只有 0.27%。就是说，连续测取样本数据 370 个左右才应有一个样本数据超出$\pm 3\sigma$($370\times 0.27\% = 0.999 \approx 1$)。一般情况下，样本测取数远没有 370 个那么多，对于在数据列中出现的超出$\pm 3\sigma$范围的误差数据，理应剔除。

3. 随机误差的处理和随机误差理论在实际检测中的应用

1）随机误差的处理

在测量条件不变的前提下，对同一量值进行多次测量，可以得到一组数据。在排除系统误差及粗大误差的影响后，利用频率足够大的测量次数，结合随机误差总和趋于零的特点，以测得值的算术平均值代替真值，并用以下方法估算标准偏差，进而可以确定测量结果。

(1) 计算测得值的算术平均值(测量次数为 n)。

设测量得值为 $x_1, x_2, x_3, \cdots, x_n$，则算术平均值为

$$P=\frac{x_1+x_2+x_3+\cdots+x_n}{n} \tag{2-8}$$

(2) 计算残差(残余误差)。

残差(V_i)是指各个测得值 x_i 与测得值的算术平均值 P 的差，即

$$V_i=x_i-P \tag{2-9}$$

残差在 n 足够大时，服从

$$V_1+V_2+V_3+\cdots+V_n=0 \tag{2-10}$$

(3) 估算数据中单次测得值的标准偏差。

根据各测得值的残差，按贝塞尔公式计算单次测得值的标准偏差估算值，即

$$\sigma=\left(\frac{V_1^2+V_2^2+V_3^2+\cdots+V_n^2}{n-1}\right)^{\frac{1}{2}} \tag{2-11}$$

按照概率分布，单次测得值的测量结果为 x_e 时，可表示为

$$x_e=x_i\pm 3\sigma \tag{2-12}$$

(4) 计算测得值算术平均值的标准偏差。

在相同的测量条件下，对同一被测量值进行 k 组的反复测量，每组均测 n 次，将获得 k 个不同的算术平均值。由残差原理可知，k 个算术平均值比每一个单次测得值的离散程度要小得多，因此残差的离散程度同样使用标准偏差作为评定指标。在误差理论中，k 个误差的算术平均值的标准偏差 σ_P 与单次测得值的标准偏差 σ 有如下关系。

$$\sigma_P=\frac{\sigma}{n^{1/2}} \tag{2-13}$$

式中　n——每组的测取次数。

显然，n 越大，σ_P 越小，测量精度越高，不过 n 过大也不便操作，由式(2-13)可知，当 n 分别取 16、25、36 时，σ 与 $n^{1/2}$ 的比对应为 1/4、1/5、1/6，已基本满足比较分析的需要。因此，将每组的测取样本数 n 控制为 16～36 已经足够，这也从另一个角度对应了处理粗大误差时连续测量的数据样本个数不低于 20 个的要求。

同理，k 组的算术平均值的测量极限误差为

$$\delta_P=\pm 3\sigma_P \tag{2-14}$$

按照概率分布，k 组的算术平均值的测量结果为 x_e 时，可表示为

$$x_e=P\pm 3\sigma_P \tag{2-15}$$

σ_P/P 与 n 的函数关系如图 2-9 所示。

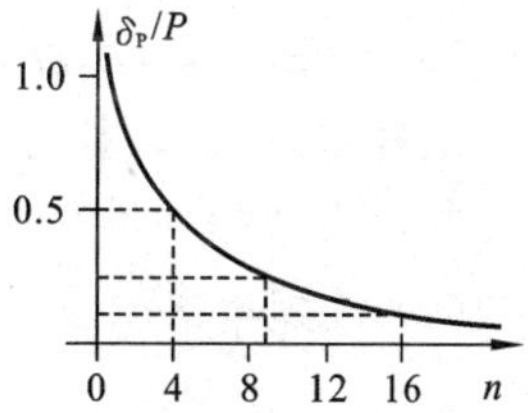

图 2-9　σ_P/P 与 n 的函数关系

2) 随机误差理论在实际测量中的应用

在测量条件不变的前提下，对一批零件的连续测量可视为等精度测量。假设测得值中不存系统误差及粗大误差，可以直接运用随机误差处理方式对被测量值的测量结果做出估算。

【例 2-3】　对尺寸为 $\phi 50H8(^{+0.046}_{0})$ 的工件进行连续 16 次等精度测量，实测值如表 2-3 所示，试求工件的真值区间。

解:(1)按测取顺序排列数据,并计算数据的算术平均值。

表 2-3　例 2-3 数据处理计算表

序　　号	x/mm	$V_i = x_i - P/\mu m$	$V_i^2 = (x_i - P)^2/\mu m^2$
1	50.038	+13	169
2	50.010	−15	225
3	50.022	−3	9
4	50.029	+4	16
5	50.016	−9	81
6	50.040	+15	225
7	50.015	−10	100
8	50.025	0	0
9	50.030	+5	25
10	50.008	−17	289
11	50.036	+11	121
12	50.031	+6	36
13	50.017	−8	64
14	50.028	+3	9
15	50.020	−5	25
16	50.035	+10	100
	$P=50.025$	$\sum V_i = 0$	$\sum V_i^2 = 1\ 494$

(2) 判断是否存在定值系统误差影响。由表得 $x_1 \sim x_{16}$ 数据基本处于算术平均值 50.025 mm 两旁,数据没有明显规律性亦没有周期性表现,可判定检测数据正常,数据中不存在定值系统误差影响。

(3) 计算残差,填表 2-3(已填好)并判断变值系统误差情况。

从残差发现,数据并无线性趋势及周期性表现,且基本落在算术平均值 50.025 mm 两旁,由可判定为数据中不存在变值系统误差影响。

(4) 计算单次测量值的标准偏差。

$$\sigma = \left(\frac{V_1^2 + V_2^2 + V_3^2 + \cdots + V_{16}^2}{n-1}\right)^{\frac{1}{2}}$$

$$\sigma = \left(\frac{1\ 494}{16-1}\right)^{\frac{1}{2}}\ \mu m = 9.98\ \mu m$$

(5) 判断是否存在粗大误差。

按照有界性原则,数据中没有出现绝对值大于 17 μm 的残差,故判定数据中没有粗大误差(因为:$|3\sigma| = 3\times 9.98\ \mu m = 29.94\ \mu m$,$17\ \mu m < 29.94\ \mu m$)。

(6) 计算数据算术平均值的标准偏差 σ_P。

$$\sigma_P=\frac{\sigma}{n^{\frac{1}{2}}}=\frac{9.98}{16^{\frac{1}{2}}}\ \mu m=\frac{9.98}{4}\mu m=2.495\ \mu m$$

(7) 计算数据算术平均值的测量极限误差 δ_P。

$$\delta_P=\pm 3\sigma_P=\pm 3\times 2.495\ \mu m=\pm 7.485\ \mu m$$

$$\delta_P=0.007\ 485\ mm\approx 0.007\ 5\ mm$$

(8) 确定最终的测量结果 x_e。

$$x_e=P\pm\delta_P=(50.025\pm 0.007\ 5)\ mm$$

计算结果说明，孔实际尺寸在 50.0175～50.0325 mm 范围内时，拥有 99.73%的置信度，可推断出测量数据基本不存在人为修改的影响。

【复习提要】

本章是名词、术语、概念较多的章节，要求熟悉相关术语的含义。量值传递是计量标准的来源及传承，了解量值传递是有必要的。计量器具的技术指标及相对测量、综合测量的概念是要掌握的知识点。在了解测量误差的基础上，要熟悉造成测量误差的有关因素。其中系统误差、粗大误差、随机误差都是要掌握的知识。

随机误差的相关内容是本章的重点。其中，随机误差的分布特性、置信概率计算要重点掌握。本章中随机误差测量数据的处理是学习的难点，根据数据的分布情况区分测量误差类型是重要的知识点。要熟悉和掌握随机误差的处理步骤、数理运算，熟悉随机误差理论在实际测量中的应用。

【思考与练习题】

2-1 试述正确度、精密度、准确度三者的不同。

2-2 何为测量误差？它的主要来源有哪些？

2-3 何为系统误差、粗大误差和随机误差？三者有何区别？如何进行处理？

2-4 试分别从 83 块一套的量块中选取合适尺寸的量块，分别组合出尺寸 48.98 mm、19.875 mm。

2-5 用两种测量方法分别测量 100 mm 和 200 mm 两段长度，前者的绝对误差为 +8 μm，后者的绝对误差为 −11 μm，试比较两者测量精度的高低。

2-6 某尺寸的测得均值为 102.366 mm，已知本次测量的标准偏差 $\sigma=0.004$ mm，试求真值的合理区间。

2-7 怎样鉴定粗大误差？若数据列中存在粗大误差，应如何处理？

2-8 对同一几何量做 20 次等精度连续测量，按顺序记录测量数据如下(单位：mm)。

52.040　52.044　52.041　52.043　52.042　52.044　52.040　52.041　52.042　52.043
52.042　52.040　52.042　52.044　52.042　52.041　52.044　52.043　52.040　52.042

设数据列中没有变值系统误差影响，试解决以下问题。

(1) 判断是否存在定值系统误差影响？

(2) 编制数据表并计算残差。

(3) 计算单次测量值标准偏差 σ。

(4) 判断是否存在粗大误差。

(5) 计算数据算术平均值的标准偏差 σ_P。

(6) 计算数据算术平均值的测量极限误差 δ_P。

第3章

极限与配合

3.1 基本术语及其定义

要使零件具有互换性,就必须保证零件的尺寸、几何形状、相互位置及表面特征技术要求的一致性。就尺寸而言,互换性要求尺寸具有一致性,并不是要求零件准确地制成一个指定的尺寸,而只要求尺寸在某一合理的范围内。对于相互接合的零件,这个范围既要保证相互接合的尺寸之间形成一定的关系,以满足不同的使用要求,又要保证在制造上是经济合理的。这样就形成了"极限与配合"的概念。由此可见,"极限"用于协调机器零件使用要求与制造经济性之间的矛盾,"配合"用于反映零件组合时相互之间的关系。

标准化的极限与配合制,有利于机器的设计、制造、使用与维修,有利于保证产品的精度、使用性能及延长寿命等,也有利于刀具、量具、夹具和机床等工艺装备的标准化。

一、孔与轴概念的扩充

从狭义上来说,孔是零件结构上圆柱形的内表面。笔套就是一个经典意义上的孔。轴是零件结构上圆柱形的外表面。笔杆就是一个经典意义上的轴。然而,狭义上的孔与轴给零件的设计和生产,尤其是对尺寸的设计与标注以及检测带来了极大的困难,棱柱形的内表面算孔吗?矩形长条状零件算不算轴?概念的不清晰直接影响设计及尺寸标注的严谨性和合理性。要解决这样的困难,有必要对孔与轴的概念进行扩充。

孔——零件结构为包容面,在此包容面内没有本体材料。不管是否为圆柱形,只要具备包容面的结构且包容面内没有本体材料的都称为孔。

轴——零件结构为被包容面,在此被包容面外没有本体材料。不管是否为圆柱形,只要具有被包容面的结构且被包容面外没有本体材料的,均称为轴。

如图 3-1 所示,内表面由单一尺寸 B、D、L、B_1、L_1 所确定的部分都称为孔;外表面由单一尺寸 d、l、l_1 所确定的部分都称为轴。

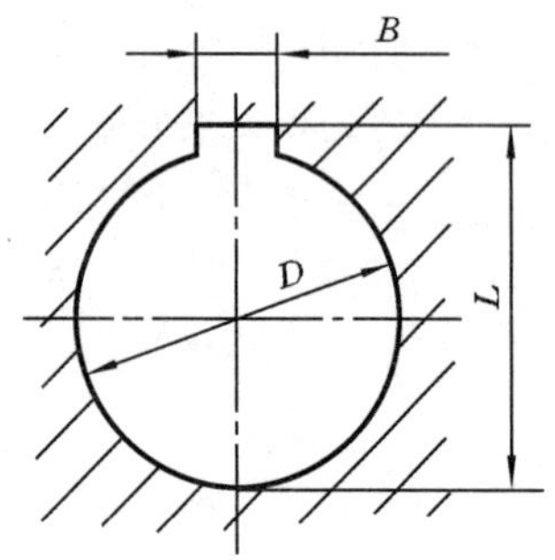

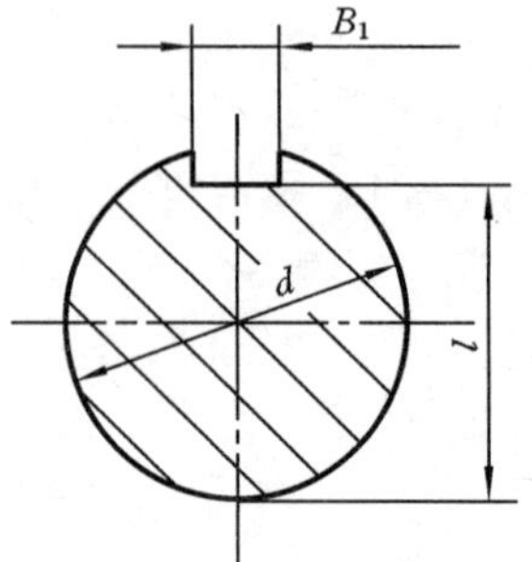

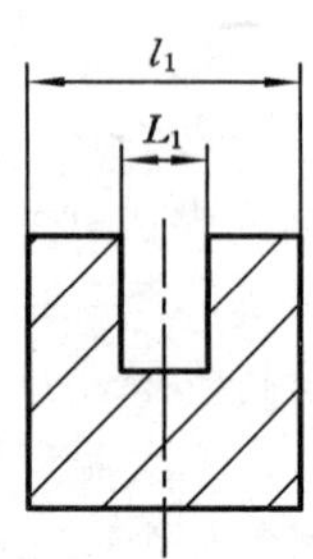

图 3-1　孔与轴

零件中，轴中带孔的结构比比皆是，而孔中带轴更多的是一种装配关系的反映，这就是后面要谈到的孔零件与轴零件的配合性质。

二、有关尺寸的术语及其定义

1. 尺寸

用特定单位表示两点间距离的数值称为尺寸。从尺寸的定义可知，尺寸指的是长度的值，由数字和特定单位两个部分组成，如 20 mm、40 μm 等。被表示的长度除包括圆的直径和圆弧半径外，还包括一般所指的长度、宽度、高度和中心距等，但不包括角度。

2. 公称尺寸

设计时给定的尺寸称为公称尺寸。在用字母表示公称尺寸时，用大写字母表示孔，用小写字母表示轴（如 D、d 分别表示孔、轴的直径）。公称尺寸是设计人员根据产品的使用性能、零件的强度和刚度要求，通过计算、试验或类比相似零件并根据已有经验而确定的。如图 3-2 所示，ϕ20 mm 为轴零件外圆的公称尺寸，而 30 mm 为轴长度的公称尺寸。

为了简化切削刀具（如钻头、铰刀）、测量工具（如塞规、卡规）、型材和零件尺寸的规格，GB/T 2822—2005 已将机械制造业中 0.01～20 000 mm 范围内的尺寸加以标准化，这些标准化了的尺寸称为标准尺寸。标准尺寸适用于有互换性或系列化要求的主要尺寸（如安装、连接尺寸，有公差要求的配合尺寸等），其他结构尺寸也应尽量采用标准尺寸。

3. 实际尺寸（D_a，d_a）

实际尺寸是通过测量得到的尺寸。由于加工误差的存在，按同一图样要求所加工的各个零件，实际尺寸往往不相同。即使是同一零件，它在不同位置、不同方向上的实际尺寸也往往不一样，如图 3-3 所示，故实际尺寸是实际零件上某一位置的测量值。加之测量时存在测量误差，所以实际尺寸并非真值。

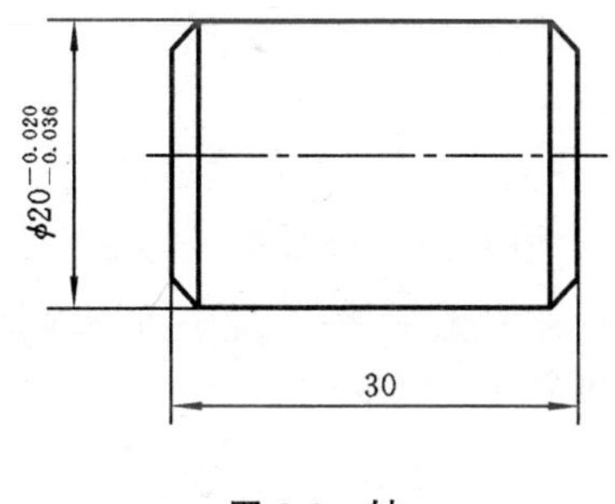

图 3-2　轴

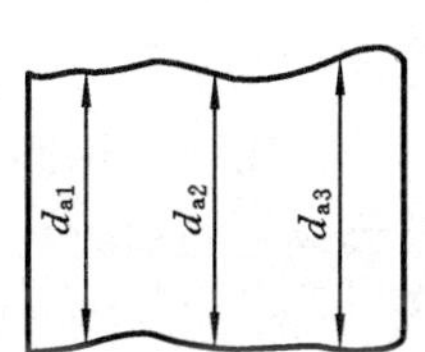

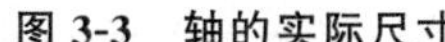

图 3-3　轴的实际尺寸

4. 极限尺寸

极限尺寸是指允许尺寸变化范围的两个界限值。其中较大值称为上极限尺寸（D_{max}，d_{max}），较小值称为下极限尺寸（D_{min}，d_{min}），如图 3-4(a)所示。

5. 最大实体状态(MMC)与最大实体尺寸(MMS)

孔或轴具有允许的材料量为最多时的状态称为最大实体状态。在最大实体状态下的极限尺寸称为最大实体尺寸，它是孔的下极限尺寸和轴的上极限尺寸的统称。孔和轴的最大实体尺寸分别以 D_M 和 d_M 表示。

6. 最小实体状态(LMC)与最小实体尺寸(LMS)

孔或轴具有允许的材料量为最小时的状态称为最小实体状态。在最小实体状态下的极限尺寸称为最小实体尺寸,它是孔的上极限尺寸和轴的下极限尺寸的统称。孔和轴的最小实体尺寸分别以 D_L 和 d_L 表示。

三、有关偏差与公差的术语及其定义

1. 尺寸偏差

尺寸偏差(简称偏差)是指某一尺寸减公称尺寸所得的代数差,其值可正、可负或为零。

1) 实际偏差

实际偏差是实际尺寸减公称尺寸所得的代数差,记为

$$实际偏差=D_a-D(或\ d_a-d) \tag{3-1}$$

2) 极限偏差

极限偏差是极限尺寸减公称尺寸所得的代数差。其中,上极限尺寸与公称尺寸之差称为上极限偏差(ES,es),下极限尺寸与公称尺寸之差称为下极限偏差(EI,ei),如图 3-4(a)所示,分别记为

$$\begin{aligned}\mathrm{ES}=D_{\max}-D,\quad \mathrm{es}=d_{\max}-d\\ \mathrm{EI}=D_{\min}-D,\quad \mathrm{ei}=d_{\min}-d\end{aligned} \tag{3-2}$$

2. 尺寸公差(T_h,T_s)

尺寸公差(简称公差)是指允许尺寸的变动量,如图 3-4(a)所示。公差、极限尺寸和极限偏差的关系为

孔公差 $$T_h=D_{\max}-D_{\min}=\mathrm{ES}-\mathrm{EI}$$

轴公差 $$T_s=d_{\max}-d_{\min}=\mathrm{es}-\mathrm{ei} \tag{3-3}$$

由式(3-3)可知,公差值永远为正值。

3. 公差带图

前述有关尺寸、极限偏差及公差是利用图 3-4(a)进行分析的。从图中可见,由于公差的数值比公称尺寸的数值小得多,不便用同一比例表示。显然,图中的公差部分被放大了。如果只是为了表明尺寸、极限偏差及公差之间的关系,可以不画出孔与轴的全形,而采用简单的公差带图表示,如图 3-4(b)所示。公差带图由零线和尺寸公差带两个部分组成。

1) 零线

在公差带图中,确定偏差的一条基准直线称为零线。它是公称尺寸所指的线,是偏差的起始线。零线上方表示正偏差,零线下方表示负偏差。在画公差带图时,要注上相应的符号"+"和"-",并在零线的下方画上带单箭头的尺寸线并注上公称尺寸值。

2) 尺寸公差带

在公差带图中,由代表上、下极限偏差的两条直线所限定的区域称为尺寸公差带(简称公差带)。通常孔公差带用自右上向左下的斜线画于框格内,轴公差带用自左上向右下的斜线画于框格内。公差带在垂直零线方向上的宽度代表公差值,上面的线表示上极限偏差,下面的线表示下极限偏差。公差带沿零线方向的长度可适当选取。在公差带图中,尺寸的单位为毫米(mm),偏差的单位为微米(μm),在图中单位省略不写。需要注意的是,在计算时公差和偏差的

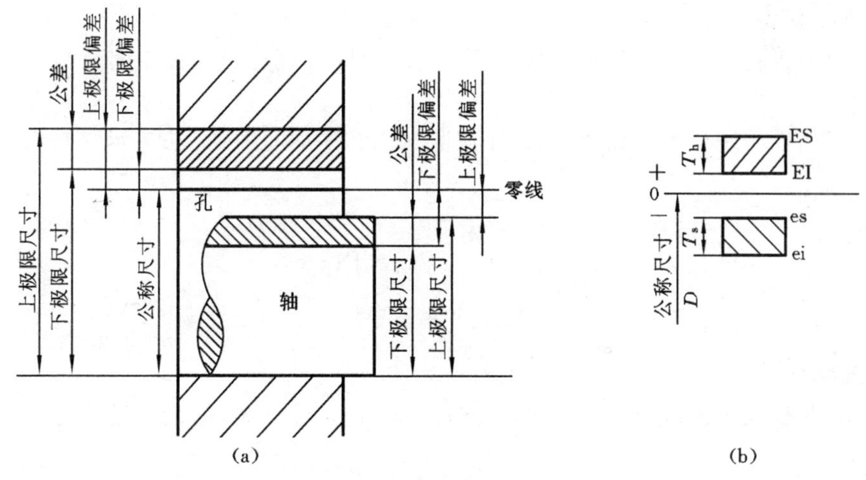

图 3-4　极限与配合示意图

单位必须统一，图样尺寸标注时偏差的单位必须为毫米(mm)。

4. 标准公差(IT)

标准公差是指国家标准所规定的已标准化的公差值，它确定了公差带的大小。

5. 基本偏差

基本偏差是指用于确定公差带相对于零线位置的上极限偏差或下极限偏差。国家标准规定，以相对更加靠近零线的那个极限偏差作为基本偏差。以图 3-5 所示孔公差带为例，当公差带完全在零线的上方或孔的下极限偏差正好在零线上时，孔的下极限偏差(EI)为基本偏差；当公差带完全在零线的下方或孔的上极限偏差正好在零线上时，孔的上极限偏差(ES)为基本偏差；而当公差带对称于零线分布时，孔的上、下极限偏差中的任何一个都可作为基本偏差。

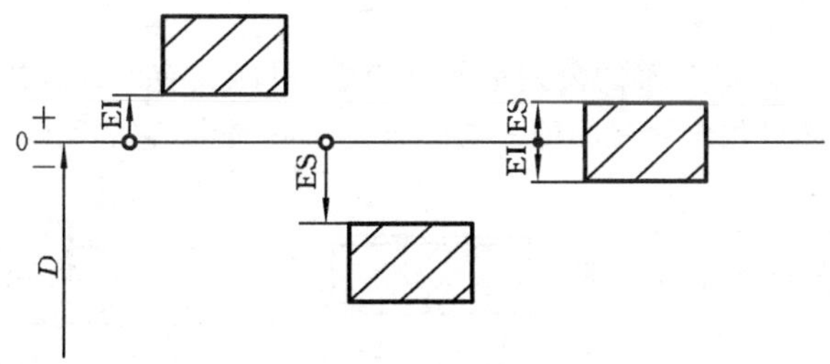

图 3-5　基本偏差

四、有关配合的术语及其定义

1. 配合

配合是指公称尺寸相同、相互接合的孔、轴公差带之间的关系。

2. 间隙与过盈

在孔与轴的配合中，孔的尺寸减去轴的尺寸所得的代数差为正时称为间隙(X)，为负时称为过盈(Y)。

3. 配合的种类

根据孔、轴公差带之间的关系，配合分为三大类，即间隙配合、过盈配合和过渡配合。

1) 间隙配合

间隙配合是指孔的公差带位于轴的公差带之上,具有间隙(包括最小间隙为零)的配合,如图3-6所示。

间隙配合的性质用最大间隙 X_{max}、最小间隙 X_{min} 和平均间隙 X_{av} 来表示。它们的计算公式分别为

$$X_{max}=D_{max}-d_{min}=ES-ei \tag{3-4}$$

$$X_{min}=D_{min}-d_{max}=EI-es \tag{3-5}$$

$$X_{av}=\frac{X_{max}+X_{min}}{2} \tag{3-6}$$

2) 过盈配合

过盈配合是指孔的公差带位于轴的公差带之下,具有过盈(包括最小过盈为零)的配合,如图3-7所示。

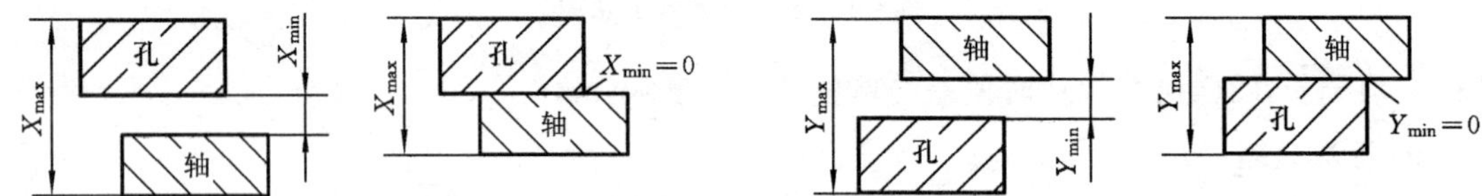

图3-6 间隙配合　　图3-7 过盈配合

过盈配合的性质用最小过盈 Y_{min}、最大过盈 Y_{max} 和平均过盈 Y_{av} 来表示。它们的计算公式分别为

$$Y_{min}=d_{min}-D_{max}=ei-ES \tag{3-7}$$

$$Y_{max}=d_{max}-D_{min}=es-EI \tag{3-8}$$

$$Y_{av}=\frac{Y_{max}+Y_{min}}{2} \tag{3-9}$$

3) 过渡配合

过渡配合是指孔的公差带与轴的公差带相互交叠,可能具有间隙或过盈的配合,如图3-8所示。它是介于间隙配合和过盈配合之间的一类配合。一般而言,它的间隙或过盈都不会很大。

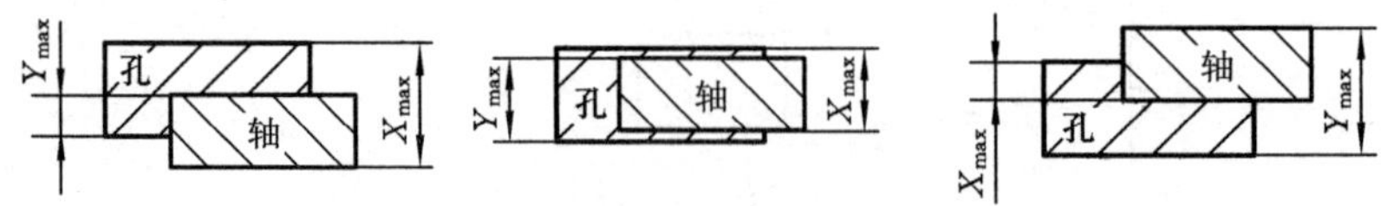

图3-8 过渡配合

过渡配合的性质用最大盈隙(X_{max}、Y_{max})、最小盈隙(X_{min}、Y_{min})以及各自的平均值 $(XY_{max})_{av}$、$(XY_{min})_{av}$ 表示。$(XY_{max})_{av}$、$(XY_{min})_{av}$ 的计算公式分别为

$$(XY_{max})_{av}=\frac{X_{max}+Y_{max}}{2} \tag{3-10}$$

$$(XY_{min})_{av}=\frac{X_{min}+Y_{min}}{2} \tag{3-11}$$

4. 配合公差(T_f)

配合公差是指允许间隙或过盈的变动量。它表示配合精度,是评定配合质量的一个重要综合指标。

从配合的定义出发，配合公差必定与相配合的孔、轴公差带的高度相关。三种配合性质的配合公差如何体现、异同在哪里，是我们必须掌握的。因为配合公差指的是配合尺寸允许的变动范围，具体说就是由孔、轴公差带构成的间隙或过盈允许的变动量。我们知道，对于间隙配合而言，配合公差应该体现为允许的间隙变动量。同理，过盈配合的配合公差也应该体现为允许的过盈变动量。对于过渡配合，由于可能出现间隙也可能出现过盈，所以配合公差应体现的是孔、轴间隙、过盈的最大变动量或最小变动量之间的关系。

我们不妨列出孔、轴配合时尺寸允许变动范围的所有关系式。

设 $A_i(i=1,2,3,\cdots,8)$为配合时盈隙的变动范围(此时不能称为配合公差)，有

$$A_1=X_{max}+Y_{max},\quad A_2=X_{min}+Y_{min},\quad A_3=|X_{max}-Y_{max}|,$$
$$A_4=|X_{min}-Y_{min}|,\quad A_5=|X_{max}-Y_{min}|,\quad A_6=|Y_{max}-X_{min}|,$$
$$A_7=X_{min}+Y_{max},\quad A_8=X_{max}+Y_{min}$$

由关系

$$X_{max}=\mathrm{ES}-\mathrm{ei},\quad X_{min}=\mathrm{EI}-\mathrm{es},\quad Y_{max}=\mathrm{es}-\mathrm{EI},\quad Y_{min}=\mathrm{ei}-\mathrm{ES}$$

得

$$X_{max}=-Y_{min},\quad X_{min}=-Y_{max}$$

因此，

$$A_1=|A_2|=|X_{min}+Y_{min}|,\quad A_3=A_4=X_{max}+X_{min}=|-(Y_{max}+Y_{min})|,$$
$$A_5=2X_{max},\quad A_6=2Y_{max},\quad A_7=A_8=0$$

现在我们可以对这8条关系式的合理性进行探讨。

A_3、A_4在绝对值的定义下是相等的，我们可以从公差的概念里得知 $X_{max}+X_{min}=Y_{max}+Y_{min}$，尽管孔、轴的基本偏差系列不尽相同，但必须是同级的配合才会令得等号两端相等。过渡配合一般来说都是应用在间隙或过盈都不会很大的配合，按国家标准规定同级配合是从IT8级开始。因为IT8属于经济公差等级，所以IT8级的公差相对而言算是较松的了，因此 A_3、A_4用来代表配合公差是不合理的。

A_5、A_6其实是等价的，很显然连配合件的尺寸偏差参数都不需要考虑，A_5、A_6肯定不会是配合公差的正确表达。

A_7与 A_8相等本身不是问题，但是等于0与公差恒大于0的属性相悖，我们可以将它们轻易地排除掉。

再看看 A_1与 A_2。A_1是个正数而 A_2是个负数，也只有在绝对值的定义下才会相等，况且运算的是配合公差也不应该是负数。因此，要明确配合公差运算中负号代表的意义其实是孔、轴公差带的位置关系。如图3-8所示，这三种情况可视作孔的公差带位置固定不变而轴的公差带的位置在不断上升，可以理解到 $X_{max}=-Y_{min}$及 $X_{min}=-Y_{max}$正是公差带位置改变的结果而不应得出公差是负数这样一个悖论。

如果 A_1可以获得与孔、轴公差的相关关系，那么可以确定它就是配合公差的表达式。

$$A_1=X_{max}+Y_{max}=\mathrm{ES}-\mathrm{ei}+\mathrm{es}-\mathrm{EI}=\mathrm{ES}-\mathrm{EI}+\mathrm{es}-\mathrm{ei}=T_h+T_s$$

以 T_f为配合公差，有 $A_1=T_f$，则

$$T_f=T_h+T_s \tag{3-12}$$

式(3-12)表明孔与轴的配合公差等于孔公差与轴公差之和。这就告诉我们配合精度(配合公差)取决于相互配合的孔和轴的尺寸精度(尺寸公差)。在设计时可根据配合公差来决定孔和轴的尺寸公差。

对于间隙配合公差，基于 $X_{max}+Y_{max}$，由 $X_{min}=-Y_{max}$得

$$T_f = X_{max} - X_{min} \tag{3-13}$$

对于过盈配合公差，基于 $X_{max}+Y_{max}$，由 $X_{max}=-Y_{min}$ 得

$$T_f = Y_{max} - Y_{min} \tag{3-14}$$

对于过渡配合公差，有如下运算：

(1) $$T_f = X_{max} + Y_{max} \tag{3-15}$$

(2) $$T_f = | X_{min} + Y_{min} | \tag{3-16}$$

3.2 标准公差和基本偏差

在机械制造中，小于或等于 500 mm 的尺寸段在生产实践中应用最广。本节只对该尺寸段进行介绍。

一、标准公差系列

标准公差系列是国家标准制定出的一系列标准公差数值，如表 3-1 所示。标准公差系列包含四项内容：公差等级、公差单位、公称尺寸分段和标准公差值。

表 3-1 标准公差数值

公称尺寸/mm		标准公差等级																			
		IT01	IT0	IT1	IT2	IT3	IT4	IT5	IT6	IT7	IT8	IT9	IT10	IT11	IT12	IT13	IT14	IT15	IT16	IT17	IT18
大于	至	μm													mm						
	3	0.3	0.5	0.8	1.2	2	3	4	6	10	14	25	40	60	0.1	0.14	0.25	0.4	0.6	1	1.4
3	6	0.4	0.6	1	1.5	2.5	4	5	8	12	18	30	48	75	0.12	0.18	0.3	0.48	0.75	1.2	1.8
6	10	0.4	0.6	1	1.5	2.5	4	6	9	15	22	36	58	90	0.15	0.22	0.36	0.58	0.9	1.5	2.2
10	18	0.5	0.8	1.2	2	3	5	8	11	18	27	43	70	110	0.18	0.27	0.43	0.7	1.1	1.8	2.7
18	30	0.6	1	1.5	2.5	4	6	9	13	21	33	52	84	130	0.21	0.33	0.52	0.84	1.3	2.1	3.3
30	50	0.6	1	1.5	2.5	4	7	11	16	25	39	62	100	160	0.25	0.39	0.62	1	1.6	2.5	3.9
50	80	0.8	1.2	2	3	5	8	13	19	30	46	74	120	190	0.3	0.46	0.74	1.2	1.9	3	4.6
80	120	1	1.5	2.5	4	6	10	15	22	35	54	87	140	220	0.35	0.54	0.87	1.4	2.2	3.5	5.4
120	180	1.2	2	3.5	5	8	12	18	25	40	63	100	160	250	0.4	0.63	1	1.6	2.5	4	6.3
180	250	2	3	4.5	7	10	14	20	29	46	72	115	185	290	0.46	0.72	1.15	1.85	2.9	4.6	7.2
250	315	2.5	4	6	8	12	16	23	32	52	81	130	210	320	0.52	0.81	1.3	2.1	3.2	5.2	8.1
315	400	3	5	7	9	13	18	25	36	57	89	140	230	360	0.57	0.89	1.4	2.3	3.6	5.7	8.9
400	500	4	6	8	10	15	20	27	40	63	97	155	250	400	0.63	0.97	1.55	2.5	4	6.3	9.7

1. 公差等级

确定尺寸精确程度的等级称为公差等级。规定和划分公差等级的目的是简化和统一公差的要求，使规定的等级既能满足不同的使用要求，又能规范不同公差等级的尺寸精度，为零件设计和制造带来极大的方便。

标准公差分为 20 个等级，用 IT01，IT0，IT1，IT2，…，IT18 来表示。等级依次降低，标准公

差值依次增大，计算公式如表 3-2 所示。

表 3-2 标准公差的计算公式

公差等级	计算公式	公差等级	计算公式	公差等级	计算公式
IT01	$0.3+0.008D$	IT6	$10i$	IT13	$250i$
IT0	$0.5+0.012D$	IT7	$16i$	IT14	$400i$
IT1	$0.8+0.020D$	IT8	$25i$	IT15	$640i$
IT2	$(\mathrm{IT1})(\mathrm{IT5}/\mathrm{IT1})^{1/4}$	IT9	$40i$	IT16	$1\ 000i$
IT3	$(\mathrm{IT1})(\mathrm{IT5}/\mathrm{IT1})^{1/2}$	IT10	$64i$	IT17	$1\ 600i$
IT4	$(\mathrm{IT1})(\mathrm{IT5}/\mathrm{IT1})^{3/4}$	IT11	$100i$	IT18	$2\ 500i$
IT5	$7i$	IT12	$160i$		

IT5～IT18 级的标准公差按下式计算：

$$T=ai \tag{3-17}$$

式中 a——公差等级系数，除了 IT5 的公差等级系数 a 为 7 以外，从 IT6 开始，公差等级系数采用 R5 优先数系，即公比 $q=\sqrt[5]{10}\approx1.6$ 的等比数列，每隔 5 级，公差数值增加 10 倍；

i——公差单位，是以公称尺寸为自变量的函数。

2. 公差单位

公差单位是计算标准公差的基本单位，它是制定标准公差数值列的基础。生产实际经验和科学统计分析表明，加工误差与尺寸的关系基本上为立方抛物线关系，即尺寸误差与尺寸的立方根成正比，如图 3-9 所示。随着尺寸的增大，测量误差的影响增大，所以在确定标准公差值时应考虑上述两个因素。国家标准总结出了公差单位的计算公式。

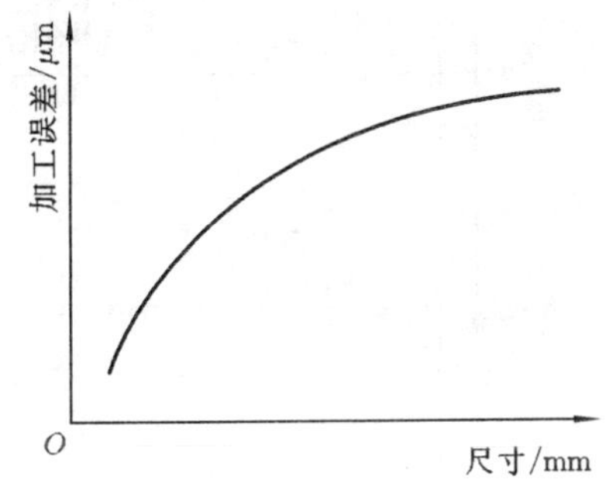

图 3-9 加工误差与尺寸的关系

对于公称尺寸小于或等于 500 mm 的尺寸段，IT5～IT18的公差单位 i 的计算公式为

$$i=0.45\sqrt[3]{D}+0.001D \tag{3-18}$$

式中 D——公称尺寸分段的计算尺寸，单位为 mm；

i——公差单位，单位为 μm。

3. 公称尺寸分段

根据表 3-2 所列的标准公差的计算公式可知，有一个公称尺寸就应该有一个相应的公差值。生产实践中的公称尺寸很多，这样就会形成一个庞大的公差数值表，给生产、设计带来很多困难。为了减少公差数目、统一公差值和方便使用，国家标准对公称尺寸进行了分段，如表 3-1 所示，公称尺寸小于或等于 500 mm 的尺寸范围分成 13 个尺寸段。

在标准公差及后面的基本偏差的计算公式中，公称尺寸(D)一律以所属尺寸分段内的首、尾两个尺寸(D_1、D_2)的几何平均值(即计算尺寸)来进行计算，即

$$D=\sqrt{D_1D_2} \tag{3-19}$$

这样，在一个公称尺寸段内只有一个公差值，极大地简化了公差表格(对于尺寸小于或等于 3 mm的公称尺寸段，$D=\sqrt{1\times3}$)。

4. 标准公差值

在公称尺寸和公差等级已定的情况下，可以按表 3-2 所列的标准公差的计算公式计算出对应

的标准公差值。为了避免因计算时尾数化整方法不一致而造成计算结果有差异,国家标准对尾数圆整做了规定(略)。为了使用方便,编出了标准公差数值表(见表3-1),使用时可直接查此表。

二、基本偏差系列

1. 基本偏差及其代号

基本偏差是用来确定公差带相对于零线的位置的。国家标准对孔和轴分别规定了28种基本偏差,分别用拉丁字母表示,其中孔用大写字母表示,轴用小写字母表示。28种基本偏差代号,由26个拉丁字母去掉5个易与其他参数相混淆的字母I、L、O、Q、W(i、l、o、q、w),剩下的21个字母加上7个双写字母CD、EF、FG、JS、ZA、ZB、ZC(cd、ef、fg、js、za、zb、zc)组成。这28种基本偏差代号反映了28种公差带位置,构成了基本偏差系列,如图3-10所示。

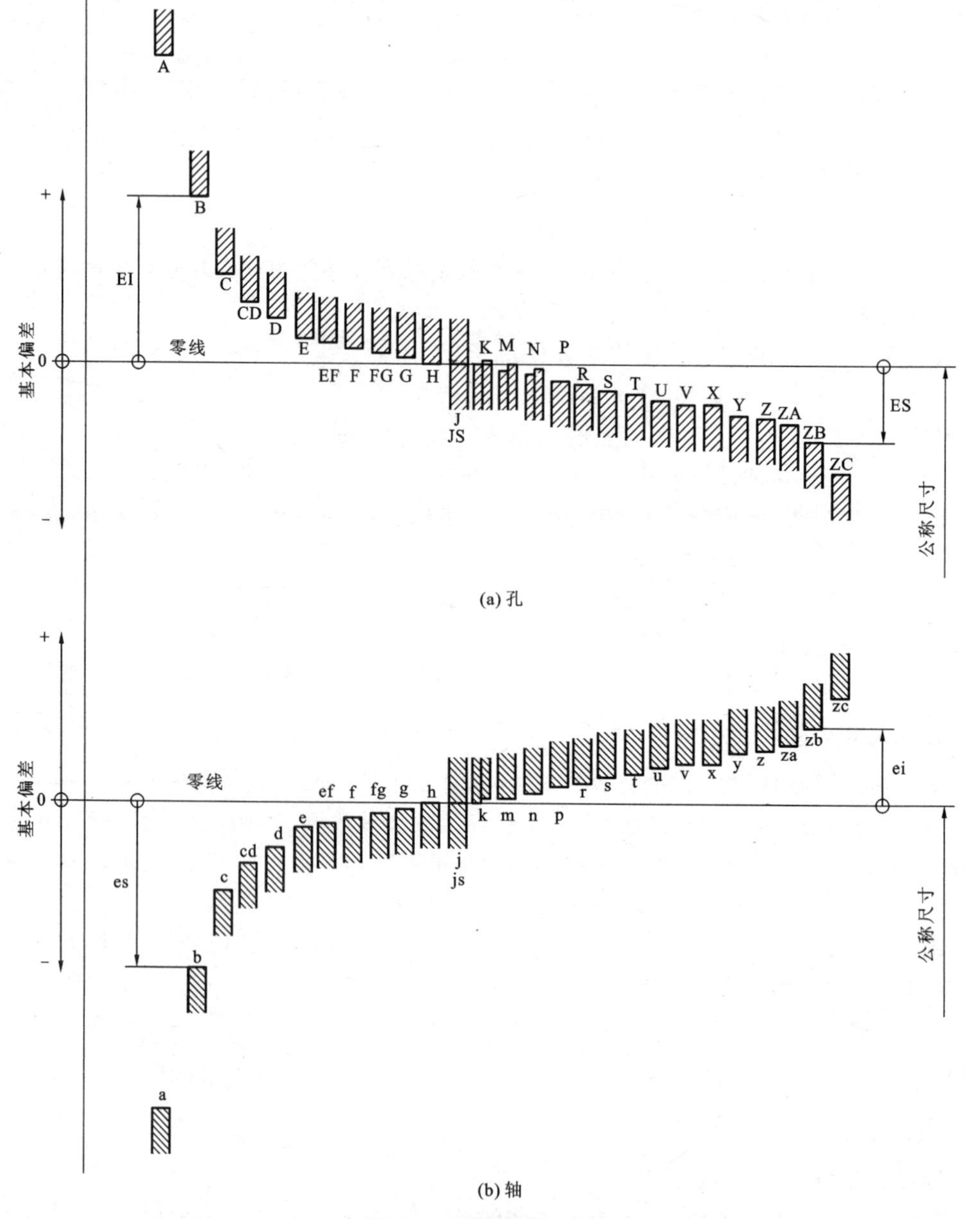

图3-10　基本偏差系列

孔的基本偏差中，A～G 的基本偏差是下极限偏差 EI(正值)；H 的基本偏差为 EI=0，此时，孔是基准孔；J～ZC的基本偏差是上极限偏差 ES；JS 的基本偏差是ES=+IT/2 或 EI=−IT/2。

在轴的基本偏差中，a～g 的基本偏差是上极限偏差 es(负值)；h 的基本偏差为 es=0，此时，轴是基准轴；j～zc 的基本偏差是下极限偏差 ei；js 的基本偏差为 es=+IT/2 或 ei=−IT/2。因此，任何一个公差带符号都由基本偏差代号和公差等级数联合表示，如 H7、h6、G8、p6 等。

基本偏差是公差带位置标准化的唯一参数，除去 JS 和 js 以及 J、j、K、k、M 和 N 以外，原则上，基本偏差与公差等级无关。

2. 轴的基本偏差数值

轴的基本偏差数值是以基准孔为基础，根据各种配合的要求，在生产实践和大量试验的基础上，根据统计分析的结果整理出一系列公式而计算出来的。公称尺寸小于或等于 500 mm 的轴的基本偏差计算公式如表 3-3 所示，计算结果也要按一定规则将尾数进行圆整。

表 3-3 公称尺寸小于或等于 500 mm 的轴的基本偏差计算公式 单位：μm

代号	适用范围	基本偏差为上极限偏差 es	代号	适用范围	基本偏差为下极限偏差 ei
a	$D\leqslant 120$ mm	$-(265+1.3D)$	j	IT5～IT8	经验数据
a	$D>120$ mm	$-3.5D$	k	≤IT3 及≥IT8	0
b	$D\leqslant 160$ mm	$-(140+0.85D)$	k	IT4～IT7	$0.6\sqrt[3]{D}$
b	$D>160$ mm	$-1.8D$	m	—	IT7−IT6
c	$D\leqslant 40$ mm	$-52D^{0.2}$	n	—	$5D^{0.34}$
c	$D>40$ mm	$-(95+0.8D)$	p	—	IT7+(0～5)
cd	—	$-\sqrt{cd}$	r	—	$\sqrt{pc}$
d	—	$-16D^{0.44}$	s	$D\leqslant 50$ mm	IT8+(1～4)
e	—	$-11D^{0.41}$	s	$D>50$ mm	IT7+0.4D
ef	—	$-\sqrt{ef}$	t	—	IT7+0.63D
f	—	$-5.5D^{0.41}$	u	—	IT7+D
fg	—	$-\sqrt{fg}$	v	—	IT7+1.25D
g	—	$-2.5D^{0.34}$	x	—	IT7+1.6D
h	—	0	y	—	IT7+2D
js=±IT_n/2			z	—	IT7+2.5D
			za	—	IT8+3.15D
			zb	—	IT9+4D
			zc	—	IT10+5D

注：① 表中 D 的单位为 mm；

② 除 j 和 js 外，表中所列公式与公差等级无关。

由图 3-10 和表 3-3 可知，在基孔制配合中，a～h 与基准孔形成间隙配合，基本偏差为上极限偏差 es，其绝对值正好等于最小间隙的数值。其中：a、b、c 三种用于大间隙或热动配合，最小间隙采用与直径成正比的关系计算；d、e、f 主要用于一般润滑条件下的旋转运动，为了保证良好的液体摩擦，最小间隙与直径成平方根关系，但考虑到表面粗糙度的影响，间隙应适当减小，所以，计算式中 D 的指数略小于 0.5；g 主要用于滑动、定心或半液体摩擦的场合，间隙取得小些，D 的指数有所减小；h 的基本偏差数值为零，它是最紧的间隙配合；至于 cd、ef 和 fg 的数值，则分别取 c 与 d、e 与 f 和 f 与 g 的基本偏差的几何平均值；j～n 与基准孔形成过渡配合，基本偏差为下极限偏差 ei，数值基本上是根据经验与统计的方法确定的；p～zc 与基准孔形成过盈配合，基本偏差为下极限偏差 ei，数值大小按一定等级的孔相配合所要求的最小过盈而定。最小过盈系数的系列符合优先数系，规律性较好，便于应用。

在实际工作中，轴的基本偏差数值不必用公式计算，为了方便使用，计算结果的数值已列成表，如表 3-4 所示，使用时可直接查表。

表 3-4　公称尺寸小于或等于 500 mm 的轴的基本偏差值　　单位：μm

公称尺寸/mm	基本偏差																
	上极限偏差 es											js	下极限偏差 ei				
	a	b	c	cd	d	e	ef	f	fg	g	h		j			k	
	所有标准公差等级												IT5 和 IT6	IT7	IT8	IT4～IT7	≤IT3 >IT7
≤3	−270	−140	−60	−34	−20	−14	−10	−6	−4	−2	0	偏差等于 $\pm\frac{IT_n}{2}$，式中，IT_n 是 IT 值数	−2	−4	−6	0	0
>3～6	−270	−140	−70	−46	−30	−20	−14	−10	−6	−4	0		−2	−4	—	+1	0
>6～10	−280	−150	−80	−56	−40	−25	−18	−13	−8	−5	0		−2	−5	—	+1	0
>10～14 >14～18	−290	−150	−95	—	−50	−32	—	−16	—	−6	0		−3	−6	—	+1	0
>18～24 >24～30	−300	−160	−110	—	−65	−40	—	−20	—	−7	0		−4	−8	—	+2	0
>30～40 >40～50	−310 −320	−170 −180	−120 −130	—	−80	−50	—	−25	—	−9	0		−5	−10	—	+2	0
>50～65 >65～80	−340 −360	−190 −200	−140 −150	—	−100	−60	—	−30	—	−10	0		−7	−12	—	+2	0
>80～100 >100～120	−380 −410	−220 −240	−170 −180	—	−120	−72	—	−36	—	−12	0		−9	−15	—	+3	0
>120～140 >140～160 >160～180	−460 −520 −580	−260 −280 −310	−200 −210 −230	—	−145	−85	—	−43	—	−14	0		−11	−18	—	+3	0
>180～200 >200～225 >225～250	−660 −740 −820	−340 −380 −420	−240 −260 −280	—	−170	−100	—	−50	—	−15	0		−13	−21	—	+4	0
>250～280 >280～315	−920 −1 050	−480 −540	−300 −330	—	−190	−110	—	−56	—	−17	0		−16	−26	—	+4	0
>315～355 >355～400	−1 200 −1 350	−600 −680	−360 −400	—	−210	−125	—	−62	—	−18	0		−18	−28	—	+4	0
>400～450 >450～500	−1 500 −1 650	−760 −840	−440 −480	—	−230	−135	—	−68	—	−20	0		−20	−32	—	+5	0

续表

公称尺寸/mm		基本偏差													
		下极限偏差 ei													
		m	n	p	r	s	t	u	v	x	y	z	za	zb	zc
大于	至	所有标准公差等级													
—	3	+2	+4	+6	+10	+14	—	+18	—	+20	—	+26	+32	+40	+60
3	6	+4	+8	+12	+15	+19	—	+23	—	+28	—	+35	+42	+50	+80
6	10	+6	+10	+15	+19	+23	—	+28	—	+34	—	+42	+52	+67	+97
10	14	+7	+12	+18	+23	+28	—	+33	—	+40	—	+50	+64	+90	+130
14	18								+39	+45	—	+60	+77	+108	+150
18	24	+8	+15	+22	+28	+35	—	+41	+47	+54	+63	+73	+90	+136	+188
24	30						+41	+48	+55	+64	+75	+88	+118	+160	+218
30	40	+9	+17	+26	+34	+43	+48	+60	+68	+80	+94	+112	+148	+200	+274
40	50						+54	+70	+81	+97	+114	+136	+180	+242	+325
50	65	+11	+20	+32	+41	+53	+66	+87	+102	+122	+144	+172	+226	+300	+405
65	80				+43	+59	+75	+102	+120	+146	+174	+210	+274	+360	+480
80	100	+13	+23	+37	+51	+71	+91	+124	+146	+178	+214	+258	+335	+445	+585
100	120				+54	+79	+104	+144	+172	+210	+254	+310	+400	+525	+690
120	140	+15	+27	+43	+63	+92	+122	+170	+202	+248	+300	+365	+470	+620	+800
140	160				+65	+100	+134	+190	+228	+280	+340	+415	+535	+700	+900
160	180				+68	+108	+146	+210	+252	+310	+380	+465	+600	+780	+1 000
180	200	+17	+31	+50	+77	+122	+166	+236	+284	+350	+425	+520	+670	+880	+1 150
200	225				+80	+130	+180	+258	+310	+385	+470	+575	+740	+960	+1 250
225	250				+84	+140	+196	+284	+340	+425	+520	+640	+820	+1 050	+1 350
250	280	+20	+34	+56	+94	+158	+218	+315	+385	+475	+580	+710	+920	+1 200	+1 550
280	315				+98	+170	+240	+350	+425	+525	+650	+790	+1 000	+1 300	+1 700
315	355	+21	+37	+62	+108	+190	+268	+390	+475	+590	+730	+900	+1 150	+1 500	+1 900
355	400				+114	+208	+294	+435	+530	+660	+820	+1 000	+1 300	+1 650	+2 100
400	450	+23	+40	+68	+126	+232	+330	+490	+595	+740	+920	+1 100	+1 450	+1 850	+2 400
450	500				+132	+252	+360	+540	+660	+820	+1 000	+1 250	+1 600	+2 100	+2 600

注：① 公称尺寸小于或等于 1 mm 时，基本偏差 a 和 b 均不采用；

② 对于公差带 IT7～IT11，若 IT 值数(μm)为奇数，则取偏差$=\pm\frac{IT_n-1}{2}$。

在轴的基本偏差确定后，另一个极限偏差可根据轴的基本偏差值和标准公差值按下列关系式计算：

$$\mathrm{ei} = \mathrm{es} - T_s \quad 或 \quad \mathrm{es} = \mathrm{ei} + T_s \tag{3-20}$$

3. 孔的基本偏差数值

孔的基本偏差数值由相同字母轴的基本偏差在相应的公差等级的基础上通过换算得到。换算的原则是：基本偏差字母代号同名的孔和轴，分别构成基轴制与基孔制的配合，在相应公差等级的条件下，它们的配合性质必须相同，即具有相同的极限间隙或极限过盈，如 H9/f9 与 F9/h9、H7/p6 与 P7/h6。

由于孔比轴加工困难，因此国家标准规定：为使孔和轴在工艺上等价，在较高精度等级的配合中，孔比轴的公差等级低一级；在较低精度等级的配合中，孔与轴采用相同的公差等级。在孔与轴的基本偏差换算中，有通用规则和特殊规则两种规则。

1) 通用规则

同名代号的孔和轴的基本偏差的绝对值相等，而符号相反，即

$$\mathrm{EI} = -\mathrm{es} \quad (适用于\ A\sim H) \tag{3-21}$$

$$\mathrm{ES} = -\mathrm{ei} \quad (适用于同级配合的\ J\sim ZC) \tag{3-22}$$

从公差带图来看，孔的基本偏差是轴的基本偏差相对于零线的倒影，如图 3-11 所示。

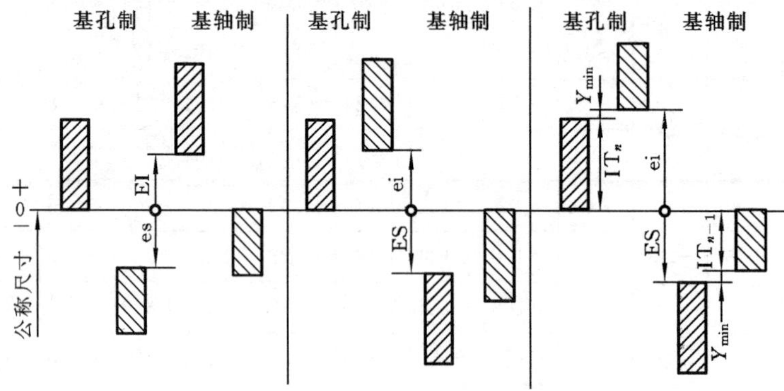

图 3-11　孔的基本偏差换算规则

2) 特殊规则

同名代号的孔和轴的基本偏差的符号相反，而绝对值相差一个 Δ 值，即

$$\left.\begin{aligned} &\mathrm{ES} = -\mathrm{ei} + \Delta \\ &\Delta = \mathrm{IT}_n - \mathrm{IT}_{n-1} = T_h - T_s \end{aligned}\right\} \tag{3-23}$$

此式适用于 3 mm＜公称尺寸≤500 mm，标准公差等于(含)IT8 的 J～N 和标准公差等于(含)IT7 的P～ZC。

用上述公式计算出孔的基本偏差按一定规则化整，编制出孔的基本偏差数值表，如表 3-5 所示。实际使用时可直接查表，不必计算。

孔的另一个极限偏差可根据下式计算：

$$\mathrm{ES} = \mathrm{EI} + T_h \quad 或 \quad \mathrm{EI} = \mathrm{ES} - T_h \tag{3-24}$$

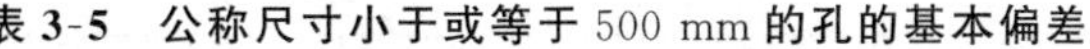

表 3-5 公称尺寸小于或等于 500 mm 的孔的基本偏差 单位：μm

公称尺寸/mm	基本偏差																		
	下极限偏差 EI											JS	上极限偏差 ES						
	A	B	C	CD	D	E	EF	F	FG	G	H		J			K		M	
	所有标准公差等级												IT6	IT7	IT8	≤IT8	>IT8	≤IT8	>IT8
≤3	+270	+140	+60	+34	+20	+14	+10	+6	+4	+2	0	偏差等于 $\pm\frac{IT_n}{2}$，式中，IT_n 是 IT 值数	+2	+4	+6	0	0	−2	−2
>3~6	+270	+140	+70	+46	+30	+20	+14	+10	+6	+4	0		+5	+6	+10	−1+Δ	—	−4+Δ	−4
>6~10	+280	+150	+80	+56	+40	+25	+18	+13	+8	+5	0		+5	+8	+12	−1+Δ	—	−6+Δ	−6
>10~14 >14~18	+290	+150	+95	—	+50	+32	—	+16	—	+6	0		+6	+10	+15	−1+Δ	—	−7+Δ	−7
>18~24 >24~30	+300	+160	+110	—	+65	+40	—	+20	—	+7	0		+8	+12	+20	−2+Δ	—	−8+Δ	−8
>30~40 >40~50	+310 +320	+170 +180	+120 +130	—	+80	+50	—	+25	—	+9	0		+10	+14	+24	−2+Δ	—	−9+Δ	−9
>50~65 >65~80	+340 +360	+190 +200	+140 +150	—	+100	+60	—	+30	—	+10	0		+13	+18	+28	−2+Δ	—	−11+Δ	−11
>80~100 >100~120	+380 +410	+220 +240	+170 +180	—	+120	+72	—	+36	—	+12	0		+16	+22	+34	−3+Δ	—	−13+Δ	−13
>120~140 >140~160 >160~180	+440 +520 +580	+260 +280 +310	+200 +210 +230	—	+145	+85	—	+43	—	+14	0		+18	+26	+41	−3+Δ	—	−15+Δ	−15
>180~200 >200~225 >225~250	+660 +740 +820	+340 +380 +420	+240 +260 +280	—	+170	+100	—	+50	—	+15	0		+22	+30	+47	−4+Δ	—	−17+Δ	−17
>250~280 >280~315	+920 +1 050	+480 +540	+300 +330	—	+190	+110	—	+56	—	+17	0		+25	+36	+55	−4+Δ	—	−20+Δ	−20
>315~355 >355~400	+1 200 +1 350	+600 +680	+360 +400	—	+210	+125	—	+62	—	+18	0		+29	+39	+60	−4+Δ	—	−21+Δ	−21
>400~450 >450~500	+1 500 +1 650	+760 +840	+440 +480	—	+230	+135	—	+68	—	+20	0		+33	+43	+66	−5+Δ	—	−23+Δ	−23

续表

公称尺寸/mm	基本偏差															Δ					
	上极限偏差 ES																				
	N		P～ZC	P	R	S	T	U	V	X	Y	Z	ZA	ZB	ZC						
	≤IT8	>IT8	≤IT7	>IT7												IT3	IT4	IT5	IT6	IT7	IT8
≤3	-4	-4	在大于IT7级的相应数值上增加一个Δ值	-6	-10	-14	—	-18	—	-20	—	-26	-32	-40	-60	0					
>3～6	-8+Δ	0		-12	-15	-19	—	-23	—	-28	—	-35	-42	-50	-80	1	1.5	1	3	4	6
>6～10	-10+Δ	0		-15	-19	-23	—	-28	—	-34	—	-42	-52	-67	-97	1	1.5	2	3	6	7
>10～14	-12+Δ	0		-18	-23	-28	—	-33	—	-40	—	-50	-64	-90	-130	1	2	3	3	7	9
>14～18									-39	-45	—	-60	-77	-108	-150						
>18～24	-15+Δ	0		-22	-28	-35	—	-41	-47	-54	-63	-73	-98	-136	-188	1.5	2	3	4	8	12
>24～30							-41	-48	-55	-64	-75	-88	-118	-160	-218						
>30～40	-17+Δ	0		-26	-34	-43	-48	-60	-68	-80	-94	-112	-148	-200	-274	1.5	3	4	5	9	14
>40～50							-54	-70	-81	-97	-114	-136	-180	-242	-325						
>50～65	-20+Δ	0		-32	-41	-53	-66	-87	-102	-122	-144	-172	-226	-300	-405	2	3	5	6	11	16
>65～80					-43	-59	-75	-102	-120	-146	-174	-210	-274	-360	-480						
>80～100	-23+Δ	0		-37	-51	-71	-91	-124	-146	-178	-214	-258	-335	-445	-585	2	4	5	7	13	19
>100～120					-54	-79	-104	-144	-172	-210	-254	-310	-400	-525	-690						
>120～140	-27+Δ	0		-43	-63	-92	-122	-170	-202	-248	-300	-365	-470	-620	-800	3	4	6	7	15	23
>140～160					-65	-100	-134	-190	-228	-280	-340	-415	-535	-700	-900						
>160～180					-68	-108	-146	-210	-252	-310	-380	-465	-600	-780	-1 000						
>180～200	-31+Δ	0		-50	-77	-122	-166	-236	-284	-350	-425	-520	-670	-880	-1 150	3	4	6	9	17	26
>200～225					-80	-130	-180	-258	-310	-385	-470	-575	-740	-960	-1 250						
>225～250					-84	-140	-196	-284	-340	-425	-520	-640	-820	-1 050	-1 350						
>250～280	-34+Δ	0		-56	-94	-158	-218	-315	-385	-475	-580	-710	-920	-1 200	-1 550	4	4	7	9	20	29
>280～315					-98	-170	-240	-350	-425	-525	-650	-790	-1 000	-1 300	-1 700						
>315～355	-37+Δ	0		-62	-108	-190	-268	-390	-475	-590	-730	-900	-1 150	-1 500	-1 900	4	5	7	11	21	32
>355～400					-114	-208	-294	-435	-530	-660	-820	-1 000	-1 300	-1 650	-2 100						
>400～450	-40+Δ	0		-68	-126	-232	-330	-490	-595	-740	-920	-1 100	-1 450	-1 850	-2 400	5	5	7	13	23	34
>450～500					-132	-252	-360	-540	-660	-820	-1 000	-1 250	-1 600	-2 100	-2 600						

注：① 公称尺寸小于或等于 1 mm 时，基本偏差 A 和 B 及大于 IT8 的 N 均不采用；

② 对于公差带 JS7～JS11，若 IT 值数(μm)为奇数，则取偏差 $=\pm\frac{IT_n-1}{2}$；

③ 特殊情况：当公称尺寸为 250～315 mm 时，M6 的 ES 等于−9 μm(不等于−11 μm)；

④ 对小于或等于 IT8 的 K、M、N 和小于或等于 IT7 的 P 至 ZC，所需 Δ 值从表右侧选取。

三、基准制

基准制是指以两个相配合的零件中的一个零件为基准件，并选定标准公差带，而改变另一个零件(非基准件)的公差带位置，从而形成各种配合的一种制度。国家标准中规定了两种平行的基准制：基孔制和基轴制。

1. 基孔制

基本偏差为一定的孔的公差带与不同基本偏差的轴的公差带形成各种配合的一种制度称为基孔制，如图 3-12(a)所示。

基孔制配合中的孔称为基准孔。国家标准规定，基准孔以下极限偏差 EI 为基本偏差。基准孔下极限偏差为零，上极限偏差为正值，公差带在零线的上方。

2. 基轴制

基本偏差为一定的轴的公差带与不同基本偏差的孔的公差带形成各种配合的一种制度称为基轴制，如图 3-12(b)所示。

基轴制配合中的轴称为基准轴。国家标准规定，基准轴以上极限偏差 es 为基本偏差。基准轴上极限偏差为零，下极限偏差为负值，公差带在零线的下方。

按照孔、轴公差带相对位置的不同，两种基准制都可以形成间隙配合、过盈配合和过渡配合三种不同的配合形式。如图 3-12(a)、(b)所示，图中基准孔的 ES 边界和基准轴的 ei 边界是两道虚线，而非基准件的公差带有一边界也是虚线，它们都表示公差带的大小是可变化的。

由上述可知，各种配合是由孔、轴公差带之间的关系决定的，而公差带的大小和位置分别由标准公差和基本偏差决定。

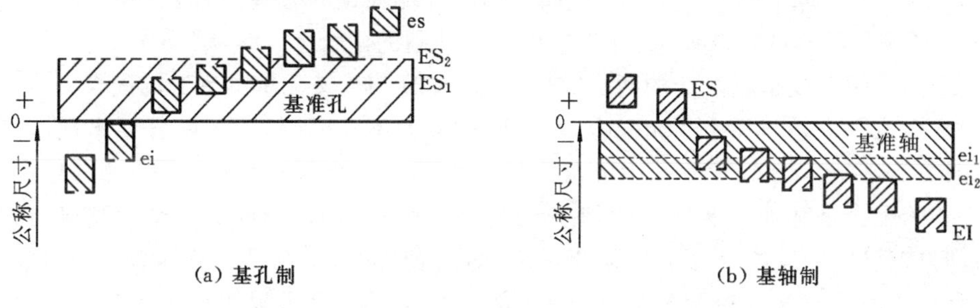

(a) 基孔制　　(b) 基轴制

图 3-12　基准制

3. 基准制的选择

选择基准制时，应从结构、工艺性及经济性三方面综合分析考虑。

(1) 在一般情况下，应优先选用基孔制。

在机械制造中，一般优先选用基孔制。这主要是从工艺和宏观经济效益上来考虑的，因为选用基孔制可以减少孔用定值刀具和量具等的数目。由于加工轴的刀具大多不是定值刀具，所以改变轴的尺寸不会增加所用刀具和量具等的数量。

(2) 下列情况应选用基轴制。

① 直接使用有一定标准公差等级(IT8～IT11)而不再进行机械加工的冷拉钢材(这种钢板是按基准轴的公差带制造的)作轴。

当需要各种不同的配合时，可选择不同的孔公差带位置来实现。这种情况主要应用在农业机械和纺织机械中。

② 加工尺寸小于 1 mm 的精密轴比加工同级孔要困难,因此在仪器制造、钟表生产、无线电工程中,常使用经过光轧成形的钢丝直接作轴,这时采用基轴制较经济。

③ 根据结构上的需要,在同一公称尺寸的轴上装配有不同配合要求的几个孔零件时,应采用基轴制。例如,发动机的活塞销与活塞孔和连杆铜套孔之间的配合,如图 3-13(a)所示。根据工件需要及装配性,活塞销与活塞孔采用过渡配合,而与连杆铜套孔采用间隙配合。若采用基孔制,如图 3-13(b)所示,活塞销将做成阶梯状。若采用基轴制,如图 3-13(c)所示,活塞销可做成光轴。这种选择不仅有利于轴的加工,而且能够保证在装配中的配合质量。

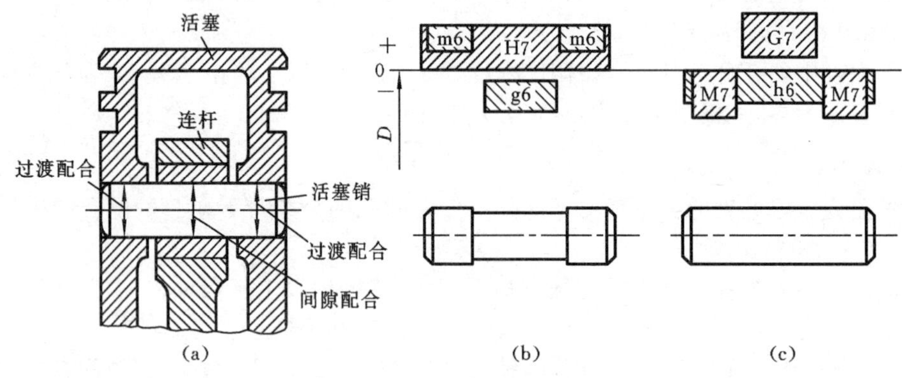

图 3-13 基准制选择示例

(3) 与标准件配合。

若与标准件(零件或部件)配合,应以标准件为基准件来确定采用何种基准制。

例如,滚动轴承外圈与轴承座孔配合应用基轴制,滚动轴承内圈与轴颈的配合应采用基孔制,如图 3-14 所示。选择轴承座孔的公差带为 J7,选择轴颈的公差带为 k6。

(4) 为了满足配合的特殊要求,允许选用非基准制的配合。

非基准制的配合是指相配合的两个零件既无基准孔 H,又无基准轴 h 的配合。当一个孔与几个轴相配合或一个轴与几个孔相配合,配合要求又各不相同时,有的配合要出现非基准制的配合,如图 3-14 所示。在轴承座孔中装配有滚动轴承和轴承端盖,由于滚动轴承是标准件,它与轴承座孔的配合是基轴制配合,轴承座孔的公差带代号为 J7,这时如果轴承端盖与轴承座孔的配合也坚持基轴制,则配合为 J/h,属于过渡配合。但轴承端盖要经常拆卸,显然这种配合过于紧密,宜选用间隙配合。轴承端盖公差带不能用 h,只能选择非基准轴公差带,考虑到轴承端盖的性能要求和加工的经济性,采用标准公差等级 9 级,最后选择轴承端盖与轴承座孔之间的配合为 J7/f9。

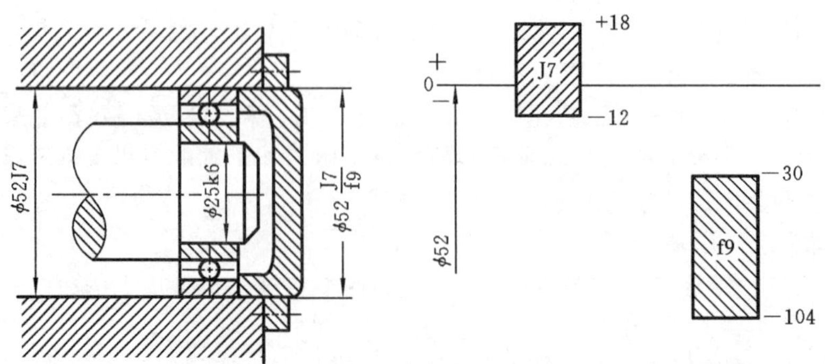

图 3-14 非基准制的配合

4. 公差标注

尺寸的标注构成示例如下。

ϕ50F7 ——尺寸类型为直径(ϕ),公称尺寸为 50 mm,采用 F 基本偏差系列,公差等级为标准公差等级 7 级。

30js6——尺寸类型为线性长度(公称尺寸前不带任何符号字母),公称尺寸为 30 mm,采用 js 基本偏差系列,公差等级为标准公差等级 6 级。

(1) 尺寸 ϕ50F7。

① 查表 3-1 标准公差数值,按尺寸段 30～50 mm 及标准公差等级 7 级查得公差值 T_h＝0.025 mm。

② 查表 3-5 公称尺寸小于或等于 500 mm 的孔的基本偏差,按尺寸段 40～50 mm 及基本偏差 F 系列查得,基本偏差为下极限偏差 EI,即

$$\mathrm{EI}=+0.025\ \mathrm{mm}$$

因为

$$T_h=\mathrm{ES}-\mathrm{EI}$$

即

$$0.025\ \mathrm{mm}=\mathrm{ES}-0.025\ \mathrm{mm}$$

$$\mathrm{ES}=+0.05\ \mathrm{mm}$$

故 ϕ50F7 在图样上标注为 $\phi 50^{+0.050}_{+0.025}$。

(2) 尺寸 30js6。

① 查表 3-1 标准公差数值,按尺寸段 18～30 mm 及标准公差等级 6 级查得公差值 T_s＝0.013 mm。

② 查表 3-4 公称尺寸小于或等于 500 mm 的轴的基本偏差,按尺寸段 18～30 mm 及基本偏差 js 系列查得 js6 基本偏差值为

$$\pm \mathrm{IT}_6/2=\pm 0.013/2\ \mathrm{mm}=\pm 0.006\,5\ \mathrm{mm}$$

故 30js6 在图样上标注为 30±0.0065。

注意:不论基本偏差系列是 JS 还是 js ,上、下极限偏差均可作为基本偏差使用,不管哪一个作为基本偏差,它们的位置都必须关于代表公称尺寸的零线对称分布。

5. 几种具有代表性的公差带图

由于基本偏差的位置不同,会出现几种具有代表性的公差带图,如图 3-15 所示。

图 3-15(a):孔(轴)的公差带在零线的上方。

图 3-15(b):孔(轴)的公差带跨于零线上。

图 3-15(c):孔(轴)的下(上)极限偏差落在零线上,此时的偏差系列为 H(h)。

图 3-15(d):孔(轴)的上(下)极限偏差对称于零线,此时的偏差系列为 JS(js)。

图 3-15(e):孔(轴)的公差带位于零线的下方。

6. 关于基本偏差数值表的使用说明

(1) 在公称尺寸小于或等于 500 mm 的轴的基本偏差数值表中,j、k 要视公称尺寸的公差等级选取。

(2) 对于公差等级为 IT7～IT11 级的 js 基本偏差系列,若表中查得的参数(μm)为奇数,则按$\pm\frac{\mathrm{IT}_n-1}{2}$进行修正后作为基本偏差。

例如:ϕ45js7。

查表 3-1 得 T_s＝0.025 mm,则

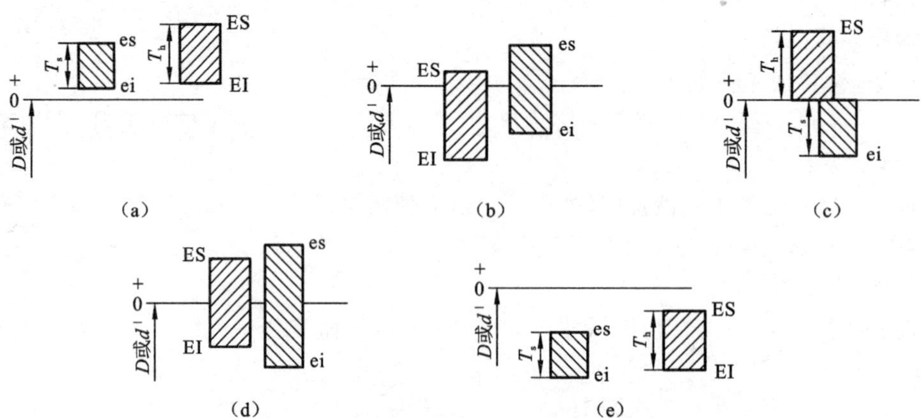

图 3-15 几种具有代表性的公差带图

$$偏差=\frac{\pm(0.025-0.001)}{2}\text{ mm}=\pm0.012\text{ mm}$$

于是有

$$es=+0.012\text{ mm},\quad ei=-0.012\text{ mm}$$

(3) 在公称尺寸小于或等于 500 mm 的孔的基本偏差数值表中,对于公差等级小于或等于 8 级的 K、M、N 基本偏差系列,对应查出的数值需要从右侧 Δ 值依公差等级查用修正值。

例如:ϕ60M7。

查表 3-1 得

$$T_h=0.03\text{ mm}$$

按尺寸段 50～80 mm 及基本偏差 M 系列查表 3-5 可知,基本偏差是上极限偏差,且

$$ES=-11\ \mu m+\Delta$$

而 $$\Delta=11\ \mu m$$

故 $$ES=11\ \mu m+(-11)\ \mu m=0\ \mu m$$

因为 $$T_h=ES-EI$$

所以 $$0.03=0-EI$$

即 $$EI=-0.03\text{ mm}$$

(4) 对于公差等级小于或等于 IT7 级的 P～ZC,应从该公差等级大于 IT7 级所对应的基准偏差数值中取值再加上右侧对应公差等级 Δ 值加以修正。

如:ϕ70R6。

查表 3-1 得 $$T_h=0.019\text{ mm}$$

查表 3-5 得 $$60R=-43\ \mu m,\quad \Delta=6\ \mu m$$

基本偏差为上极限偏差,即

$$ES=(-43+6)\ \mu m=-37\ \mu m=-0.035\text{ mm}$$

因为: $$T_h=ES-EI$$

即 $$0.019\text{ mm}=-0.037\text{ mm}-EI$$

$$EI=-0.056\text{ mm}$$

ϕ70R6 标记为 $\phi70^{-0.037}_{-0.056}$。

从上述例子可以看出,极限偏差的计算需要应用到对应尺寸段的标准公差等级系列和标准偏差系列数值。

四、一般、常用和优先公差带与配合

1. 一般、常用和优先公差带

从理论上讲，孔与轴各有不同大小和不同位置的公差带 500 多种。这么多的公差带如果都交付使用，将使得公差表格过于庞大而导致使用不便，而且生产上要准备过多的不同规格的量规和定值刀具。为此，国家标准对公称尺寸小于或等于 500 mm 的孔和轴的公差带加以限制，如图 3-16 所示，规定了一般用途的孔公差带 105 种、轴公差带 116 种。国家标准又在一般用途的孔和轴的公差带再进行缩减，规定了常用的孔公差带 43 种、轴公差带 59 种(见图 3-16 中方框以内的公差带)，并进一步规定其中孔和轴公差带各 13 种为优先公差带(见图 3-16 中圆圈内的公差带)。

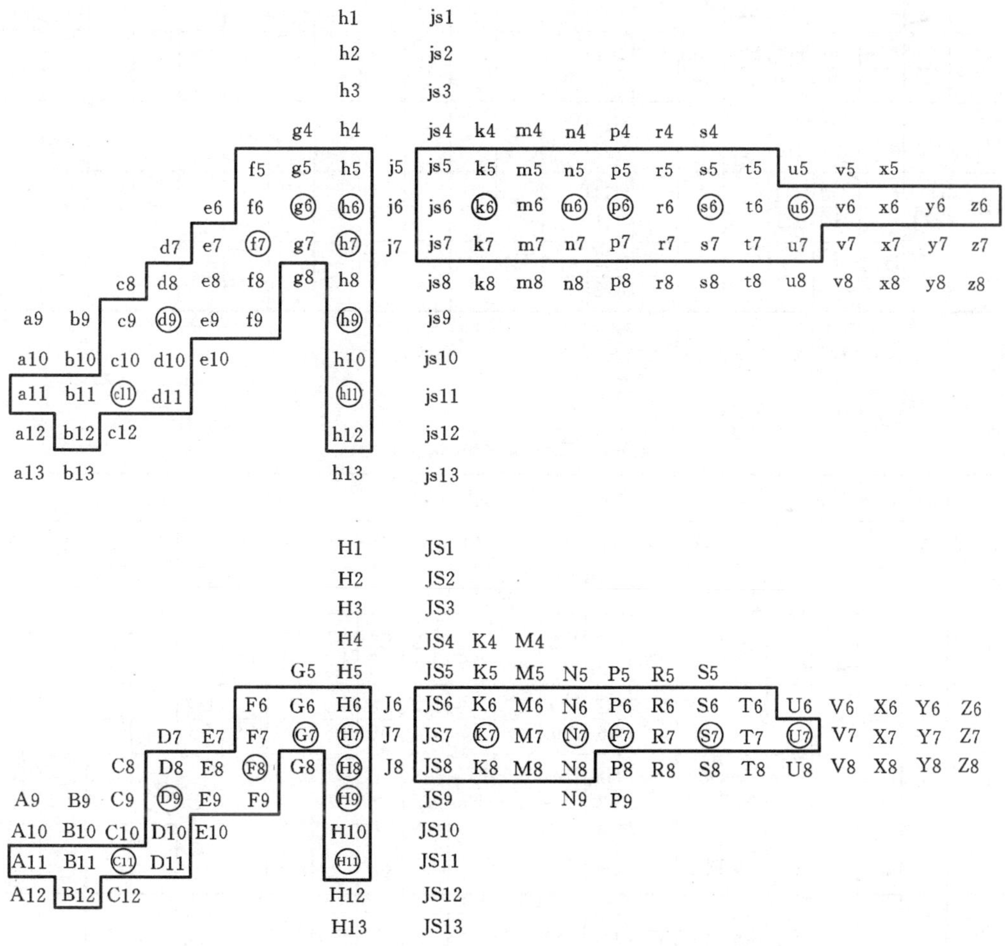

图 3-16 一般、常用和优先公差带

2. 常用和优先配合

国家标准在我国生产实践基础上，参照国际公差标准和某些国家的公差标准的规定，对配合的数目加以限制。例如，在公称尺寸小于或等于 500 mm 的范围内，国家标准对基孔制规定了 59 种常用的配合和 13 种优先配合；对基轴制规定了 47 种常用的配合和 13 种优先的配合，分别如表3-6和表 3-7 所示。

表 3-6　基孔制优先、常用配合

基准孔	轴																				
	a	b	c	d	e	f	g	h	js	k	m	n	p	r	s	t	u	v	x	y	z
	间隙配合								过渡配合			过盈配合									
H6	—	—	—	—	—	$\frac{H6}{f5}$	$\frac{H6}{g5}$	$\frac{H6}{h5}$	$\frac{H6}{js5}$	$\frac{H6}{k5}$	$\frac{H6}{m5}$	$\frac{H6}{n5}$	$\frac{H6}{p5}$	$\frac{H6}{r5}$	$\frac{h6}{s5}$	$\frac{H6}{t5}$	—	—	—	—	—
H7	—	—	—	—	—	$\frac{H7}{f6}$	◤$\frac{H7}{g6}$	◤$\frac{H7}{h6}$	$\frac{H7}{js6}$	◤$\frac{H7}{k6}$	$\frac{H7}{m6}$	◤$\frac{H7}{n6}$	◤$\frac{H7}{p6}$	$\frac{H7}{r6}$	◤$\frac{H7}{s6}$	$\frac{H7}{t6}$	◤$\frac{H7}{u6}$	$\frac{H7}{v6}$	$\frac{H7}{x6}$	$\frac{H7}{y6}$	$\frac{H7}{z6}$
H8	—	—	—	—	$\frac{H8}{e7}$	◤$\frac{H8}{f7}$	$\frac{H8}{g7}$	◤$\frac{H8}{h7}$	$\frac{H8}{js7}$	$\frac{H8}{k7}$	$\frac{H8}{m7}$	$\frac{H8}{n7}$	$\frac{H8}{p7}$	$\frac{H8}{r7}$	$\frac{H8}{s7}$	$\frac{H8}{t7}$	$\frac{H8}{u7}$	—	—	—	—
	—	—	—	$\frac{H8}{d8}$	$\frac{H8}{e8}$	$\frac{H8}{f8}$	—	$\frac{H8}{h8}$	—	—	—	—	—	—	—	—	—	—	—	—	—
H9	—	—	$\frac{H9}{c9}$	◤$\frac{H9}{d9}$	$\frac{H9}{e9}$	$\frac{H9}{f9}$	—	◤$\frac{H9}{h9}$	—	—	—	—	—	—	—	—	—	—	—	—	—
H10	—	—	$\frac{H10}{c10}$	$\frac{H10}{d10}$	—	—	—	$\frac{H10}{h10}$	—	—	—	—	—	—	—	—	—	—	—	—	—
H11	$\frac{H11}{a11}$	$\frac{H11}{b11}$	◤$\frac{H11}{c11}$	$\frac{H11}{d11}$	—	—	—	◤$\frac{H11}{h11}$	—	—	—	—	—	—	—	—	—	—	—	—	—
H12	—	$\frac{H12}{b12}$	—	—	—	—	—	$\frac{H12}{h12}$	—	—	—	—	—	—	—	—	—	—	—	—	—

注：① $\frac{H6}{n5}$、$\frac{H7}{p6}$在公称尺寸≤3 mm和$\frac{H8}{r7}$在公称尺寸≤100 mm时，为过渡配合；

② 标注◤的配合为优先配合。

表 3-7　基轴制优先、常用配合

基准轴	孔																				
	A	B	C	D	E	F	G	H	JS	K	M	N	P	R	S	T	U	V	X	Y	Z
	间隙配合								过渡配合			过盈配合									
h5	—	—	—	—	—	$\frac{F6}{h5}$	$\frac{G6}{h5}$	$\frac{H6}{h5}$	$\frac{JS6}{h5}$	$\frac{K6}{h5}$	$\frac{M6}{h5}$	$\frac{N6}{h5}$	$\frac{P6}{h5}$	$\frac{R6}{h5}$	$\frac{S6}{h5}$	$\frac{T6}{h5}$	—	—	—	—	—
h6	—	—	—	—	—	$\frac{F7}{h6}$	◤$\frac{G7}{h6}$	◤$\frac{H7}{h6}$	$\frac{JS7}{h6}$	◤$\frac{K7}{h6}$	$\frac{M7}{h6}$	◤$\frac{N7}{h6}$	◤$\frac{P7}{h6}$	$\frac{R7}{h6}$	◤$\frac{S7}{h6}$	$\frac{T}{h6}$	◤$\frac{U7}{h6}$	—	—	—	—
h7	—	—	—	—	$\frac{E8}{h7}$	◤$\frac{F8}{h7}$	—	◤$\frac{H8}{h7}$	$\frac{JS8}{h7}$	$\frac{K8}{h7}$	$\frac{M8}{h7}$	$\frac{N8}{h7}$	—	—	—	—	—	—	—	—	—
h8	—	—	—	$\frac{D8}{h8}$	$\frac{E8}{h8}$	$\frac{F9}{h8}$	—	$\frac{H8}{h8}$	—	—	—	—	—	—	—	—	—	—	—	—	—
h9	—	—	—	◤$\frac{D9}{h9}$	$\frac{E9}{h9}$	$\frac{F9}{h9}$	—	◤$\frac{H9}{h9}$	—	—	—	—	—	—	—	—	—	—	—	—	—
h10	—	—	—	$\frac{D10}{h10}$	—	—	—	$\frac{H10}{h10}$	—	—	—	—	—	—	—	—	—	—	—	—	—
h11	$\frac{A11}{h11}$	$\frac{B11}{h11}$	◤$\frac{C11}{h11}$	$\frac{D11}{h11}$	—	—	—	◤$\frac{H11}{h11}$	—	—	—	—	—	—	—	—	—	—	—	—	—
h12	—	$\frac{B12}{h12}$	—	—	—	—	—	$\frac{H12}{h12}$	—	—	—	—	—	—	—	—	—	—	—	—	—

注：标注◤的配合为优先配合。

五、未注公差

GB/T 1804—2000 对线性尺寸和角度尺寸的未注公差规定了四个公差等级，即 f(精密级)、m(中等级)、c(粗糙级)和 v(最粗级)，并制定了相应的极限偏差数值。线性尺寸的极限偏差值如表 3-8 所示，倒圆半径与倒角高度尺寸的极限偏差值如表 3-9 所示。图样上不标出未注公差，而在加工时控制，但线性尺寸的未注公差要求写在零件图上或技术文件中。

表 3-8　线性尺寸的极限偏差值　　单位：mm

公差等级	尺寸分段							
	0.5～3	>3～6	>6～30	>30～120	>120～400	>400～1000	>1 000～2 000	>2 000～4 000
f(精密级)	±0.05	±0.05	±0.1	±0.15	±0.2	±0.3	±0.5	—
m(中等级)	±0.1	±0.1	±0.2	±0.3	±0.5	±0.8	±1.2	±2
c(粗糙级)	±0.2	±0.3	±0.5	±0.8	±1.2	±2	±3	±4
v(最粗级)	—	±0.5	±1	±1.5	±2.5	±4	±6	±8

表 3-9　倒圆半径与倒角高度尺寸的极限偏差值　　单位：mm

公差等级	尺寸分段			
	0.5～3	>3～6	>6～30	>30
f(精密级)	±0.2	±0.5	±1	±2
m(中等级)				
c(粗糙级)	±0.4	±1	±2	±4
v(最粗级)				

注：倒圆半径与倒角高度的含义参见国家标准《零件倒圆与倒角》(GB/T 6403.4—2008)。

在零件图上，对于在车间一般加工条件下能够保证的非配合线性尺寸和倒圆半径、倒角高度尺寸的公差和极限偏差可以不注出，而采用《一般公差　未注公差的线性和角度尺寸的公差》(GB/T 1804—2000)所规定的一般公差，以简化图样标注。

3.3　尺寸公差等级与配合的选择

尺寸公差等级与配合的选择是机械设计与制造中的一个重要环节，它是在公称尺寸已经确定的情况下进行的尺寸精度设计。尺寸公差等级与配合选择得是否恰当，对产品的性能、质量、互换性和经济性有着重要的影响。

一、尺寸公差等级的选择

1. 尺寸公差等级的选择原则

尺寸公差等级越高,公差量越小,零件的尺寸精度也就越高,加工就越困难,费用成本也就越大。既使零件达到使用性能的要求,又力求制造费用更低,是尺寸公差等级设计的目标。尺寸公差等级设计要解决的是制造精度与生产成本之间的矛盾。在满足使用性能要求的前提条件下,孔与轴均尽可能选用较低的公差等级是尺寸公差等级的选择原则。然而,较低的公差等级的概念不应该是模糊的。我们可以这样理解,对较低而言,如果再低一个公差等级,零件或配合效果就再也无法满足使用性能的要求,那么这个较低等级就是最符合技术经济效益的公差等级,因为此时零件的制造公差最大,加工精度要求最低。例如,IT7已经符合使用性能的要求,就不设计为IT6,这是设计者应当注意的。

2. 公差等级的选择方法

1) 类比法(经验法)

类比法也称为经验法,是指参考经过实践证明公差等级是合理的相类似产品,通过对使用性能、工作场合、加工条件进行比较,结合相关参考资料手册,分析并确定尺寸的公差等级的一种选择方法。类比法多应用于一般要求的配合。

2) 计算法

计算法是根据一定的数理计算,计算结果参照国家标准进行协调修正,从而确定尺寸的公差等级的一种选择方法。使用计算法确定尺寸公差等级的过程较为复杂,需要将与之配合的零件的公差大小、配合类型等数据、信息一并考虑,进而确定配合后的盈隙允许界限。因此,计算法多用于重要配合。

计算法的计算方法较多,常用的有极值法和概率法。这两种方法都借助尺寸链原理进行计算。由于相关尺寸落在极限偏差上的情况总是不会同时出现的,故极值法计算虽然简单,但结果只是属于可用级别。概率法的计算比极值法复杂,但它的数理依据是样本出现的概率。概率法结合统计学理论中的正态分布模式进行公差量的分配及计算,是较为严谨的一种尺寸公差量计算方法。

3. 确定公差等级应遵守的规范

(1) 非配合尺寸一般按自由(未注)公差处理,配合部位尺寸的公差等级比非配合部位尺寸的公差等级要高。

(2) 设计公差时应遵循工艺等价原则,在公称尺寸小于或等于500 mm尺寸段且公差等级为IT8的条件下,轴的公差等级比孔的公差等级高一级,其意义是使得孔与轴的加工难易程度相若;在公差等级大于IT8的条件下,采用孔、轴公差等级同级配合。

(3) 在满足零件使用性能要求的前提下,孔、轴的公差等级可以任意组合,不受工艺等价原则的限制。

(4) 对于与标准件配合的零件,其公差等级由标准件的精度要求决定。例如,轴承座孔的公差等级要视所配轴承外圈的公差等级确定,且应采用基轴制;与轴承内圈孔相配合的轴颈的公差等级必须视轴承内圈孔的公差等级确定,且应采用基孔制。

(5) 采用类比法确定公差等级时,一定要有可供参考的实例,并查阅公差等级对应的应用场合。表3-10所示公差等级的应用场合可供参考。

表 3-10 公差等级的应用场合

公差等级	应用范围	应用举例
IT01～IT1	量块或量规公差	用于精密的尺寸传递基准、高精密测量工具、极个别特别重要的精密配合尺寸。例如，量规或其他精密尺寸标准块公差，校对 IT6～IT7 级轴用量规的校对量规尺寸公差；个别特别重要的精密机械零件尺寸公差
IT2～IT7		用于检测 IT6～IT16 级工作用的量规的尺寸公差及几何公差，或相应尺寸标准块规的公差
IT3～IT5	配合尺寸	用于高精度和重要配合处。例如，精密机床主轴颈与高精度滚动轴承的配合，车床尾架座体孔与顶尖套筒的配合，活塞销与活塞销孔的配合
IT6 （孔至 IT7）		用于要求精密配合处，在机械制造中广泛应用。例如，机床中一般传动轴与轴承配合，齿轮、皮带轮与轴的配合；电子计算机中外围设备中的重要尺寸；手表、缝纫机重要的轴
IT7～IT8		用于精度要求一般的场合，在机械制造中属于中等精度。例如，一般机械中速度不高的皮带轮，重型机械、农业机械中的重要配合处，精密仪器、光学仪器中精密配合的孔，手表中离合杆压簧，缝纫机重要配合的孔
IT9～IT10		用于只有一般要求的圆柱件配合，机床制造中轴套外径与孔配合；操纵系统的轴与轴承配合，空转皮带轮与轴的配合；光学仪器中的一般配合；发动机中机油泵体内孔；键宽与键槽宽的配合；手表中要求一般或较高的未注公差尺寸；纺织机械中的一般配合零件
IT11～IT12		用于不重要配合处。例如，机床中法兰盘止口与孔，滑块与滑移齿轮凹槽，钟表中不重要的零件，手表制造中用的工具及设备中的未注公差尺寸，纺织机械中粗糙活动配合
IT12～IT18	非配合尺寸	用于非配合尺寸及不重要的粗糙连接的尺寸公差（包括未注公差的尺寸），工序间尺寸等

各种加工方法相应的公差等级如表 3-11 所示。

表 3-11 各种加工方法相应的公差等级

加工方法	公差等级																		
	IT01	IT0	IT1	IT2	IT3	IT4	IT5	IT6	IT7	IT8	IT9	IT10	IT11	IT12	IT13	IT14	IT15	IT16	IT17	IT18
研磨	—	—	—	—	—	—	—													
珩磨						—	—	—	—											
圆磨、平磨							—	—	—	—										
拉削							—	—	—	—										
铰孔								—	—	—	—	—								
车削、镗削									—	—	—	—	—							
铣削										—	—	—	—							
刨削、插削												—	—							
钻削												—	—	—	—					

续表

加工方法	公差等级																			
	IT01	IT0	IT1	IT2	IT3	IT4	IT5	IT6	IT7	IT8	IT9	IT10	IT11	IT12	IT13	IT14	IT15	IT16	IT17	IT18
滚压、挤压												—	—							
冲压												—	—	—	—	—				
压铸													—	—	—	—				
粉末冶金成形								—	—	—										
粉末冶金烧结									—	—	—	—								
砂型铸造、气割																		—	—	—
锻造																	—	—		

二、配合的选择

当采用的基准制及基准件的尺寸公差确定后，配合的选择工作就成为对配合件公差等级及基本偏差的选择和确定。设计时，应首先考虑公差量要满足使用性能的要求，然后决定配合的种类(性质)，最后结合有关实例计算并确定基本偏差系列。

1. 配合选择的步骤

1) 考虑工作场合

配合件的工作状态及适宜的配合类型如表 3-12 所示。

表 3-12 配合件的工作状态及适宜的配合类型

<table>
<tr><th colspan="4">组合件的工作情况</th><th>配合类型</th></tr>
<tr><td rowspan="2">有相对运动</td><td colspan="3">只有移动</td><td>间隙较小的间隙配合</td></tr>
<tr><td colspan="3">转动和移动的复合运动</td><td>间隙较大的间隙配合</td></tr>
<tr><td rowspan="4">无相对运动</td><td rowspan="3">传递扭矩</td><td rowspan="2">要求精确同轴</td><td>永久接合</td><td>过盈配合</td></tr>
<tr><td>可拆接合</td><td>过渡配合、间隙最小的间隙配合或加紧固件</td></tr>
<tr><td colspan="2">不需要精确同轴</td><td>间隙较小的间隙配合加紧固件</td></tr>
<tr><td colspan="3">不传递扭矩</td><td>过渡配合或间隙最小的过盈配合</td></tr>
</table>

(1) 间隙配合。间隙配合主要用于利用配合件的间隙抵偿工作时的温升和变形、安装、制造、时效等带来的影响。不同公差带的选用应综合考虑变形大小、间隙补偿程度、运动件的负荷、相对移动速度和是否要求具有定心效果、拆卸是否方便等因素。

(2) 过盈配合。过盈配合通过配合件出现过盈使接合面产生正压力及摩擦作用效果，用于传递力矩或达到配合件的紧密接合。选用公差带时，应注意使得最小过盈足以保证力矩的传递而最大过盈不破坏配合件的结构。在一般情况下，过盈公差等级可选用 IT5～IT7，配合公差不宜过大。

(3) 过渡配合。过渡配合要达到的配合效果为既有一定的定心精度，又具较易的拆装效能。在传递力矩的场合，应使用普通键连接、花键连接、螺栓紧固等手段。对于负荷较大、不常拆卸的配合件，其配合效果应为具有较大的过盈、较小的间隙；对于力矩较小、经常装拆的配合件，其配合效果可为具有较大的间隙、较小的过盈。

2）确定配合件的基本偏差系列代号

（1）轴的基本偏差系列的具体选用参见表 3-13。

表 3-13 轴的基本偏差系列的具体选用

配合	基本偏差	特性及应用
间隙配合	a、b	可得到特别大的间隙，应用很少
	c	可得到很大的间隙，一般用于缓慢、松弛的动配合，用于工作条件较差（如农业机械）、受力变形大，以及为了便于装配，而必须保证有较大的间隙的场合。推荐配合为 H11/c11；较高等级的 H8/c7 配合，适用于轴在高温工作的紧密动配合，如内燃机排气阀和导管
	d	一般用于 IT7～IT11 级，适用于松的转动配合，如密封盖、滑轮、空转皮带轮等与轴的配合；也适用于大直径滑动轴承配合，如汽轮机、球磨机、轧滚成形机和重型弯曲机以及其他重型机械中的一些滑动轴承
	e	多用于 IT7、IT8、IT9 级，具有明显的间隙，用于大跨距及多交点的转轴与轴承的配合，以及高速重载的大尺寸轴与轴承的配合，如大型电动机、内燃机的主要轴承处的配合用 H8/e7
	f	多用于 IT6、IT7、IT8 级的一般转动配合，当温度影响不大时，广泛用于用普通润滑油（或润滑脂）润滑的支承处，如齿轮箱、小电动机、泵等的转轴与滑动轴承的配合
	g	配合间隙很小，制造成本高，除轻负荷的精密装置外，不推荐用于转动配合，多用于 IT5、IT6、IT7 级，适用于不回转的精密滑动配合，也用于插销等定位配合，如精密连杆轴承、活塞及滑阀、连杆销等
	h	多用于 IT4～IT11 级，广泛用于无相对转动的零件，作为一般的定位配合；若没有温度、变形影响，也用于精密滑动配合
过渡配合	js	偏差完全对称、平均间隙较小的配合，多用于 IT4～IT7 级，要求间隙比 h 轴小，并允许略有过盈的定位配合，如联轴器、齿圈与钢制轮毂。可用木槌装配
	k	平均间隙接近 0 的配合，适用于 IT4～IT7 级，推荐用于稍有过盈的定位配合。例如，为了消除振动用的定位配合。一般用木槌装配
	m	平均过盈较小的配合，适用于 IT4～IT7 级，一般可用木槌装配，但在最大过盈时，要求有相当的压入力
	n	平均过盈比 m 轴的稍大，很少得到间隙，适用于 IT4～IT7 级，用木槌或压入机装配，通常推荐用于紧密的组件配合。H6/n5 为过盈配合
过盈配合	p	与 H6 孔或 H7 孔配合时是过盈配合，与 H8 孔配合时则为过渡配合。对于非铁类零件，为较轻的压入配合，当有需要时易于拆卸；对钢、铸铁或铜、钢组件，是标准压入配合
	r	对于铁类零件，为中等打入配合；对于非铁类零件，为轻打入的配合，当有需要时可以拆卸。与 H8 孔配合，直径在 100 mm 以上时为过盈配合，直径小于 100 mm 时为过渡配合
	s	用于钢和铁类零件的永久性和半永久性装配，可产生相当大的接合力。当用弹性材料，如轻合金时，配合性质与铁类零件的 p 轴相当。例如，套环压装在轴上、阀座等的配合。尺寸较大时，为了避免损伤配合表面，需用热胀法或冷缩法装配
	t	过盈较大的配合，用于钢和铸铁类零件的永久性装配，可不用键传递力矩，需用热胀法或冷缩法装配。例如，联轴器与轴的配合
	u	这种配合过盈大，一般应验算在最大过盈时，工作材料是否损坏，要用热胀法或冷缩法装配。例如，火车轮毂和轴的配合
	v、x、y、z	这些基本偏差所组成配合的过盈量更大，目前使用的经验和资料还很少，需要经试验后才应用，一般不推荐

(2) 公称尺寸在 500 mm 以内的优选配合及工作状态说明如表 3-14 所示。

表 3-14　公称尺寸在 500 mm 以内的优选配合及工作状态说明

优先配合		工作状态说明
基孔制	基轴制	
$\frac{H11}{c11}$	$\frac{C11}{h11}$	间隙非常大,用于很松的、转动很慢的动配合,要求大公差与大间隙的外露组件,以及要求装配方便的很松的配合
$\frac{H9}{d9}$	$\frac{D9}{h9}$	是间隙很大的自由转动配合,用于精度非主要要求时,或有大的温度变化、高转速或大的轴颈压力时
$\frac{H8}{f7}$	$\frac{F8}{h7}$	是间隙不大的转动配合,用于中等转速与中等轴颈压力的精确转动,也用于装配较易的中等定位配合
$\frac{H7}{h6}$ $\frac{H8}{h7}$ $\frac{H9}{h9}$ $\frac{H11}{h11}$		均为间隙定位配合,零件可自由装拆,而工作时一般相对静止不动。在最大实体条件下的间隙为 0,在最小实体条件下的间隙由公差等级决定
$\frac{H7}{k6}$	$\frac{K7}{h6}$	是过渡配合,用于精密定位
$\frac{H7}{n6}$	$\frac{N7}{h6}$	是过渡配合,允许有较大过盈的精密定位
$\frac{H7}{p6}$	$\frac{N7}{h6}$	是过盈定位配合,即小过盈配合,用于定位精度特别重要时,能以最好的定位精度达到部件的刚度及对中的性能要求,而对内孔承受压力无特殊要求,不依靠配合的紧固性传递摩擦负荷
$\frac{H7}{s6}$	$\frac{S7}{h6}$	是中等压入配合,适用于一般钢件或薄壁件的冷缩配合,用于铸铁件可得到最紧的配合
$\frac{H7}{u6}$	$\frac{U7}{h6}$	是压入配合,适用于可以承受高压力的零件或不宜承受大压入力的冷缩配合

3) 配合效果与批量效应问题

在配合件的公差带确定之后,配合效果就体现出其理论层面的含义。一般而言,会出现这样的情况,相互配合零件的配合效果尽管符合设计要求而且是可控的,在批量性生产的实际检测中,尺寸往往还是呈现正态分布。问题是中间尺寸的频率较大而临近极限偏差尺寸的频率较少,这说明间隙或过盈都不像设计时那样大,本来中间尺寸单从偏差的概念出发是理想的,但配合的实际效果能否满足使用性能要求是一个牵涉使用寿命的问题。在单件、修配件的生产中,操作者的习惯往往使孔加工尺寸控制在下极限偏差,轴加工尺寸控制在上极限偏差,即加工尺寸呈偏态分布,这样的配合效果会导致过盈较大而间隙过小,使装配难度加大或在工作状态下的润滑不足、运动困难。严重者,有可能在一定的负荷、温升、振动变形的影响下,因工作失效而导致事故。配合效果与批量效应问题是设计配合孔、轴公差带时不可忽视的。

2. 选择配合的方法

选择配合的方法有类比法、计算法和试验法三种。

1）类比法

类比法是在生产实践中广泛应用的一种方法。使用时，必须充分研究配合件的工作场合、条件及使用性能要求，了解各类配合的适用范围，与近似工作条件的、已被实际应用证明是有效的、成功的配合实例进行比较、分析，必要时还参照国家标准做一定的调整。此方法常用于一般配合。

2）计算法

使用计算法时，需要根据一定的理论及公式计算配合所需的间隙或过盈。计算法主要用于以下情况。

（1）保证滑动轴承工作的间隙，这个间隙用于保障转动件（轴）工作时既有足够的定心效果，又有理想的润滑效能。这就需要利用流体摩擦理论计算出最小的许用配合间隙，从而选择适当的配合。

（2）用在以过盈去传递力矩、负荷的场合。根据负荷的大小，计算最小的许用配合过盈，再根据配合件材料的弹性极限计算最大过盈，最后确定适当的配合。

3）试验法

试验法主要用于新产品和特别重要的配合。为力求最佳的配合效果，有时需要进行专门性的模拟试验，以确定配合的最佳间隙或最佳过盈，进而确定配合种类。由于影响过盈和间隙的因素很多，故使用试验法的成本很高，而且也只有在大批量的生产中，试验法才有较好的效果。

【例 3-1】 配合尺寸为 ϕ40 mm，要求配合间隙为 0.009～0.05 mm，试确定符合工艺等价原则和技术经济原则的孔、轴公差等级和基本偏差系列。

解：依题意，这是一个间隙配合，并有 $X_{max}=0.05$ mm，$X_{min}=0.009$ mm。

$$T_f=X_{max}-X_{min}=(0.05-0.009)\ \text{mm}=0.041\ \text{mm}$$

为满足工艺等价原则及技术经济原则，优先采用基孔制，即孔为基准孔，故孔的基本偏差系列为 H 且 EI=0 mm。

因为 $T_f=T_h+T_s$，如果公差等级采用同级配合，孔、轴的公差量应在 0.02 mm 左右，但这不符合工艺等价原则的要求，故应使孔的公差等级比轴的公差等级低一级。选孔的公差等级为 IT7，相应轴的公差等级应为 IT6。

ϕ40H7：查表 3-1 得

$$\text{IT7}=0.025\ \text{mm},\quad \text{EI}=0\ \text{mm}$$

由于 $T_h=\text{ES}-\text{EI}$，即

$$0.025\ \text{mm}=\text{ES}-0\ \text{mm}$$

所以
$$\text{ES}=0.025\ \text{mm}$$

因为
$$X_{max}=\text{ES}-\text{ei}$$

即
$$0.05\ \text{mm}=0.025\ \text{mm}-\text{ei}$$

所以
$$\text{ei}=-0.025\ \text{mm}$$

又因为
$$X_{min}=\text{EI}-\text{es}$$

所以
$$0.009\ \text{mm}=0\ \text{mm}-\text{es}$$

$$es=-0.009\ mm$$

于是有 es > ei，es 比 ei 更加靠近代表公称尺寸的零线，为配合轴的基本偏差。查表 3-4 得，30～40 mm 尺寸段且 es 为－0.009 mm 的基本偏差系列为 g，由 $T_s=es-ei$ 得

$$es-ei=-0.009\ mm-(-0.025\ mm)=0.025\ mm-0.009\ mm=0.016\ mm$$

查表 3-1 得，IT6＝0.016 mm，确定轴的标准公差等级为 IT6。

故该配合为 ϕ40H7/g6。

检验设计的合理性，步骤如下。

$$X_{max}=ES-ei=[0.025-(-0.025)]\ mm=0.05\ mm$$

$$X_{min}=EI-es=[0-(-0.009)]\ mm=0.009\ mm$$

满足题设配合间隙 0.009～0.05 mm 要求。

【例 3-2】 基准轴的尺寸为 ϕ47h5 mm，最大间隙为 0.007 mm，最大过盈为0.02 mm，试确定符合工艺等价原则和技术经济原则的配合孔公差等级和基本偏差系列。

解：依题意该配合为过渡配合，配合公差 $T_f=X_{max}+Y_{max}$。

由题意知，轴的标准公差等级为 IT5，有 IT5＝0.011 mm 且 es＝0 mm。

由 $T_s=es-ei$ 得

$$0.011\ mm=0\ mm-ei,\quad ei=-0.011\ mm$$

由已知 $X_{max}=0.007\ mm=ES-ei$ 得

$$0.007\ mm=ES-(-0.011)\ mm$$

$$ES=-0.004\ mm$$

由已知 $Y_{max}=0.02\ mm=es-EI$ 得

$$0.02\ mm=0\ mm-EI$$

$$EI=-0.02\ mm$$

因为 ES > EI，ES 比 EI 更加靠近代表公称尺寸的零线，为配合孔的基本偏差。查表 3-5 得，ES＝－0.004 mm 时基本偏差系列为 M，由定义，有

$$T_h=ES-EI=[-0.004-(-0.02)]\ mm=0.016\ mm$$

查表 3-4 得，公称尺寸 47 mm 所在尺寸段 IT6＝0.016 mm。

选配合孔的尺寸为 ϕ47M6 mm。

故该配合为 ϕ47M6/h5。

检验设计的合理性，步骤如下。

$$X_{max}=ES-ei=[-0.004-(-0.011)]\ mm=0.007\ mm$$

$$Y_{max}=es-EI=[0-(-0.02)]\ mm=0.02\ mm$$

$$T_f=X_{max}+Y_{max}=(0.007+0.02)\ mm=0.027\ mm$$

满足题设过渡配合公差 0.027 mm 要求。

3.4 图样上的尺寸公差与配合的标注

尺寸公差从设计到确定只是令零件从理论上满足使用性能要求，而要最终实现设计要求，还必须将尺寸及其公差标注到工艺技术文件中。尤其是对零件的蓝图而言，没有尺寸公差的标注，是不可能用于指导生产制造的。标注尺寸公差时，必须遵守相关的技术工艺规定，必须符合

国家标准和标准化的要求，以利于工艺技术的管理和技术工作的交流。

零件图上尺寸公差的标注示例如图 3-17、图 3-18 所示，装配图上尺寸公差的标注示例如图 3-19所示。

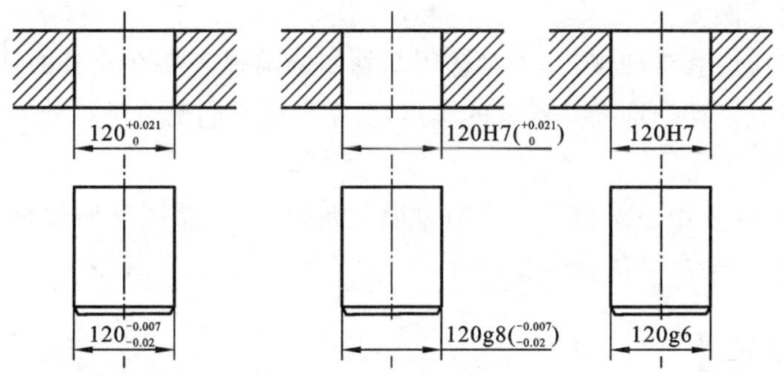

图 3-17　零件图上尺寸公差的标注示例（一）

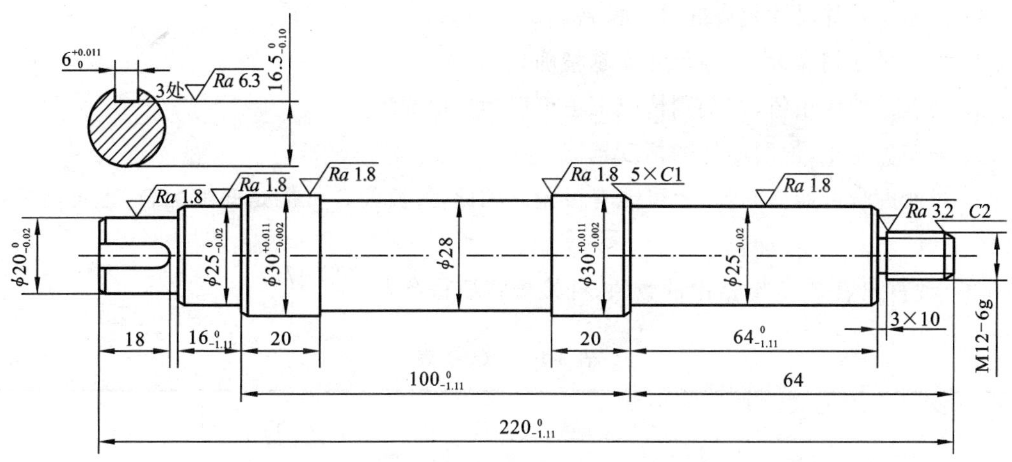

图 3-18　零件图上尺寸公差的标注示例（二）

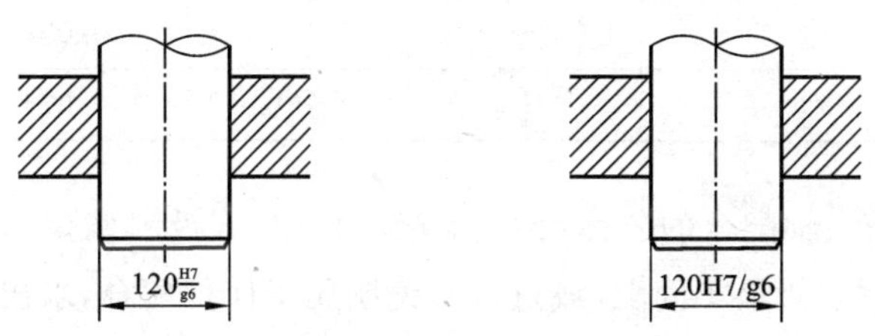

图 3-19　装配图上尺寸公差的标注示例

【复习提要】

本章介绍的是极限与配合的基础知识。极限尺寸、基本偏差、公差带、配合性质、基准制的选择都是极为重要的内容。以标准公差值、基本偏差为基础的公差带是核心内容，整章的内容都是围绕公差带知识点展开的，学习时，对此必须有一个清晰的了解。要掌握好公差配合的术语及定义，要能熟练查阅和应用标准公差值表和基本偏差表，熟练上、下极限偏差，配合公差的计算。

在这一章中,定义、术语特别多,而且概念基本都是一对一对地出现,很容易造成理解及记忆上的混乱。查阅基本偏差表时,要注意以下三点:一是不要查错表;二是不要查错列和行;三是要明确查出来的数据是上极限偏差还是下极限偏差。只有这样,才能尽可能避免公差、偏差计算及配合计算的错误。

选择基准制时应注意符合规范,要对选用基轴制的前提条件有充分的认识。掌握基准轴、基准孔的含义及特点。配合选择是本章的难点,要掌握好不同配合类型的应用场合和配合设计的步骤。

要养成采用优先、常用公差带及配合的习惯。在学习中,要注意加深对工艺等价原则和技术经济原则的理解,学会尺寸的标注。

【思考与练习题】

3-1　试说明下列概念是否正确。

(1) 公差是零件尺寸允许的最大偏差。

(2) 加工尺寸越靠近,公称尺寸就越精确。

(3) 公差一般为正值,在个别情况下也可以为负值或零。

(4) 公差值越小,说明零件的精度越高。

(5) 过渡配合可能有间隙,也可能有过盈。因此,过渡配合可能是间隙配合,也可能是过盈配合。

3-2　计算出表 3-15 空格中的数值,并按规定填写在表中。

表 3-15　题 3-2 表　　单位:mm

公称尺寸	孔			轴			X_{max}或Y_{min}	X_{min}或Y_{max}	T_f
	ES	EI	T_h	es	Ei	T_s			
ϕ45			+0.025	0				−0.050	+0.041
ϕ30		+0.065			−0.013		+0.099	+0.065	
ϕ25		0				+0.052	+0.074		+0.104

3-3　求下列各种孔、轴配合的公称尺寸、上极限偏差、下极限偏差、公差、上极限尺寸、下极限尺寸、最大间隙(或过盈)、最小间隙(或过盈),说明属于何种配合,求出配合公差,并画出各种配合公差带图,单位为毫米(mm)。

(1) 孔 $\phi 35^{+0.025}_{0}$ 与轴 $\phi 35^{-0.025}_{-0.041}$ 相配合。

(2) 孔 $\phi 35^{+0.025}_{0}$ 与轴 $\phi 35^{+0.042}_{+0.026}$ 相配合。

(3) 孔 $\phi 35^{+0.025}_{0}$ 与轴 $\phi 35^{+0.018}_{+0.002}$ 相配合。

3-4　使用标准公差与基本偏差表查出下列公差带的上极限偏差、下极限偏差。

ϕ30d8　　ϕ50C10　　ϕ20v8　　ϕ100h10　　ϕ25k5

ϕ250m7　　ϕ70p6　　ϕ10Z9　　ϕ50js6　　ϕ24J5

3-5　查出下列孔、轴配合中孔和轴的上极限偏差、下极限偏差,说明配合性质,画出公差尺寸与配合图。

$\phi30\,\dfrac{H7}{f6}$　　$\phi15\,\dfrac{H7}{js6}$　　$\phi40\,\dfrac{H7}{h6}$　　$\phi20\,\dfrac{P6}{h5}$　　$\phi50\,\dfrac{D9}{h8}$

3-6　某孔、轴配合，公称尺寸为$\phi35$ mm，要求$X_{max}=+128\ \mu m$，$X_{min}=+50\ \mu m$，试确定基准制、公差等级及其配合。

3-7　某孔$\phi20^{+0.013}_{0}$与某轴配合，要求$X_{max}=+42\ \mu m$，$T_f=0.022$ mm，试求出轴的上极限偏差、下极限偏差。

第4章

几何公差

4.1 几何公差概述

无论采取何种加工工艺，采取何种精度的加工设备，无论操作人员的技术水平有多高，加工所得零件的实际几何参数与理想的要求相比不可避免地存在误差。同一零件的同一几何参数的不同部位，或相关几何参数的相对位置、方向、跳动等各处不同，即构成形状、方向、位置、跳动误差，以上这些误差统称为几何误差。它们对产品的寿命和使用性能有很大的影响。几何误差越大，零件的几何精度越低，质量也越差。为了保证零件的互换性和使用要求，有必要通过规定零件的几何公差来限制几何误差。

为适应经济发展和国际交流的需要，我国根据国际标准 ISO 1101 制定了有关几何公差的国家标准。几何公差是用来限制几何误差的，我国标准体系中与几何公差有关的主要标准如下。

(1)《产品几何技术规范(GPS) 基础 概念、原则和规则》(GB/T 4249—2018)。

(2)《机械制图 图样画法 图线》(GB/T 4457.4—2002)。

(3)《产品几何量技术规范(GPS) 几何公差 位置度公差注法》(GB/T 13319—2003)。

(4)《产品几何技术规范(GPS) 几何公差 最大实体要求(MMR),最小实体要求(LMR)与可逆要求(RPR)》(GB/T 16671—2018)。

(5)《产品几何技术规范(GPS) 几何公差 基准与基准体系》(GB/T 17851—2010)。

(6)《产品几何技术规范(GPS) 几何公差 轮廓度公差标注》(GB/T 17852—2018)。

(7)《技术制图 图样画法 未定义形状边的术语和注法》(GB/T 19096—2003)。

(8)《产品几何技术规范(GPS) 通用概念 第1部分:几何规范与验证的模式》(GB/Z 24637.1—2009)。

(9)《产品几何技术规范(GPS) 通用概念 第2部分:基本原则、规范、操作集和不确定度》(GB/Z 24637.2—2009)。

一、几何公差的类型

几何公差分为形状公差、方向公差、位置公差和跳动公差等四类，相应的几何特征符号如表4-1所示。

表 4-1 几何公差的类型及其符号

公差类型	几何特征	符号	有无基准
形状公差	直线度	—	无
	平面度	⏥	无
	圆度	○	无
	圆柱度	⌭	无
	线轮廓度	⌒	无
	面轮廓度	⌓	无
方向公差	平行度	//	有
	垂直度	⊥	有
	倾斜度	∠	有
	线轮廓度	⌒	有
	面轮廓度	⌓	有
位置公差	位置度	⌖	有或无
	同心度(用于中心点)	◎	有
	同轴度(用于轴线)	◎	有
	对称度	⌯	有
	线轮廓度	⌒	有
	面轮廓度	⌓	有
跳动公差	圆跳动	↗	有
	全跳动	⌰	有

二、零件的几何要素

各种零件尽管几何特征不同,但都是由称为几何要素的点、线、面构成的。几何公差的研究对象就是零件的几何要素之间的形状、位置精度问题。

零件的几何要素可按不同的方式分类。

1. 按存在的方式分类

1）理想要素

具有几何学意义的要素称为理想要素。

图样是用于表达设计意图的,零件图就是由设计者在零件的理想几何形状基础上,加上尺寸公差、几何公差等技术条件绘制而成的。因此,图样上组成零件图形的点、线、面是没有几何误差的理想要素。

2）实际要素

零件上实际存在的要素称为实际要素。

由于种种原因,零件在加工时会产生几何误差,所以零件上实际存在的是有几何误差的要素。由于受到测量误差的影响,具体零件的实际要素只能用测得要素来代替。此时测得要素并非实际要素的真实情况。

2. 按在几何公差中所处的地位分类

1) 被测要素

根据零件的功能要求,某些要素需要给出几何公差,制造时需要对这些要素进行测量以判断其误差是否在公差范围内。国家标准将上述给出几何公差的要素称为被测要素。

在图样上,当被测要素给出的几何公差采用几何公差代号来表示时,代号的指引线箭头应指向被测要素且与被测要素的直径方向或将要叙述的几何公差带的宽度方向一致,如图4-1～图4-3所示。

图4-1　指引线指向被测要素的直径或公差带宽度方向示例(一)

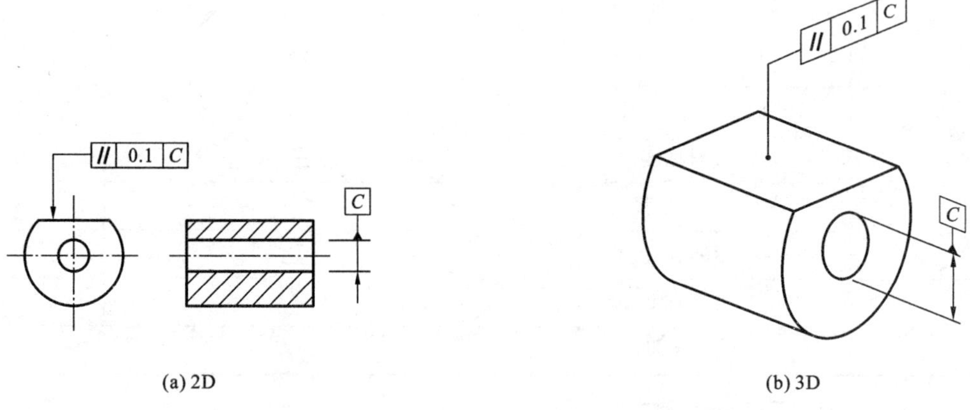

图4-2　指引线指向被测要素的直径或公差带宽度方向示例(二)

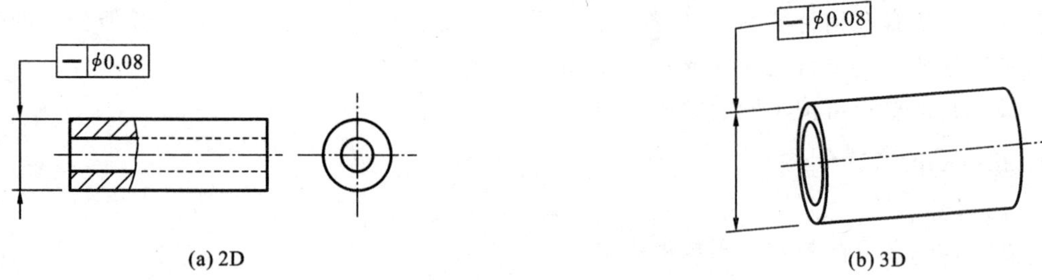

图4-3　指引线指向被测要素的直径或公差带宽度方向示例(三)

被测要素按功能关系又可分为单一要素和关联要素两种。

(1) 仅对被测要素本身给出几何公差要求的要素称为单一要素。在图4-1中,被测要素为圆柱表面的线要素,且给出了素线直线度公差要求,故此被测要素为单一要素。

(2) 与零件上其他要素有功能关系的要素称为关联要素。在图4-2中,被测要素为圆柱工件被铣去的平面,而这个平面对零件内孔的中心平面有平行的功能关系且给出了平行度公差要求,故该被测要素为关联要素。

2）基准要素

用来确定被测要素方向或（和）位置的理想要素称为基准要素。基准要素简称基准。在图 4-2 中，工件内孔的中心平面（注意这样的标注不是指孔的轴线）就是被测平面受其控制，需要参照的、被赋予“理想”属性的要素，图中给出了基准符号“C”，故该要素为基准要素。

3. 按几何特征分类

1）组成要素

构成零件轮廓且能被人们直接感觉到的要素，如直线、圆柱（锥）面、平面、曲线和曲面等，称为组成要素。

当被测要素或基准要素是组成要素时，几何公差代号的指引线箭头应指在基准代号的三角形底边，应贴在相应组成要素的轮廓线上或轮廓线的引出线上，并明显地与尺寸线的位置错开。例如，图 4-1(a)中被测线要素是圆柱面的组成要素，图 4-2 中被测平面是工件的组成要素。

2）导出要素

导出要素是指由一个或几个组成要素而得到的中心线、中心点、中心面。导出要素虽然不能为人们直接所感觉到，但是随着相应的组成要素存在而“客观”地存在着。例如，有圆柱面的存在就有相应的圆柱轴线存在，有球面的存在就有球心的存在等。在图 4-4 中，公共轴线 $A-B$ 为提取导出要素。

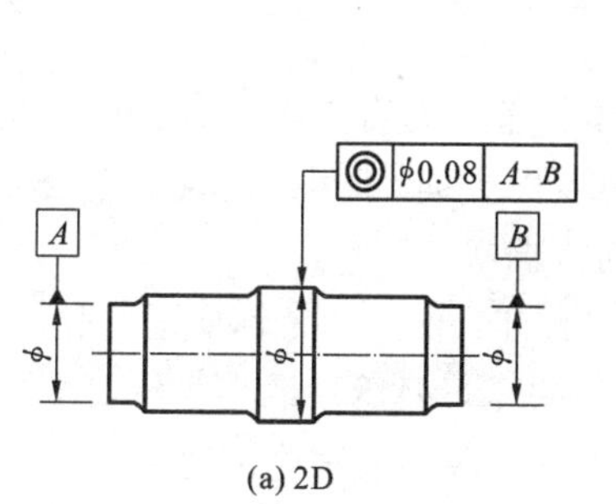

(a) 2D

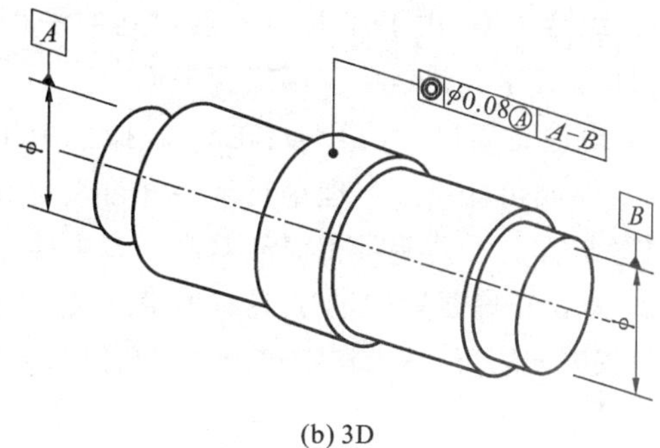

(b) 3D

图 4-4 导出要素示例

当被测要素或基准要素是导出要素时，几何公差代号的指引线箭头应指在基准代号的三角形底边，应贴在该要素的轮廓或轮廓的延长线上与尺寸线对齐。例如，在图 4-3 中，被测要素是工件的轴线的直线度，指引线指向的位置应与尺寸线的位置对齐。

此外，导出要素还包括公称导出要素、拟合导出要素等。

3）提取要素

提取要素是用一定的方法在被测组成要素上有目的地提取有限要素而组成的实际要素，用以近似替代实际要素。

4）拟合要素

由组成要素定义出来的理想要素称为拟合要素。拟合要素一般以理想要素代称。拟合要素分为拟合组成要素（理想轮廓表面）、拟合导出要素（理想轴线、理想公共中心平面、理想公共轴线）。

三、几何公差主要术语与定义

本章几何公差内容根据国家标准《产品几何技术规范(GPS)　几何公差　形状、方向、位置和跳动公差标注》(GB/T 1182—2018)对相关的术语、定义做如下约定。

(1) 公差带:由一个或两个理想的几何线要素或面要素所限定的、由一个或多个线性尺寸表示公差值的区域。

(2) 相交平面:由工件的提取要素建立的平面,用于标识提取面上的线要素(可以是组成要素或中心要素)或标识提取线上的点要素。对于区域性的表面结构,可使用相交平面定义评价该区域的方向。

(3) 定向平面:由工件的提取要素建立的平面,用于标识公差带的方向。使用定向平面可不依赖于位置或基准(方向)定义限定的平面或圆柱的方向。仅当被测要素是中心要素(中心点、中心线)且公差带由两平行直线或平面定义时,或被测要素是中心点、圆柱时,才可使用定向平面。定向平面可用于定义矩形局部区域的方向。

(4) 方向要素:由工件的提取要素建立的理想要素,用于标识公差带宽度(局部偏差)的方向。在图样上,可使用标注在方向要素框格中第二格的基准构建方向要素,也可以使用被测要素的几何形状确定方向要素的几何形状。使用方向要素可改变在面要素上的线要素的公差带宽度的方向。

(5) 组合连续要素:由多个单一要素无缝组合在一起的单一要素,可以是封闭的或非封闭的。封闭的组合连续要素可以配置“全周”或“全表面”符号与UF(联合要素)修饰符定义,非封闭的组合连续要素可以使用“区间”符号与UF修饰符定义。

(6) 组合平面:由工件上的要素建立的平面,用于定义封闭的组合连续要素。当使用“全周”符号时,实际上总是在使用组合平面。

(7) 理论正确尺寸(TED):在GPS操作中用于定义要素理论正确几何形状、范围、位置与方向的线性或角度尺寸。理论正确尺寸可以定义公差带宽度的方向,也可以定义多个公差带的相对位置与方向及公差带相对于基准与基准体系的位置与方向等。

(8) 理论正确要素(TEF):具有理想形状,以及理想尺寸、方向、位置的公称要素(图样上的要素)。根据《产品几何技术规范(GPS) 几何公差 最大实体要求(MMR)、最小实体要求(LMR)和可逆要求(RPR)》(GB/T 16671—2018),最大实体实效状态(MMVC)是理论正确要素。

(9) 联合要素(UF):由连续的或不连续的组成要素组合而成的要素,将其视为一个单一要素。使用联合要素不是企图将多个自然分离的要素定义在一起,定义联合要素时必须有明确的目的及可以在GPS中操作。例如,不可以将两个平行的,但不同轴的圆柱要素构成一个联合要素,但由一组圆弧要素定义的圆柱要素(如花键的外径轮廓)是可以定义出联合要素的,这是使用联合要素的目的之一。

四、基本概念和符号

1. 基本概念

(1) 要素可以是工件上的特定部分,如点要素、线要素或面要素,这些要素可以是组成要素(如轮廓要素),也可以是导出要素(如中心点、中心线或中心平面)。

(2) 应按照功能要求来规定几何公差。

(3) 应用于要素的几何公差定义了公差带,该公差带是相对于参照要素构建的,该被测要素应限定在公差带范围之内。

(4) 相对于基准给定的几何公差并不限定基准要素本身的形状误差。

(5) 除非另有规定,公差应适用于整个被测要素。

(6) 除非有进一步的限定要求(如标有附加性说明),否则被测要素在公差带内可以具有任何形状、方向与/或位置。

(7) 出于功能考虑,可以使用一个或多个特征定义一个要素的几何偏差。某些形式的规范既可以限定被测要素的几何偏差,又可以限定同一要素的其他形式的偏差。

① 位置规范可控制该被测要素的位置偏差,方向偏差与形状偏差。

② 方向规范可控制该被测要素的方向偏差与形状偏差,但不能控制其位置偏差。

③ 形状规范仅控制该被测要素的形状偏差。

(8) 根据所规定的特征(项目)及其规范要求不同,公差带的主要形状如下。

① 一个圆内的区域。

② 两个同心圆之间的区域。

③ 在一个圆锥面上的两平行圆之间的区域。

④ 两个直径相同的平行圆之间的区域。

⑤ 两条等距曲线或两条平行直线之间的区域。

⑥ 两条不等距曲线或两条不平行直线之间的区域。

⑦ 一个圆柱面内的区域。

⑧ 两同轴圆柱面之间的区域。

⑨ 一个圆锥面内的区域。

⑩ 一个单一曲面内的区域。

⑪ 两个等距曲面或两个平行平面之间的区域。

⑫ 一个圆球面内的区域。

⑬ 两个不等距曲面或两个不平行平面之间的区域。

部分公差带的形状如图 4-5 所示。

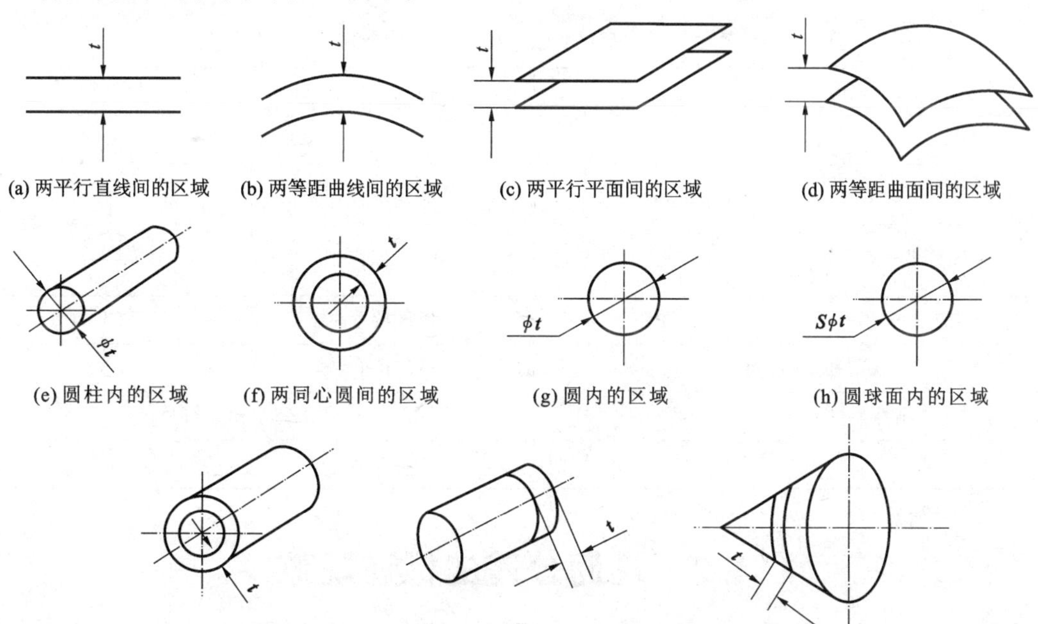

图 4-5 部分公差带的形状

2. 符号

几何公差的类型及其符号如表4-1所示。

在公差框格内公差带、要素与特征部分所使用的附加符号(部分)定义如表4-2所示。

表4-2 在公差框格内公差带、要素与特征部分所使用的附加符号(部分)

描　述	符　号	描　述	符　号	描　述	符　号
组合规范元素		被测要素标识符		辅助要素标识符或框格	
组合公差带	CZ	区间	←→	相交平面框格	◁// B
独立公差带	SZ	联合要素	UF	定向平面框格	◁// B▷
不对称公差带		小径	LD	方向要素框格	←// B
定偏置量的偏置公差带	UZ	大径	MD	组合平面框格	○// B
公差带约束		中径/节径	PD	理论正确尺寸符号	
未定偏置量的线性偏置公差带	OZ	全周(轮廓)		理论正确尺寸	50
未定偏置量的角度偏置公差带	VA	全表面(轮廓)			
导出要素		公差框格			
中心要素	Ⓐ	无基准的几何规范标注			
延伸公差带	Ⓟ	有基准的几何规范标注	D		

一些在其他标准中定义且在GB/T 1182中使用到的符号如表4-3所示。

表4-3 在其他标准中定义且在GB/T 1182中使用到的附加符号

描　述	符　号	描　述	符　号
实体状态		基准相关符号	
最大实体要求	Ⓜ	基准要素标识	E
最小实体要求	Ⓛ	基准目标标识	$\phi4$ A1
可逆要求	Ⓡ	接触要素	CF
状态的规范元素		仅方向	><
自由状态(非刚性零件)	Ⓕ	尺寸公差相关符号	
		包容要求	Ⓔ

4.2 几何公差的标注规范

几何公差是用来限制零件本身的几何误差的,是被测(组成、提取、导出)要素几何参数的允许变动量。国家标准将几何公差分为形状公差、方向公差、位置公差和跳动公差四大类。

一、几何公差带

1. 几何公差带

几何公差的标注是图样中对几何要素的形状、方向、位置提出精度要求时做出的表示。一旦有了这一标注，就明确了被控制的对象(要素)是谁、允许它有何种误差、允许的变动量(即公差值)多大和范围怎样，实际要素只要做到在这个范围之内就为合格。被测要素可以有任意形状，也可以在几何空间中占有某一位置，但实际几何要素必须在整个被测范围内受公差控制，很明显这一控制是以一定的大小，在适当的位置以合理的形状呈方向性地在一定的区域上进行的，通俗地说，这一用来限制实际要素变动的区域就是几何公差带。从定义出发，几何公差带是由一个或两个理想的几何线要素或面要素限定的、由一个或多个线性尺寸表示公差值的区域。几何公差带由于是一个区域，所以具有大小、形状、方向和位置4个特征要素。

为了讨论方便，可以利用图形来表述允许被测(实际、提取、导出)要素变动的区域，这个图形就是公差带图。被测要素在公差带内的实际状态可以借助公差带图进行描述，因此常说几何公差带是一个图形。几何公差带图如图4-5所示。

2. 几何公差带的要素

1) 几何公差带的形状

几何公差带的形状是由要素本身的特征和设计要求确定的。常用的几何公差带的形状及公差带图在前面已经表述过。几何公差带的形状取决于被测要素的形状特征、公差项目和设计时的具体要求。一般而言，被测要素的形状特征决定了公差带的形状。例如，被测要素是平面，它的几何公差带只能是两平行平面间的区域；被测要素是非圆曲线或曲面，它的几何公差带也只能是两等距的曲线或曲面间的区域。必须指出的是，被测要素必须由所检测的公差项目确定。例如，对平面、圆柱面提出直线度要求，要作一轴截面才能获得被测要素，此时的被测要素体现为轴截面上的一条直线。在多数情况下，设计要求对公差带的形状起着决定性作用。轴线的公差带可以是两平行直线间的区域、两平行平面间的区域或一个圆柱面内的区域，公差项目要视设计给出的是给定平面内、给定方向上还是任意方向上的要求而定。实际上几何公差项目决定了几何公差带的形状。例如，由于零件孔或轴的轴线是空间直线，同轴度要求肯定是指轴线在任意方向上的，故它的公差带只有圆柱形一种；圆度公差带只可能是两同心圆之间的区域；圆柱度公差带只有两同轴圆柱面间的区域。

2) 几何公差带的大小

几何公差带的大小是指公差标注中公差值的大小，它是指允许实际要素变动的全量，它的大小表明被测要素几何精度的高低。由于不同几何公差带有不同的形状，公差值可以是几何公差带的直径或宽度，这取决于被测要素的形状和设计的要求，设计时可在公差值之前通过加或不加直径符号ϕ来加以区别。

对于同轴度和轴线在任意方向上的直线度、平行度、垂直度、倾斜度和位置度要求，所给出的公差值是直径值，公差值之前必须加注符号ϕ。对于空间点的位置控制，如果要求的是任意方向上的控制，则必须也只能采用球状的公差带，公差值之前加注符号$S\phi$。

对于圆度、圆柱度、轮廓度、平面度、对称度和跳动度等公差项目，公差值只可能是宽度值。在一个方向上、两个方向上或一个给定平面内的直线度、平行度、垂直度、倾斜度和位置度所给出的一个或两个相互垂直方向的公差值，也均为宽度值。

公差带的宽度或直径值是控制零件几何精度的重要指标,一般情况下应根据国家标准《形状和位置公差　未注公差值》(GB/T 1184—1996)来选择标准数值,如有特别需要也可另行确定。

3）几何公差带的方向

在评价被测要素的几何误差时,形状公差带、方向公差带、位置公差带的放置方向直接影响到误差评价的准确性。

对于形状公差带,放置方向应符合最小条件(在评价范围内以最小的包容区域使得被测要素全部落在该评价范围内)。

对于方向公差带,由于控制的是正方向,放置方向与基准所决定的理论正确方向一致,即以平行、垂直或参照某个理论正确角度作为基准要素来确定被测要素的几何公差带的方向。

对于定位公差带,除点的位置度公差外,其他控制位置的公差带都涉及方向控制,放置方向由基准的方向及理论正确尺寸决定。

4）几何公差带的位置

形状公差带是用来限制被测要素形状误差的,对其不做位置要求。例如,圆度公差带限制的是被测截面圆实际轮廓对理想圆的误差,至于该截面圆在哪个位置、直径多少,并不由圆度公差控制,而是由相关的尺寸公差控制,因此形状公差带的位置在该被测要素所参照的尺寸公差带范围之内任意浮动,位置不是固定的。

方向公差带强调的是被测要素相对于基准在方向上的关系,它对实际要素的位置也是不能控制的,实际要素的位置由相对于基准的尺寸公差或理论正确尺寸控制。例如机床导轨面对床脚底平面的平行度要求,它只控制实际导轨面对床脚底平面的平行度,导轨面离地面的高度由其对床脚底平面的尺寸公差控制。被测导轨面只要位于尺寸公差内,且不超过给定的平行度公差带就被认为是合格的。因此,方向公差带的位置随相对于基准的尺寸在尺寸公差带内浮动,只要不超出方向公差的要求,被测要素就被认为是合格的。如果相对于基准的尺寸是一个理论正确尺寸,则公差带的位置由该理论正确尺寸确定,固定不变。

定位公差带强调的是被测要素相对于基准要素在方向上的位置关系,公差带的位置由被测要素相对于基准要素的理论正确尺寸确定,因此公差带的位置是固定的。特别提出的是,同轴度、对称度的公差带中心位置与由基准确定方向且由理论正确尺寸决定的一个理想要素(理想轴线,理想中心平面)的位置重合,故将对基准的理论正确尺寸视为“0”。另外,位置度的公差带位置由相关基准(二维或三维)在其方向上所确定的理论正确尺寸确定。

3. 几何公差带的术语与定义

1）公差框格

几何公差规范的公差框格可以定义被测要素、规定的特征、公差带,以及被测要素的公差带与基准或基准体系之间的关系。

2）几何公差带

几何公差带是相对于公称模型(理论正确几何形体)构建的,它由理论正确几何形体定义的理论正确几何要素限定。

3）公差带的形状

(1) 当被测要素是组成(或提取)面要素时,公差带限定面的形状可由理论正确组成(导出)要素确定。

(2) 当被测要素是组成直线时,公差带的形状为两条平行直线间的区域或两条不平行直线之间的区域，后者的公差带宽度可变。

(3) 当被测要素是组成圆时，公差带的形状为两个同心圆之间的区域、在圆锥表面上的两个平行圆或两个直径相等的平行圆。

(4) 当被测要素是中心线时，公差带的形状如下。

① 两平行平面或两不平行平面(公差带宽度可变)之间的区域。若给出公差带的形状，公差值之前不标注符号 ϕ，被测要素是直线。

② 一个圆柱或圆锥(公差带宽度可变)所包容的区域。若给出公差带的形状，公差值之前标注符号 ϕ，被测要素是轴(直)线。

③ 一个弯曲的圆柱或圆锥(公差带宽度可变)管。若给出公差带的形状，公差值之前标注符号 ϕ，被测要素是曲线。

(5) 当被测要素是一个球的导出中心点时，公差带的形状如下。

① 两平行平面之间的区域。若给出公差带的形状，公差值之前不标注符号 ϕ 或 $S\phi$。

② 一个圆柱所包容的区域。若给出公差带的形状，公差值之前标注符号 ϕ。

③ 一个球。若给出公差带的形状，公差值之前标注符号 $S\phi$。

(6) 当被测要素是一个横截圆的导出中心点时，公差带的形状为一个圆，公差值之前标注符号 ϕ。

4) 理论正确尺寸

理论正确尺寸(TED)只在公称模型中存在且只能在下列项目中使用。

(1) 将两个或多个公差带相连接。

(2) 将一个或多个公差带与基准或基准体系相连。

(3) 定义理论正确要素(TEF)。

(4) 连接基准目标与对其定向。

(5) 局部被测要素的位置与尺寸。

(6) 公差带的宽度方向。

如果图样中有点要素或线要素标注在基准轴线或基准平面上，则将线性的理论正确尺寸默认为 0。图样中公差带之间的夹角的缺省角度 TED(360°/公差带的数量)应在圆上均匀分布。

5) 成组要素

成组要素是包含两个或多个用理论正确尺寸相连的公差带的组成要素，组成成组要素的子元素有多少应明确标注(如 6×，8×等)。

4. 被测要素在不同几何公差规范中的属性

(1) 被测要素。被测要素默认是一个完整的单一要素。可以使用局部要素标注、联合要素标注或组合公差带标注将该要素作为连续要素控制。若与此标注无关，则被测要素只是由指引线定义的复杂要素(如曲线、曲面)的单一部分或由指引线、“全周”修饰符、“全表面”修饰符定义的一组要素中单独考量的一部分。

(2) 当采用形状规范时，直线度、圆度、平面度、圆柱度的公称被测要素的形状及区域属性已经明确给出。轮廓度公称被测要素的形状由图样上完整标注明确给出的同时，公称被测要素的线性属性亦已经明确给出。

(3) 当采用方向规范时，公称被测要素是直线或平面。除非标注了相交平面框格，否则默认被测要素为平面。对倾斜度来说，还应至少定义一个公称被测要素与基准或基准体系之间的明确的 TED 夹角。对于轮廓度来说，公称被测要素的形状由图样上完整标注明确给出的同时用符号将被测要素的属性(线性或区域性)明确给出。标注时,按定向公差规范将修饰符＞＜放置在公差框格的第二格或公差框格里每个基准标注的后面。公称被测要素与基准的夹角用TED标注。

(4) 当使用位置规范时,位置度的被测要素是组成要素或导出要素,公称被测要素是点要素、线要素、面要素。除非标注了相交平面框格,否则默认被测要素为面要素且被测要素与基准或基准体系之间的角度与线性尺寸用TED定义。

(5) 当使用位置规范时,同轴度(同心度)的被测要素是导出要素,一般是直线(中心线)或点(中心点),除非标注了ACS(任意横截面)修饰符,否则默认被测要素为线要素,被测要素与基准或基准体系之间的角度与线性尺寸分别是0°与0 mm。

(6) 当使用位置规范时,对称度的被测要素是组成要素或导出要素,公称被测要素的形状是点、直线或平面。除非标注了相交平面框格,否则默认被测要素为面要素,被测要素与基准或基准体系之间的角度与线性尺寸分别是0°与0 mm。

(7) 当使用位置规范时,轮廓度的公称被测要素的形状由图样上完整标注明确给出的同时,用符号明确给出被测要素的属性(线性或区域性)。当公差框格至少参照了一个可锁定线性距离的基准,并在第二部分中未标注修饰符＞＜时,此位置规范仅仅是位置度公差,否则此规范是形状、方向规范。被测要素与基准或基准体系之间的角度与线性尺寸应用TED定义。当相关基准的后面有修饰符＞＜时,应当考虑公称被测要素与公差框格所标注的基准之间所有可能的线性距离。

二、几何公差标注规范

在技术图样中,一般均采用几何公差框格及有关代号标注几何公差。只有当图样上无法采用代号标注时才允许用文字说明,用文字说明时不能引起歧义。

与标注有关的要素规范如下。

1. 指引线

指引线从水平放置的公差框格(含辅助平面要素框格)左或右端的中间位置垂直引出。指引线的箭头在到达被测组成要素或导出要素之前只允许垂直拐折两次,终止于组成要素的延长线上、被测要素上或被测要素引出线的横线上。

1) 组成要素的标注

组成要素的标注示例如图4-6～图4-8所示。

(1) 二维标注时,指引线终止在要素的轮廓上或轮廓的延长线上且必须与该要素的尺寸线明显错开,如图4-6(a)所示。

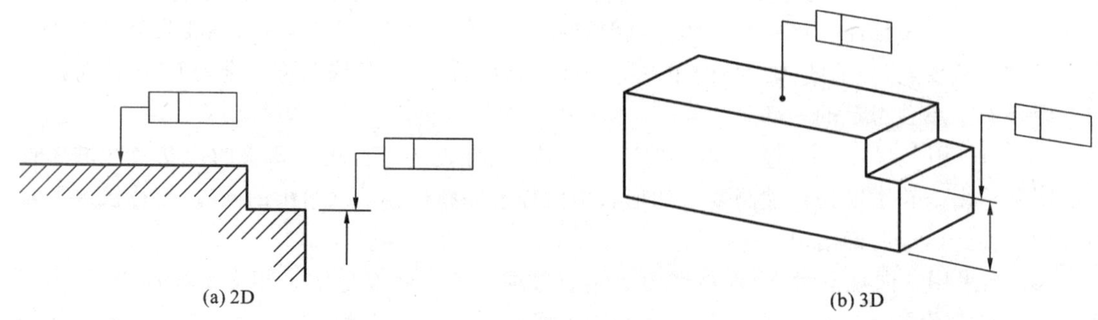

(a) 2D　　(b) 3D

图4-6　组成要素的标注(一)

① 若指引线终止在轮廓或轮廓的延长线上，以箭头终止。

② 若指引线终止在被测组成要素的界限之内，指引线以圆点终止，如图 4-7 所示。

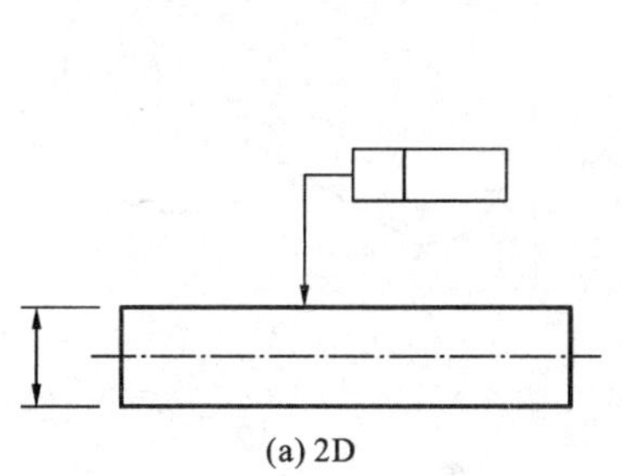

(a) 2D

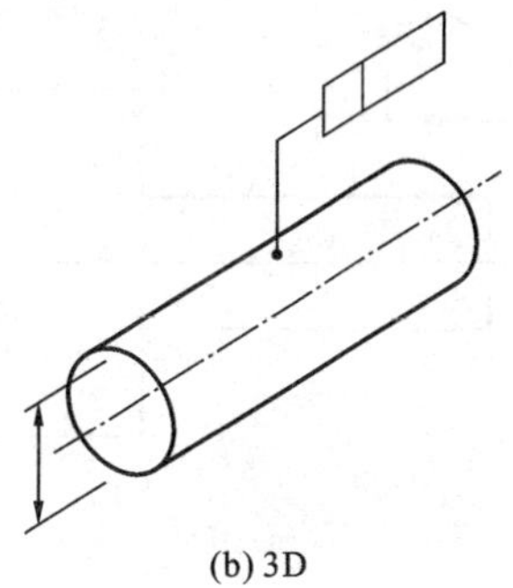

(b) 3D

图 4-7 组成要素的标注(二)

a. 要素是可见的：圆点为实心圆，指引线为实线。

b. 要素是不可见的：圆点为空心圆，指引线为虚线。

③ 指引线的箭头可放在被测要素引出线的横线上，如图 4-8 所示。

(2) 三维标注时，指引线终止在组成要素上且必须与该要素的尺寸线明显分离。

① 指引线的终点为指向延长线的箭头。

② 指引线的终点为组成要素上的点。

a. 当该面要素是可见的，圆点为实心圆，指引线为实线。

b. 当该面要素是不可见的，圆点为空心圆，指引线为虚线。

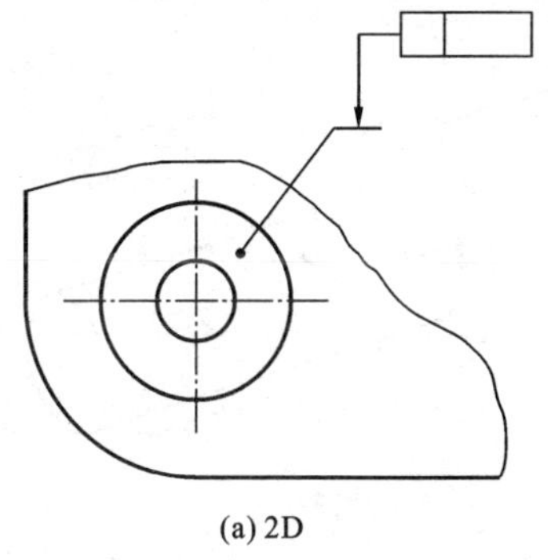

(a) 2D

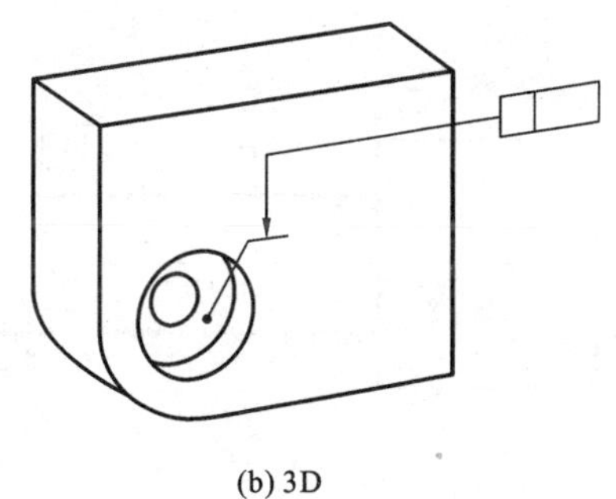

(b) 3D

图 4-8 组成要素的标注(三)

2) 导出要素的标注

(1) 使用参照线与指引线进行标注，指引线的箭头终止在尺寸要素的尺寸延长线上，如图 4-9、图 4-10 所示。

(2) 可将修饰符Ⓐ(中心要素)放置在公差框格内公差带、要素与特征部分(第二部分)，此时指引线应与该被测要素的轮廓要素尺寸线对齐，可在组成要素上以圆点或箭头终止，如图 4-11 所示。修饰符Ⓐ只能应用于回转体，不可用于其他类型的尺寸要素。

(3) 必要时，应使用相交平面框格规定被测要素是一组线要素。如果被测要素是导出线要素，要以适当的符号进一步标注，以便控制公差带的方向，如图 4-12 所示。

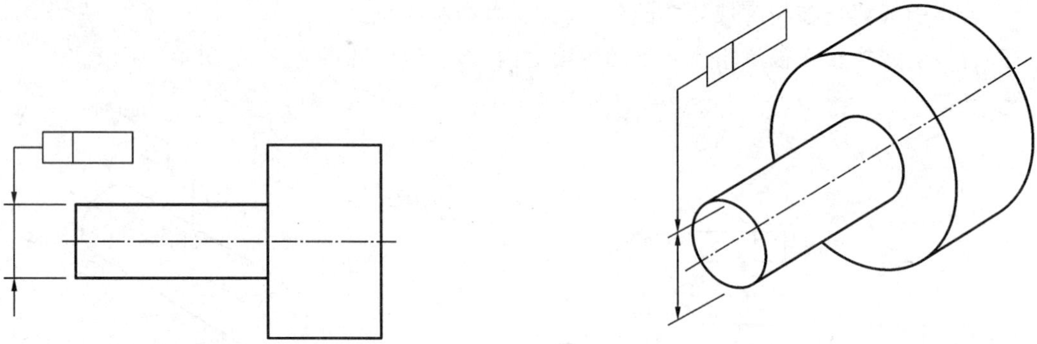

(a) 2D

(b) 3D

图 4-9　导出要素的标注(一)

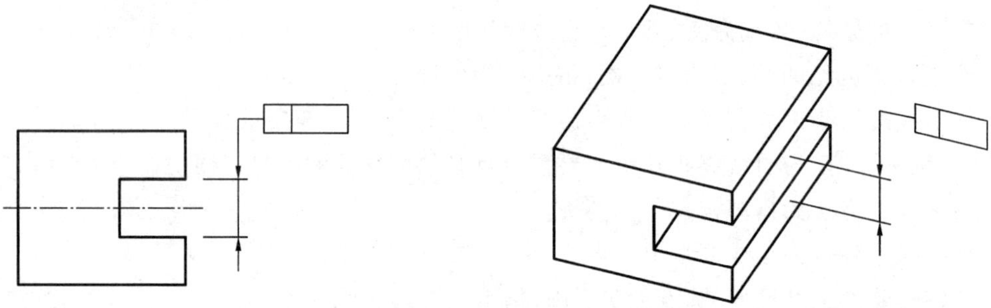

(a) 2D

(b) 3D

图 4-10　导出要素的标注(二)

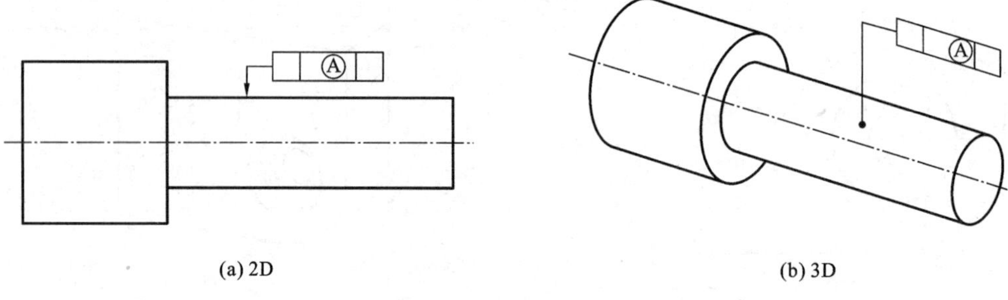

(a) 2D　　(b) 3D

图 4-11　以修饰符Ⓐ标注导出要素(中心要素)

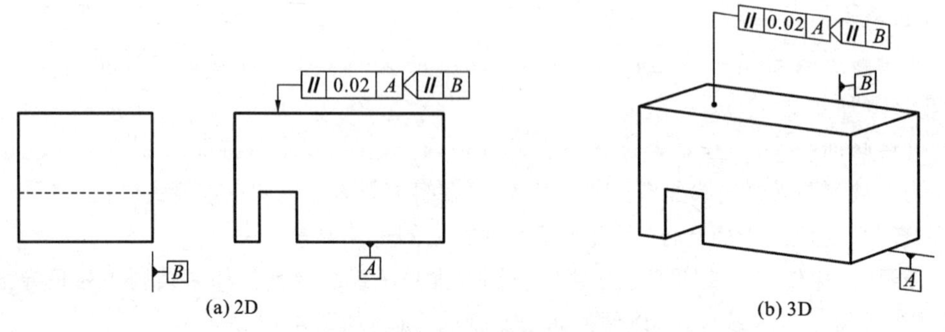

(a) 2D　　(b) 3D

图 4-12　被测要素为线要素标注示例

2. 公差带

1) 缺省公差带

在没有其他说明的前提下，公差带的中心位置默认在理论正确要素(TEF)上并且理论正确要素为参照要素。公差带相对于参照要素对称，公差值定义公差带的宽度。除非另有说明，公差带的局部宽度应与规定的几何形状垂直，如图 4-13 所示。在图 4-13(b)中，a 为基准。

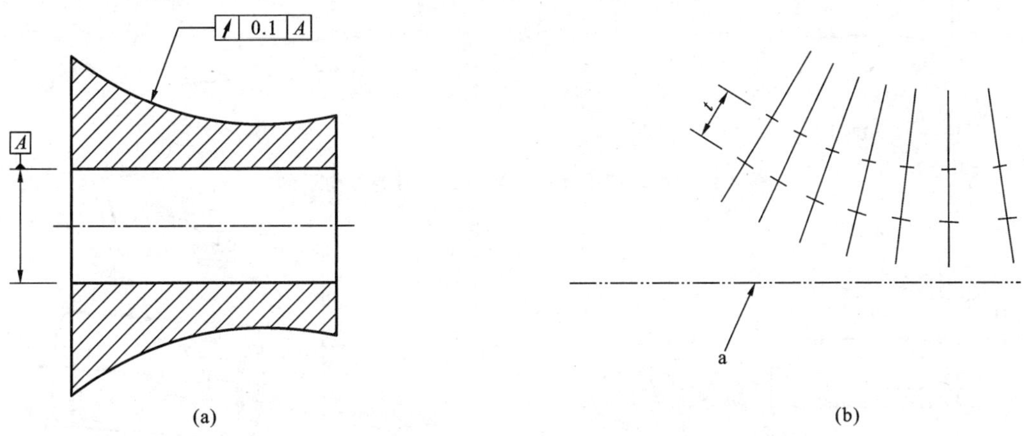

图 4-13 公差带中心缺省在理论正确要素上的图样标注

2) 变宽度公差带

如果没有其他样图辅助标注，公差值沿被测要素的长度方向保持定值。该标注可以在被测要素上规定的两个位置之间定义从一个值到另一个值的成比例变量。比例变量默认跟随曲线距离变化，如图 4-14 所示。

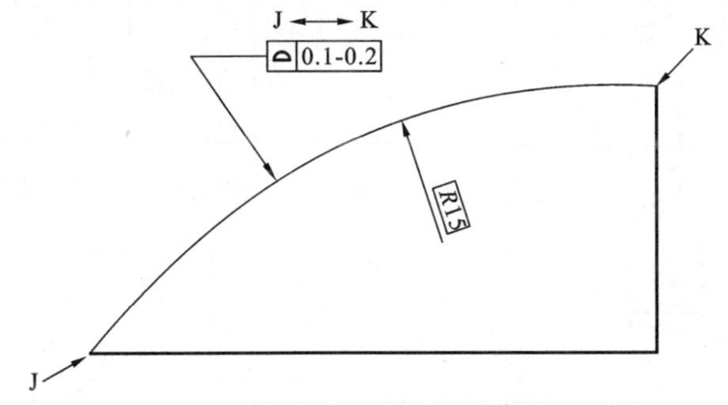

图 4-14 使用区间符号的变宽度公差带图样标注(J → K)

3) 导出要素的公差带方向

对于导出要素，如果导出要素的公差带由两个平行平面组成且用于约束中心线，或由一个圆柱组成且用于约束一个圆或球的中心点，应使用定向平面框格控制该平面或圆柱的方向。用定向平面框格限制公差带的方向示例如图 4-15 所示，它用定向平面框格表示公差带方向与基准 B 垂直。

4) 圆柱形或球形公差带

如果公差框格的第二部分公差值前面有符号 ϕ，则公差带为圆柱形或圆形，如图 4-16 所示。若公差值前面有符号 $S\phi$，则公差带为球形，如图 4-17 所示。

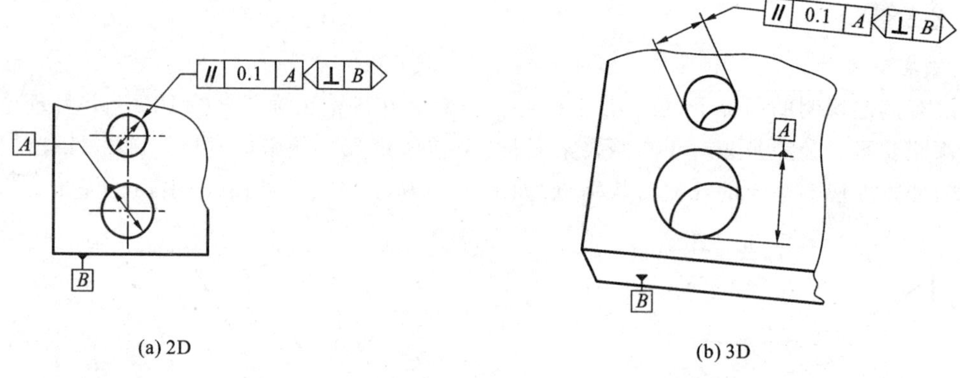

图 4-15　用定向平面框格限制公差带的方向示例

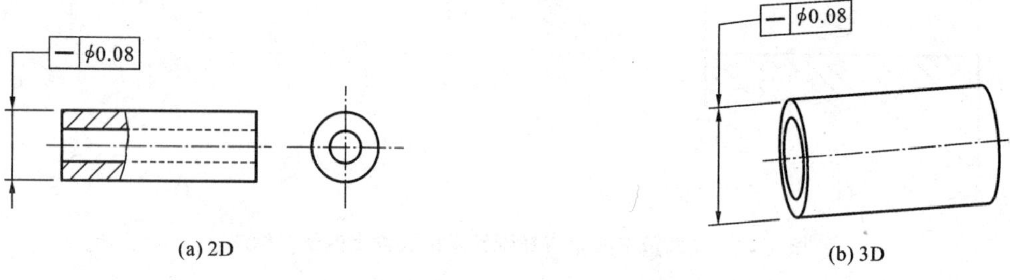

图 4-16　公差带为圆柱形或圆形时的标注

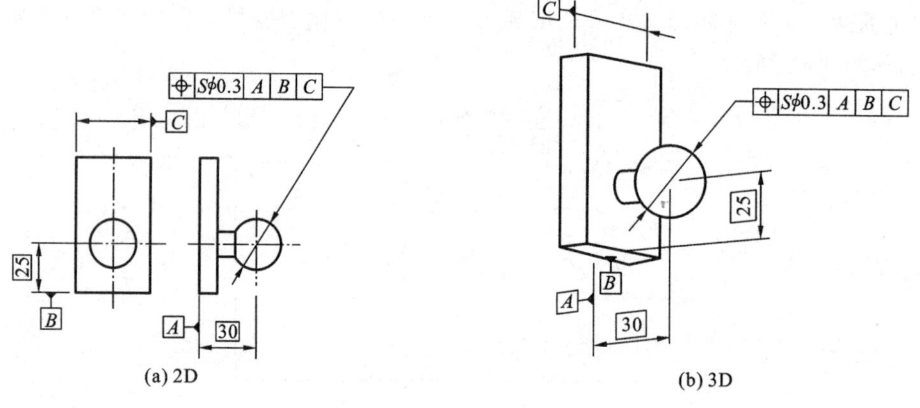

图 4-17　公差带为球形时的标注

3. 公差框格

标注几何公差的框格为矩形方框，由两格或更多格组成，在图样中只能水平绘制和叠置。公差框格填写的内容有规范性的及辅助可选的，应视实际需要采用相关的符号或必要的补充进行标注。

1）公差框格概述

公差框格及辅助平面和要素框格如图 4-18 所示。

在图 4-18 中，a 即为公差框格，公差框格内填写公差项目符号、公差值及公差带相关符号、基准或基准体系；b 为辅助平面和要素框格（可选），用以确定被测要素公差带的方向或区分是线要素还是面要素；c 为相邻标注（可选）。

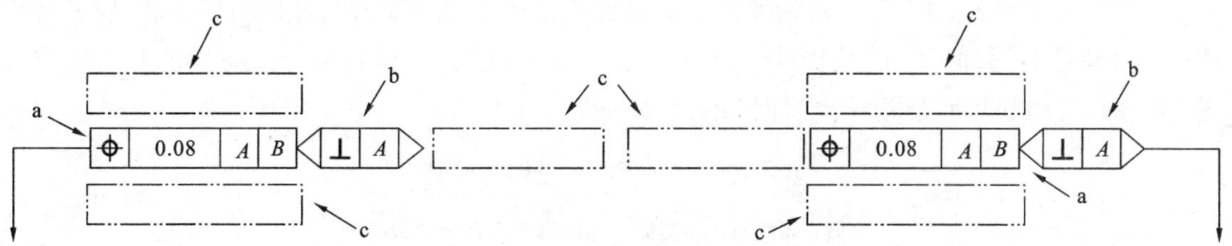

图 4-18　公差框格及辅助平面和要素框格

参照线的一端与指引线相连，如果没有可选的辅助平面或要素标注，参照线的另一端应与公差框格的左侧或右侧中点相连。如果有可选的辅助平面或要素标注，参照线应与公差框格的左侧中点或最后一个辅助平面和要素框格的右侧中点相连。此种标注适用于二维标注及三维标注。

2）公差框格的填写

几何公差框格填写的内容应标注在划分成两个或三个部分的矩形框格内。公差框格的三个部分如图 4-19 所示。第一部分填写几何公差项目符号；第二部分填写几何公差值、公差带相关符号、要素与特征符号；如有第三部分，则第三部分用于填写被测要素参照的基准符号，包含一至三格。框格划分出的部分自左向右顺序排列，任何条件下均不允许将框格填写内容的（框格）部分位置变动。

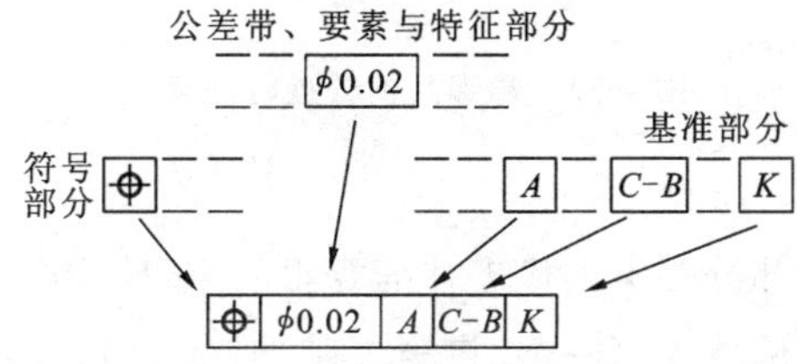

图 4-19　公差框格的三个部分

3）公差值及公差带宽度

公差值是强制性的规范元素，公差值应以线性尺寸所使用的单位给出。公差值决定的公差带宽度默认垂直于被测要素。公差带同时也默认具有恒定的宽度，若公差带的宽度在两个数值之间发生变化，这两个数值要用“-”隔开标明。在图样上同时标出该区间的所述位置。但如果公差带的宽度变化是非线性的，应通过其他途径标注。区间内公差带宽度线性变化的标注如图 4-20所示。

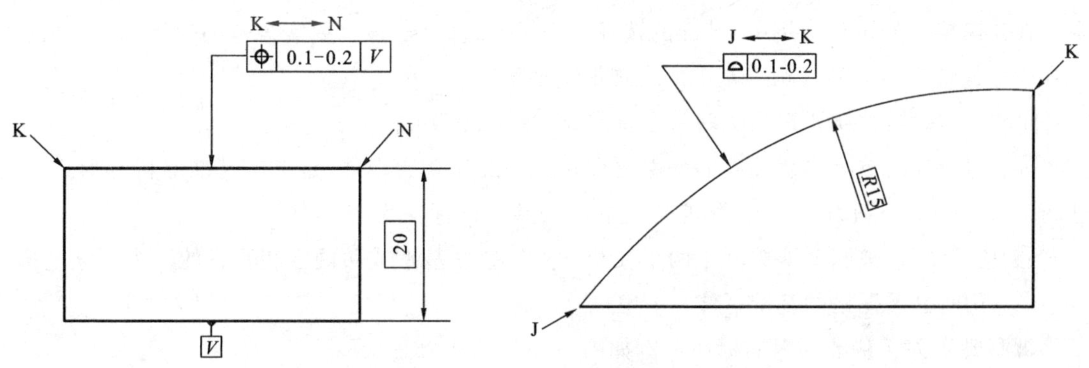

图 4-20　区间内公差带宽度线性变化的标注

几何公差默认适用于整个被测要素。如果公差适用于整个要素的任何局部区域,应使用线性或角度单位将局部区域的范围添加在公差值之后,并用斜杠将其分开。局部公差带框格如图 4-21 所示,局部几何公差标注示例如图 4-22 所示。

—	0.2/75

(a) 线性局部公差带

⏥	0.2/ϕ75

(b) 圆形局部公差带

图 4-21 局部公差带框格

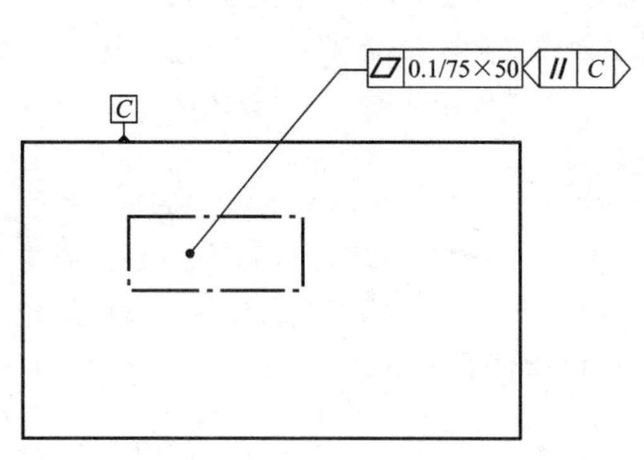

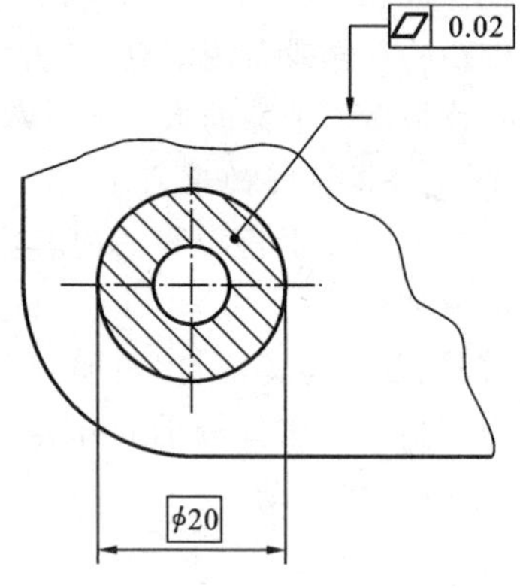

图 4-22 局部几何公差标注示例

4) 基准填写

在几何公差框格的第三部分要填入代表基准要素的字母。在几何公差框格的第三部分,应将第一基准(重要基准)的字母填入第一格,将第二基准(次要基准)的字母填入第二格,将第三基准(一般基准)的字母填入第三格。要注意,填入基准字母时不以字母的自然顺序将字母填入基准要素的格子里。若被测要素只关联一个基准,则几何公差框格只有三格;若被测要素关联两个基准,则几何公差框格有四格;如果被测要素关联三个基准,则几何公差框格总共有五格。

(1) 基准的形式。

不论基准是组成要素还是导出要素,都被认为是理论正确要素,被赋予"理想"的属性。这是因为基准是供被测要素参照的,是用来规范相关要素的,往往联系着理论正确尺寸。只有基准本身定义为理想要素,才能规范关联要素在形状(与/或)方向、位置上的变动并做出比较和鉴别。在几何公差的设计应用中,基准的选择相当重要,基准对被测要素规范的效果、对零件的加工和检测都带来明显的影响。基准的表现形式如下。

① 单一基准:被测要素只关联一个基准,标注为 A(例)。

② 公共基准:被测要素关联的是由两个独立基准建立的基准,是单一基准的特殊形式。若这两个独立基准分别为 B 与 C,由它们建立的公共基准标注为 $B-C$(例)。

③ 基准体系:被测要素关联了两个互相垂直的独立基准或两两互相垂直的三个独立基准。

(2) 几何公差框格的基准标注。

被测要素关联基准要素的标注示例如图 4-23~图 4-26 所示。

基准本身有相关的公差要求,在基准符号之后要标出基准本身遵守的公差要求符号。

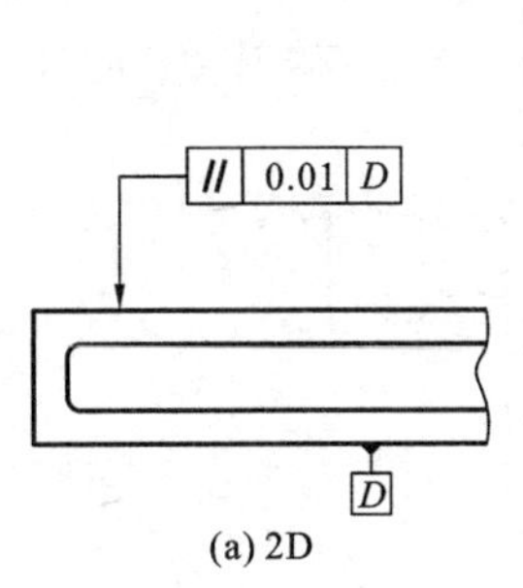

(a) 2D

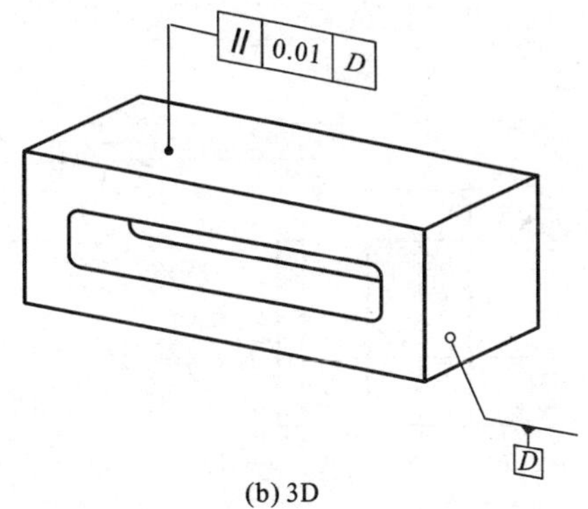

(b) 3D

图 4-23　被测要素关联一个基准

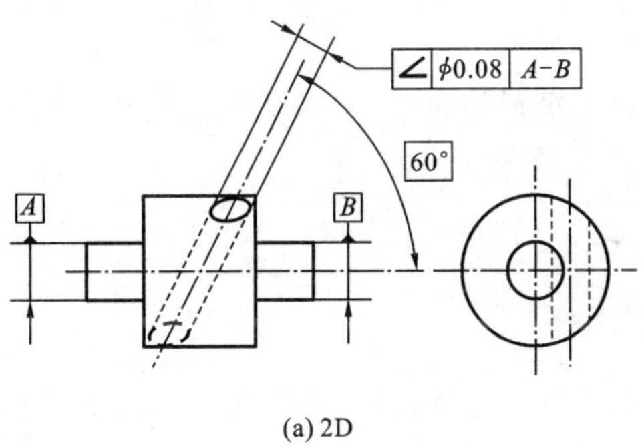

(a) 2D

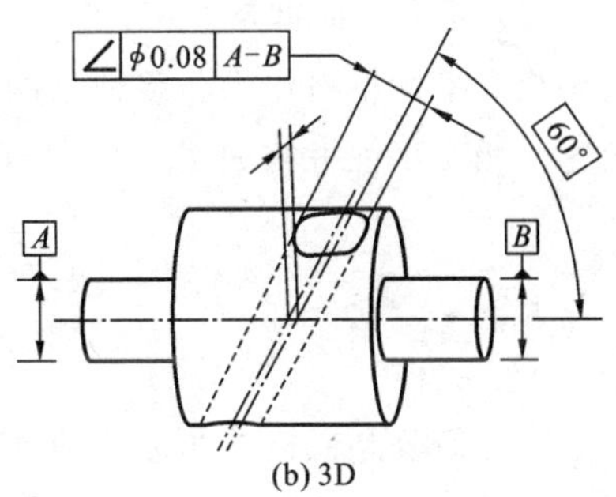

(b) 3D

图 4-24　被测要素关联公共基准

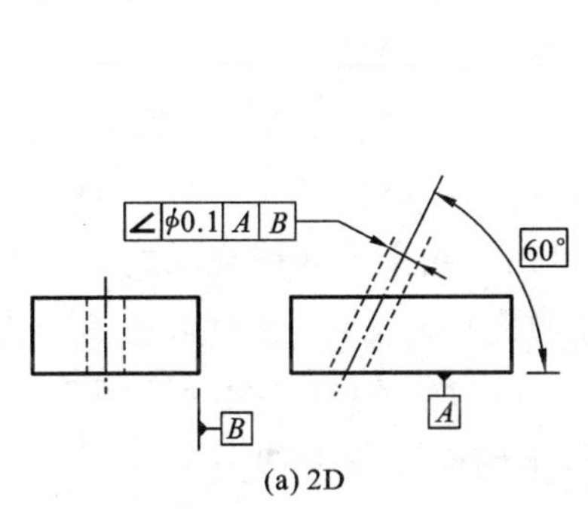

(a) 2D

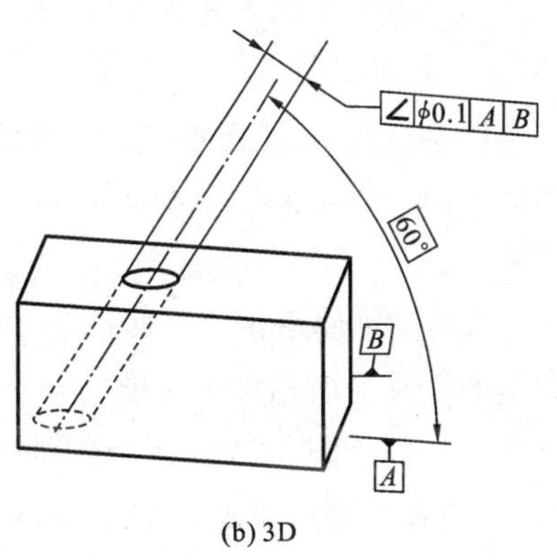

(b) 3D

图 4-25　被测要素关联两个独立基准

5）辅助平面和要素框格的填写

辅助平面和要素框格是几何公差框格的延伸。由图 4-18 公差框格的标注要素（含可选）可以发现，指引线可根据需要与相交平面框格相连而不与公差框格相连。因此，要用符号定义相交平面相对于基准的构建方式，并将其放置在相交平面框格的第一格。可选的符号及其意义如下：//，平行；⊥，垂直；∠，保持特定角度；≐，对称。标识基准并构建相交平面的字母应放在相关平面框格的第二格。

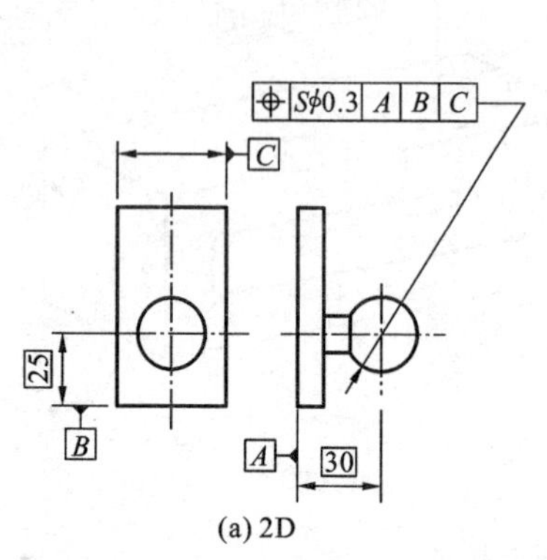

(a) 2D

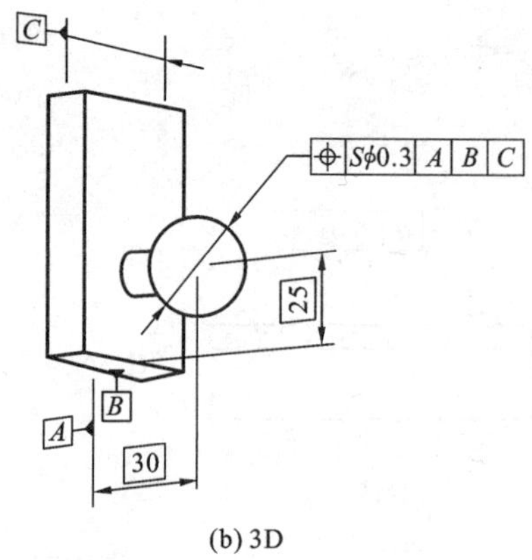

(b) 3D

图 4-26　被测要素关联基准体系

(1) 相交平面框格。

相交平面框格作为公差框格的延伸部分标注在公差框格的右侧,以左方的三角与公差框格相连。相交平面框格如图 4-27 所示。

// B　⊥ B　∠ B　≡ B

图 4-27　相交平面框格

当几何公差框格并非标注圆柱、圆锥、球表面的直线度或圆度,且被测要素为组成要素上的线要素时,应标注相交平面框格,也就是说,当被测要素是一个给定方向上的所有线要素而且几何特征符号并不能清晰表达被测要素是平面要素或是该平面上所有的线要素时,应使用相交平面框格表示出被测要素是平面要素上的线要素及这些线要素的方向。

① 相交平面应按照平行于、垂直于、保持特定的角度于、对称于(包含)在相交平面框格第二格所标示的基准构建,这个相交平面对被测线要素的方向不附加任何约束。

② 相交平面默认垂直于被测要素,当再增加方向要素时,它的作用是将相交平面重新定向。

表 4-4 给出了可使用相交平面框格的条件。是否可使用相交平面框格取决于用于构建相交平面的基准以及平面相对于基准的导出方式(由标注的符号定义)。图 4-28 所示为使用相交平面框格标注示例。图 4-29 所示为三维图上相交平面框格的标注,图 4-30 所示为相交平面在图样上的标注(直线度),图 4-31 所示为相交平面在图样上的标注(轮廓度)。

表 4-4　可使用相交平面框格的条件

标注的基准	相交平面			
	平行于	垂直于	保持特定的角度于	对称于(包含)
回转体的轴线(圆柱或圆锥)	不适用	√	√	√
平面(组成或中心)要素	√	√	√	不适用

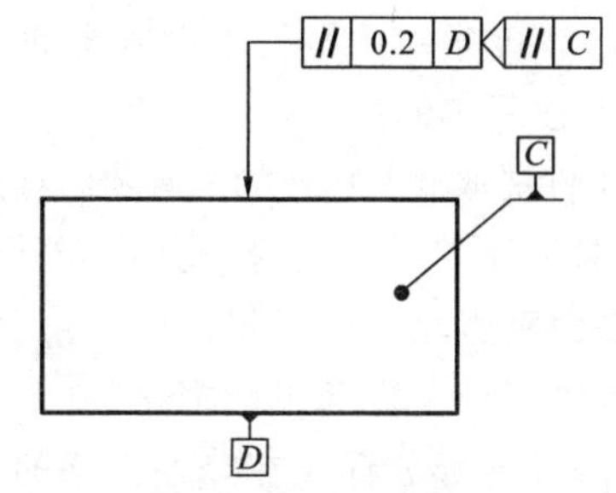

图 4-28 使用相交平面框格标注示例

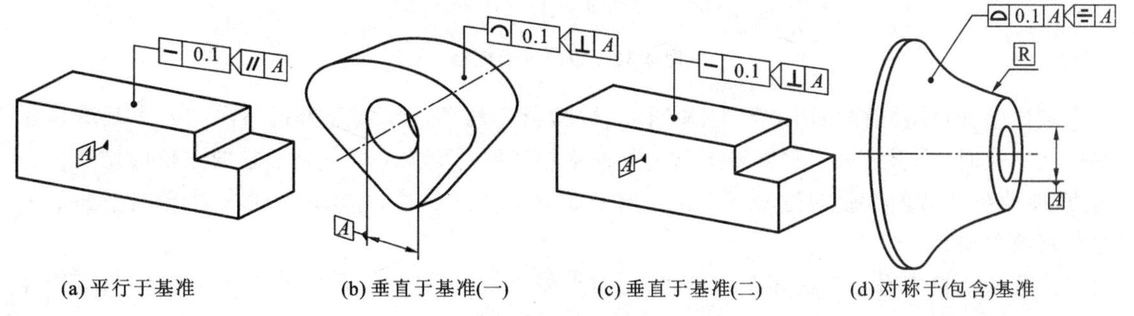

(a) 平行于基准　(b) 垂直于基准(一)　(c) 垂直于基准(二)　(d) 对称于(包含)基准

图 4-29 三维图上相交平面框格的标注

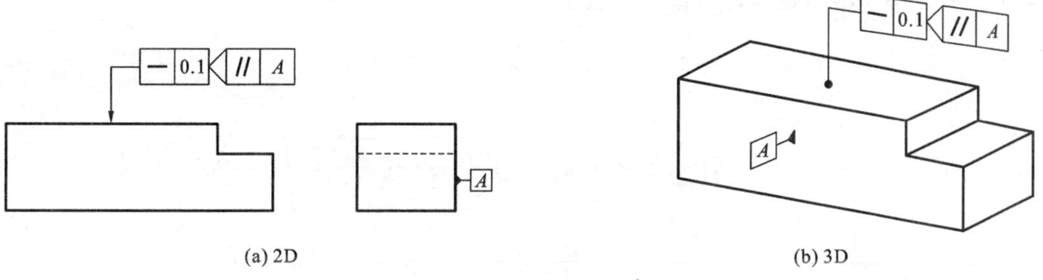

(a) 2D　(b) 3D

图 4-30 相交平面在图样上的标注(直线度)

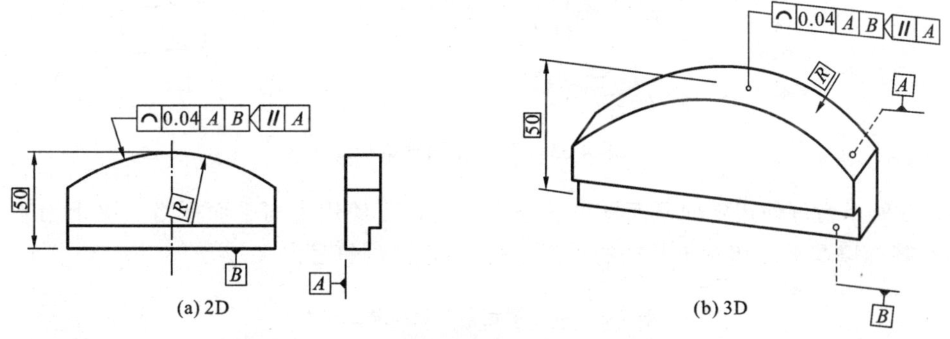

(a) 2D　(b) 3D

图 4-31 相交平面在图样上的标注(轮廓度)

(2) 定向平面框格。

仅当面要素为回转形(如圆锥、圆环)、圆柱形、平面形且被测要素符合以下叙述时,公差框格填写时要给出定向平面框格的标注。

① 中心线或中心点、公差带的宽度是由两平行平面限定的。

② 中心点、公差带是由一个圆柱限定的。

③ 公差带要相对于其他基于工件提取要素构建的要素定向且该要素能够标识公差带的方向。

定向平面既能控制公差带构成平面的方向(直接使用公差框格中的基准与符号),又能控制公差带宽度的方向(间接与这些平面垂直),一般可控制圆柱形公差带的轴线方向。如果需要定义矩形局部区域公差带的方向,也可以标注定向平面框格。

定向平面框格作为公差框格的延伸部分标注在公差框格的右侧,以左方的三角与公差框格相连。定向平面框格如图 4-32 所示。

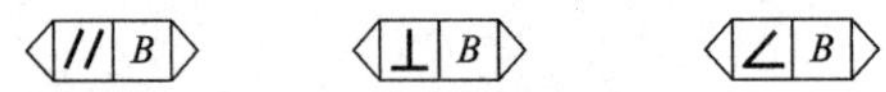

图 4-32 定向平面框格

定向平面框格同样采用平行于、垂直于、保持特定的角度于与公差框格内的某个基准构建平面。标注时,指引线可根据需要不与公差框格相连而与定向平面框格右端的三角形相连。平行度、垂直度或倾斜度定向符号应放在定向平面框格的第一格,标识基准并构建定向平面的字母放在第二格。

当公差框格中有一个或多个基准时,定向平面应按照平行于、垂直于、保持特定的角度于在定向平面框格构建,同时受公差框格内基准的约束(默认 0°、90°或 TED 明确标注的角度)。若定向平面框格所标注的基准出现在几何公差框格中,定向平面框格只受标注在它前面的公差框格内的基准约束。定向平面框格标注如图 4-33 所示。

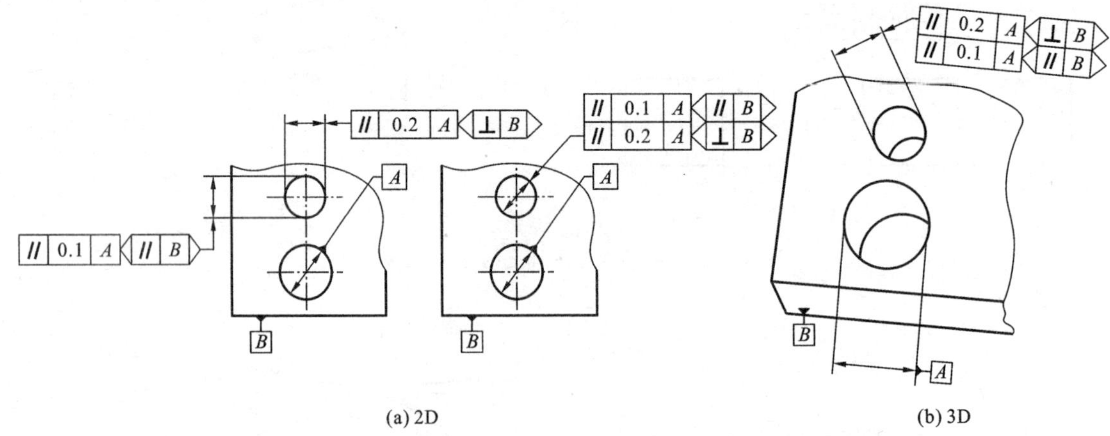

图 4-33 定向平面框格标注

表 4-5 所示为可使用定向平面框格的条件。是否可使用定向平面框格取决于用于构建定向平面的基准以及平面相对于基准的导出方式(由标注的符号定义)。

表 4-5 可使用定向平面框格的条件

标注的基准	公差带	定向平面		
		平行于	垂直于	保持特定的角度于
回转体的轴线(圆柱或圆锥)	两个平行平面	不适用	√	√
	圆柱	√	√	√

(3) 方向要素框格。

对于非圆柱体、非球体等回转体的公差带宽度，应使用方向要素框格进行标注。这种情况有一个显著特点：被测要素是组成要素且公差带宽度方向与被测的面要素不垂直。在二维的标注中仅当指引线方向及公差带宽度方向使用TED标注时，指引线的方向才可以定义公差带宽度的方向。方向要素是通过一系列、无数个宽度为公差值且受一个以LED角度进行方向约束的直线段组成与被测要素的理论正确形状一致的公差带，公差带的理论形状默认位于直线段的中点。

仅当面要素为回转形(如圆锥、圆环)、圆柱形、平面形且被测要素符合以下叙述时，公差框格填写时还要给出方向要素框格的标注。

① 被测要素是组成要素且公差带的宽度与规定的几何要素呈非法向关系。

② 被测要素是组成要素且对非圆柱体或球体的回转表面使用圆度公差。

方向要素框格作为公差框格的延伸部分标注在公差框格的右侧，以左方的箭头与公差框格相连。方向要素框格如图4-34所示。

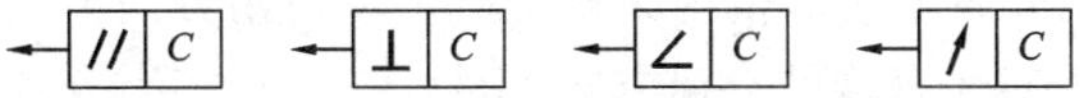

图4-34　方向要素框格

方向要素框格同样采用平行于、垂直于、保持特定的角度于、跳动于与公差框格内的某个基准构建平面。标注时指引线可根据需要不与公差框格相连而与方向要素框格右端相连。平行度、垂直度、倾斜度、跳动度符号应放在方向要素框格的第一格，标识基准并构建方向要素的字母放在第二格。

公差带宽度的方向应参照方向要素框格中标注的基准构建。

方向要素框格标注如图4-35所示。在使用方向要素框格时要注意以下几点。

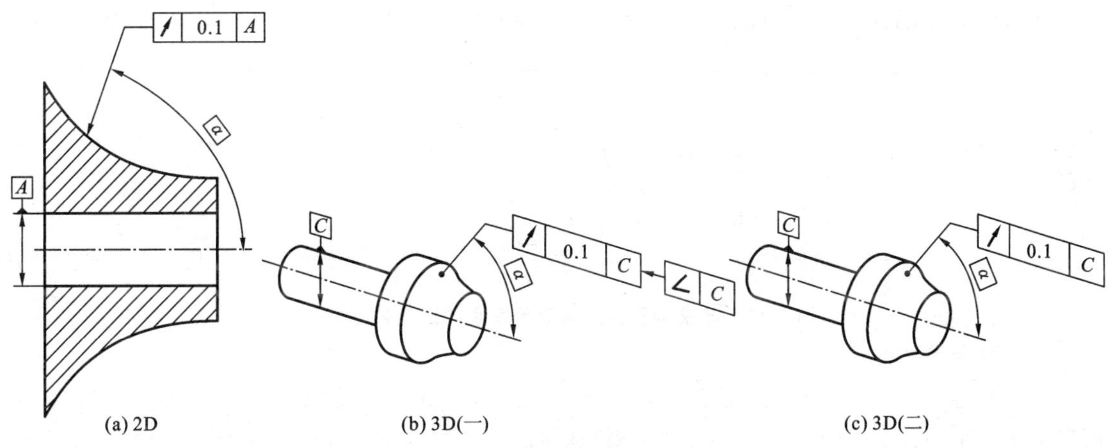

图4-35　方向要素框格标注

第一，当方向定义为与被测要素的面要素垂直时，应使用跳动符号，并且被测要素(或其导出要素)应在方向要素框格中作为基准标注。

第二，当方向定义为0°或90°时，应分别使用平行度、垂直度符号。

第三，当方向定义的角度并非0°或90°时，应使用倾斜度符号，并且应明确地定义出方向要素与方向要素框格的基准之间的LED夹角。

第四,若公差框格采用的基准与方向要素框格采用的基准相同,可省略方向要素框格。

由方向要素框格对图 4-35 所示零件的公差带方向进行构建(供参考),结果如图 4-36 所示。在图 4-36 中,a 为基准,α 为 LED 角度值,t 为公差值。

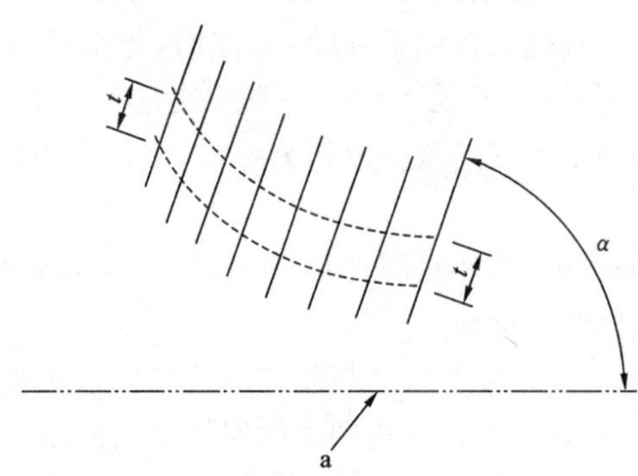

图 4-36 方向要素所定义的公差带(例)

表 4-6 所示为可使用方向要素框格的条件。是否可使用方向要素框格取决于用于构建方向要素的基准以及方向相对于基准的导出方式(由标注的符号定义)。

表 4-6 可使用方向要素框格的条件

标注的基准	方向要素			
	平行于	垂直于	保持特定的角度于	跳动于
回转体的轴线(圆柱或圆锥)	√	√	√	√(注)
平面(组成要素或中心要素)	√	√	√	不适用

注:跳动仅适用于当被测要素本身作为基准,且其方向是通过被测要素本身的面要素给出时。导出要素不适用。

与被测要素的面要素垂直的圆度公差标注如图 4-37 所示。

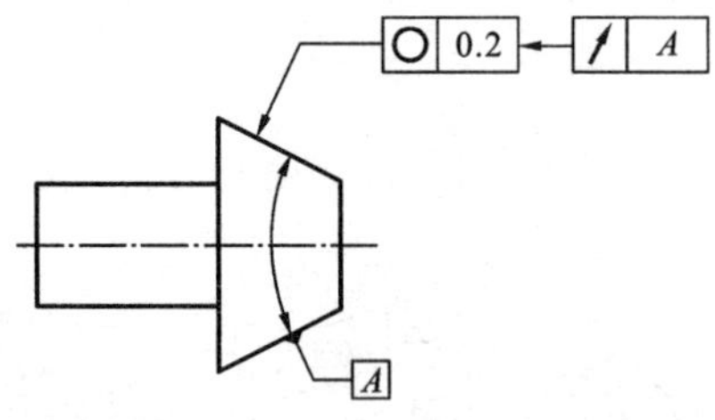

图 4-37 与被测要素的面要素垂直的圆度公差标注

(4) 组合平面框格。

当图样标注需要使用到“全周”符号时,应与公差框格一道同时使用组合平面框格。组合平面可以标识一个平行平面族,也可以标识“全周”标注所包含的要素。在使用组合平面框格时,应将其作为几何公差框格的延伸部分标注在几何公差框格的右侧。组合平面框格如图 4-38 所示。

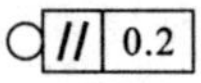

○ // 0.2

图 4-38 组合平面框格

当“全周”符号适用于要素集合的规范时,应标注组合平面。组合平面可标识一组单一要素,该组单一要素与平行于组合平面的任意平面相交,得到线要素或点要素。标注时,用于相交平面框格第一部分的同一符号也可用于组合平面框格的第一部分且含义相同。另外,要注意,当使用线轮廓度公差项目时,如果相交平面与组合平面相同,可以省略组合平面符号。应用组合平面框格标注线轮廓度如图 4-39 所示，图中 CZ 表示组合公差带；应用组合平面框格标注面轮廓度如图 4-40 所示，图中 SZ 表示独立公差带。

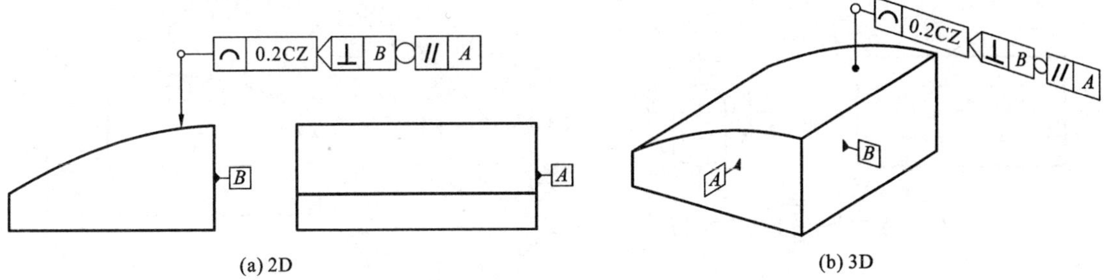

图 4-39　应用组合平面框格标注线轮廓度

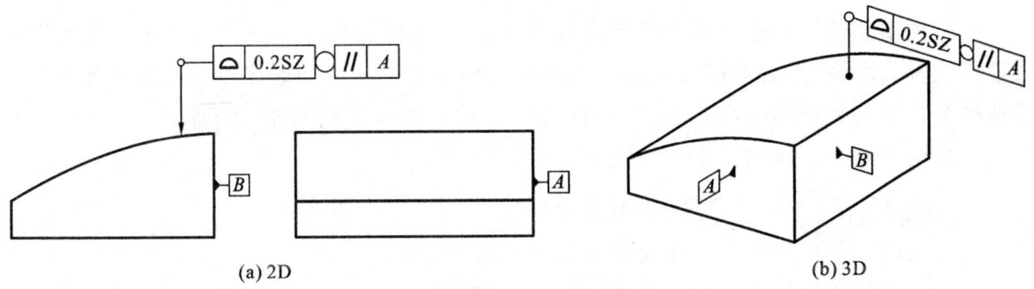

图 4-40　应用组合平面框格标注面轮廓度

6）相邻区域标注

相邻区域如图 4-41 所示的双点画线位置，图中 a 为上下区域，b 为水平区域。

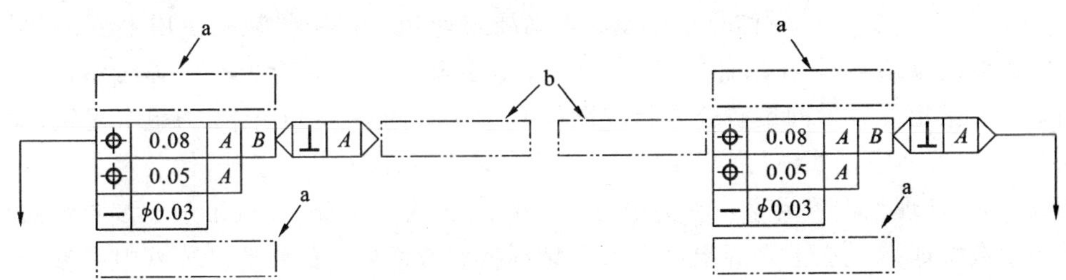

图 4-41　相邻区域示意

适用于所有带指引线的几何公差框格的标注，应在上或下部相邻的标注区域内给出。当上下相邻标注区域的标注意义一致时，应尽使用这些区域中的一个。标注相邻区域时，应注意以下几点。

（1）仅适用于一个几何公差框格的标注，应在此公差框格的水平相邻标注区域内给出，如图 4-41 所示的 b 区域。水平相邻区域是放在几何公差框格的左端还是放在几何公差框格的右端，取决于指引线连接在公差框格的哪一端。

（2）当只有一个几何公差框格，在上下相邻标注区域内与水平相邻标注区域内的标注具有相同的含义时，应仅使用一个相邻区域，如果可能，优先选择在上相邻区域进行标注。

（3）在上下相邻标注区域内的标注应采用左对齐方式；在水平相邻标注区域内的标注如果水平相邻标注区域位于公差框格的右侧采用左对齐方式，如果水平相邻标注区域位于公差框格的左侧采用右对齐方式。相邻标注的对齐方式示例如图 4-42 所示。

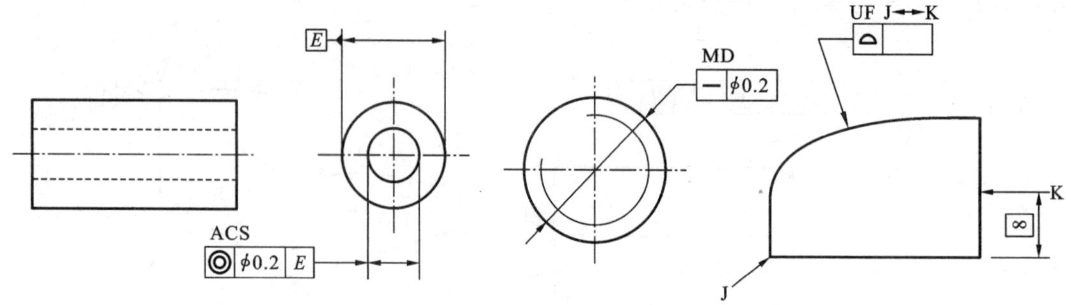

图 4-42　相邻标注的对齐方式示例

7）多层公差标注

有的时候需要给同一被测要素设定多种几何公差控制，为了方便标注，若干个几何公差框格可堆叠放置。堆叠时，推荐按公差值的大小从上而下依次递减的顺序排布几何公差框格。指引线从哪个几何公差框格引出均可，但应自几何公差框格左端或右端的中间引出，不能从两个几何公差框格的贴合处引出。多层公差标注示例如图 4-43 所示。

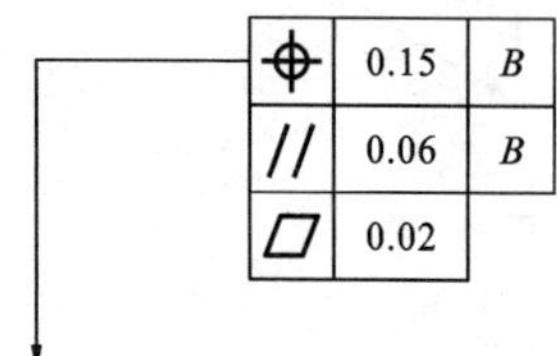

图 4-43　多层公差标注示例

4. 部分规范标注

1）偏置公差带标注(UZ)

UZ 仅适用于组成要素。

(1)给定偏置量的偏置公差带。

对于定位公差带来说，公差带的中心要素是理论正确要素(TEF)，公差带的位置由此理论正确要素决定，公差带的限制区域对称分布在理论正确要素两边。在一些装配使用上要求几何公差带有一定程度的位移偏置，在这种情况下，理论正确要素仅作为参考要素，公差带不再对称于理论正确要素。给定偏置量的偏置公差带如图 4-44 所示。在图 4-44 中，1 为单个复杂(曲面)理论正确要素(TEF)，它的实体(剖面线区域)位于轮廓的下方；2 为一个球，代表定义理论偏置要素的无数个球，该理论偏置要素在本例中为参照要素；3 为一个球，代表相对于参照要素来定义公差带的无数个球；4 为公差带界限；UZ 在复杂线要素或面要素的轮廓度公差中可参照基准使用，也可不参照基准使用；UF 为联合要素。

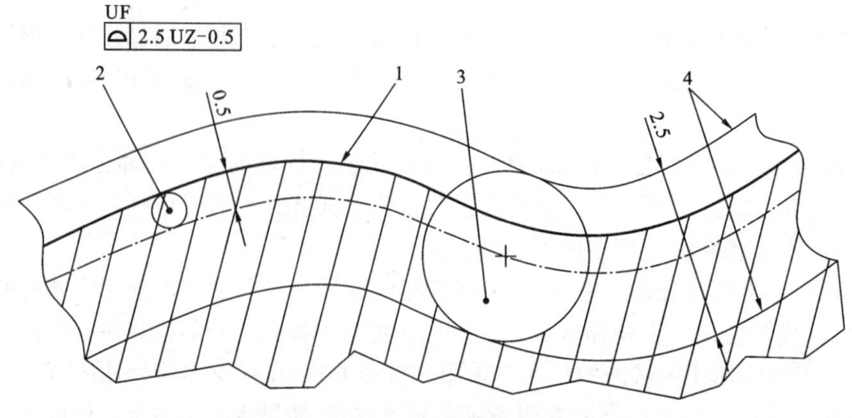

图 4-44　给定偏置量的偏置公差带

提取面(粗实线表示)被限定在给定直径等于公差值的一系列圆球的两等距包络面之间。系列球的球心所处的面要素由一个与 TEF(点画线表示)接触且直径等于标示于框格的 UZ 之后数值(绝对值)的球包络而成。"+"号表示提取面处实体外部,"−"号表示提取面处实体内部,标注时应始终标注正负号。当 UZ 与位置度符号组合使用时,UZ 只能用于平面要素。偏置公差带的图样标注如图 4-45 所示。

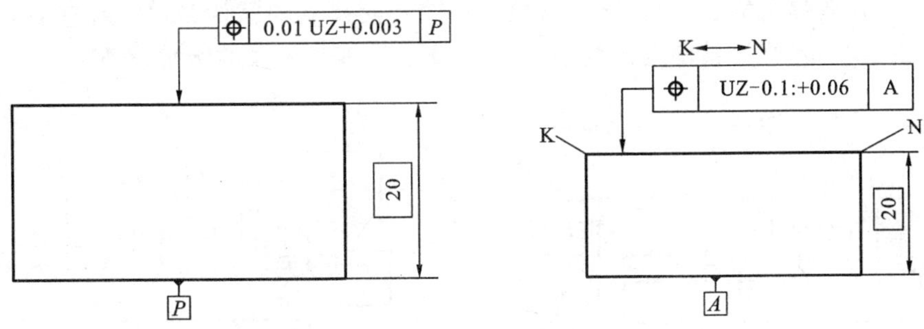

图 4-45 偏置公差带的图样标注

如果公差带的偏置量是在两个线性值之间变化,应用冒号":"将这两个值分开。若其中一个值为 0,则无须冠正负号。图样标注时,要在公差框格的相邻区域标识出每个偏置量所在公差带的位置区域。

(2) 未给定偏置量的线性偏置公差带(OZ)。

如果公差带允许相对于与 TEF 的对称状态有一个常量的偏置但未规定数值,则注明 OZ 符号。当尺寸标识有正负公差时,圆、圆柱、球、圆环的 TEF 公称尺寸不可以使用 TED 定义,应使用 OZ 标注线轮廓度公差或面轮廓度公差,以明确 TEF 尺寸并非固定。一般地,对平面与直线规定平行度公差而非位置度公差,也可以达到与 OZ 相同的规范效果。未给定偏置量的线性偏置公差带如图 4-46 所示。在图 4-46 中,1 为单个复杂理论正确要素(TEF);2 为两个球或圆,用于表示定义理论偏置要素的无数个球或圆;3 为参照要素与 TEF 等距;4 为公差带界限;5 为

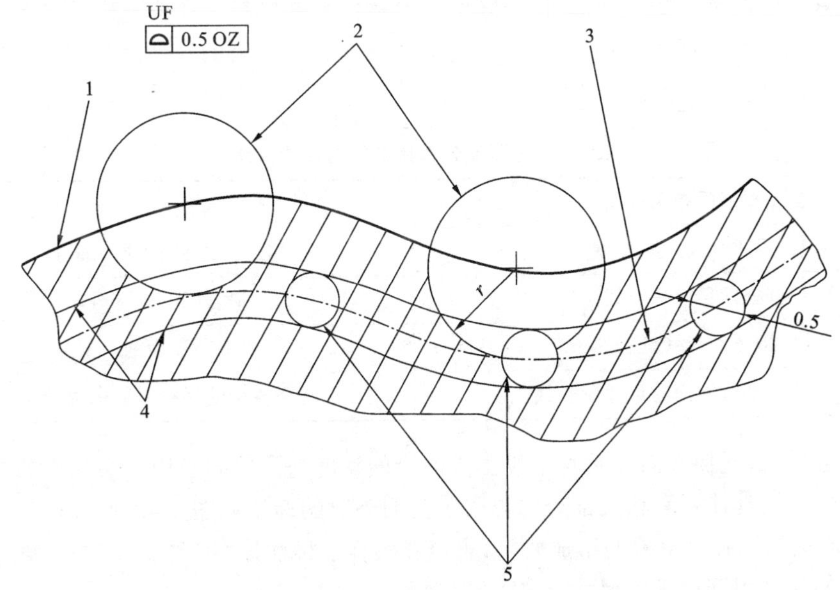

图 4-46 未给定偏置量的线性偏置公差带

三个球或圆,用于表示公差带由无数个球或圆相对于参照要素包络而成;r 为常量,是一个未限定偏置量的量值。该图为用 TEF 定义偏置公差带形状的方法。对于形状公差,如无参照基准的公差,TEF 不受任何约束。

2) 同一规范对多要素的标注

一项公差规范适用于多个单独要素的标注如图 4-47 所示,适用于多个要素组合的标注如图 4-48 所示。需要提请注意的是,同一规范下各个被测要素均默认为遵守独立原则。可使用符号 SZ(独立公差带)强调被测要素的独立性,这不会改变该标注的本来含义。

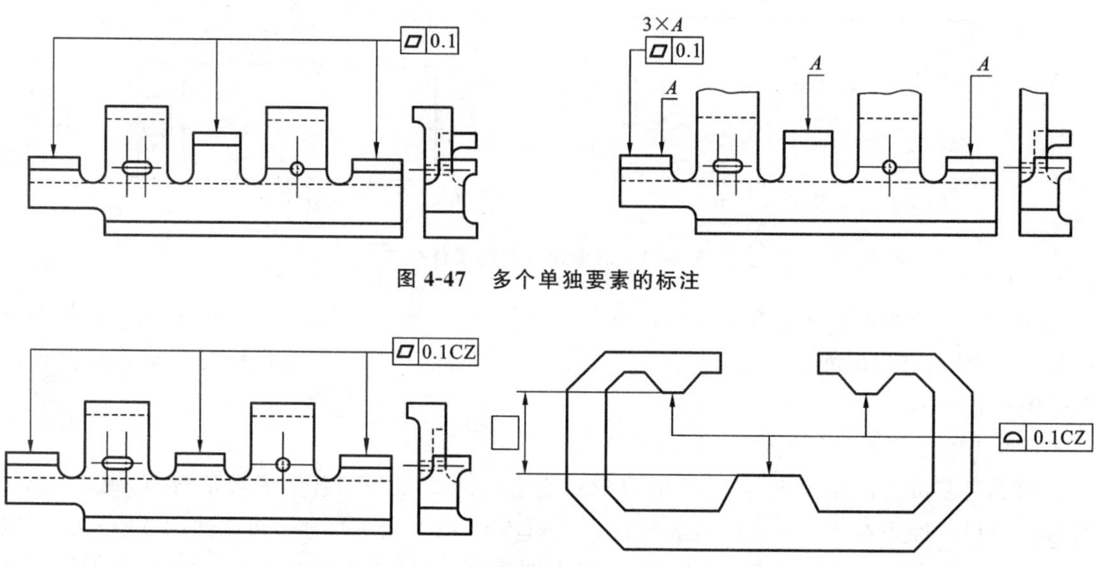

图 4-47　多个单独要素的标注

图 4-48　多个要素组合的标注

3) 延伸公差带标注

延伸要素是从实际要素中构建出来的拟合要素。延伸要素的缺省拟合标准为相应实际要素与拟合要素之间的最小最大距离,同时还需与实体的外部接触。在公差带的第二格中公差值之后的修饰符Ⓟ可用于标注延伸被测要素,此时被测要素是要素的延伸部分或导出要素。有延伸公差修饰符的被测要素如表 4-7 所示。

表 4-7　有延伸公差修饰符的被测要素

公差框格的指引线指向	被 测 要 素
圆柱(但不在尺寸延长线上)	拟合圆柱的一部分
圆柱的尺寸延长线	拟合圆柱的部分轴线
平面(但不在尺寸延长线上)	拟合平面的一部分
两个相互平行平面的尺寸延长线	两个拟合的平行平面的部分中心面

对于拟合平面,延伸平面在垂直于投影方向上的宽度与位置同于用定义延伸的被测要素平面的宽度与位置。延伸要素相关部分的界限定义明确时的标注如图 4-49 所示。

(1) 用双点画线画出虚拟的组成要素,直接在图样上标注该“被测要素”的投影长度。在修饰符Ⓟ后延伸长度用理论正确尺寸(LED)数值标注。

(2) 间接地在公差框格中标注要素的长度,数值应标注在修饰符Ⓟ的后面,此时可省略虚

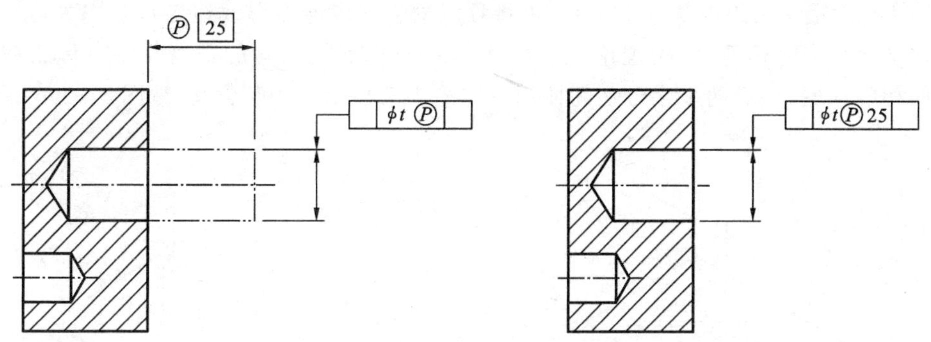

图 4-49　延伸公差带的标注

拟的图线，但仅适用于盲孔。

如果延伸要素的起点与参照平面存在偏置，可采取直接标注或间接标注方法。

直接标注：使用理论正确尺寸（TED）规定偏置量。

间接标注：修饰符号Ⓟ后的第一个数值为参照平面到延伸要素的最远距离，第二个数值为偏置量（带有负号），表示延伸要素距参照平面的最短距离（延伸要素的长度为两数值的代数差）。

带偏置量的延伸公差带的标注如图 4-50 所示。

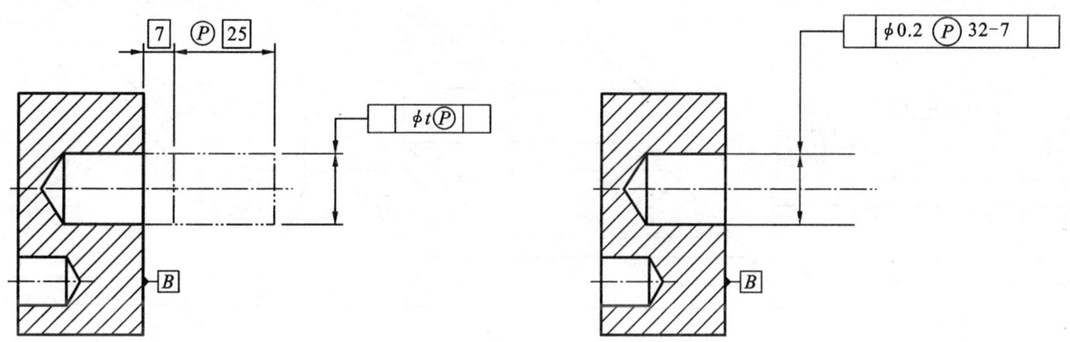

图 4-50　带偏置量的延伸公差带的标注

4）联合要素标注

如果公差规范适用于多个被测要素，可以使用 $n\times$ 或多根指引线标识被测要素。如果将被测要素视为联合要素，则应在相邻区域标注 UF 符号（圆柱度要素由曲面要素组合定义），并以一个公差带规范联合要素。联合要素标注示例如图 4-51 所示。

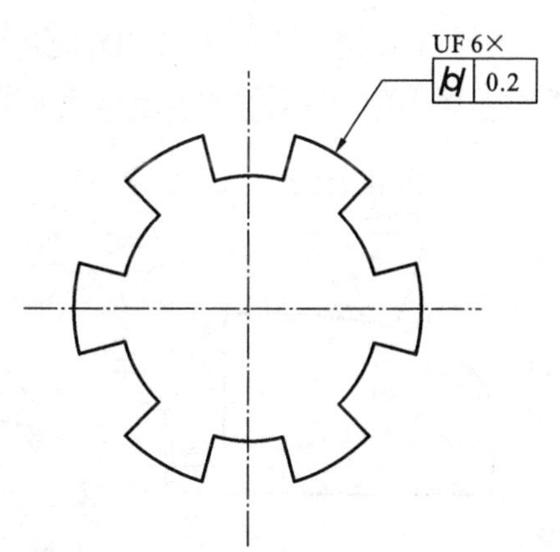

图 4-51　联合要素标注示例

5）局部区域的被测要素标注

如果工件上的局部区域为被测要素，可用以下方法对局部区域进行定义及标注，由几何公差框格引出的指引线终止在被定义的局部区域上。

（1）以粗点画线来定义该被测部分并使用理论正确尺寸（TED）来定义其位置与尺寸，如图 4-52(a)所示。

(2) 将拐点定义为组成要素的交点(可将各点用直线段连接形成边界),并用大写字母及指引线去定义这些点。标注时,用理论正确尺寸(TED)标识拐点间的距离并将字母放在几何公差框格的相邻区域,最后两个字母之间使用双向箭头来显示“区间”含义,如图 4-52(b)所示。

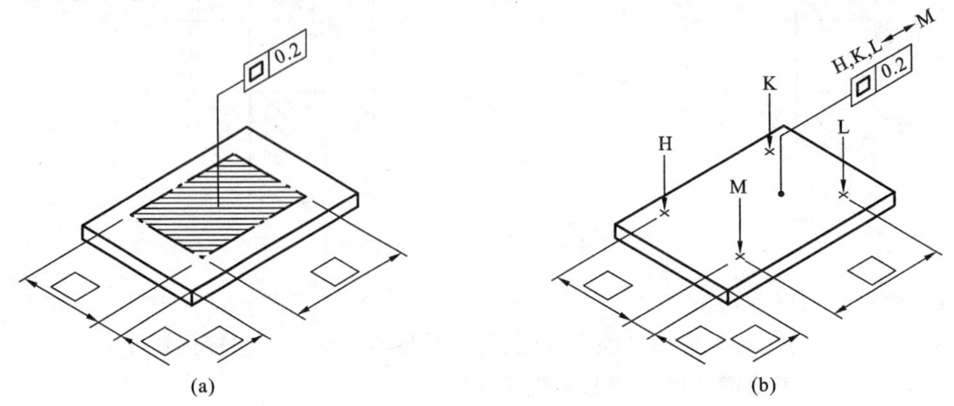

图 4-52　局部区域标注(一)

(3) 以粗长点画线为边界,用阴影定义该被测部分,并使用理论正确尺寸(TED)来定义其位置与尺寸,如图 4-53 所示。

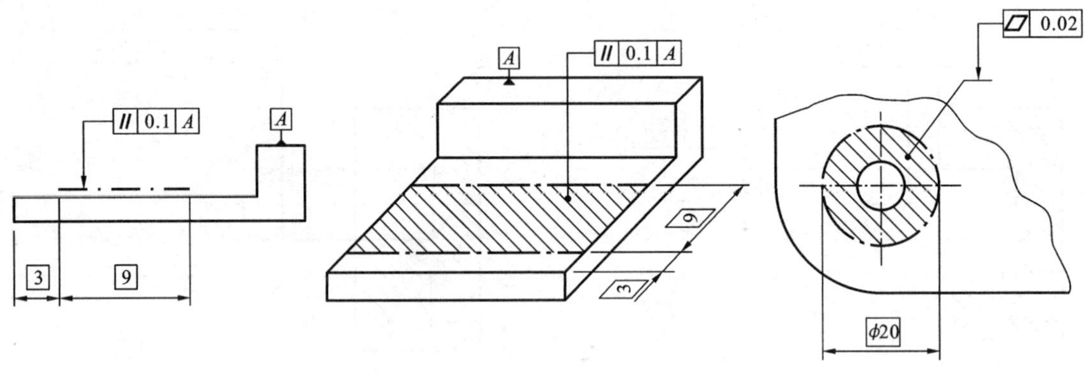

图 4-53　局部区域标注(二)

(4) 用理论正确尺寸(TED)的尺寸界线、大写字母、指引线及“区间”符号定义,如图 4-54 所示。图 4-54 中,面要素 a、b、c 与 d 的下部不在规范的范围内。

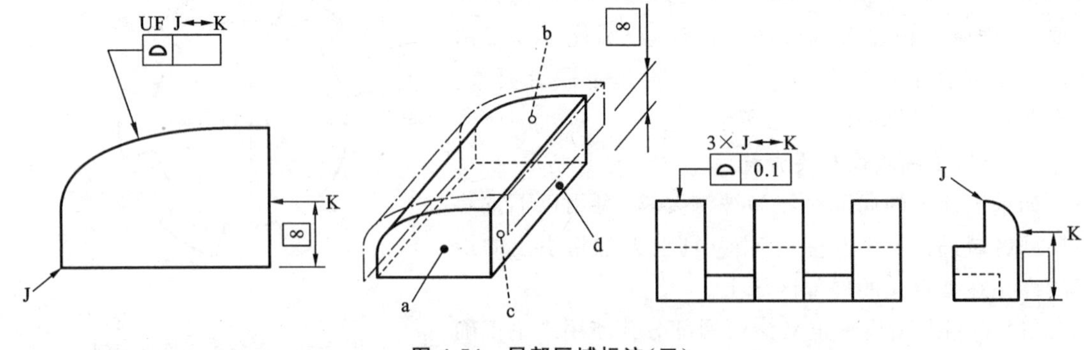

图 4-54　局部区域标注(三)

6）线性正确尺寸及理论正确角度标注

线性 TED 标注示例如图 4-55 所示。

角度 TED 标注示例如图 4-56 所示。

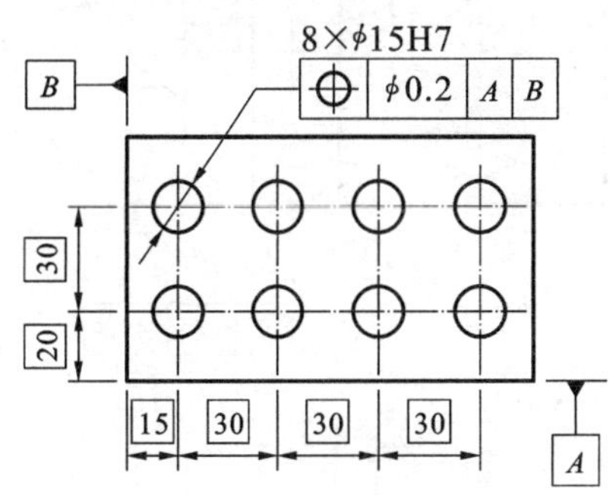

图 4-55 线性 TED 标注示例

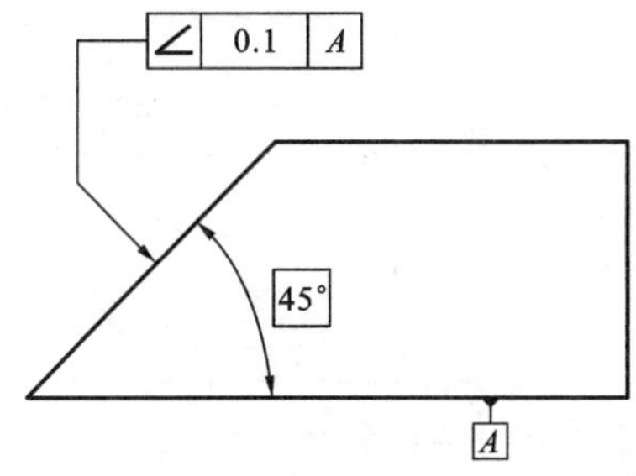

图 4-56 角度 TED 标注示例

5. 基准的建立与标识

1）基准符号

形状误差的评价是不涉及基准要素的，但方向误差、位置误差、跳动误差的评价是关联基准要素的。被测要素除关联一个基准要素外，也可能关联两个甚至三个独立基准要素。为了在图样上清晰地标示出基准是哪一个要素，必须给基准要素一个符号。基准符号如图 4-57 所示。

图 4-57 基准符号

基准符号由一个大写字母、一个方框及一条细实线段和实三角形（涂黑）或空三角形组成。不论基准符号的方向如何，字母都应水平书写。为避免引起误解，基准不能使用字母 I、O、Q、X。由于字母 E、F 、J 、M 、L 、P、R 在公差的标注中有另外的含义，因此一般基准符号也不采用这些字母。公差标注中部分字母的含义如表 4-8 所示。

表 4-8 公差标注中部分字母的含义

标注的大写字母	含　　义	标注的大写字母	含　　义
Ⓔ	包容要求	Ⓜ	最大实体要求
Ⓟ	延伸公差带	Ⓛ	最小实体要求
Ⓕ	自由状态零件（非刚性）	Ⓡ	可逆要求

2）基准建立

正确地将基准符号标识到基准要素上并不是轻而易举的事，只有对“谁”是被测要素、“谁”是基准要素有清晰的认识，才能准确地将相应的基准符号放置在正确的位置上。一般来说，标识独立的基准要素相对容易，难的是要根据不同基准（组成或导出）要素，在正确的位置标识基准符号，尤其是标识公共基准要素，显得更加困难。标识基准首要任务是弄清“谁”对“谁”这一关键问题。

以图 4-58 的 4 个零件图对基准的标识为例，去理解“谁”对“谁”中“谁”是被测要素、“谁”是基准要素以及基准要素符号应该放置的正确位置。

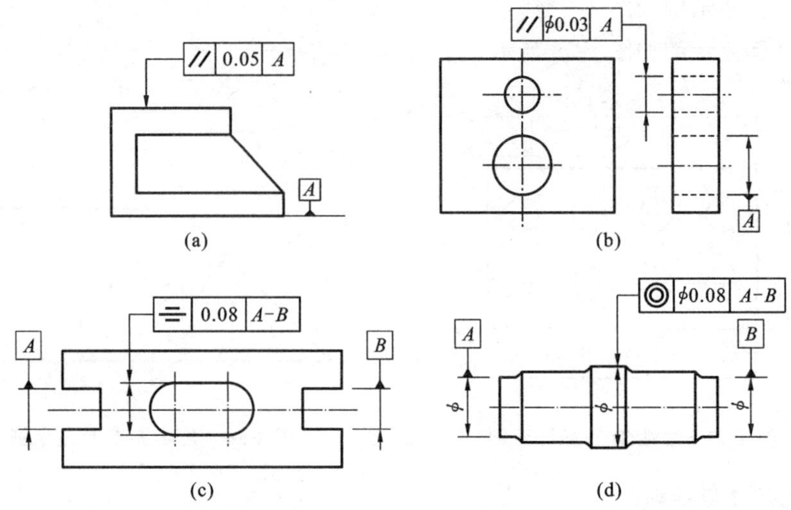

图 4-58　基准在图样上的标识

(1) 图 4-58(a)。零件的上表面(没有附带相交平面框格时默认为面要素)对底平面的平行度为 0.05 mm。"对"之前说的是被测要素,"对"之后说的是基准要素。叙述中明确了被测要素是上表面(组成要素),故公差框格的指引线指向上表面轮廓。因为平行是参照底平面的,因此也就明确了规范被测平面的是底平面,底平面是基准。于是基准符号放置在底平面轮廓的引出线上,由此标识了 4-58(a)例的基准。

(2) 图 4-58(b)。小孔轴线对大孔轴线的平行度为 ϕ0.03 mm。"对"之前说的是小孔轴线(被测要素),"对"之后说的是大孔轴线(基准要素)。叙述中明确了被测要素是小孔轴线(导出要素),故公差框格的指引线指向了被测要素的组成要素(内孔轮廓)的延长线并与尺寸线对齐。因为小孔轴线"平行于"参考的是大孔轴线,因此也就说明了大孔轴线用来规范小孔轴线在方向上的变动量,大孔轴线是基准。于是基准符号放置于大孔轮廓的延长线上并与大孔的尺寸线对齐,由此标识了作为基准的导出要素(中心要素)。

(3) 图 4-58(c)。中孔的对称平面对有两缺口的公共中心平面的对称度为 0.08 mm。"对"之前说的是被测中孔的对称平面(导出要素);"对"之后说的是有两缺口的公共中心平面(导出要素),它是基准。叙述中明确了被测要素是中孔的对称平面,于是公差框格的指引线指向中孔宽度方向的轮廓延长线并与尺寸线对齐。由于中孔的对称平面受有两缺口的公共中心平面规范,这个公共中心平面要用两个独立缺口的中心平面来建立,并以它们的基准字母 *A* 及 *B* 表示为 *A*－*B*(公共中心平面)。将基准 *A* 及基准 *B* 的符号分别放置在两缺口宽度方向轮廓的延长线上并对齐尺寸线,由此标识了作为基准的公共中心平面 *A*－*B* 。

(4) 图 4-58(d)。大 ϕ 圆柱面的轴线对由两小 ϕ 圆柱面轴线建立的公共轴线的同轴度为 ϕ0.08 mm。"对"之前说的是大 ϕ 圆柱面的轴线,是被测要素;"对"之后说的是由两小 ϕ 圆柱面轴线建立的公共轴线,是基准要素。叙述中明确了被规范的是大 ϕ 圆柱面的轴线,因此公差框格的指引线指向了大 ϕ 圆柱轮廓并与直径的尺寸线对齐。由于大 ϕ 圆柱面轴线的同轴度误差参照的是两小 ϕ 圆柱面的公共轴线,这条公共轴线由两小 ϕ 圆柱面的轴线来建立,并以它们的基准字母 *A* 及 *B* 表示为 *A*－*B*(公共轴线)。将基准 *A* 及基准 *B* 的符号分别放置在两小 ϕ 圆柱轮廓的延长线上并对齐尺寸线,由此标识了作为基准的公共轴线 *A*－*B* 。

3）基准标注

基准是用以确定被测要素方向和位置的依据，是用来规范被测要素的参照要素。图样上标注的基准要素都被定义为理论正确要素。标注基准时要谨记文字叙述中“对”之前是被测要素，“对”之后是基准要素，这是不会改变的。如果基准为组成要素，基准符号的三角底边置于该组成要素或组成要素的延长线上并与该组成要素的尺寸线位置明显错开。如果基准为组成要素的导出要素（轴线、对称平面、中心平面），则基准符号的三角底边置于组成要素的延长线上并与该组成要素的尺寸线对齐。基准标注如图 4-59 所示。

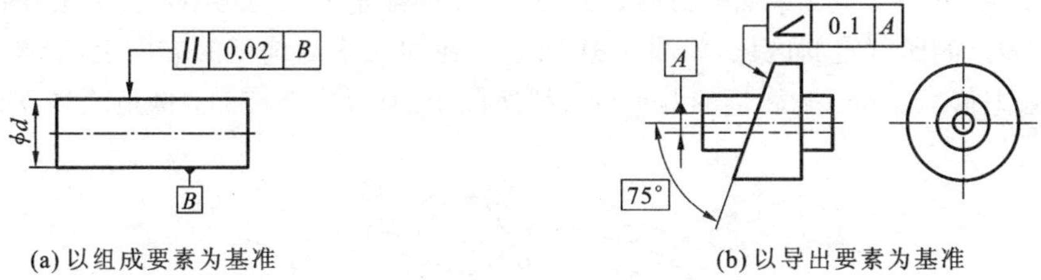

(a) 以组成要素为基准

(b) 以导出要素为基准

图 4-59 基准标注

4.3 几何误差评价

零件加工之后是否满足设计要求而成为一个合格可用的零件，已经不再光看其要素的尺寸是否满足尺寸公差的要求与规范，必须结合零件相关要素的几何误差是否也符合几何公差要求、规范，才能最终落实零件的合格与否。只有当零件被测要素的尺寸精度及几何精度都符合所设定公差的规范要求，零件才算合格。

几何公差是用来规范要素的几何误差的。对几何误差的评价，要将几何公差带与实际组成（或提取、导出）要素的测得要素进行比较、鉴定。为了规范对几何误差的评价，合理评价几何误差，除采用恰当的检测操作外，还要遵循国家标准《产品几何技术规范（GPS） 几何公差 形状、方向、位置和跳动公差标注》（GB /T 1182—2018）的要求。该国家标准规定了几何公差标注规范和相关几何公差带相应的形状及其意义。

我们已经知道几何公差带是一个具有形状、大小、方向、位置的几何图形，我们要做的是确定被测要素（测得要素）在符合最小条件、最小区域的随机“提取”前提下是否全部落在几何公差带的限定范围，从而对被测要素（测得要素）在几何误差方面合格与否做出鉴定。被测要素用以比较的是其组成（或导出）要素的拟合要素（理想要素），或由基准限定方向（与/或）位置的拟合要素。

要准确做出鉴定，必须掌握不同几何公差项目的标注及其公差带、公差带意义。

1. 形状公差

1）直线度

被测要素可以是组成、导出要素。

直线度分为平面上线要素的直线度、圆柱面素线的直线度和轴线的直线度。

（1）平面上线要素的直线度。例如，相交平面平行于面 A，由其所给定的平面内线要素的直线度公差为 0.1 mm，标注如图 4-60 所示。

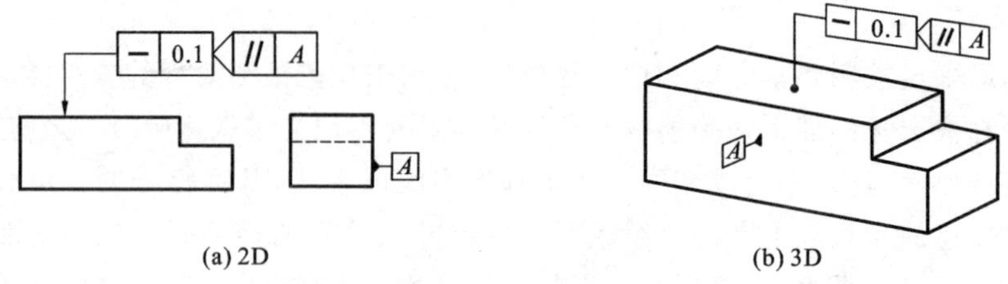

图 4-60　平面上线要素的直线度标注

公差带是在平行于(相交平面框格给定的)基准 A 的给定平面内与给定方向上,间距为公差值 t 的两平行直线之间所限定的区域,如图 4-61 所示。在相交平面确定的方向上,只要直线几何误差不超过以公差值 0.1 mm 为距离的两平行直线所限定的区域,该被测直线的直线度合格。

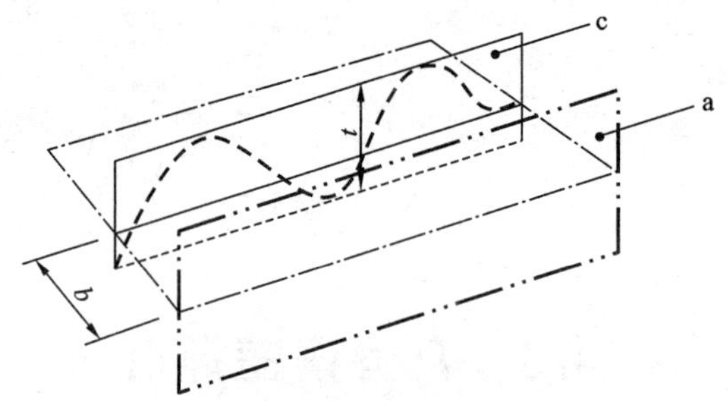

图 4-61　平面上线要素的直线度公差带

a— 基准 A;b — 任意距离;c— 平行于基准 A 的相交平面

(2) 圆柱面素线的直线度。例如,被测圆柱面(提取)素线的直线度公差为 0.1 mm,标注如图 4-62 所示。

图 4-62　圆柱面素线的直线度标注

公差带为间距等于公差值 t 的两平行平面所限定的区域,如图 4-63 所示。被测圆柱面(提取)素线的形状误差只要不超过以公差值 0.1 mm 为距离的两平行平面所限定的区域,被测圆柱面素线的直线度合格。

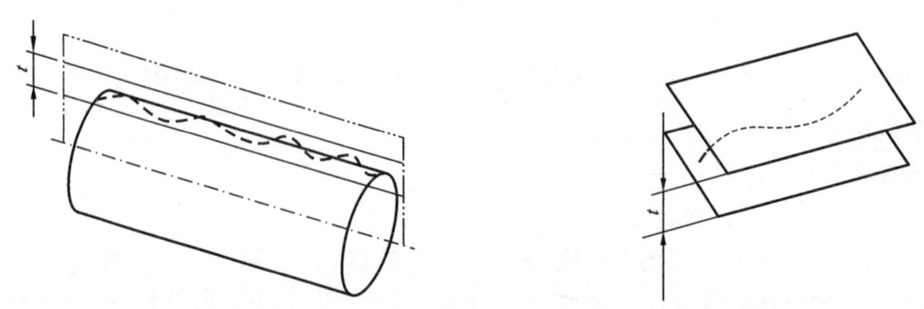

图 4-63　圆柱面上素线的直线度公差带

(3) 轴线的直线度。例如,圆柱面轴线的直线度为 ϕ0.08 mm,标注如图 4-64 所示。

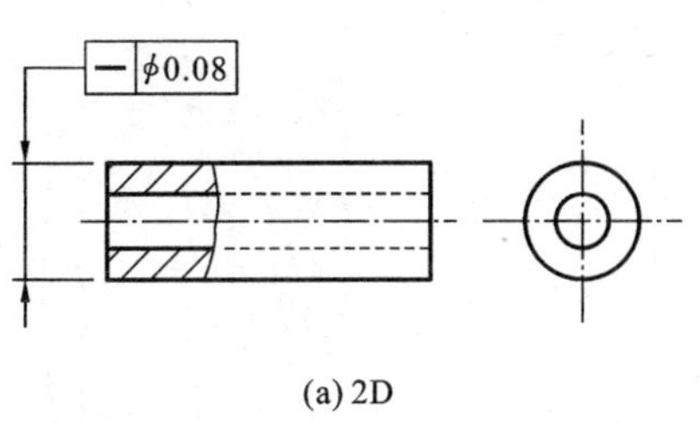

(a) 2D

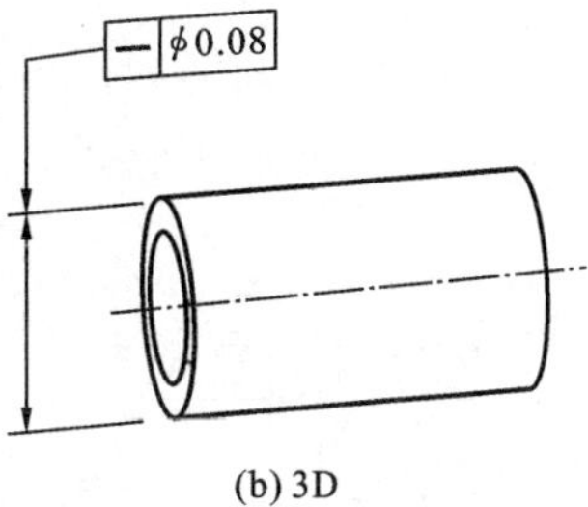

(b) 3D

图 4-64 圆柱面轴线直线度的标注

公差带为以公差值 t 为直径的一个圆柱面所限定的区域,如图 4-65 所示。圆柱面的被测(提取)轴线形状误差只要没有超出以 0.08 mm 为直径的圆柱面所限定的区域,被测圆柱面轴线的直线度合格。

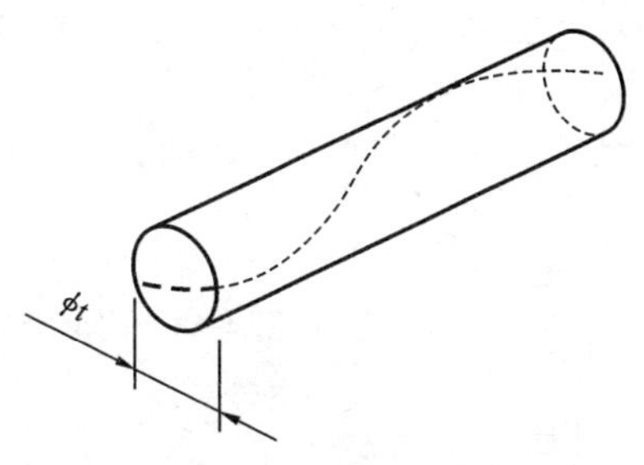

图 4-65 圆柱面轴线的直线度公差带

2) 平面度

被测要素可以是组成、导出要素,应为面要素。例如,被测平面的平面度为 0.08 mm,标注如图 4-66 所示。

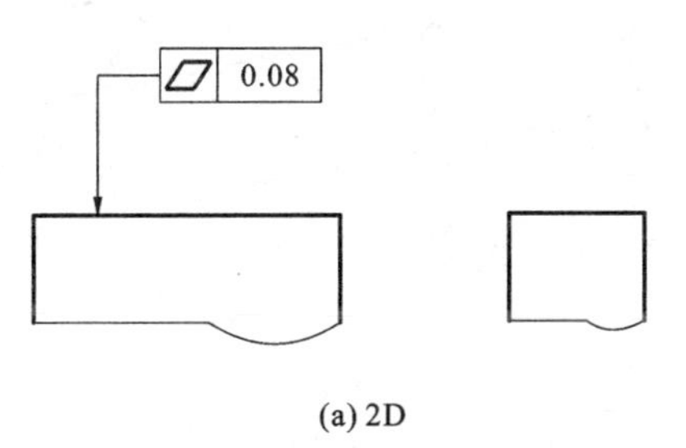

(a) 2D

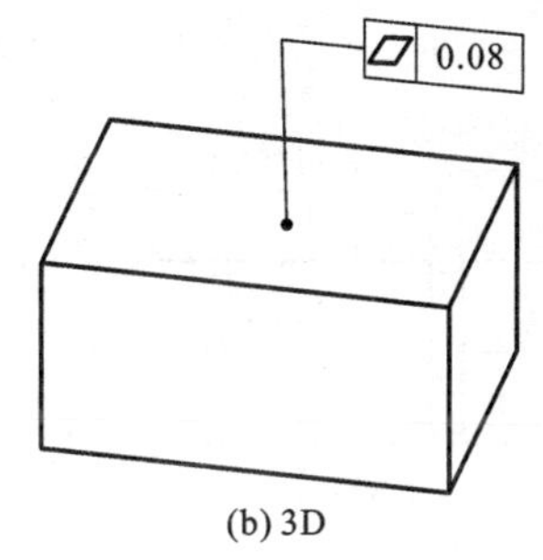

(b) 3D

图 4-66 面要素上的平面度标注

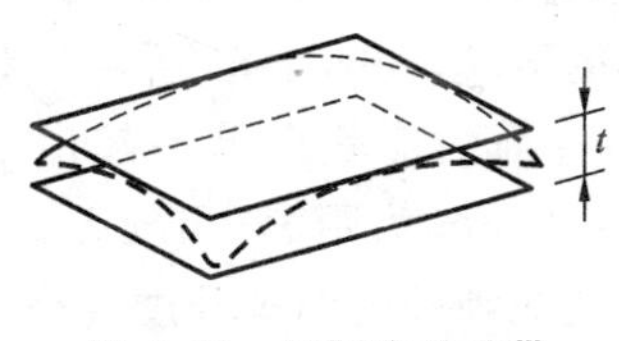

图 4-67 平面度公差带

公差带为以公差值 t 为距离的两个平行平面所限定的区域。被测平面的形状误差只要不超过以 0.08 mm 为距离的两个平行平面所限定的区域,被测平面的平面度合格。平面度公差带如图 4-67 所示。

3) 圆度

被测要素是组成要素,是一条圆周线或一组圆周线。例如,被测圆为圆锥面上的任意截面圆,圆度公差为 0.03 mm(公差带的宽度方向垂直于圆锥面的理论正确角度 α);在被测的大圆柱面上,任意截面圆的圆度公差为 0.03 mm,标注如图 4-68 所示。

公差带为在给定横截面内,以公差值 t 为距离(半径差)的两个同心圆所限定的区域,如图 4-69 所示。在图 4-68 中,以圆锥母线的法线方向为公差带宽度方向,被测任意截面圆周的形状误差只要没有超出 0.03 mm,被测圆的圆度合格(本例大圆柱面圆度略)。

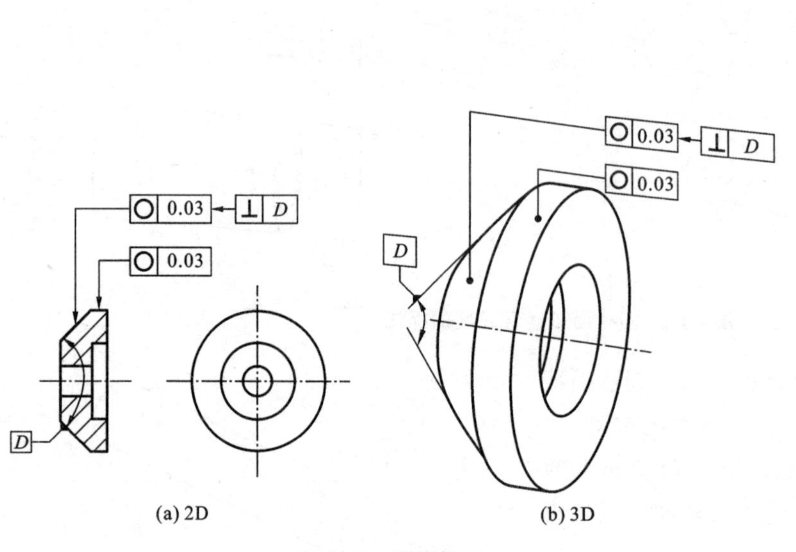

图 4-68　圆度标注

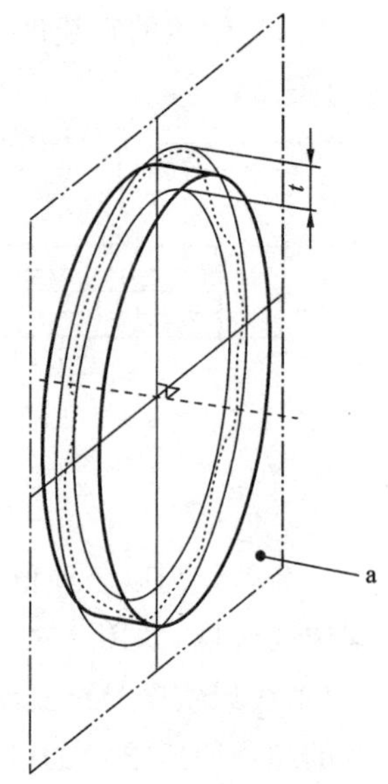

图 4-69　圆度公差带

a—任意相交平面(任意横截面)

4）圆柱度

被测要素为组成要素，其公称被测要素的属性与形状由圆柱表面(为面要素)明确给定。例如，圆柱面上的圆柱度公差为 0.1 mm，圆柱度标注如图 4-70 所示。

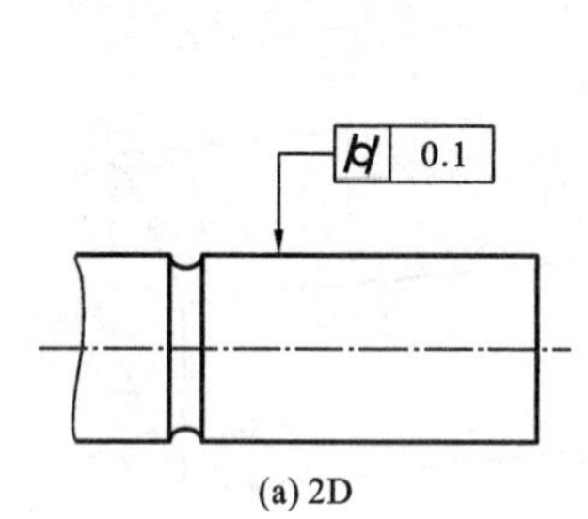

(a) 2D

0.1

(b) 3D

图 4-70　圆柱度标注

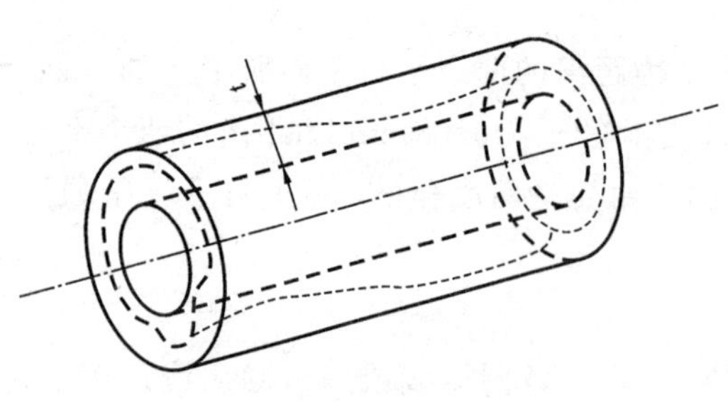

图 4-71　圆柱度公差带

公差带为两个同轴且以公差值 t 为距离的(半径差)的圆柱面所限定的区域，如图 4-71 所示。对于图 4-70，只要被测圆柱面的形状误差不超出由两个同轴且以公差值 0.1 mm 为距离(半径差)的圆柱面所限定的区域，被测圆柱面的圆柱度合格。

5）线轮廓度

被测要素是组成要素或导出要素。线轮廓度分为与基准不相关和与基准相关两种。

(1) 与基准不相关的线轮廓度。例如，被测联合(UF:联合要素)曲面上所有(从 D 到 E)由相交平面确定方向的线要素线轮廓度公差为 0.04 mm，标注如图 4-72 所示。

公差带为由相交平面决定方向的截面上，以公差值 t(如0.04 mm)为直径且圆心位于理论正确几何形状上的一系列圆的两等距包络线所限定的区域。被测线要素轮廓的形状误差只要不超

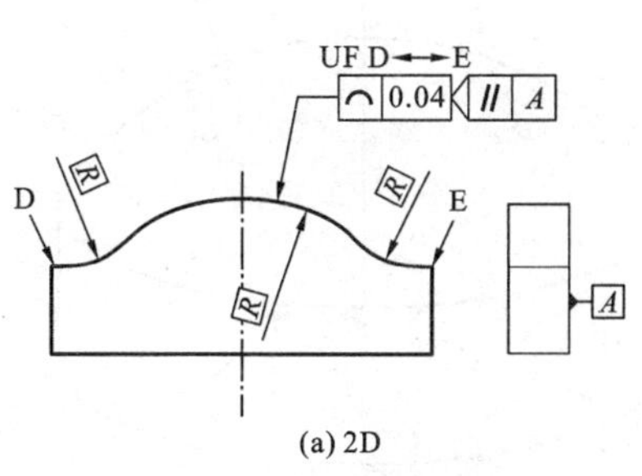

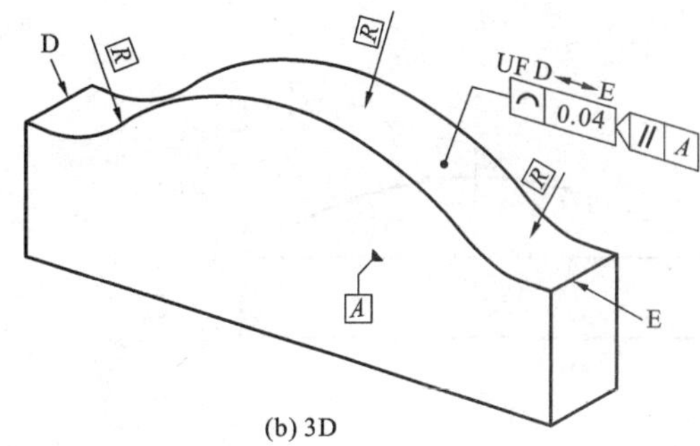

图 4-72 与基准不相关的线轮廓度标注

出该限定区域，被测线的线轮廓度合格。与基准不相关线轮廓度的公差带如图 4-73 所示。

(2) 与基准相关的线轮廓度。被测要素可以是组成要素、导出要素。例如，在由基准 A 及 B 决定理论正确形状的曲面上，由 A 面决定方向的被测线要素线轮廓度为 0.04 mm，标注如图 4-74 所示。

公差带为在任一由相交平面确定被测曲线方向的截面内，轮廓线应处于以公差值 t（如 0.04 mm）为直径且圆心位于由基准确定被测要素理论正确几何形状上的一系列圆的两等距包络线所限定的区域。被测线要素只要全部处于该区域内，被测线的线轮廓度合格。与基准相关线轮廓度的公差带如图 4-75 所示。

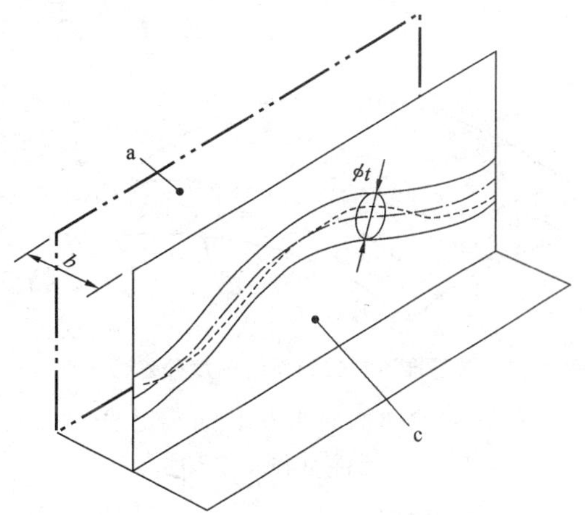

图 4-73 与基准不相关线轮廓度的公差带

a—基准平面 A；b—任意距离；c—平行于基准平面 A 的平面

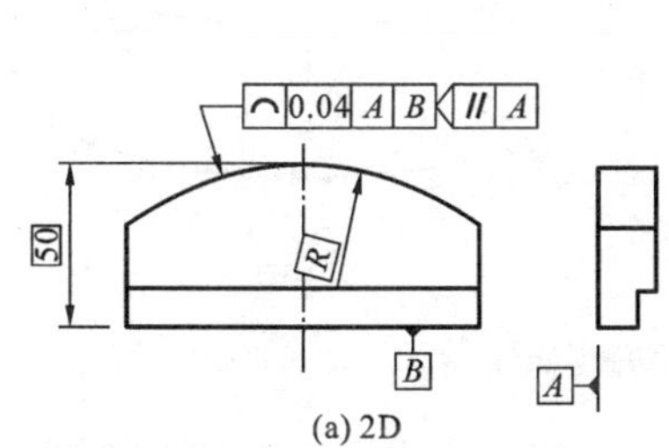

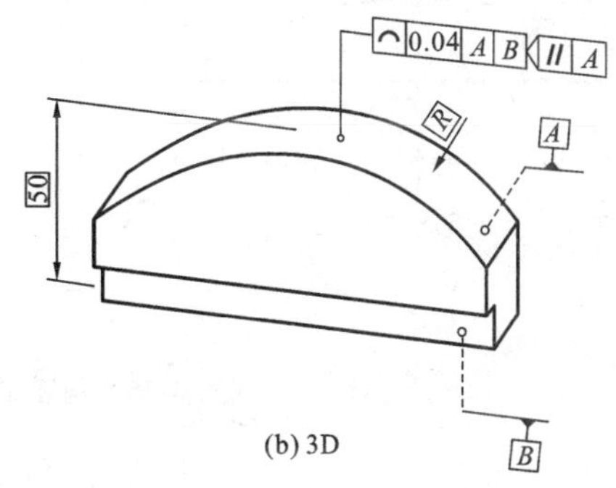

图 4-74 与基准相关的线轮廓度标注

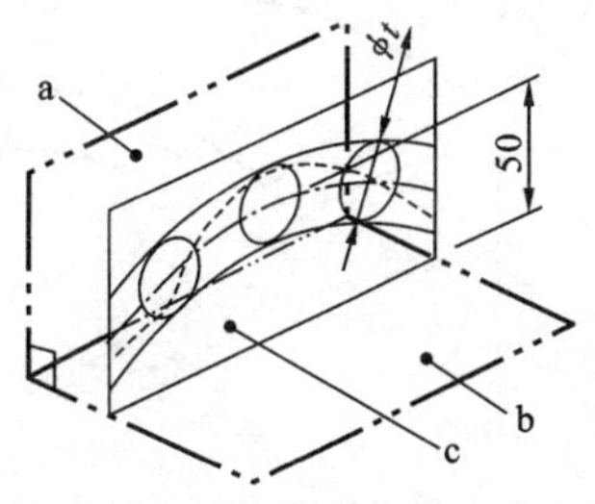

图 4-75 与基准相关线轮廓度的公差带

a—基准 A；b—基准 B；c—平行于基准 A 的平面

6) 面轮廓度

被测要素可以是组成要素或导出要素。面轮廓度分为与基准不相关和与基准相关两种。

(1) 与基准不相关的面轮廓度。例如，曲面面轮廓度公差为 0.0 2 mm，标注如图 4-76 所示。

公差带为由直径为 t（如 0.02 mm）且球心位于被测要素理论正确几何形状表面上的一系列球的两等距包络面所限定的区域。与基准不相关的面轮廓度公差带如

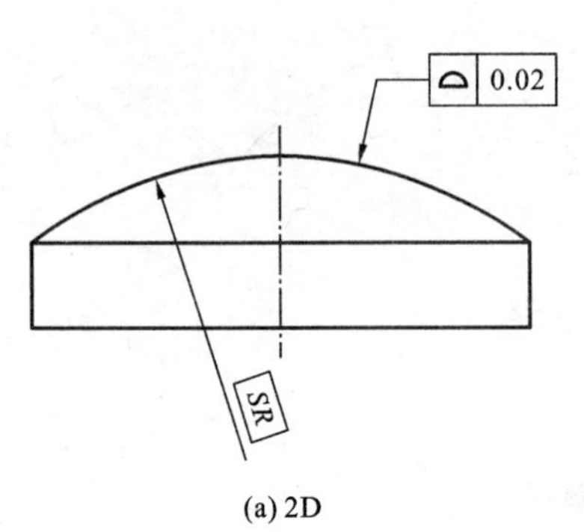

(a) 2D

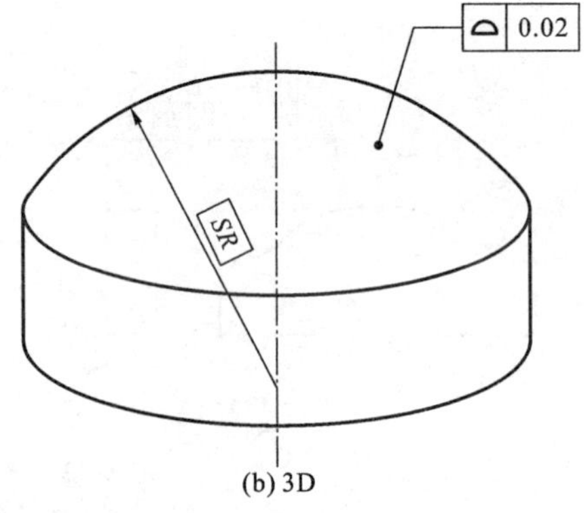

(b) 3D

图 4-76 与基准不相关的面轮廓度标注

图 4-77 所示。当被测曲面所有要素全部处于该区域内时，被测曲面面轮廓度合格。

(2) 与基准相关的面轮廓度。如果仅对被测曲面在方向上进行规范，要将修饰符> <放置在公差框格的第二格或每个公差框格的基准标注之后。如果使用位置规范，则至少要给被测要素一个基准及相关理论正确尺寸。

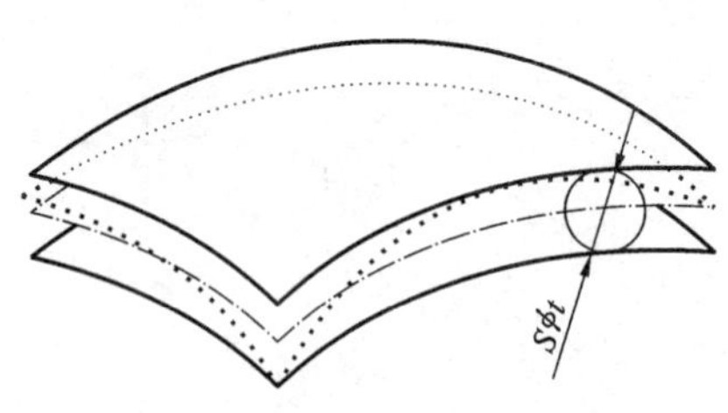

图 4-77 与基准不相关的面轮廓度公差带

例如，被测曲面对由基准面确定理论正确形状且由相关理论正确尺寸控制的曲面面轮廓度公差为 0.1 mm，标注如图 4-78 所示。

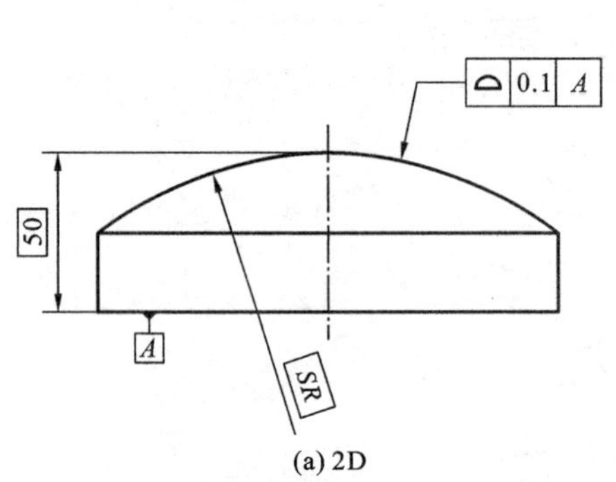

(a) 2D

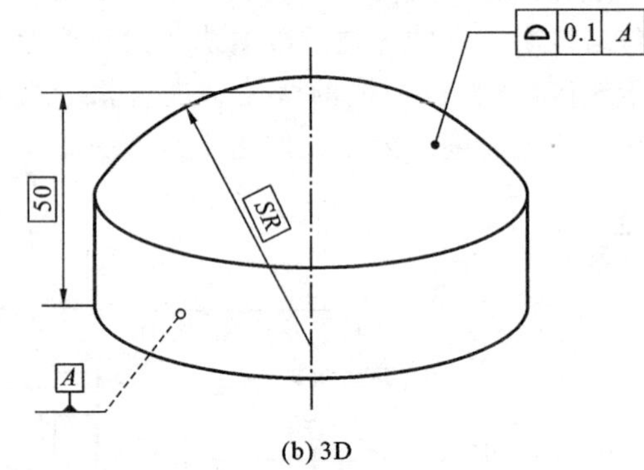

(b) 3D

图 4-78 与基准相关的面轮廓度标注

公差带为由以 t(如 0.1 mm)为直径且球心位于由基准要素确定的被测要素理论正确几何形状上的一系列球的两等距包络面所限定的区域。当被测曲面所有要素均处于该限定区域内时，被测曲面的面轮廓度合格。与基准相关的面轮廓度公差带如图 4-79 所示。

形状误差——被测要素对其本身理想形状的偏离量。

形状公差——形状误差的允许变动量。只要被测要素全部落在形状公差带内即为合格。

形状公差带——限制被测实际(组成或导出)要素变动的区域。它是一个几何图形且具有形状、大小、方向、位置四个属性。形状公差带适用于整个被测要素，只限制被测实际

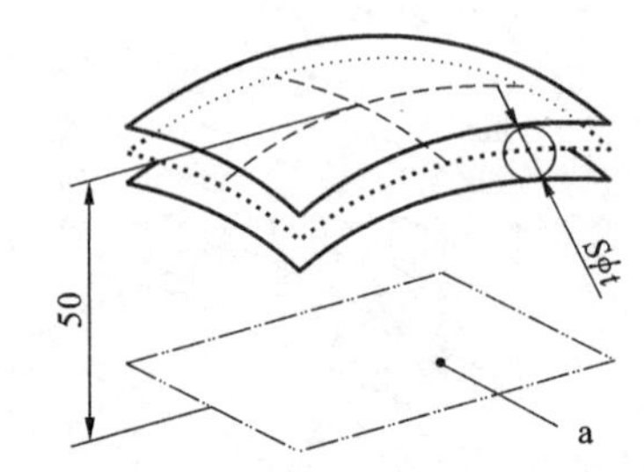

图 4-79 与基准相关的面轮廓度公差带

a—基准 A

要素形状误差，公差带的宽度方向默认垂直于被测要素，位置参照被测要素的理想要素位置而浮动。

线轮廓度与面轮廓度在无基准要求时为形状公差项目，在有基准要求时为位置公差项目。

2. 方向公差

方向公差是关联实际（组成或导出）要素对其具有确定方向的基准要素（理想要素）在方向上的允许变动量。当理论正确角度为0°时，方向公差体现为平行度公差；当理论正确角度为90°时，方向公差体现为垂直度公差；当理论正确角度为其他任意角度时，方向公差体现为倾斜度公差。这几种公差都有线对线、线对面、面对线、面对面四种情况。

1）平行度

（1）在给定条件下定义公差带。

例如，小孔轴线的限定面平行于 B 面且对大孔轴线的平行度公差为 0.1 mm，标注如图4-80所示。

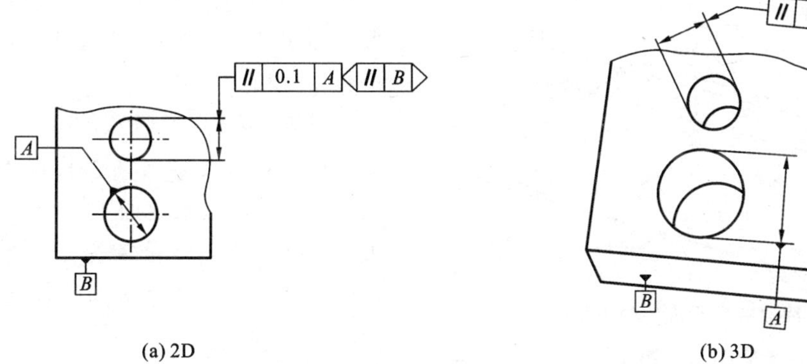

图 4-80 线对线的平行度标注（一）

公差带是以公差值 t（如 0.1 mm）为距离、平行于基准轴线及 B 基准面所给定的方向的两平行平面所限定的区域，如图 4-81 所示。被测小孔的轴线的限定面平行于 B 基准面，其对大孔轴线平行的误差只要不超出该限定区域，被测小孔轴线的平行度合格。

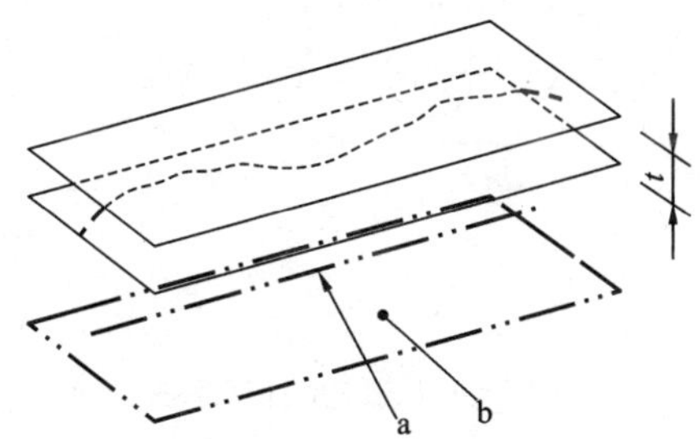

图 4-81 线对线平行度的公差带（一）

a— 基准轴线 A；b — 基准平面 B

例如，小孔轴线的限定面垂直于 B 面，对大孔轴线的平行度公差为 0.1 mm，标注如图 4-82 所示。

公差带以是公差值 t（如 0.1 mm）为距离、平行于基准轴线并垂直于 B 基准面给定方向的

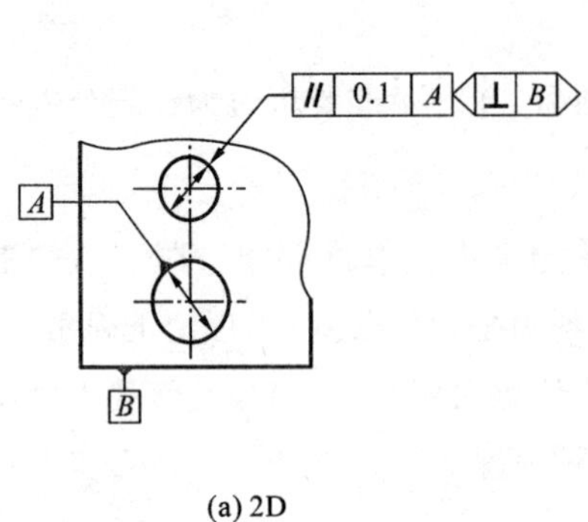

(a) 2D

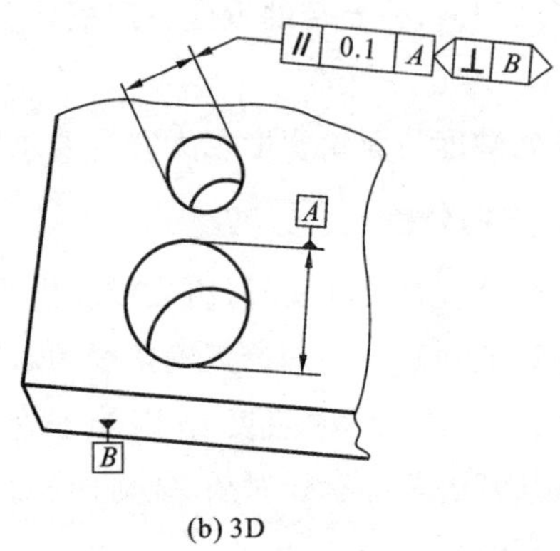

(b) 3D

图 4-82　线对线的平行度标注(二)

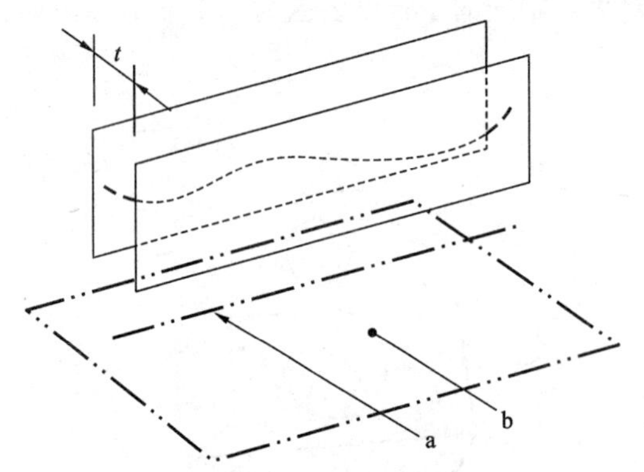

图 4-83　线对线平行度的公差带(二)

a— 基准 A;b — 基准 B

两平行平面所限定的区域,如图 4-83 所示。被测小孔轴线的限定面垂直于 B 基准面,对大孔轴线平行度的误差只要不超出该限定区域,被测小孔轴线的平行度合格。

例如,被测小孔轴线的限定面平行于 B 面、对大孔轴线的平行度公差为 0.1 mm,且轴线限定面垂直于 B 面、对大孔轴线的平行度公差为 0.2 mm,当被测直线同时受两个方向的规范时,标注如图 4-84 所示。

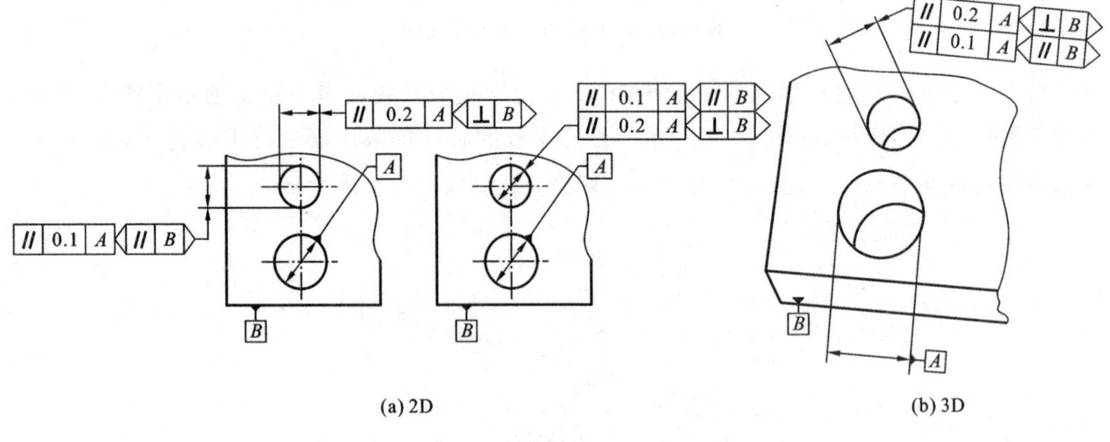

(a) 2D　　(b) 3D

图 4-84　线对线的平行度标注(三)

公差带为在平行于 B 基准面的方向上以公差量 t_1(0.1 mm)为距离且在垂直于 B 基准面的方向上以公差量 t_2(0.2 mm)为距离的两对平行平面所限定的区域,如图 4-85 所示。被测轴线的形状全部处于该限定区域,轴线的平行度合格。

(2) 在图样上标注对应的公差带。

小孔轴线对大孔轴线的平行度公差为 ϕ0.03 mm,公差带为平行于基准轴线并以公差值

0.03 mm(ϕt)为直径的圆柱所限定的区域,如图 4-86 所示。

孔的轴线对工件底平面的平行度公差为 0.01 mm,公差带为平行于基准平面且以公差值0.01 mm(t)为间距的两个平行平面所限定的区域,如图 4-87 所示。

上表面上平行于 B 面的一组线对底平面的平行度公差为 0.02 mm,公差带为有限组线在方向上平行于 B 基准面且平行于基准轴线并以公差值 0.02 mm(t)为间距的两条平行直线所限定的区域,如图 4-88 所示。

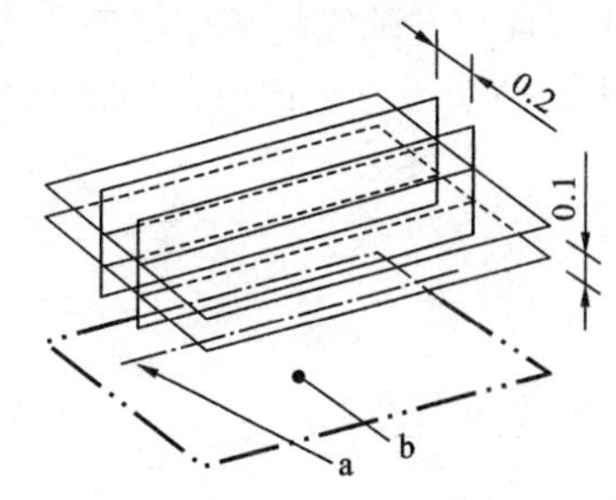

图 4-85 线对线平行度的公差带(三)

a— 基准 A;b — 基准 B

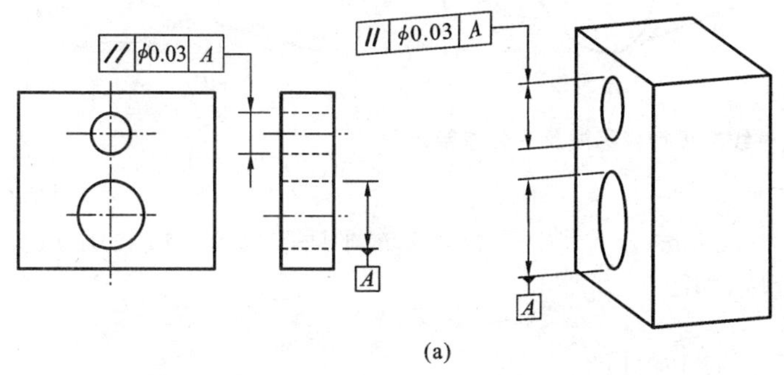

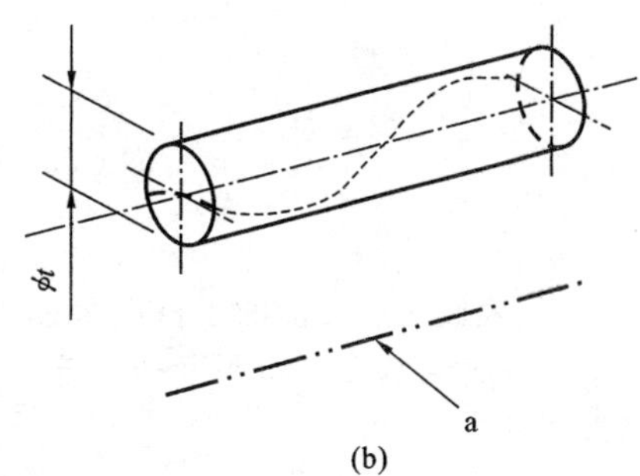

图 4-86 线对线的平行度标注及其公差带示例

a—基准 A

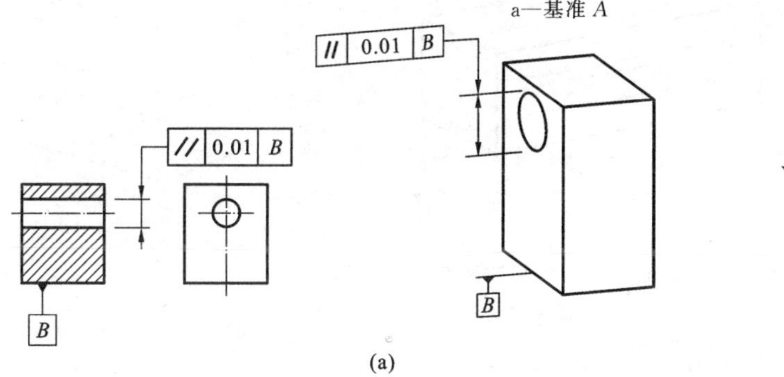

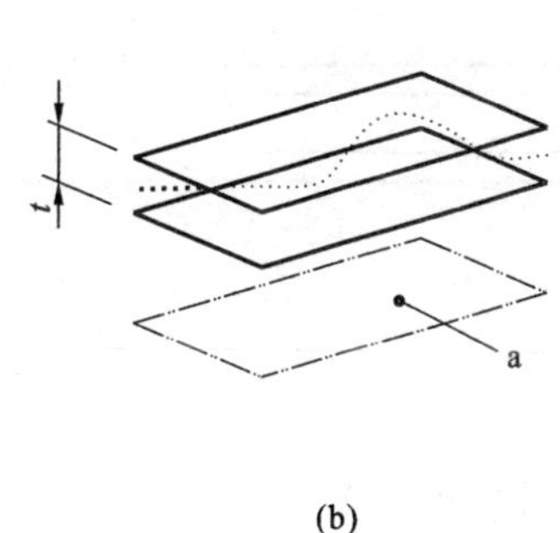

图 4-87 线对面的平行度标注及其公差带示例

a—基准 B

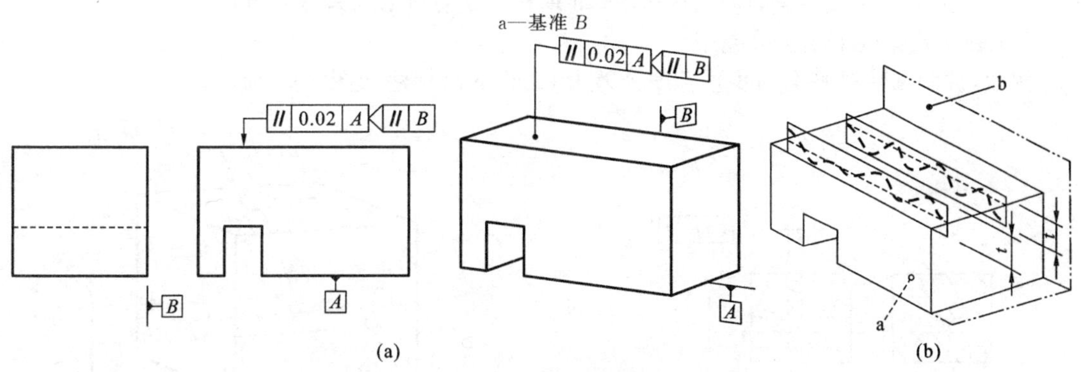

图 4-88 面上有限组线对面的平行度标注及其公差带示例

a—基准 A;b—基准 B

上表面对孔轴线的平行度公差为 0.1 mm,公差带为平行于基准轴线且以公差值 0.1 mm(t)为距离的两个平行平面所限定的区域,如图 4-89 所示。

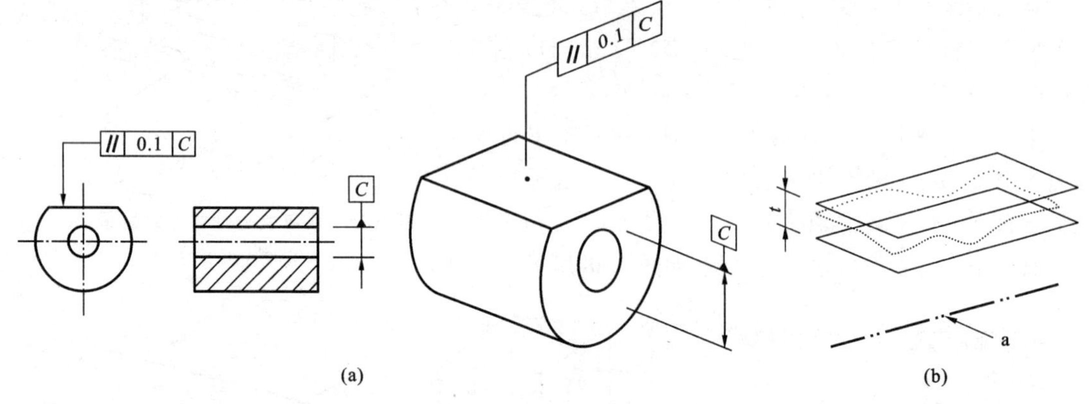

图 4-89　面对线的平行度标注及其公差带示例

a—基准 C

上表面对底平面的平行度公差为 0.01 mm,公差带为平行于基准平面并以公差值 0.01 mm (t)为距离的两个平行平面所限定的区域,如图 4-90 所示。

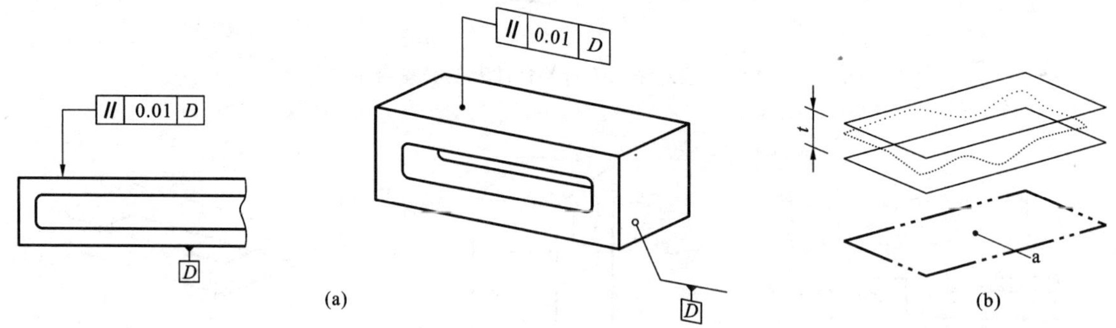

图 4-90　面对面的平行度标注及其公差带示例

a—基准 D

2) 垂直度

被测要素可以是组成要素、导出要素,可以是线要素、面上的一组线要素、面要素。如果被测要素是面上的一组线要素,应标注相交平面框格。缺省(LED)角度为 90°。

(1) 在给定条件下定义公差带。

例如,被测轴线对基准轴线垂直度公差为 0.06 mm,标注如图 4-91 所示。

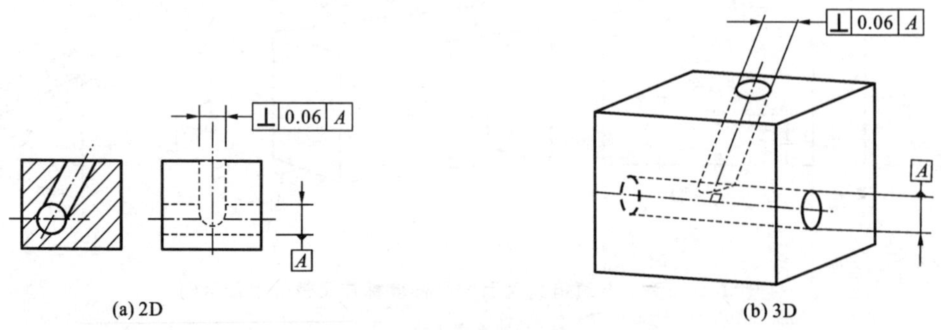

图 4-91　线对线的垂直度标注

公差带为垂直于基准轴线且以公差值 t(0.06 mm)为距离的两个平行平面所限定的区域,如图 4-92 所示。当在垂直于基准轴线的方向上被测轴线的形状误差没有超出这个区域时,被测轴线对基准轴线的垂直度合格。

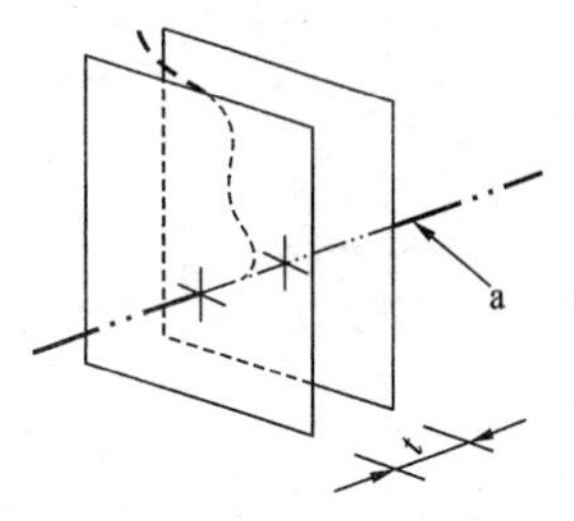

图 4-92 线对线的垂直度公差带

a—基准 A

垂直度的标注有时会关联到基准体系,通常会与相互垂直的两个基准平面相关。图 4-93 所示为垂直度关联基准体系标注示例,被测圆柱面轴线的限定面平行于 B 基准,对底平面的垂直度公差为 0.1 mm。

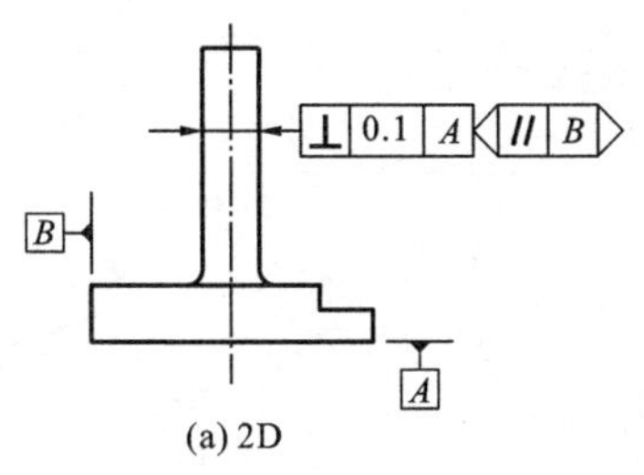

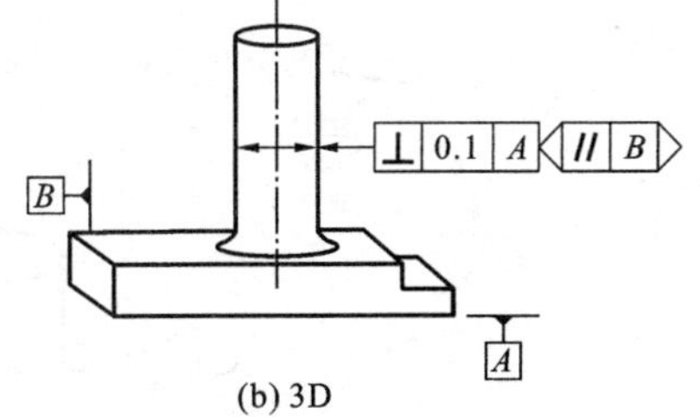

图 4-93 圆柱面轴线关联基准体系的标注示例(一)

公差带为被测圆柱面轴线的限定面平行于 B 基准面,以公差值 t(0.1 mm)为距离且与底平面垂直的两个平行平面所限定的区域,如图 4-94 所示。被测圆柱面轴线的限定面平行于 B 基准面,只要轴线的形状误差没有超出该限定区域,被测圆柱面轴线的垂直度合格。

例如,被测圆柱面轴线的限定面平行于 B 基准面且对底平面的垂直度公差为 0.2 mm,限定面垂直于 B 基准面且对底平面的垂直度公差为 0.1 mm,标注如图 4-95 所示。

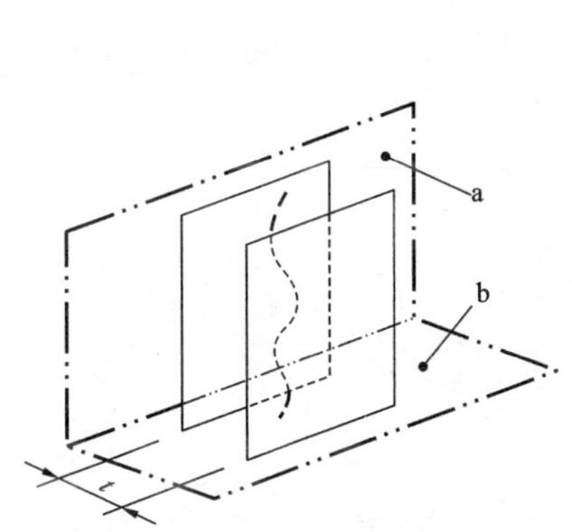

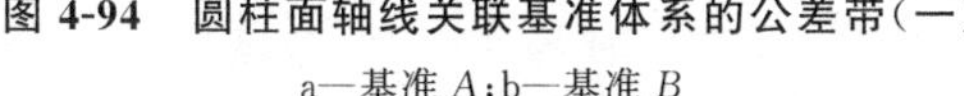

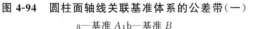

图 4-94 圆柱面轴线关联基准体系的公差带(一)

a—基准 A;b—基准 B

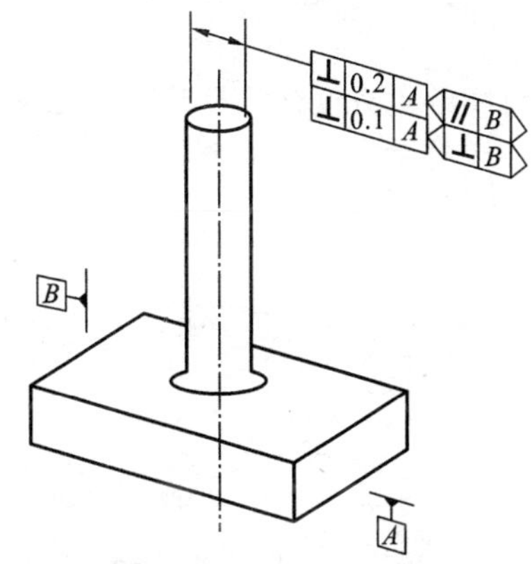

图 4-95 圆柱面轴线关联基准体系的标注示例(二)

公差带为被测圆柱面轴线的限定面平行于 B 基准面,并以公差值 t_1(0.2 mm)为距离且垂直于底平面的两个平行平面及限定面垂直于 B 基准面,并以公差值 t_2(0.1 mm)为距离且垂直于底平面的两个平行平面共同限定的区域,标注如图 4-96 所示。只要被测圆柱面轴线对底平面的垂直(含形状)误差不超出这个共同限定区域,被测圆柱面轴线对底平面的垂直度合格。

(2) 在图样上标注对应的公差带。

线对面的垂直度标注及其公差带形状如图 4-97 所示。在图 4-97(a)中,被测圆柱面轴线对底平面的垂直度公差为 ϕ0.01 mm。

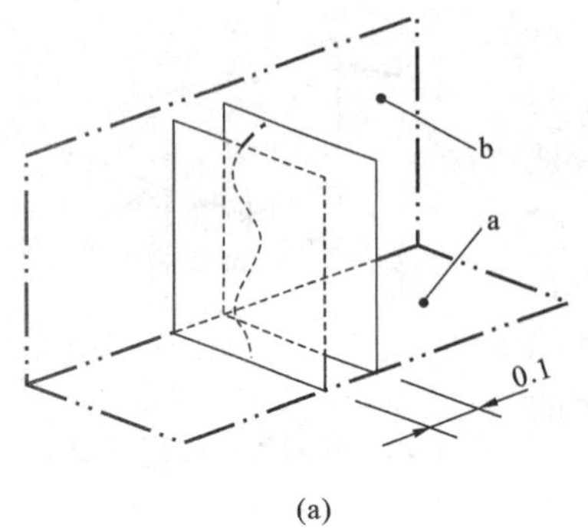

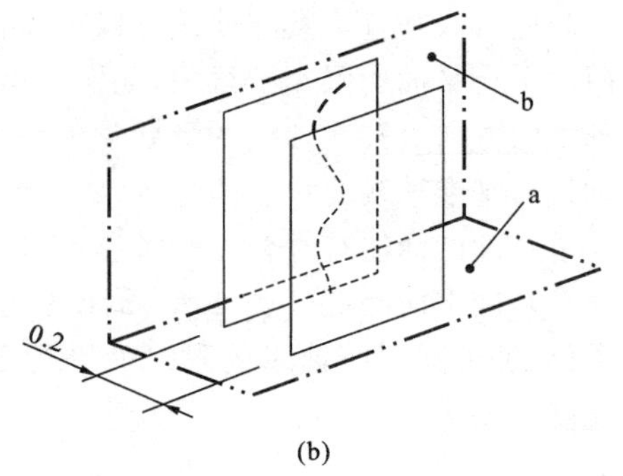

图 4-96　圆柱面轴线关联基准体系的公差带(二)

a—基准 A；b—基准 B

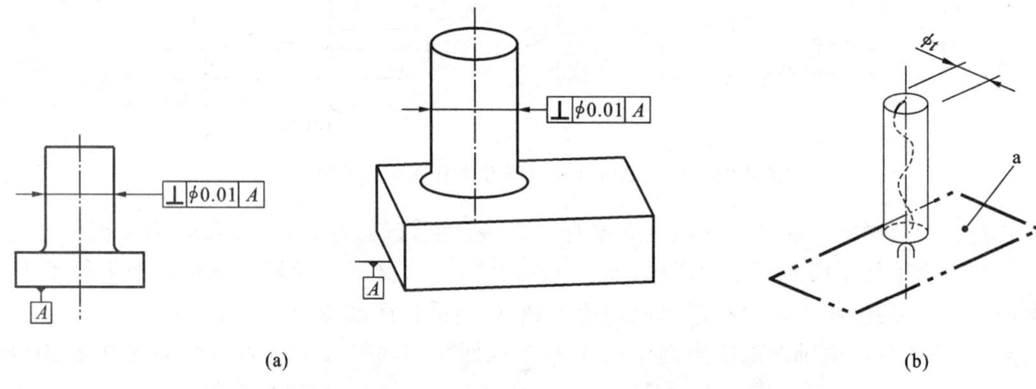

图 4-97　线对面的垂直度标注及其公差带形状

a—基准 A

面对线的垂直度标注及其公差带形状如图 4-98 所示。在图 4-98(a)中，被测圆柱端面对小圆柱面轴线的垂直度公差为 0.08 mm。

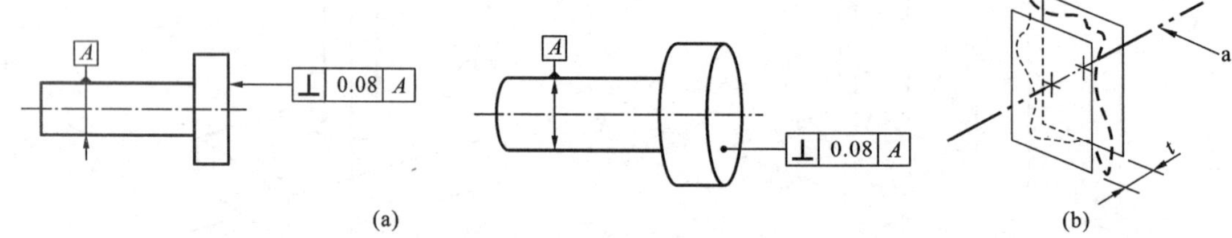

图 4-98　面对线的垂直度标注及其公差带形状

a—基准 A

面对面的垂直度标注及其公差带形状如图 4-99 所示。在图 4-99(a)中，被测零件立面对底平面的垂直度公差为 0.08 mm。

3）倾斜度

被测要素可以是组成要素或导出要素。被测要素应该是线要素、面要素或面要素上的一组线要素。如果被测要素是面要素上的一组线要素，则应标注相交平面框格，且应有相对于基准要素的理论正确角度(TED)，用以确定被测要素(公差带)的理论方向。

(1) 在给定条件下定义公差带。

例如，被测斜孔轴线与工件两端小圆柱面的公共轴线构成理论正确角度 60°的夹角且对该

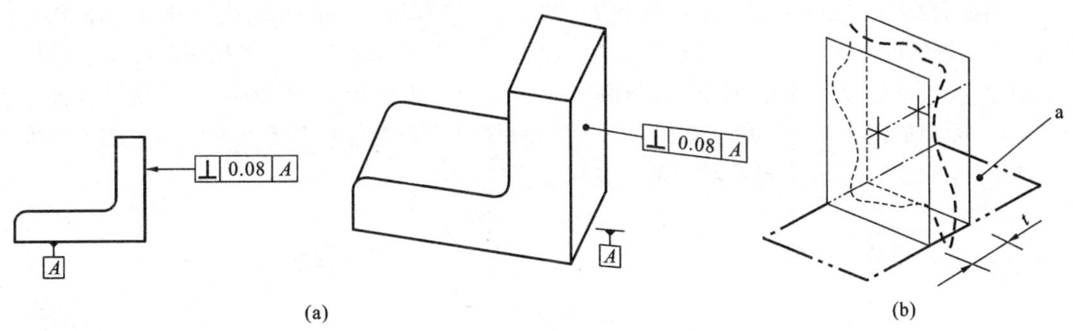

图 4-99　面对面的垂直度标注及其公差带形状

a—基准 A

公共轴线的倾斜度公差为 ϕ0.08 mm,标注如图 4-100 所示。在图 4-100 中,只规定了公差带相对于基准轴线的方向,并未限定公差带位置要参照的位置尺寸。

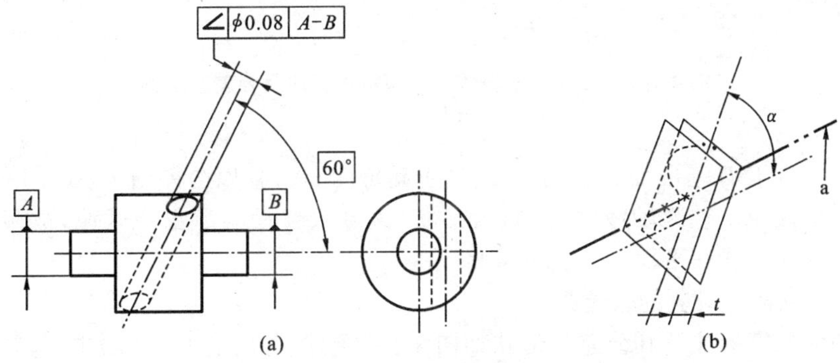

图 4-100　倾斜度标注及公差带示例(一)

a—公共基准 $A-B$

公差带为与基准轴线成理论正确角度 60°且以公差值 t(0.08 mm)为距离的两个平行平面所限定的区域。被测轴线的方向(含形状)误差只要没有超出该区域,被测轴线对基准轴线的倾斜度合格。

例如,被测斜孔轴线与工件两端小圆柱面的公共轴线构成理论正确角度 60°的夹角且对该公共轴线的倾斜度公差为 ϕ0.08 mm,标注如图 4-101 所示。在图 4-101 中,只规定了公差带相对于基准轴线的方向,并未限定公差带位置要参照的位置尺寸。

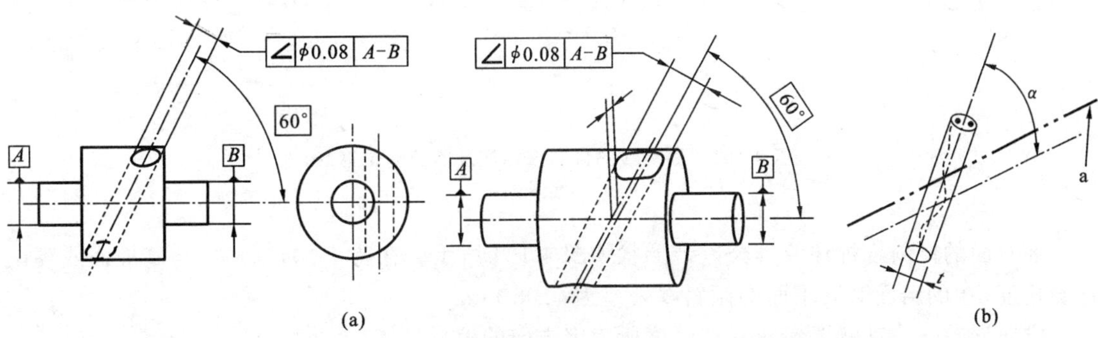

图 4-101　倾斜度标注及公差带示例(二)

a—公共基准 $A-B$

公差带为与公共轴线成理论正确角度 60°且以公差值 t(ϕ0.08 mm)为直径的圆柱面所限定的区域。被测轴线的方向(含形状)误差只要没有超出该区域,被测轴线对公共轴线的倾斜度合格。

例如,被测轴线平行于 B 基准面,与底平面构成理论正确角度 60°的夹角且倾斜度公差为 ϕ0.1 mm,标注如图 4-102 所示。在图 4-102 中,只规定了公差带相对于基准轴线及辅助基准面的方向,并未限定公差带位置要参照的位置尺寸。

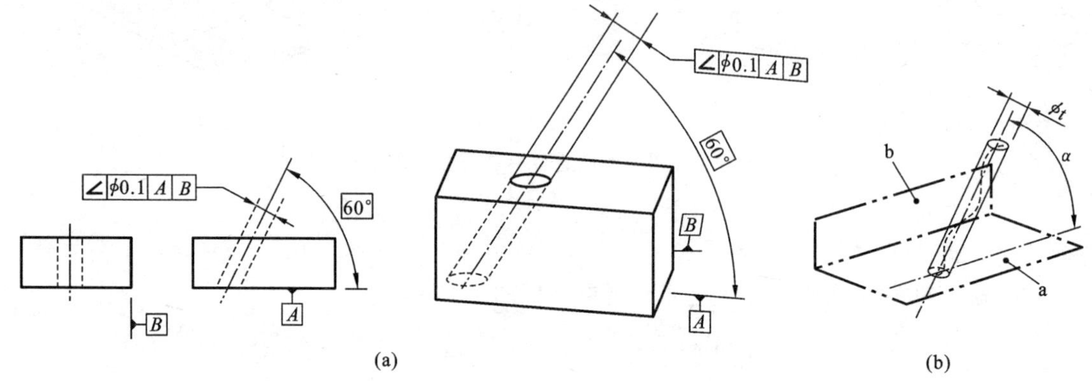

图 4-102　相对于基准体系的倾斜度标注及公差带示例

a—基准 A;b—基准 B

公差带为平行于 B 基准面、底平面成理论正确角度 60°,且以公差值 t(ϕ0.1 mm)为直径的圆柱面所限定的区域。被测轴线的方向(含形状)误差只要没有超出该区域,被测轴线在与 B 基准面平行的方向上对底平面的倾斜度合格。

(2) 在图样上标注对应的公差带。

面对线的倾斜度标注及其公差带形状如图 4-103 所示。在图 4-103(a)中,与基准轴线成理论正确角度 75°的台阶面对基准轴线的倾斜度公差为 0.1 mm。

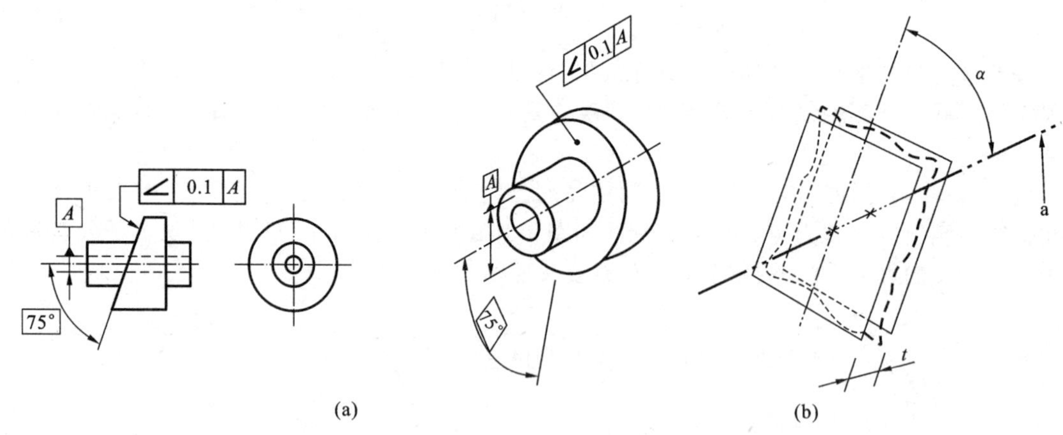

图 4-103　面对线的倾斜度标注及其公差带形状

a—基准 A

面对面的倾斜度标注及其公差带形状如图 4-104 所示。在图 4-104(a)中,与基准面成理论正确角度 40°的斜面对底平面的倾斜度公差为 0.08 mm。

方向误差——被测要素对基准要素所确定方向的偏离量。

方向公差——方向误差的允许变动量。只要被测要素全部落在方向公差带内,即为合格。

方向公差带——限制被测实际(组成或导出)要素变动的区域。它是一个几何图形且具有

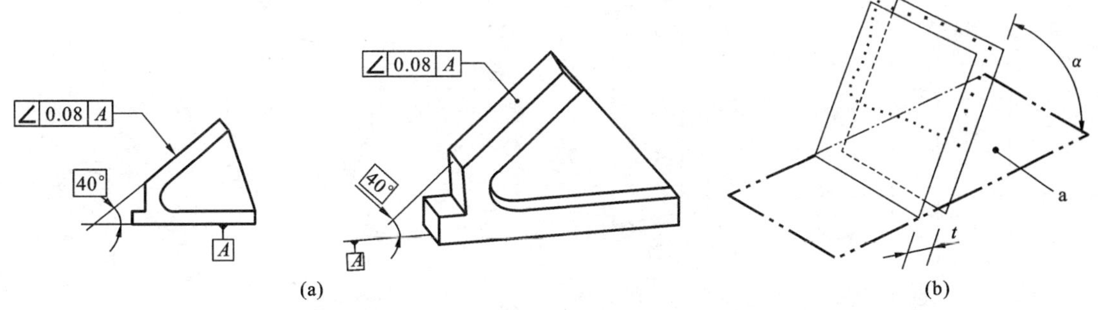

(a) (b)

图 4-104 面对面的倾斜度标注及其公差带形状

a—基准 A

形状、大小、方向、位置四个属性。方向公差带适用于整个被测要素，用以限制被测实际要素相对基准在方向上的误差。公差带的方向默认参照基准要素方向并由理论正确角度给定，公差带的位置往往参照被测要素所应在的理想位置而浮动。

方向公差带实际上可同时控制关联要素在整个被测方向上的方向变动量和形状变动量，故对被测要素给出方向公差后通常不再给出形状公差。假如使用性能要求必须给定形状公差，形状公差值必须小于方向公差值。

方向公差也可以看成是被测要素相对于基准要素由理论正确角度确定方向的形状允许变动量。

3. 位置公差

位置公差是被测要素在基准要素确定的方向上相对于基准要素在位置上的允许变动量。位置公差包含同轴度公差、对称度公差、位置度公差三种公差。其中同轴度公差指被测轴线相对于基准轴线在位置上的允许变动量。对称度公差是指被测的两个平面的对称平面(包括此平面上的中心线、轴线)相对于基准(中心)平面在位置上的允许变动量。位置度公差是指被测要素相对于基准要素在位置上的允许变动量。

位置度可能不涉及基准，如两个孔之间的距离，当没有具体指定以哪一个孔的轴线为基准，实际孔距对理论孔距有误差时，是不能确定哪一个孔的轴线在哪个位置上发生了多大变化的，或者说当位置尺寸不是采用理论正确尺寸来标注时，没有必要让位置尺寸必须从基准引出。这时位置误差只要没有超出尺寸公差的要求，应判定为合格。相比之下，关联基准的位置度对被测要素的位置控制效果更加明显。

被测要素可以是组成要素或导出要素，被测要素可以是一个导出点、直线或平面，也可以是导出曲线或导出曲面。

1) 位置度

(1) 导出点的位置度。

例如，被测球心点对由基准体系及理论正确尺寸确定的位置公差为 $S\phi0.3$ mm，标注如图 4-105 所示。公差带为以由基准体系及理论正确尺寸确定的点为球心、以公差值 t(0.3 mm)为直径的球面所限定的区域。被测球心点处于此限定区域，球心点位置度合格。

(2) 线的位置度。

例如，被测孔轴线对由基准体系及理论正确尺寸确定的位置度公差为 $\phi0.08$ mm，标注如图 4-106 所示。被测轴线的公差带为由基准体系及理论正确尺寸所确定的理想轴线位置为中心，并以 t($\phi0.08$mm)为直径的圆柱面所限定的区域。被测轴线的位置(含形状、相对基准限定的方向)只要不超出此限定区域，被测轴线的位置度合格。线的位置度公差带示例如图 4-107 所示。

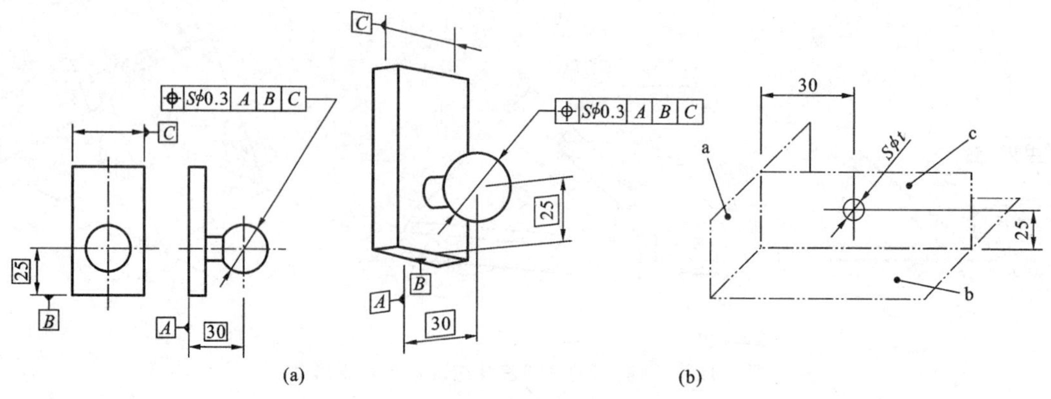

图 4-105　球心点位置度标注及公差带示例

a—基准 A;b—基准 B;c—基准 C

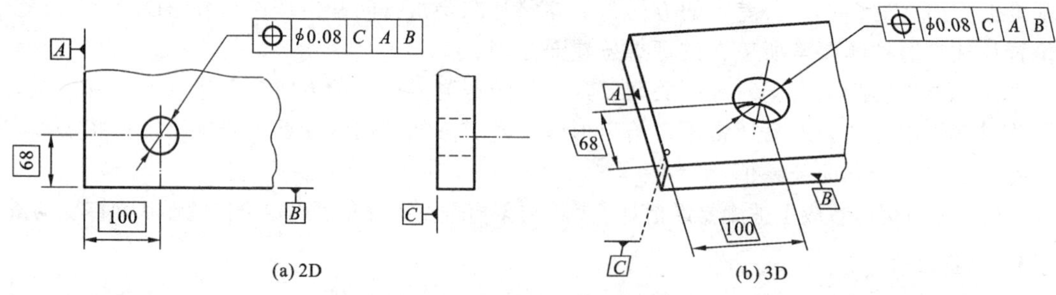

图 4-106　线的位置度标注示例(一)

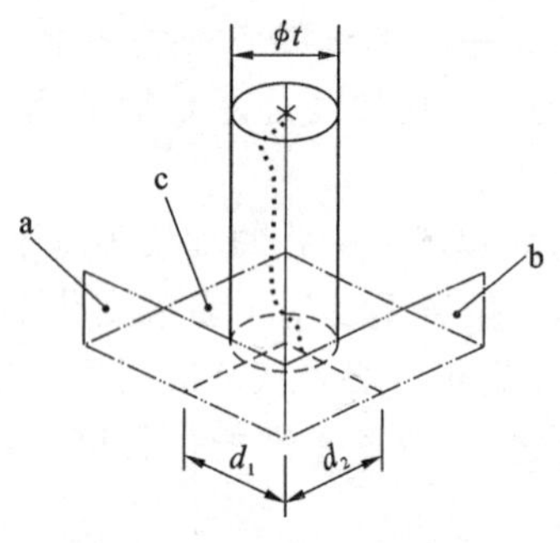

图 4-107　线的位置度公差带示例(一)

a—基准 A;b—基准 B;c—基准 C

例:8×ϕ12 孔被测轴线对由基准体系及理论正确尺寸所决定的位置在平行于 A 基准方向上的位置度公差为 0.2 mm;在平行于 B 基准的方向上的位置度公差为 0.05 mm。各孔被测轴线的公差带为以由基准体系及理论正确尺寸所确定的理想轴线位置为中心,并在平行于 A 基准的方向上以公差值 t_1(0.2 mm)为距离的两个平行平面及在平行于 B 基准的方向上以公差值 t_2(0.05 mm)为距离的两个平行平面所共同限定的区域,位置度公差标注如图 4-108 所示。被测轴线的位置(含形状、相对基准限定的方向)只要不超出此限定区域,被测轴线的位置度合格。公差带形状如图 4-109 所示(图 4-109(a)为平行于 B 基准方向,图 4-109(b)为平行于 A 基准方向,共同构成对被测要素的限定区域)。

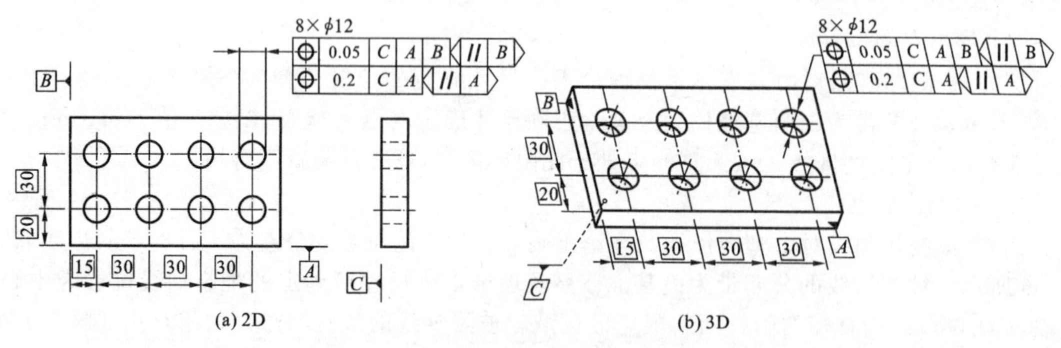

图 4-108　线的位置度标注示例(二)

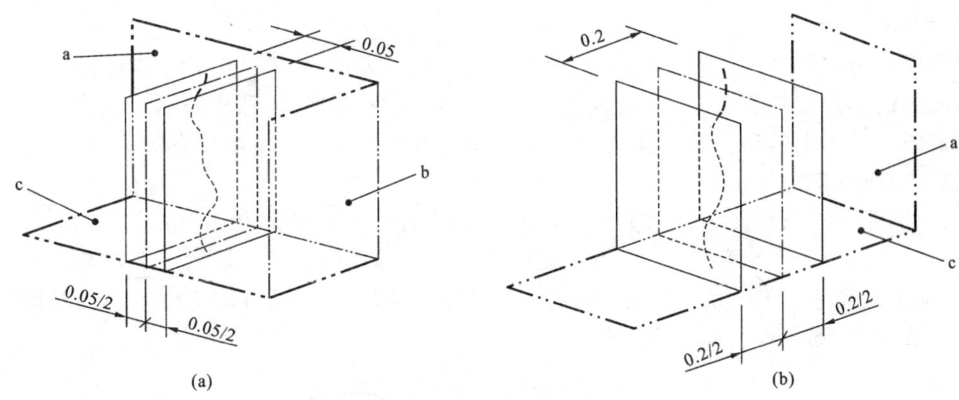

图 4-109 线的位置度公差带示例(二)

a—第二基准 A,与基准 C 垂直;b—第三基准 B,与基准 C 和第二基准 A 垂直;c—基准 C

(3) 面的位置度。

例如,圆周均布的被测槽对称平面对由基准轴线及理论正确角度决定方向的单个要素中心平面的位置度公差为 0.05 mm,位置度标注及公差带形状如图 4-110 所示。公差带为以公差量 t(0.05 mm)的两平行平面所限定的区域,该平行平面绕基准轴线圆周均布(SZ 并不锁定槽与槽间的角度,若使用 CZ 则公差带之间的角度锁定为 45°)。若被测槽的对称平面落在该限定区域,该被测槽的位置度合格。

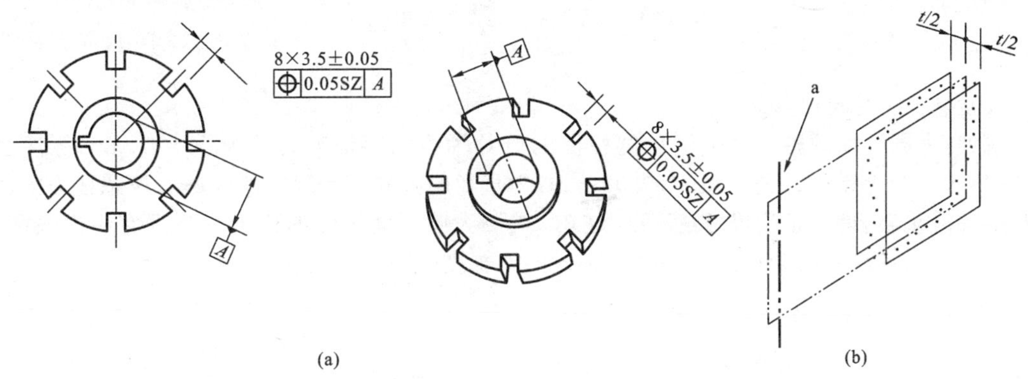

图 4-110 (导出)面要素的位置度标注及公差带示例

a—基准 A

例如,被测圆柱斜面对由基准体系及理论正确角度及尺寸确定的位置度公差为 0.05 mm,标注如图 4-111 所示。公差带为以公差值 t(0.05 mm)为间距的两个平行平面所限定的区域。该两平行平面对称于由基准体系及理论尺寸所确定的理论正确位置。

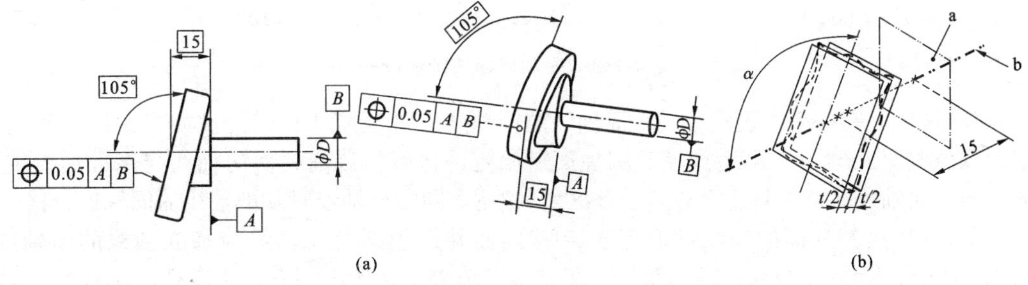

图 4-111 (组成)面要素的位置度标注公差带示例

a—基准 A;b—基准 B

2) 同轴(心)度

被测要素可以是导出要素,应是一个点要素、一组点要素或直线要素。若被标注的是直线要素而被测的是一组点要素,要在公差框格相邻区域标注 ACS(任意横截面)。此时,每个点的基准也是同一截面上的点。被测要素与基准之间的角度或线性尺寸由缺省的 TED 给定。

(1) 点的同心度。

例如,被测圆心点对同一截面上的基准圆心点的同心度公差为 ϕ0.1 mm。

公差带为以公差值 t(ϕ0.1 mm)为直径的圆所限定的区域。该区域的中心点与基准中心点重合,理论正确尺寸(TED)为 0。同心度标注及其公差带形状如图 4-112 所示。当被测圆心点处在该区域之内,圆心点的同心度合格。

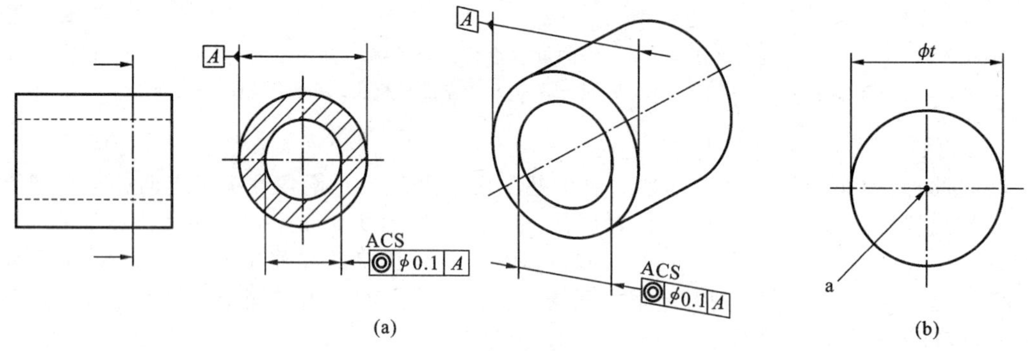

图 4-112 同心度标注及其公差带形状

a—基准点 A

(2) 中心线的同轴度。

例如,大圆柱面的轴线对两端小圆柱面的公共轴线的同轴度公差为 ϕ0.08 mm,标注如图 4-113 所示。公差带为以公差值 t(ϕ0.08 mm)为直径的圆柱面所限定的区域。该圆柱面的轴线与基准轴线重合,理论正确尺寸(TED)为 0。被测大圆柱面轴线的位置只要没有超出该区域,被测大圆柱面轴线对两个小圆柱面公共轴线的同轴度合格。

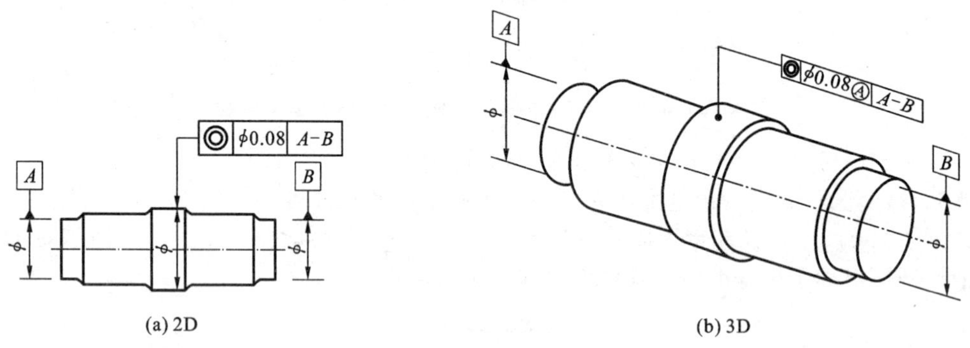

图 4-113 同轴度标注示例(一)

例如,被测大圆柱面轴线对小圆柱面轴线的同轴度公差为 ϕ0.1 mm,标注如图 4-114 所示。公差带为以公差值 t(ϕ0.1 mm)为直径的圆柱面所限定的区域。该圆柱面的轴线与基准轴线重合。被测大圆柱面轴线的位置只要没有超出该区域,被测大圆柱面轴线对基准轴线的同轴度合格。

例如,被测外圆柱面的轴线对垂直于 A 基准面并以内圆柱面轴线为基准轴线的同轴度公差为 ϕ0.1 mm,标注如图 4-115 所示。公差带为以公差值 t(ϕ0.1 mm)为直径的圆柱面所限定的区域。该圆柱面的轴线垂直于 A 基准面且与基准轴线重合,公差带形状如图 4-116 所示。

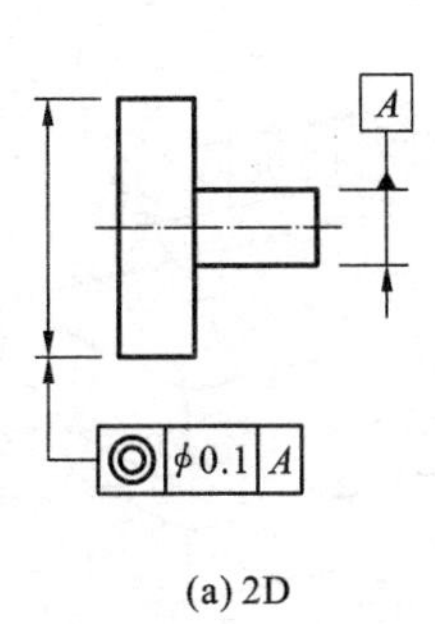

(a) 2D

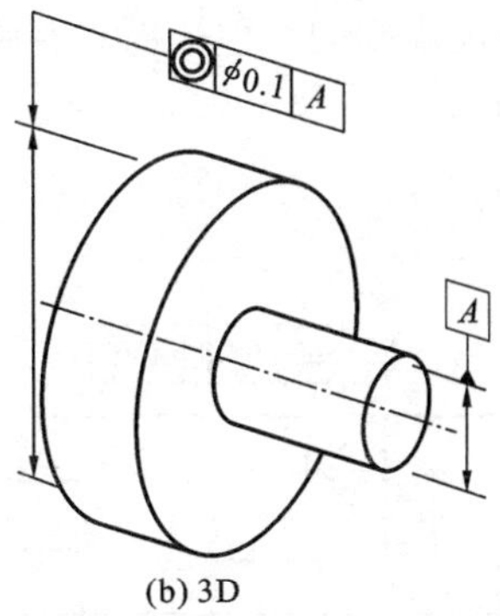

(b) 3D

图 4-114 同轴度标注示例(二)

被测大圆柱面轴线的位置只要没有超出该区域,被测大圆柱面轴线对垂直于 A 基准面的基准轴线的同轴度合格。

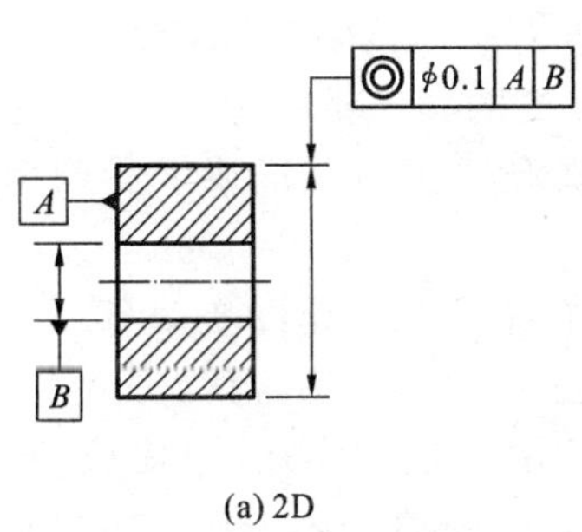

(a) 2D

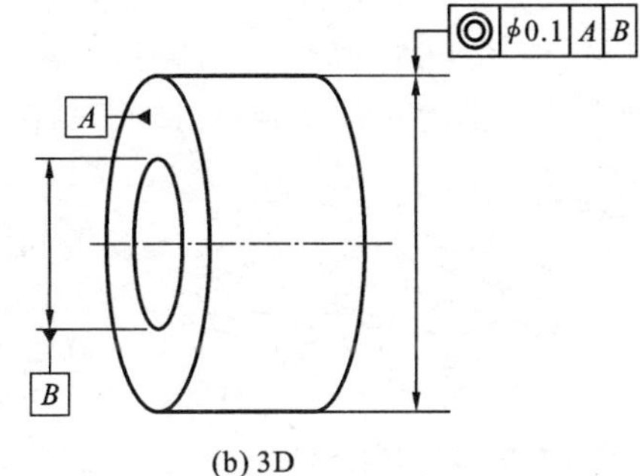

(b) 3D

图 4-115 与基准体系关联的同轴度公差标注

3) 对称度

被测要素可以是组成要素或导出要素,应该是一个点要素、一组点要素、一条直线、一组直线或平面。当所标注的要素的公称状态为平面且被测要素是一组直线时,要标注相交平面框格。当所标注的要素的公称状态为直线且被测要素是该直线要素上的一组点要素时,要标注 ACS(任意横截面),此时每个点的基准也是同一截面上的一个点。公差框格中应至少标注一个基准,被测要素与基准之间的角度或线性尺寸由缺省的理论正确尺寸(TED)给定。

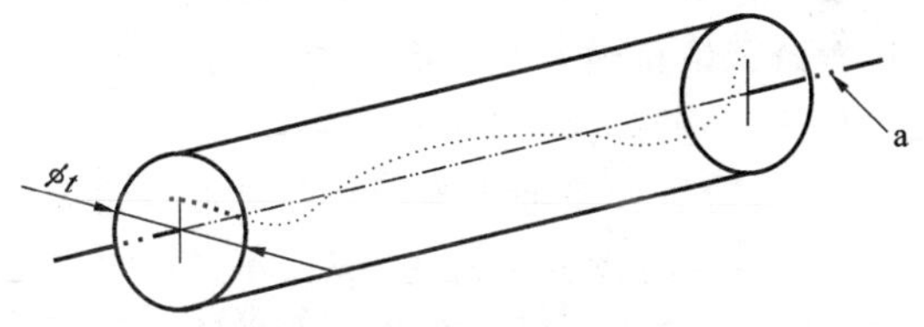

图 4-116 同轴度公差带

a—基准轴线

当所有相关的线性 TED 均为 0 时,对称度公差可应用在所有的位置度公差场合。

例如,被测缺口的对称平面对工件中心平面的对称度公差为 0.08 mm,标注如图 4-117 所示。

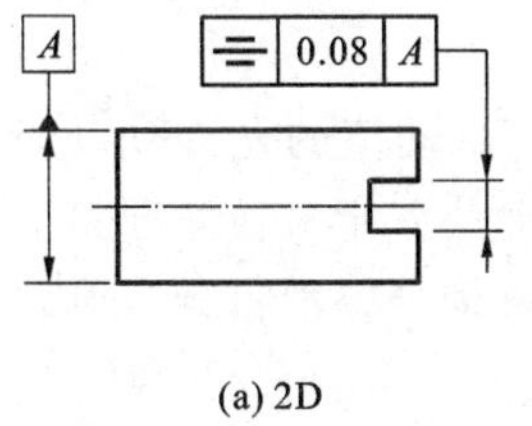

(a) 2D

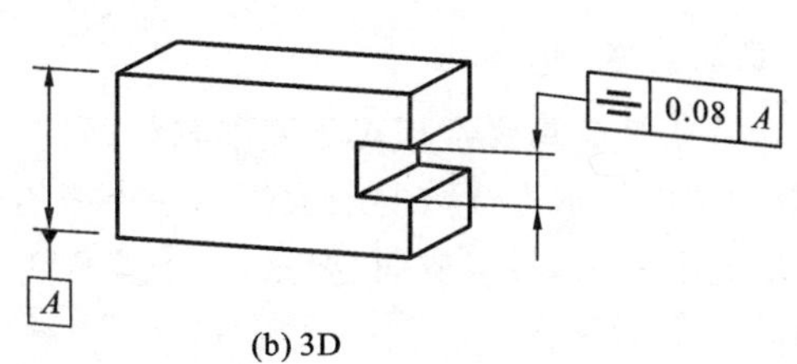

(b) 3D

图 4-117 对称度标注示例(一)

例如,被测扁圆的对称平面对有两缺口的公共中心平面的对称度公差为 0.08 mm,标注如图 4-118 所示。

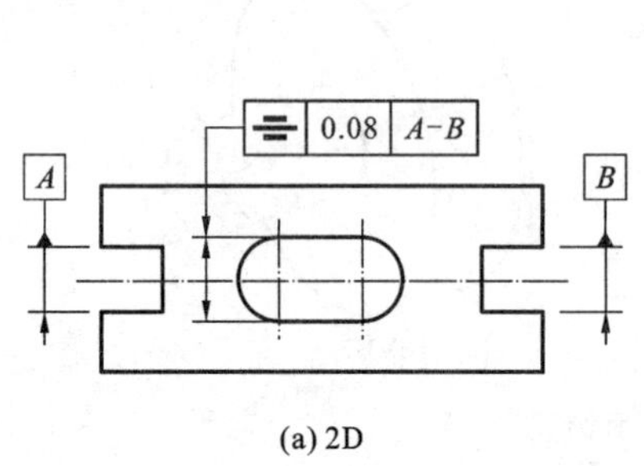

(a) 2D

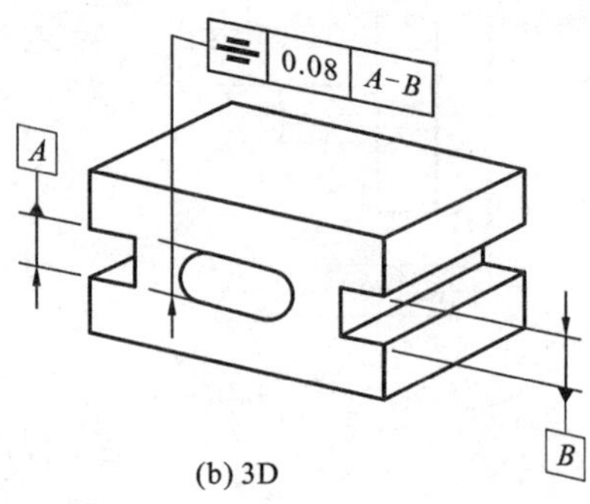

(b) 3D

图 4-118　对称度标注示例(二)

对称度的公差带为以公差值 t(如 0.08 mm)为距离、对称于基准中心平面的两平行平面所限定的区域,如图 4-119 所示。当被测对称平面所在位置没有超出该限定区域时,被测对称平面对基准中心平面的对称度合格(被测对称平面是其组成要素的导出要素)。

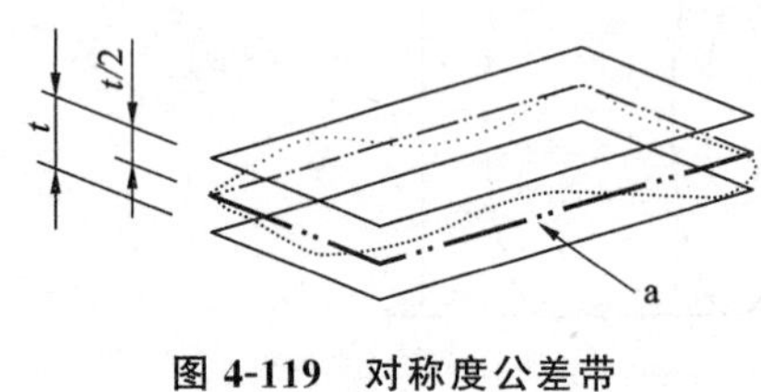

图 4-119　对称度公差带

a—基准 A

位置误差——被测要素对基准要素所确定位置的偏离量。

位置公差——位置误差的允许变动量。只要被测要素全部落在位置公差带内,即为合格。

位置公差带——限制被测实际(组成或导出)要素相对于基准在位置上的变动区域。它是一个几何图形且具有形状、大小、方向、位置四个属性,用以限制被测实际要素相对基准要素在位置上的误差。公差带的方向默认参照基准要素确定的方向,公差带的位置由理论正确尺寸给定。

位置公差带的特点如下。

第一,位置公差带相对于基准要素有确定的位置,并由理论正确尺寸确定。同轴度与对称度理论正确尺寸图样上视为“零”,不必标出。位置度理论正确尺寸涉及一个或一个以上的基准要素,故该理论正确尺寸在图样上必须标出。

第二,位置公差带具有综合控制被测要素位置、方向及形状误差的功能。给被测平面一个位置度要求,其位置度公差实际上控制了该被测平面的平面度误差和相对于基准在方向上的误差。给被测轴线一个同轴度要求,其公差带实际上控制了被测轴线的直线度误差和相对于基准轴线的平行度误差。因此,对被测要素给出位置公差后,通常对该要素不再给出方向公差和形状公差,假如使用性能要求必须给出方向、形状公差,其公差值必须小于位置公差,且遵守

形状公差＜方向公差＜位置公差

4. 跳动公差

跳动公差是被测要素相对于基准轴线回转时在径向或轴向上跳动值的允许变动量。在检测时,跳动量由指示表读数的最大值与最小值的代数差确定。跳动公差定义被测要素为回转体表面或端面上的圆周线(或面)要素,基准要素为回转体的轴线。跳动公差项目分为圆跳动公差和全跳动公差。

圆跳动指在一个位置上单一截面被测要素围绕其基准轴线转动而形成的实际截面对基准轴线的跳动,又分为径向圆跳动、轴向圆跳动、斜向圆跳动三种。

全跳动指被测要素(圆柱面或轴向端面)围绕基准轴线旋转时的跳动,分为径向全跳动、轴向全跳动两种。

圆跳动是针对特定检测方式而定义的公差项目,其应用仅限于具有基准轴线的回转表面。

1) 圆跳动

被测要素是组成要素,应该是一条圆周线或一组圆周线,是线要素。

(1) 径向圆跳动。

例如,大圆柱面任一垂直于基准轴线的横截面上圆周线对小圆柱面的轴线圆跳动公差为 0.1 mm,标注如图 4-120 所示。

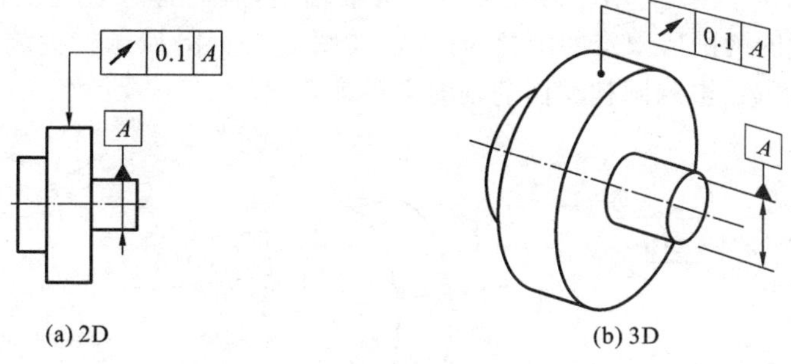

图 4-120 径向圆跳动标注示例(一)

例如,在大圆柱面任一垂直于基准轴线的横截面上且平行 B 基准面的圆周线对小圆柱面的轴线圆跳动公差为 0.1 mm,标注如图 4-121 所示。

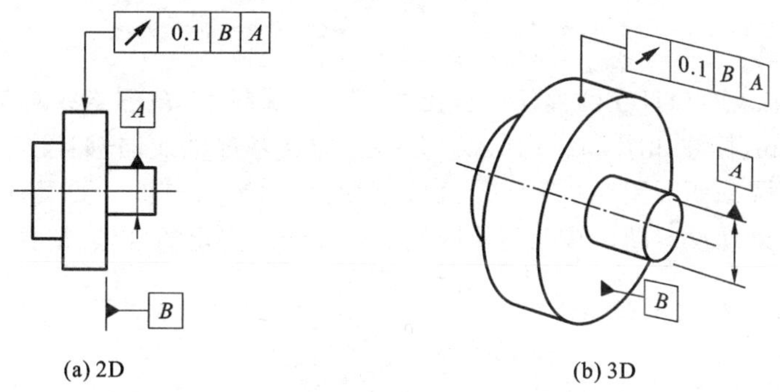

图 4-121 径向圆跳动标注示例(二)

例如,大圆柱面任一横截面垂直于两小圆柱面公共轴线,截面上圆周线对公共轴线的圆跳动公差为 0.1 mm,标注如图 4-122 所示。

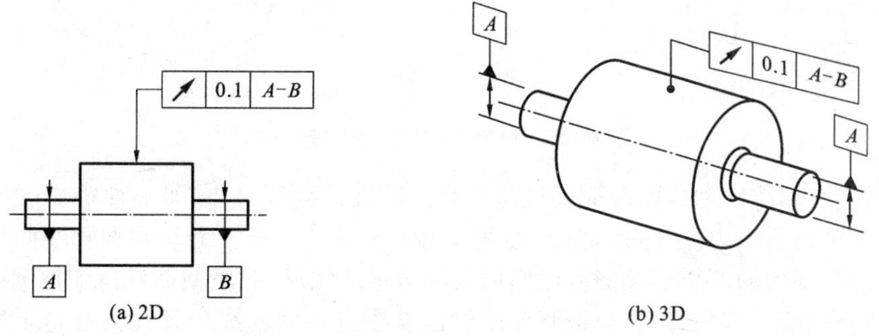

图 4-122 径向圆跳动标注示例(三)

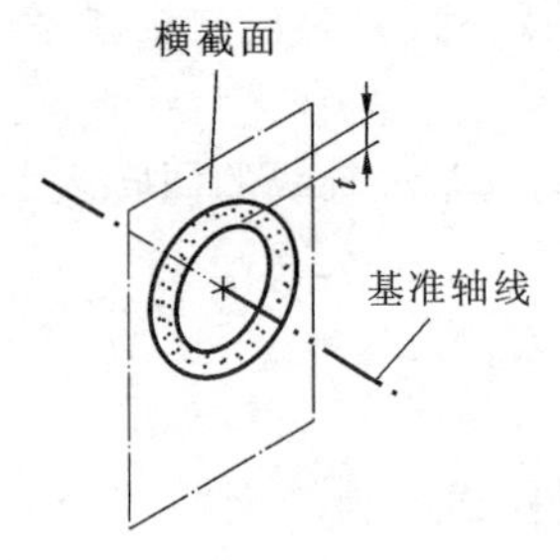

图 4-123　径向圆跳动公差带

公差带为任一垂直于基准轴线的横截面上以公差值 t(0.1 mm)为距离的两个同心圆所限定的区域(若参照基准面,横截面与基准面平行)。径向圆跳动公差带如图 4-123 所示。当被测圆周线对基准轴线的径向跳动没有超出该限定区域,径向圆跳动合格。

(2) 轴向圆跳动。

例如,被测圆柱端面在垂直于基准轴线的任一圆截面上的圆周线对基准轴线的跳动公差为 0.1 mm,标注如图 4-124(a)所示。公差带为与基准轴线同轴、任一直径的圆柱截面上以公差值 t(0.1mm)为距离的两圆所限定的圆柱面区域,如图 4-124(b)所示。被测圆柱端面的跳动只要没有超出该限定区域,被测圆柱端面的轴向圆跳动合格。

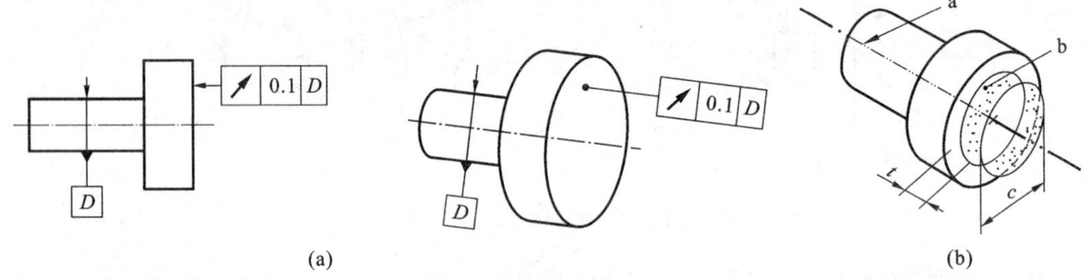

图 4-124　轴向圆跳动标注示例及其公差带

a—基准 D;b—公差带;c—与基准 D 同轴的任意直径

(3) 斜向圆跳动。

例如,与基准轴线同轴且在圆锥任一直径截面的圆周线上,被测素线对基准轴线的斜向圆跳动公差为 0.1 mm,标注如图 4-125 所示。公差带为与基准轴线同轴且以公差值 t(0.1 mm)为距离的两个不等圆截面圆周线所限定的区域(此时截面锥角与被测要素垂直)。当被测圆锥素线对基准轴线的跳动没有超出该两不等圆截面圆周线所限定的区域,被测圆锥面对基准轴线的斜向圆跳动合格。

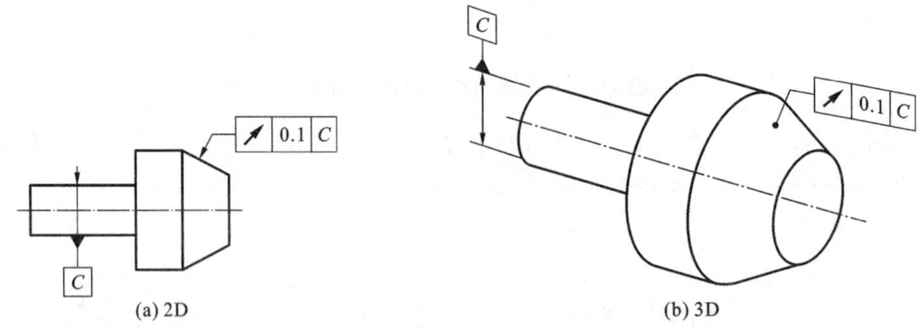

图 4-125　斜向圆跳动标注示例(一)

例如,与基准轴线同轴且在曲面圆锥任一直径截面的圆周线上,被测曲面圆锥素线对基准轴线的斜向圆跳动公差为 0.1 mm,标注如图 4-126 所示。公差带为与基准轴线同轴且以公差值 t(0.1 mm)为距离的两个不等圆截面圆周线所限定的区域(此时截面锥角随被测圆所在位置改变,以保持与被测要素垂直)。当被测曲面圆锥素线对基准轴线的跳动没有超出该两不等圆截面圆周线所限定的区域时,被测曲面圆锥对基准轴线的斜向圆跳动合格。

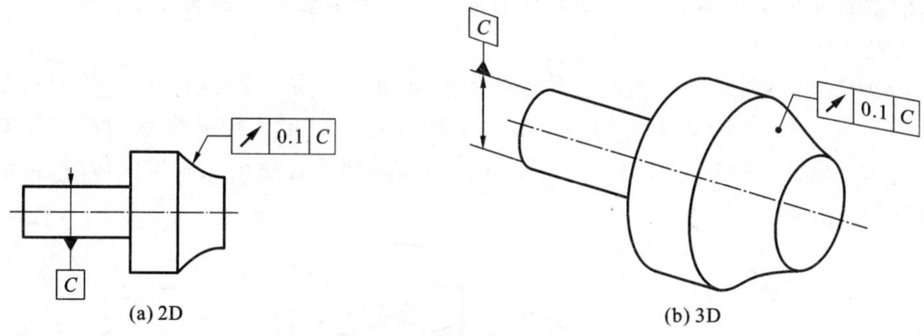

图 4-126　斜向圆跳动标注示例(二)

曲面圆锥斜向圆跳动的公差带如图 4-127 所示。

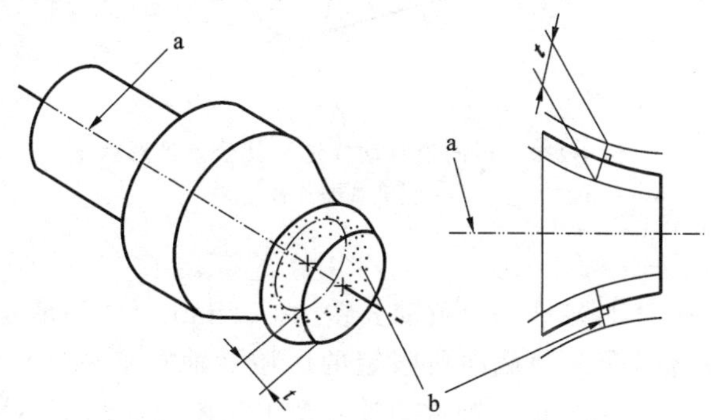

图 4-127　曲面圆锥斜向圆跳动公差带

a—基准 C;b—公差带

例如,在给定方向,与基准轴线同轴且在圆锥任一直径截面的圆周线上,被测曲面圆锥素线对基准轴线的斜向圆跳动公差为 0.1 mm,标注如图 4-128(a)所示。公差带为与基准轴线同轴且以公差值 t(0.1 mm)为距离的两个不等圆截面圆周线所限定的区域,如图 4-128(b)所示(a 为基准轴线,b 为公差带,宽度沿理论曲线的法线方向)。当被测曲面圆锥素线对基准轴线的跳动没有超出该两不等圆截面圆周线所限定的区域时,被测曲面圆锥在给定方向上对基准轴线的斜向圆跳动合格。

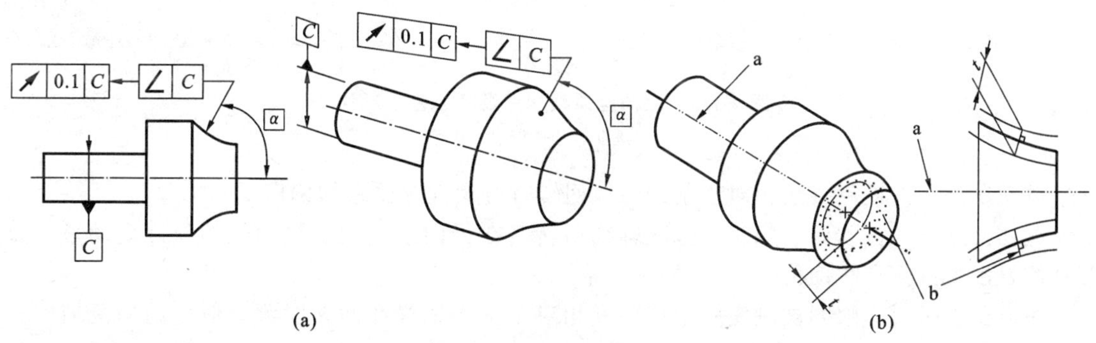

图 4-128　给定方向的曲面圆锥斜向圆跳动标注及其公差带

2) 全跳动

被测要素是组成要素。被测要素应该是回转体表面或回转体的轴向平面,是面要素。公差带保持被测要素的理论正确形状，对回转体表面不约束组成要素的径向尺寸。

(1) 径向全跳动。

例如，大圆柱面对两小圆柱面的公共轴线的全跳动公差为 0.1 mm。公差带为与基准轴线同轴且以公差值 t(0.1mm)为距离的两个圆柱面所限定的区域。径向全跳动标注及其公差带形状如图 4-129 所示。当整个被测圆柱面上的径向圆跳动没有超出该限定区域时，被测圆柱面的全跳动合格。

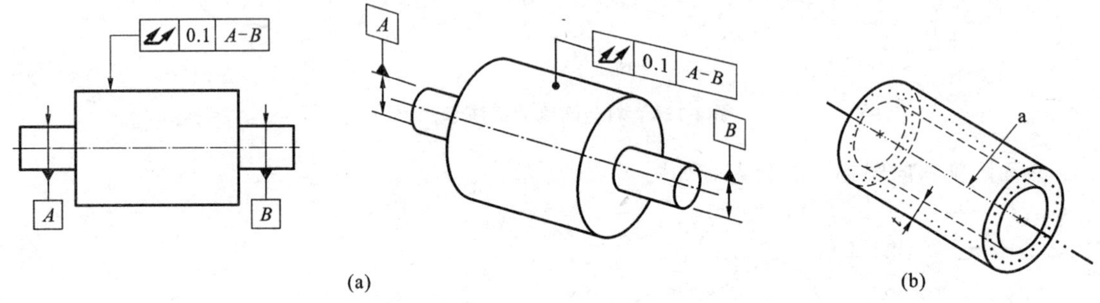

图 4-129 径向全跳动标注及其公差带形状

a—公共基准 A-B

(2) 轴向全跳动。

例如，被测圆柱端面对工件轴线的全跳动公差为 0.1 mm。公差带为与基准轴线同轴且以公差值 t(0.1 mm)为距离的两个圆截面所限定的区域。轴向全跳动标注及其公差带形状图 4-130 所示。当整个被测圆柱端面上的圆跳动没有超出该限定区域时，被测圆柱端面的轴向全跳动合格。

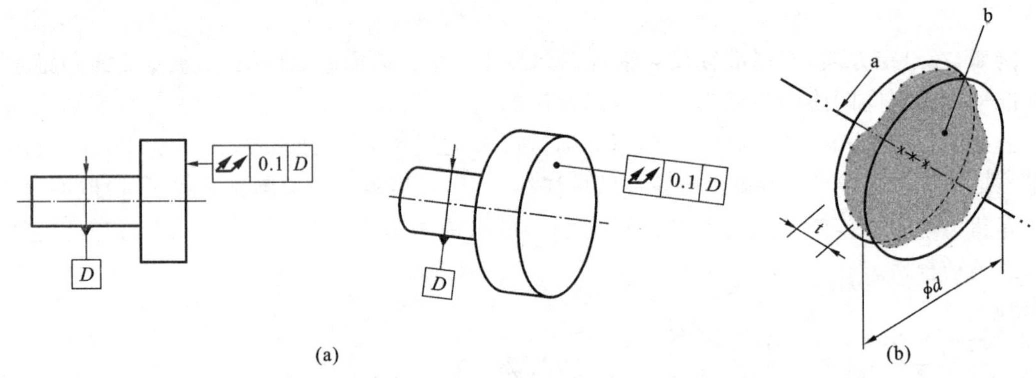

图 4-130 轴向全跳动标注及其公差带形状

a—基准 D；b—提取表面

跳动误差——被测要素相对于基准轴线回转时对其理想要素的偏离量。

跳动公差——被测要素相对于基准轴线回转时在径向或轴向上跳动值的允许变动量。只要被测要素全部落在跳动公差带内，即为合格。

跳动公差带——限制被测实际组成要素相对于基准轴线在回转时跳动值变动的区域。它是一个几何图形且具有形状、大小、方向、位置四个属性，用以限制被测实际要素相对基准轴线回转时由被测组成要素理论正确形状定义的跳动误差。

跳动公差带的特点如下。

跳动公差带的位置视不同的被测要素呈固定(或/与)浮动双重属性：一方面，公差带的中心始终与基准轴线同轴;另一方面,公差带的半径又随实际要素尺寸的变动而改变,这是需要特别注意的。

跳动公差带可以综合控制被测要素相对于基准轴线在形状、方向、位置上的误差。

① 径向圆跳动和端面圆跳动可实际鉴定被测要素在单一截面上轮廓的形状误差。

② 径向全跳动可综合控制被测要素的圆度、同轴度、圆柱度误差。

③ 端面全跳动综合控制被测要素的垂直度、倾斜度、平面度误差。

4.4 公差原则

当同一被测要素上既有尺寸公差又有几何公差时,确定尺寸公差与几何公差之间相互关系的原则称为公差原则,它分为独立原则和相关要求两大类。

一、有关术语及定义

1. 提取组成要素的局部尺寸

一切提取组成要素上两对应点之间的距离统称为提取组成要素的局部尺寸。为方便起见,可将提取组成要素的局部尺寸简称为提取要素的局部尺寸。它可分为提取圆柱面的局部尺寸、提取圆柱面的局部直径和两平行提取表面的局部尺寸三种。提取圆柱面的局部尺寸、提取圆柱面的局部直径是指要素上两对应点之间的距离;两平行提取表面的局部尺寸是指两平行对应提取表面上两对应点之间的距离。

2. 最大实体状态(MMC)

最大实体状态是指尺寸要素的提取组成要素的局部尺寸处处位于极限尺寸且使其具有材料最多(实体最大)时的状态。

3. 最大实体尺寸(MMS)

最大实体尺寸是指确定要素具有最大实体状态的尺寸,即外尺寸要素的上极限尺寸、内尺寸要素的下极限尺寸。

4. 最小实体状态(LMC)

最小实体状态是指假定提取组成要素的局部尺寸处处位于极限尺寸且使其具有材料最少(实体最小)时的状态。

5. 最小实体尺寸(LMS)

最小实体尺寸是指确定要素最小实体状态的尺寸,即外尺寸要素的下极限尺寸、内尺寸要素的上极限尺寸。

6. 最大实体实效尺寸(MMVS)

最大实体实效尺寸是指尺寸要素的最大实体尺寸与其导出要素的几何公差(形状、方向或位置)共同作用产生的尺寸。

$$\left.\begin{aligned}&\text{对于外尺寸要素：}\quad \mathrm{MMVS}=\mathrm{MMS}+\text{几何公差}\\&\text{对于内尺寸要素：}\quad \mathrm{MMVS}=\mathrm{MMS}-\text{几何公差}\end{aligned}\right\}\tag{4-1}$$

7. 最大实体实效状态(MMVC)

最大实体实效状态是指拟合要素的尺寸为其最大实体实效尺寸(MMVS)时的状态。

最大实体实效状态对应的极限包容面称为最大实体实效边界(MMVB)。当几何公差是方向公差时,最大实体实效状态(MMVC)和最大实体实效边界(MMVB)受其方向约束;当几何公差是位置公差时,最大实体实效状态(MMVC)和最大实体实效边界(MMVB)受其位置约束。

8. 最小实体实效尺寸(LMVS)

最小实体实效尺寸是指尺寸要素的最小实体尺寸与其导出要素的几何公差(形状、方向或位置)共同作用产生的尺寸。

$$\left.\begin{array}{ll}\text{对于外尺寸要素:} & LMVS=LMS-\text{几何公差}\\ \text{对于内尺寸要素:} & LMVS=LMS+\text{几何公差}\end{array}\right\} \tag{4-2}$$

9. 最小实体实效状态(LMVC)

最小实体实效状态是指拟合要素的尺寸为其最小实体实效尺寸(LMVS)时的状态。

最小实体实效状态对应的极限包容面成为最小实体实效边界(LMVB)。

当几何公差是方向公差时,最小实体实效状态(LMVC)和最小实体实效边界(LMVB)受其方向约束;当几何公差是位置公差时,最小实体实效状态(LMVC)和最小实体实效边界(LMVB)受其位置约束。

二、独立原则

独立原则是指被测要素在图样上给出的尺寸公差与几何公差各自独立,分别满足要求的公差原则。

图 4-131 所示为独立原则应用示例,标注几何公差和尺寸公差时,不需要附加任何表示相互关系的符号。图中表示轴的局部实际尺寸应在 ϕ19.97～ϕ20 mm 范围内,不管实际尺寸为何值,轴线的直线度误差都不允许大于 ϕ0.05 mm。

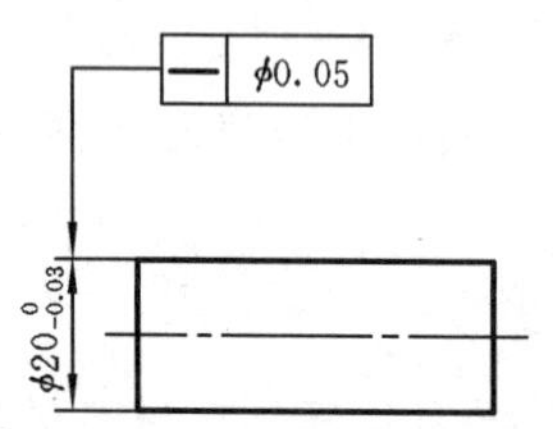

图 4-131　独立原则应用示例

独立原则是标注几何公差和尺寸公差相互关系的基本公差原则。

三、相关要求

相关要求是指图样上给定的尺寸公差与几何公差相互有关的公差原则。它分为包容要求、最大实体要求、最小实体要求和可逆要求。可逆要求不能单独应用,只能与最大实体要求或最小实体要求一起应用。

1. 包容要求

包容要求应用实例如图 4-132 所示。在图样上,如果单一要素的尺寸极限偏差或公差带代号之后注有符号Ⓔ,如图 4-132(a)所示,则表示该单一要素采用包容要求。

包容要求是指当实体尺寸处处为最大实体尺寸(如图 4-132(a)中的 ϕ20 mm)时,其几何公差为 0;当实际尺寸偏离最大实体尺寸时,允许的几何公差可以相应增加,增加量等于实际尺寸与最大实体尺寸之差的绝对值,最大增加量等于尺寸公差,此时实际尺寸应处处为最小实体尺寸。这表示,尺寸公差可以转化为几何公差。

采用包容要求时，被测要素应遵守最大实体边界。

图 4-132(c)为图 4-132(a)的动态公差图，此图表达了实际尺寸和几何公差变化的关系。图中横坐标表示实际尺寸，纵坐标表示几何公差(直线度)，粗的斜线为相关线。如虚线所示，当实际尺寸为 ϕ19.98 mm，偏离最大实体尺寸(ϕ20 mm) 0.02 mm 时，允许直线度误差为 0.02 mm。

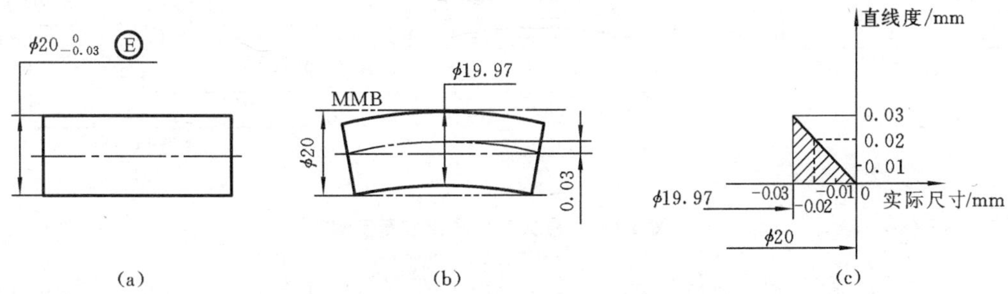

图 4-132 包容要求应用实例

由此可见，包容要求是将尺寸和几何误差同时控制在尺寸公差范围内的一种公差要求，主要用于必须保证配合性质的要素，用最大实体边界保证必要的最小间隙或最大过盈，用最小实体尺寸防止间隙过大或过盈过小。

2. 最大实体要求及其可逆要求

1) 最大实体要求用于被测要素

在图样上，几何公差框格内公差值后标注Ⓜ，如图 4-133(a)所示，表示最大实体要求用于被测要素。

当最大实体要求用于被测要素时，被测要素的几何公差是在该要素处于最大实体状态时给定的。当被测要素的实际轮廓偏离其最大实体状态，即实体尺寸偏离最大实体尺寸时，允许的几何误差值可以增大。偏离多少，就可增大多少，最大增加量等于被测要素的尺寸公差值，从而实现尺寸公差向几何公差的转化。

当最大实体要求用于被测要素时，被测要素应遵守最大实体实效边界。

图 4-133(c)为图 4-133(a)的动态公差图。从图中可见，当轴的实际尺寸为最大实体尺寸 ϕ20 mm时，允许的轴线直线度误差为 ϕ0.05 mm，如图 4-133(b)所示。随着实际尺寸的减小，允许的轴线直线度误差相应增大，若尺寸为 ϕ19.98 mm(偏离最大实体尺寸 0.02 mm)，则允许的轴线直线度误差为ϕ0.05 mm+ϕ0.02 mm=ϕ0.07 mm；当实际尺寸为最小实体尺寸 ϕ19.97 mm 时，允许的轴线直线度误差最大(ϕ0.05 mm+ϕ0.03 mm=ϕ0.08 mm)。

2) 可逆要求用于最大实体要求

在图样上的几何公差框格中，如果在被测要素几何公差值后的符号Ⓜ后标注Ⓡ，如图 4-134(a)所示，则表示被测要素在遵守最大实体要求的同时遵守可逆要求。

当可逆要求用于最大实体要求时，除了具有上述最大实体要求用于被测要素时的含义(当被测要素实体尺寸偏离最大实体尺寸时，允许其几何误差增大，即尺寸公差向几何公差转化)外，还表示当几何误差小于给定的几何公差值时，也允许实际尺寸超出最大实体尺寸；当几何误差为 0 时，允许尺寸的超出量最大，为几何公差值，从而实现尺寸公差与几何公差相互转换的可逆要求。此时，被测要素仍然遵守最大实体实效边界。

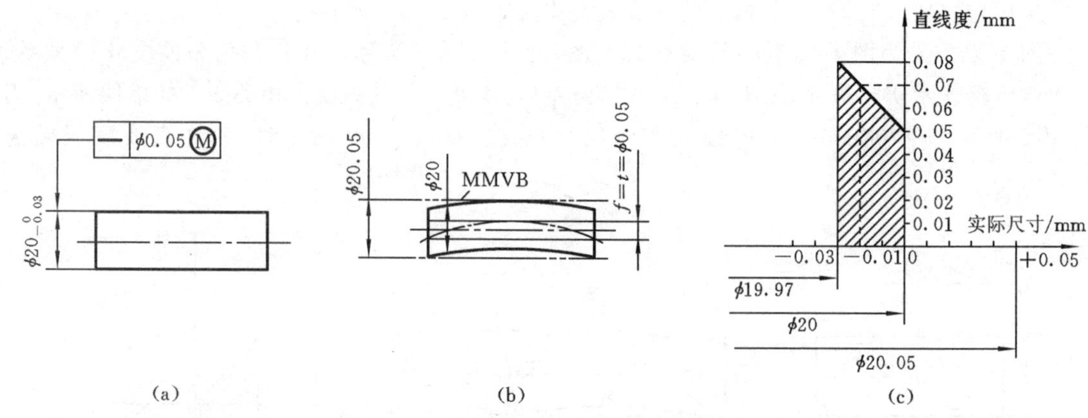

图 4-133　最大实体要求应用示例

在图 4-134(a)中,轴线直线度误差 ϕ0.05 mm 是在轴的尺寸为最大实体尺寸 ϕ20 mm 时给定的,当轴的尺寸小于 ϕ20 mm 时,轴线直线度误差的允许值可以增大。例如,如果尺寸为 ϕ19.98 mm,则允许的轴线直线度误差为 ϕ0.07 mm,当实际尺寸为最小实体尺寸 ϕ19.97 mm 时,允许的轴线直线度误差最大,为 ϕ0.08 mm;当轴线的直线度误差小于图样上给定的 ϕ0.05 mm 时,如为 ϕ0.03 mm,则允许其实际尺寸大于最大实体尺寸 ϕ20 mm 而达到 ϕ20.02 mm(见图 4-134(b));当轴线的直线度误差为零时,轴的实际尺寸可达到最大值,即等于最大实体实效边界尺寸 ϕ20.05 mm。图 4-134(c)所示为图 4-134(a)的动态公差图。

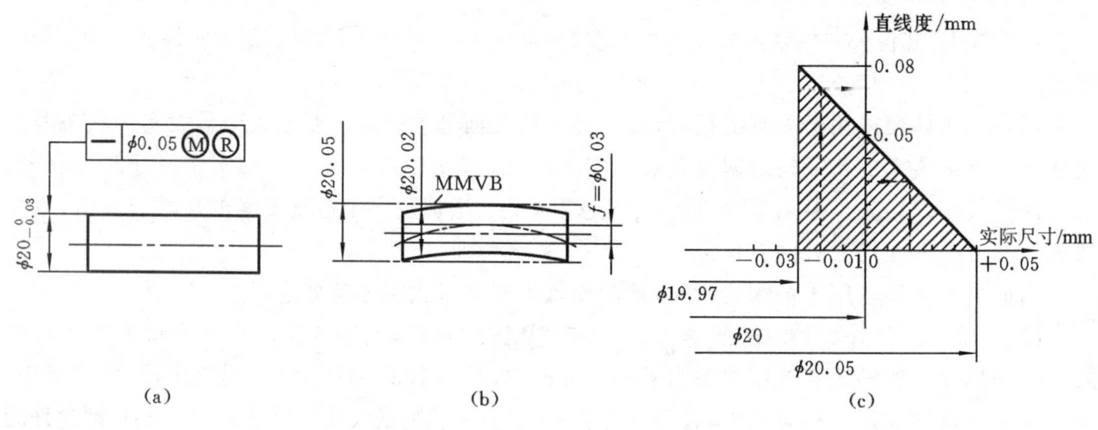

图 4-134　可逆要求用于最大实体要求

3) 最大实体要求用于基准要素

在图样上,公差框格中基准字母后标注符号Ⓜ时,如图 4-135(a)所示,表示最大实体要求用于基准要素。此时,基准要素应遵守相应的边界。若基准的实际轮廓偏离相应的边界,即其体外作用尺寸偏离相应的边界尺寸,则允许基准要素在一定范围内浮动。

基准要素本身采用最大实体要求时,其相应的边界为最大实体实效边界;基准要素本身不采用最大的实体要求时,其相应的边界为最大实体边界(这是国家标准规定的)。

图 4-135(a)表示最大实体要求同时用于被测要素和基准要素,基准本身采用包容要求。当被测要素处于最大实体状态(实际尺寸为 ϕ12 mm)时,同轴度误差为 ϕ0.04 mm,如图 4-135(b)所示。当基准的实际轮廓处于最大实体边界时,基准线不能浮动,如图 4-135(b)、(c)所示;当基

准的实际轮廓偏离最大实体边界时，基准线的浮动达到最大值ϕ0.05 mm，如图 4-135(d)所示。基准要素浮动，使被测要素更容易达到合格要求。

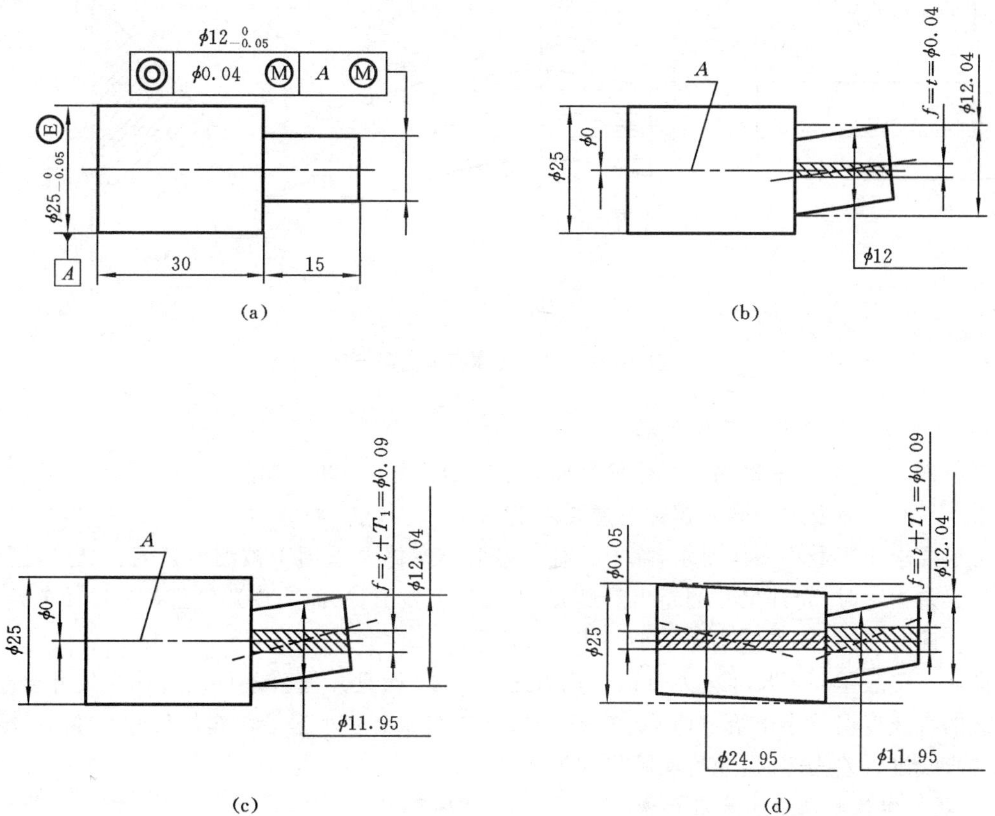

图 4-135　最大实体要求同时用于被测要素和基准要素

最大实体要求适用于提取要素，主要用在仅需要保证零件可装配性的场合。

3. 最小实体要求及其可逆要求

1）最小实体要求用于被测要素

图样上几何公差框格内公差值后面标注符号Ⓛ时，如图 4-136(a)所示，表示最小实体要求用于被测要素。

最小实体要求用于被测要素时，被测要素的几何公差是在该要素处于最小实体状态时给定的。当被测要素的实际轮廓偏离其最小实体状态，即实际尺寸偏离最小实体尺寸时，允许的几何误差值可以增加。偏离多少，就可以增加多少，最大增加量等于被测要素的尺寸公差值，从而实现尺寸公差向几何公差转化。

当最小实体要求用于被测要素时，被测要素应遵守最小实体实效边界，即被测要素的实际轮廓在给定长度上处处不得超出其最小实体实效边界。

当轴的实际尺寸为最小实体尺寸ϕ19.7 mm时，轴线的直线度误差为给定的ϕ0.1 mm，如图 4-136(b)所示；当轴的实际尺寸偏离最小实体尺寸时，轴线的直线度误差允许增大，即尺寸公差向几何公差转化；当轴的实际尺寸为最大实体尺寸ϕ20 mm时，轴线的直线度误差允许达到最大值(ϕ0.1+ϕ0.3) mm=ϕ0.4 mm。图4-136(c)所示为图4-136(a)的动态公差图。

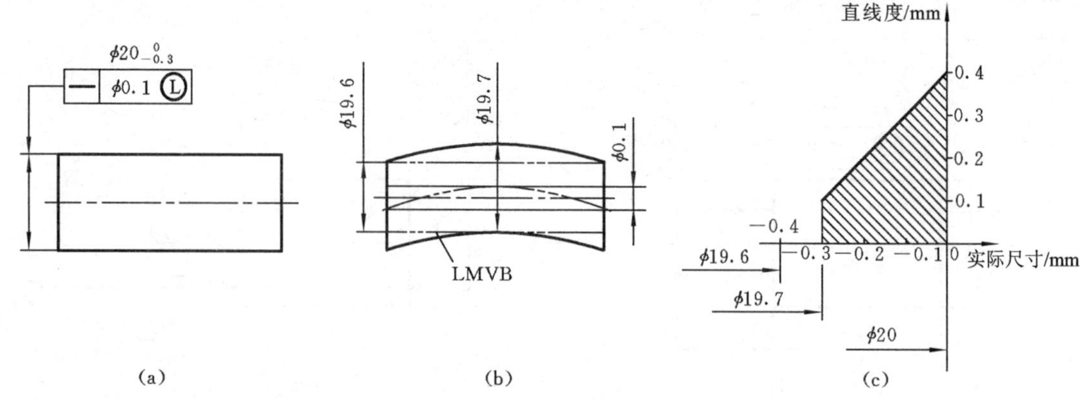

图4-136 最小实体要求应用示例

2) 可逆要求用于最小实体要求

在图样上,当公差框格内公差数值后面的Ⓛ符号后标注Ⓡ时,如图4-137所示,表示被测要素在遵守最小实体要求的同时遵守可逆要求。

可逆要求用于最小实体要求,除了具有上述最小实体要求用于被测要素的含义外,还表示当几何误差为零时,允许尺寸的超出量最大,为几何公差值,从而实现几何公差与尺寸公差的相互转换。此时,被测要素仍遵守最小实体实效边界。

图4-137表示不但尺寸公差可以转化为几何公差,而且几何公差可以转化为尺寸公差,即当轴线的直线度误差小于给定值ϕ0.1 mm时,允许实际尺寸小于最小实体尺寸ϕ19.7 mm;当轴线的直线度误差为零时,允许实际尺寸为ϕ19.6 mm。

3) 最小实体要求用于基准要素

在图样上,当公差框格内基准字母后面标注Ⓛ时,如图4-138所示,表示最小实体要求用于基准要素。此时,基准要素应遵守相应的边界。若基准要素的实际轮廓偏离相应的边界,则允许基准要素在一定范围内浮动。

如果基准要素本身采用最小实体要求,则其相应的边界为最小实体实效边界;如果基准要素本身不采用最小实体要求,则其相应的边界为最小实体边界。

图4-138表示最小实体要求同时用于被测要素和基准要素,基准要素本身(ϕ50$_{-0.5}^{0}$ mm)不采用最小实体要求,其相应边界为最小实体边界,边界尺寸为ϕ49.5 mm,当基准要素实际轮廓大于ϕ49.5 mm时,基准要素可在一定范围浮动。

最小实体要求运用于提取要素,主要用于需保证零件强度和壁厚的场合。

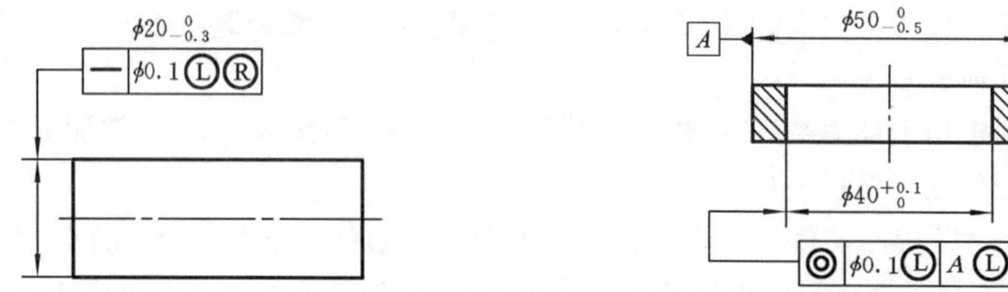

图4-137 可逆要求用于最小实体要求　　**图4-138 最小实体要求同时用于被测要素和基准要素**

4. 零几何公差

当关联要素采用最大(最小)实体要求且几何公差为零时,称为零几何公差,用 ϕ0 Ⓜ(ϕ0 Ⓛ)表示,如图 4-139所示。零几何公差可以视为最大(最小)实体要求的特例。此时,被测要素的最大(最小)实体实效边界等于最大(最小)实体边界,最大(最小)实体实效尺寸等于最大(最小)实体尺寸。

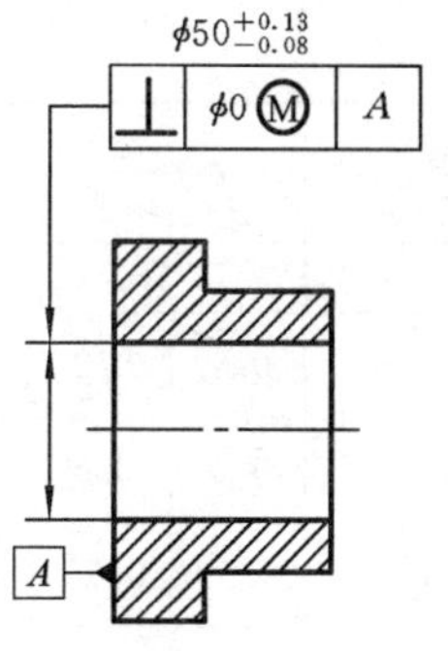

图 4-139 零几何公差

4.5 几何公差的等级与公差值

一、几何公差等级及其选用

几何精度的高低是用公差等级数字的大小来表示的。对于 14 项几何公差特征,除线、面轮廓度及位置度未规定公差等级外,其余 11 项均由相关国家标准做出了规定。几何公差一般划分为 12 级,即 1～12级,精度依次降低,仅圆度和圆柱度划分为 13 级,如表 4-9 至表 4-12 所示(摘自 GB/T 1184—1996 附录 B)。

表 4-9 直线度、平面度的公差值

主参数 L/mm	公差等级											
	1	2	3	4	5	6	7	8	9	10	11	12
	公差值/μm											
≤10	0.2	0.4	0.8	1.2	2	3	5	8	12	20	30	60
>10～16	0.25	0.5	1	1.5	2.5	4	6	10	15	25	40	80
>16～25	0.3	0.6	1.2	2	3	5	8	12	20	30	50	100
>25～40	0.4	0.8	1.5	2.5	4	6	10	15	25	40	60	120
>40～63	0.5	1	2	3	5	8	12	20	30	50	80	150
>63～100	0.6	1.2	2.5	4	6	10	15	25	40	60	100	200
>100～160	0.8	1.5	3	5	8	12	20	30	50	80	120	250
>160～250	1	2	4	6	10	15	25	40	60	100	150	300
>250～400	1.2	2.5	5	8	12	20	30	50	80	120	200	400
>400～630	1.5	3	6	10	15	25	40	60	100	150	250	500
>630～1 000	2	4	8	12	20	30	50	80	120	200	300	600

表 4-10　圆度、圆柱度的公差值

主参数 $d(D)$/mm	公差等级												
	0	1	2	3	4	5	6	7	8	9	10	11	12
	公差值/μm												
≤3	0.1	0.2	0.3	0.5	0.8	1.2	2	3	4	6	10	14	25
>3～6	0.1	0.2	0.4	0.6	1	1.5	2.5	4	5	8	12	18	30
>6～10	0.12	0.25	0.4	0.6	1	1.5	2.5	4	6	9	15	22	36
>10～18	0.15	0.25	0.5	0.8	1.2	2	3	5	8	11	18	27	43
>18～30	0.2	0.3	0.6	1	1.5	2.5	4	6	9	13	21	33	52
>30～50	0.25	0.4	0.6	1	1.5	2.5	4	7	11	16	25	39	62
>50～80	0.3	0.5	0.8	1.2	2	3	5	8	13	19	30	46	74
>80～120	0.4	0.6	1	1.5	2.5	4	6	10	15	22	35	54	87
>120～180	0.6	1	1.2	2	3.5	5	8	12	18	25	40	63	100
>180～250	0.8	1.2	2	3	4.5	7	10	14	20	29	46	72	115
>250～315	1.0	1.6	2.5	4	6	8	12	16	23	32	52	81	130
>315～400	1.2	2	3	5	7	9	13	18	25	36	57	89	140
>400～500	1.5	2.5	4	6	8	10	15	20	27	40	63	97	155

表 4-11　平行度、垂直度、倾斜度的公差值

主参数 $L, d(D)$/mm	公差等级											
	1	2	3	4	5	6	7	8	9	10	11	12
	公差值/μm											
≤10	0.4	0.8	1.5	3	5	8	12	20	30	50	80	120
>10～16	0.5	1	2	4	6	10	15	25	40	60	100	150
>16～25	0.6	1.2	2.5	5	8	12	20	30	50	80	120	200
>25～40	0.8	1.5	3	6	10	15	25	40	60	100	150	250
>40～63	1	2	4	8	12	20	30	50	80	120	200	300
>63～100	1.2	2.5	5	10	15	25	40	60	100	150	250	400
>100～160	1.5	3	6	12	20	30	50	80	120	200	300	500
>160～250	2	4	8	15	25	40	60	100	150	250	400	600
>250～400	2.5	5	10	20	30	50	80	120	200	300	500	800
>400～630	3	6	12	25	40	60	100	150	250	400	600	1 000
>630～1 000	4	8	15	30	50	80	120	200	300	500	800	1 200

表 4-12　同轴度、对称度、圆跳动、全跳动的公差值

主参数 $d(D),B,L$/mm	公差等级											
	1	2	3	4	5	6	7	8	9	10	11	12
	公差值/μm											
≤1	0.4	0.6	1.0	1.5	2.5	4	6	10	15	25	40	60
>1～3	0.4	0.6	1.0	1.5	2.5	4	6	10	20	40	60	120
>3～6	0.5	0.8	1.2	2	3	5	8	12	25	50	80	150
>6～10	0.6	1	1.5	2.5	4	6	10	15	30	60	100	200
>10～18	0.8	1.2	2	3	5	8	12	20	40	80	120	250
>18～30	1	1.5	2.5	4	6	10	15	25	50	100	150	300
>30～50	1.2	2	3	5	8	12	20	30	60	120	200	400
>50～120	1.5	2.5	4	6	10	15	25	40	80	150	250	500
>120～250	2	3	5	8	12	20	30	50	100	200	300	600
>250～500	2.5	4	6	10	15	25	40	60	120	250	400	800

对位置度，国家标准只规定了公差值数系，而未规定公差等级，如表 4-13 所示。

表 4-13　位置度的公差值数系　　单位：μm

1	1.2	1.5	2	2.5	3	4	5	6	8
1×10^n	1.2×10^n	1.5×10^n	2×10^n	2.5×10^n	3×10^n	4×10^n	5×10^n	6×10^n	8×10^n

注：n 为正整数。

几何公差值（公差等级）常用类比法确定。使用类比法时，主要考虑零件的使用性能、加工的可能性和经济性等因素。表 4-14 至表 4-17 可供类比时参考。

表 4-14　直线度和平面度公差常用等级的应用举例

公差等级	应用举例
5	1 级平板，2 级宽平尺，平面磨床纵导轨、垂直导轨、立柱导轨及工作台，液压龙门刨床和六角车床床身导轨，柴油机进气、排气阀门导杆
6	普通机床导轨，如普通车床、龙门刨床、滚齿机、自动车床等的床身导轨、立柱导轨，柴油机壳体
7	2 级平板，机床主轴箱、摇臂钻床底座和工作台，镗床工作台，液压泵盖，减速器壳体接合面
8	机床传动箱体，交换齿轮箱体，车床溜板箱体，柴油机气缸体，连杆分离面，缸盖接合面，汽车发动机缸盖、曲轴箱接合面，液压管件和法兰连接面
9	3 级平板，自动车床床身底面，摩托车曲轴箱体，汽车变速箱壳体，手动机械的支承面

表 4-15　圆度和圆柱度公差常用等级的应用举例

公差等级	应用举例
5	一般计量仪器主轴、测杆外圆柱面,陀螺仪轴颈,一般机床主轴轴颈及主轴轴承孔,柴油机、汽油机活塞、活塞销,与6级滚动轴承配合的轴颈
6	仪表端盖外圆柱面,一般机床主轴及前轴承孔,泵、压缩机的活塞、气缸,汽油发动机凸轮轴,纺机锭子,减速器转轴轴颈,高速船用柴油机、拖拉机曲轴主轴颈,与6级滚动轴承配合的外壳孔,与0级滚动轴承配合的轴颈
7	大功率低速柴油机曲轴轴颈、活塞、活塞销、连杆、气缸,高速柴油机箱体轴承孔,千斤顶或压力油缸活塞,机车传动轴,水泵及通用减速器转轴轴颈,与0级滚动轴承配合的外壳孔
8	大功率低速发动机曲轴轴颈,压气机连杆盖、连杆体、拖拉机气缸、活塞,炼胶机冷铸轴辊,印刷机传墨辊,内燃机曲轴轴颈,拖拉机、小型船用柴油机气缸套
9	空气压缩机缸体,液压传动筒,通用机械杠杆与拉杆用套筒销子,拖拉机活塞环、套筒孔

表 4-16　平行度、垂直度和倾斜度公差常用等级的应用举例

公差等级	应用举例
4,5	普通车床导轨、重要支承面,机床主轴轴承孔对基准的平行度,精密机床重要零件,计量仪器、量具、模具的基准面和工作面,机床床头箱体重要孔,通用减速器壳体孔,齿轮泵的油孔端面,发动机轴和离合器的凸缘,气缸支承端面,安装精密滚动轴承的壳体孔的凸肩
6,7,8	一般机床的基准平面和工作平面,压力机和锻锤的工作面,中等精度钻模的工作面,机床一般轴承孔对基准的平行度,变速器箱体孔,主轴花键对定心表面轴线的平行度,重型机械滚动轴承端盖,卷扬机、手动传动装置中的传动轴,一般导轨,主轴箱体孔,刀架、砂轮架、气缸配合面对基准轴线及活塞销孔对活塞轴线的垂直度,滚动轴承内、外圈端面对轴线的垂直度
9,10	低精度零件,重型机械滚动轴承端盖,柴油机、煤气发动机箱体曲轴孔,曲轴轴颈,花键轴和轴肩端面,带式运输机法兰盘等端面对轴线的垂直度,手动卷扬机及传动装置中轴承孔端面,减速器壳体平面

表 4-17　同轴度、对称度和径向跳动公差常用等级的应用举例

公差等级	应用举例
5,6,7	这是应用范围较广的公差等级,用于几何精度要求较高、尺寸的标准公差等级为IT8及高于IT8的零件。5级常用于机床主轴轴颈,计量仪器的测杆,涡轮机主轴,柱塞油泵转子,高精度滚动轴承外圈,一般精度滚动轴承内圈。7级用于内燃机曲轴、凸轮轴、齿轮轴,水泵轴,汽车后轮输出轴,电动机转子,印刷机传墨辊的轴颈,键槽
8,9	常用于几何精度要求一般、尺寸的标准公差等级为IT9至IT11的零件。8级用于拖拉机发动机分配轴轴颈,与9级精度以下齿轮相配的轴,水泵叶轮,离心泵体,棉花精梳机前后滚子,键槽等。9级用于内燃机气缸套配合面,自行车中轴

在确定几何公差值(公差等级)时,还应注意下列情况。

(1) 在同一要素上给出的形状公差值应小于位置公差值。例如要求平行的两个表面，其平面度公差值应小于平行度公差值。

(2) 圆柱形零件的形状公差值(轴线直线度除外)一般情况下应小于其尺寸公差值。

(3) 平行度公差值应小于其相应的距离公差值。

(4) 对于下列情况，考虑到加工的难易程度和除主要参数外其他参数的影响，在满足零件功能的要求下，可适当降低1～2级选用。

① 孔相对于轴。

② 细长或比较大的轴或孔。

③ 距离较大的轴或孔。

④ 宽度较大(一般大于1/2长度的零件表面)。

⑤ 线对线和线对面相对于面对面的平行度，线对线和线对面相对于面对面的垂直度。

(5) 凡有关标准已对几何公差做出规定的，如与滚动轴承相配的轴颈和轴承座孔的圆柱度公差、机床导轨的直线度公差、齿轮箱体孔心线的平行度公差等，都应按相应标准确定。

二、未注几何公差值的确定

为了简化制图，对一般机床加工就能保证的几何精度，不必在图样上注出几何公差值。图样上没有具体注明几何公差值的要素，其几何精度应按下列规定执行。

(1) 对未注直线度、平面度、垂直度、对称度和圆跳动各规定了H、K、L三个公差等级，如表4-18至表4-21所示。采用规定的未注公差值时，应在标题栏或技术要求中注出下述内容，如"GB/T 1184—K"。

(2) 未注圆度公差值等于直径公差值，但不能大于表4-21中的圆跳动未注公差值。

(3) 未注圆柱度公差值不做规定，由构成圆柱度公差的圆度公差、直线度公差和相应的线平行度的已注或未注公差控制。

(4) 未注平行度公差值等于尺寸公差值或直线度和平面度未注公差值中的较大者。

(5) 未注同轴度公差值未做规定。在极限状况下，未注同轴度的公差值可以与表4-21中规定的圆跳动的未注公差值相等。

(6) 未注线轮廓度、面轮廓度、倾斜度、位置度和全跳动的公差值均应由各要素的已注或未注线性尺寸公差或角度公差控制。

表4-18 直线度和平面度的未注公差值 单位：mm

公差等级	基本长度范围					
	≤10	>10～30	>30～100	>100～300	>300～1 000	>1 000～3 000
H	0.02	0.05	0.1	0.2	0.3	0.4
K	0.05	0.1	0.2	0.4	0.6	0.8
L	0.1	0.2	0.4	0.8	1.2	1.6

注：一般情况下，平面度的未注公差值必然控制了直线度的误差。在考虑要素是否需遵守直线度的未注公差值时，还应视该要素是否已由其他综合性未注公差值控制来确定。如果圆柱面已考虑全跳动的未注公差值，则素线的直线度误差与轴线的直线度误差均已被控制，此时不必再考虑这两个项目的直线度未注公差值。

表 4-19 垂直度未注公差值 单位:mm

公差等级	基本长度范围			
	≤100	>100～300	>300～1 000	>1 000～3 000
H	0.2	0.3	0.4	0.5
K	0.4	0.6	0.8	1
L	0.6	1	1.5	2

注:一般取形成直角的两边中较长的一边作为基准,取较短的一边作为被测要素;如果两边的长度相等,则可取其中的任意一边作为基准。

表 4-20 对称度未注公差值 单位:mm

公差等级	基本长度范围			
	≤100	>100～300	>300～1 000	>1 000～3 000
H	0.5			
K	0.6		0.8	1
L	0.6	1	1.5	2

注:对称度的未注公差值用于至少两个要素中的一个是中心平面,或两个要素的轴线相互垂直。一般应取两个要素中的较长者作为基准,取较短者作为被测要素;若两个要素长度相等,则可选任一要素为基准。

表 4-21 圆跳动的未注公差值

公 差 等 级	圆跳动公差值	公 差 等 级	圆跳动公差值
H	0.1	L	0.5
K	0.2	—	—

注:对于圆跳动的未注公差值,应以设计或工艺给出的支承面作为基准,否则应取两个要素中较长的一个作为基准;如果两个要素的长度相等,则可选任一要素为基准。本表适用于径向跳动、端面跳动和斜向圆跳动。

三、几何公差选用标注举例

图 4-140 所示为减速器的输出轴,根据对该轴的功能要求,给出了有关几何公差。对于两轴颈ϕ55j6 与 0 级滚动轴承内圈相配合,为了保证配合性质,采用包容要求;按 GB/T 275—2015 规定,与 0 级滚动轴承配合的轴颈,为保证配合轴承的几何精度,在遵守包容要求的前提下,需进一步满足圆柱度公差 0.005 mm 的要求;在这两轴颈上安装滚动轴承后,滚动轴承将分别与减速器箱体的两孔配合,限制两轴颈的同轴度误差,可避免影响轴承外圈和箱体孔的配合,故又给出了两轴颈的径向圆跳动公差 0.025 mm(相当于公差等级 7 级)。ϕ62 mm 处的两轴肩都是止推面,起定位作用,参照 GB/T 275—2015 的规定,提出两轴肩相对于基准轴线 $A-B$ 的端面圆跳动公差 0.015 mm 的要求。

ϕ56r6 和 ϕ45m6 分别与齿轮和带轮配合,为保证配合性质,也采用包容要求;为保证齿轮的正确啮合,对安装齿轮的 ϕ56r6 圆柱还提出对基准 $A-B$ 的径向圆跳动公差 0.025 mm 的要求。对 ϕ56r6 和 ϕ45m6 轴颈上的键槽 16N9 和 12N9,都提出了 8 级对称度公差,公差值为 0.02 mm 的要求。

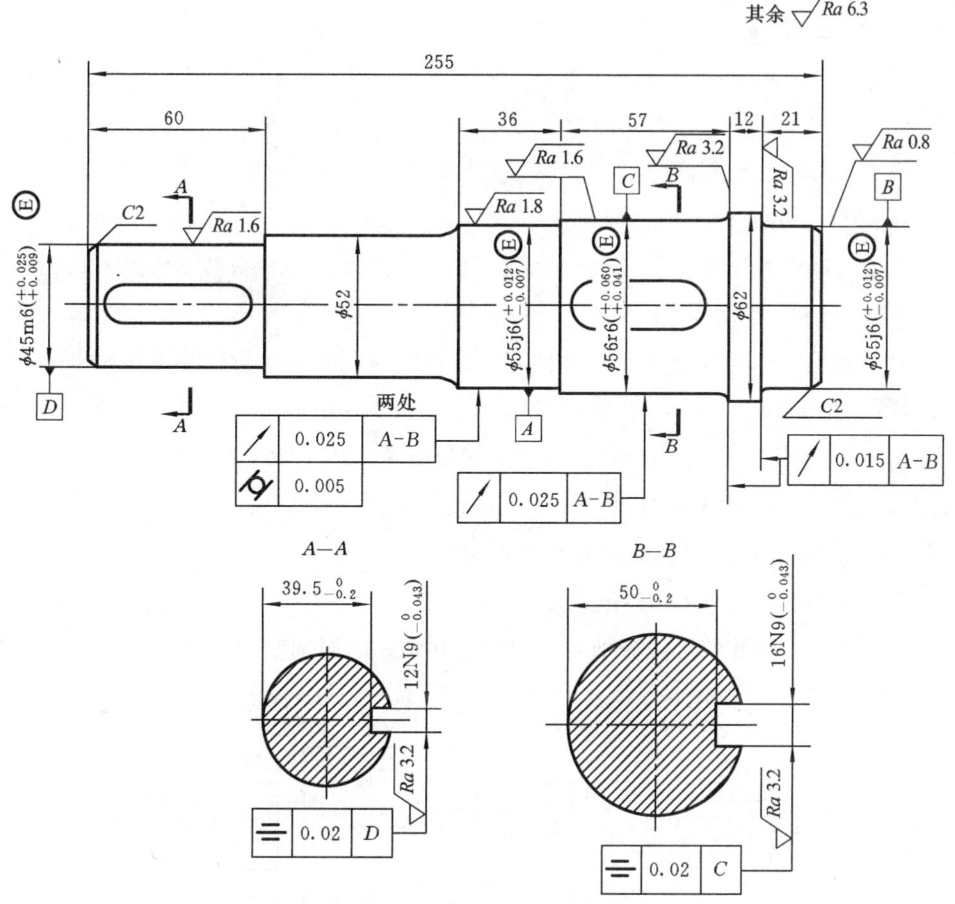

图 4-140　输出轴上几何公差标注范例

【复习提要】

本章是本课程的重点内容，也是本课程难点中的难点。相比线性尺寸公差来说，几何公差不太容易理解。要想把几何公差学好，首先，要掌握好几何公差带的概念，因为它跟几何误差测量的相关度极高。其次，要掌握几何公差带的特点和几何公差带的位置、形状、方向。要特别强调的是，几何公差的形式不是以上、下极限偏差来表示的，而是以一个理想边界的包容区域来体现的。最后，还要理解形状公差带与位置公差带在方向和位置上的区别，尤其应对位置公差带涉及的理论正确尺寸有深刻的理解。

相关公差要求的内容比较抽象，对实体实效状态、边界、尺寸的理解会有点困难。在学习中，必须抓住关键的以下两点：一是“综合极限状态”的含义，二是“背离最大(小)实体状态”所描述的尺寸变化过程。对于相关公差要求，要学会正确标注。

几何公差的标注、基准的建立是本章的重中之重，必须谨记对几何公差标注的要求。设立的基准应能起到保证被测要素可以参照并与相关的位置公差项目相适应的作用。确定几何公差值时，不是查阅标准公差值表，而是查阅相关几何公差项目的公差值表格。

要想将重点章节学好，必须自觉地多做作业、多练习，多进行几何公差标注，多看零件图纸，并从中找出知识点之间的关联。

【思考与练习题】

4-1 尺寸公差带和几何公差带有什么区别?

4-2 将下列几何公差要求分别标注在图 4-141(a)、(b)上。

(1) 标注在图 4-141(a)上的几何公差要求如下。

① 理论正确尺寸 ϕ60 圆柱面相对于两个 ϕ30k6 公共轴线的径向圆跳动公差为 0.018 mm。

② 两 ϕ30k6 圆柱面采用包容要求。

③ 端面 1 和端面 2 对两个 ϕ30k6 圆柱面公共轴线的端面圆跳动公差为 0.022 mm。

④ ϕ20j6 轴段上键槽对其轴线的对称度公差为 0.020 mm。

⑤ 键槽侧面,端面 1、2,齿顶圆柱面的表面粗糙度 Ra 上限值均为 3.2 μm。

⑥ 齿轮齿面的粗糙度 Rz 的最大值为 20 μm。

(2) 标注在图 4-141(b)上的几何公差要求如下。

① 底面的平面度公差为 0.012 mm。

② $\phi 30^{+0.021}_{0}$ mm 两孔的轴线分别对它们的公共轴线的同轴度公差为 0.015 mm。

③ 两 $\phi 30^{+0.021}_{0}$ mm 孔的轴线对底面的平行度公差为 0.01 mm。

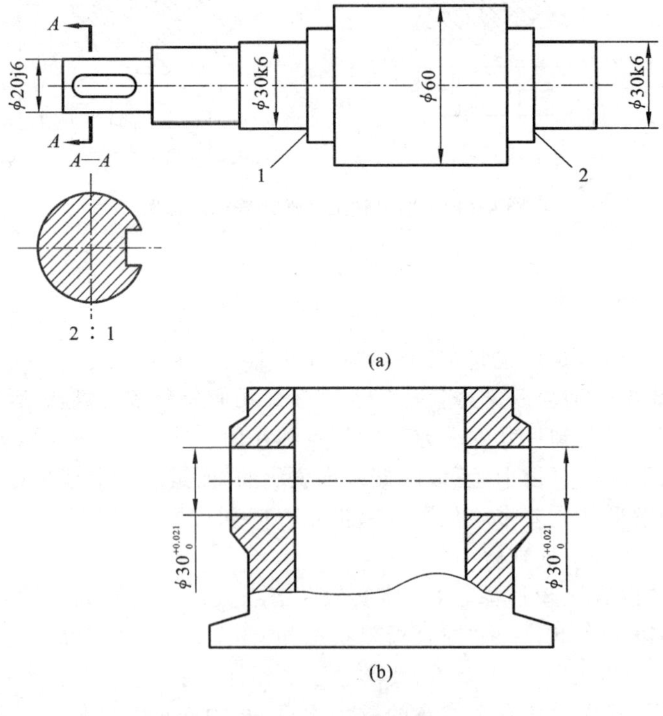

图 4-141 题 4-2 图

4-3 指出图 4-142 中几何公差标注上的错误,并加以修正(不变更几何公差项目)。

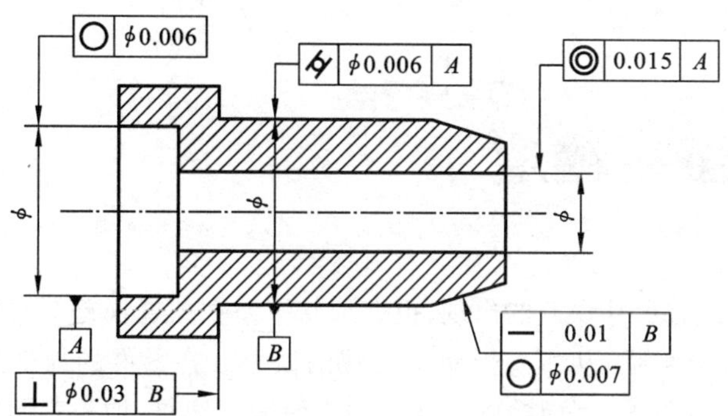

图 4-142 题 4-3 图

4-4 按图 4-143(a)～(c)上所标注的尺寸公差和几何公差填表 4-22。

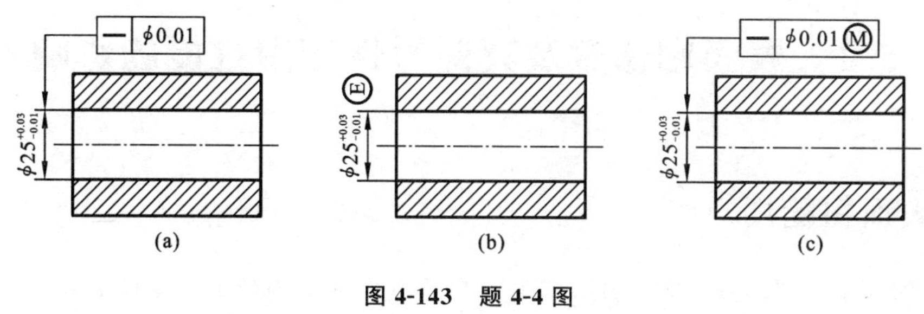

图 4-143 题 4-4 图

表 4-22 题 4-4 表

图样序号	采用的公差要求（原则）的名称	边界名称及边界尺寸/mm	最大实体状态下允许的几何公差值/mm	允许的最大几何公差值/mm	实际尺寸合格范围/mm
(a)					
(b)					
(c)					

第 5 章

表面粗糙度

机械零件的加工，既有尺寸误差的出现，也有形状误差和位置误差等的影响，这些误差都可以通过直接的测量获得误差数据，从概念上属于宏观的误差。在零件的加工过程中，不可避免地存在表面精度对加工质量的影响，表面精度涉及零件表面加工硬化、加工表面残余应力、表面金相组织变化和表面粗糙度等多方面的内容，前三项属于金属切削原理的范畴，不属于本课程的论述内容，表面粗糙度更多的是加工痕迹的具体表现，只有利用专业量仪才能获得较准确的几何数据。

5.1 表面粗糙度及其对零件使用性能的影响

一、表面粗糙度

表面粗糙度是指加工表面所具有的较小间距和微小峰谷不平度。零件的表面质量是由一系列的波峰和波谷组成的，如果波峰和波谷之间的距离（波距）大于 10 mm，则属于宏观几何形状误差，波峰和波谷之间的距离（波距）小于 1 mm 为表面粗糙度，波峰和波谷之间的距离（波距）介于 1～10 mm 为表面波纹度。图 5-1 所示为零件表面几何形状误差分析图例。

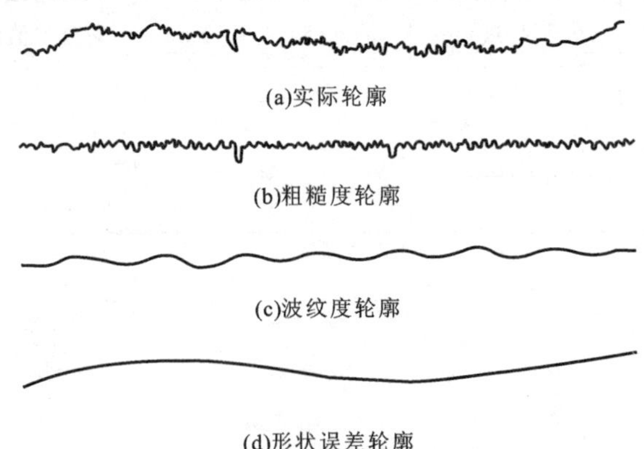

图 5-1　零件表面几何形状误差分析图例

表面粗糙度属于微观几何形状误差，用肉眼难以辨别。表面粗糙度值越小，表面越光滑。表面粗糙度产生的根源是加工过程中刀具和工件之间的摩擦、切屑与工件分离时物料的破损，以及加工过程中工艺系统的高频振动等。

二、表面粗糙度对零件使用性能的影响

表面粗糙度的大小，对机械零件的使用性能有很大的影响，这种影响主要表现在以下几个方面。

(1) 表面粗糙度影响零件的耐磨性。表面越粗糙,配合表面间的有效接触面积越小,压强越大,磨损就越快。

(2) 表面粗糙度影响配合性质的稳定性。对于间隙配合来说,表面越粗糙,表面就越易磨损,且使工作过程中间隙逐渐增大;对于过盈配合来说,装配时将微观凸峰挤平,减小了实际有效过盈,降低了连接强度。

(3) 表面粗糙度影响零件的疲劳强度。粗糙的零件表面,存在较大的波谷,波谷像尖角缺口和裂纹一样,对应力集中很敏感,从而影响零件的疲劳强度。

(4) 表面粗糙度影响零件的抗腐蚀性。粗糙的表面,易使腐蚀性气体或液体通过表面的微观凹谷渗入金属内层,造成表面锈蚀。

(5) 表面粗糙度影响零件的密封性。粗糙的表面之间无法严密地贴合,气体或液体将通过接触面间的缝隙渗漏。

此外,表面粗糙度对零件的外观、测量精度也有一定的影响。

可见,表面粗糙度在零件几何精度设计中是必不可少的,作为零件质量评定指标是十分重要的。

5.2 表面粗糙度的评定

一、取样长度与评定长度

1. 取样长度 lr

取样长度是指测量和评定表面粗糙度时所规定的一段基准线长度,如图 5-2 所示。取样长度 lr 的方向与轮廓总的走向一致。规定取样长度的目的在于限制和减弱其他几何形状误差,特别是表面波度对测量的影响,表面越粗糙,取样长度就越大。在所选取的取样长度内,一般至少包含五个波峰和波谷。

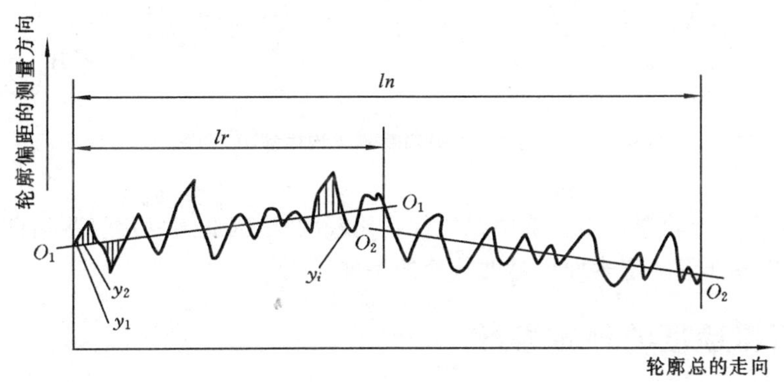

图 5-2 取样长度和最小二乘中线

2. 评定长度 ln

由于零件表面粗糙度不一定很均匀,为了充分、合理地反映某一表面的粗糙度特性,规定在评定时所必需的一段表面长度,它包括一个或几个取样长度,称为评定长度 ln,一般取 $ln=5lr$。

若被测表面比较均匀,可选 $ln<5lr$;若均匀性差,可选 $ln>5lr$。取样长度 lr 和评定长度 ln 数值如表 5-1 所示。

表 5-1　lr 和 ln 的数值(摘自 GB/T 1031—2009)

Ra/μm	Rz/μm	lr/mm	ln/mm($ln=5lr$)
≥0.008～0.02	≥0.025～0.10	0.08	0.4
>0.02～0.10	>0.10～0.50	0.25	1.25
>0.1～2.0	>0.50～10.0	0.8	4.0
>2.0～10.0	>10.0～50.0	2.5	12.5
>10.0～80.0	>50.0～320	8.0	40.0

二、评定表面粗糙度基准线

评定表面粗糙度参数值大小的一条参考线称为基准线,基准线有以下两种。

1. 轮廓最小二乘中线

轮廓最小二乘中线根据实际轮廓用最小二乘法来确定,即在取样长度内,使轮廓上各点至一条假想线的距离的平方和为最小。这条假想线即是轮廓最小二乘中线,如图 5-2 所示的 O_1O_1、O_2O_2。

2. 轮廓算术平均中线

在取样长度内,由一条假想线将实际轮廓分为上、下两部分,且使上部分面积之和等于下部分面积之和,如图 5-3 所示,这条假想线即为轮廓算术平均中线。

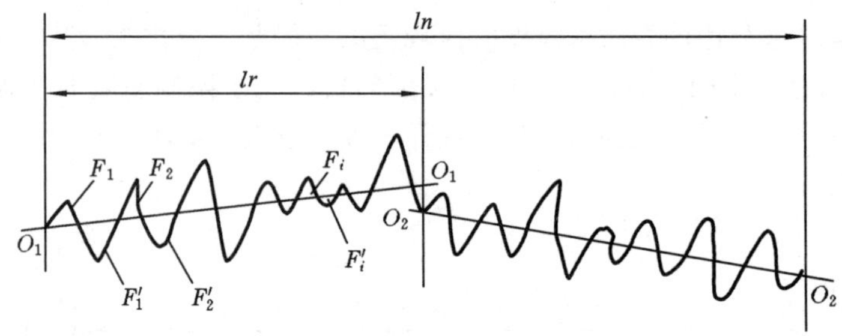

图 5-3　轮廓算术平均中线

在轮廓图形上确定轮廓最小二乘中线的位置比较困难,因此通常用目测估计来确定轮廓算术平均中线,并以其作为评定表面粗糙度数值的基准线。

三、表面粗糙度的评定参数

为了满足对表面不同的功能要求,国家标准 GB/T 3505—2009 从表面微观几何形状的高度、间距和形状等三个方面的特征,规定了相应评定参数。

1. 轮廓的幅度参数

1) 轮廓算术平均偏差 Ra

轮廓算术平均偏差 Ra 是在一个取样长度内纵坐标值 $Z(x)$ 绝对值的算术平均值,如图 5-4

所示，用公式表示为

$$Ra = \frac{1}{lr}\int_{0}^{lr} |Z(x)| \mathrm{d}x \tag{5-1}$$

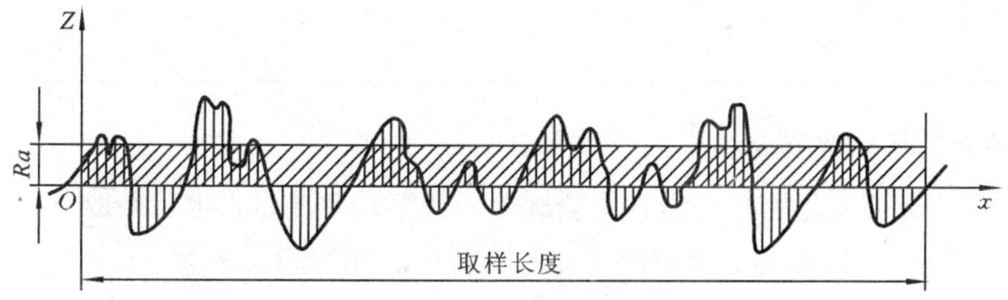

图 5-4　轮廓算术平均偏差

Ra 值越大，表面越粗糙。*Ra* 能客观、全面地反映表面微观几何形状特性。*Ra* 的数值如表 5-2 所示。

表 5-2　*Ra* 的数值(摘自 GB/T 1031—2009)　　单位：μm

Ra	0.012	0.2	3.2	50
	0.025	0.4	6.3	100
	0.05	0.8	12.5	—
	0.1	1.6	25	—

2）轮廓最大高度 *Rz*

轮廓最大高度 *Rz* 是在一个取样长度内，最大轮廓峰高 *Rp* 和最大轮廓谷深 *Rv* 之和的高度。轮廓峰是指连接(轮廓和 x 轴)两相邻交点向外(从材料到周围介质)的轮廓部分，轮廓谷是指连接两相邻交点向内(从周围介质到材料)的轮廓部分，如图 5-5 所示。*Rz* 用公式表示为

$$Rz = Rp + Rv \tag{5-2}$$

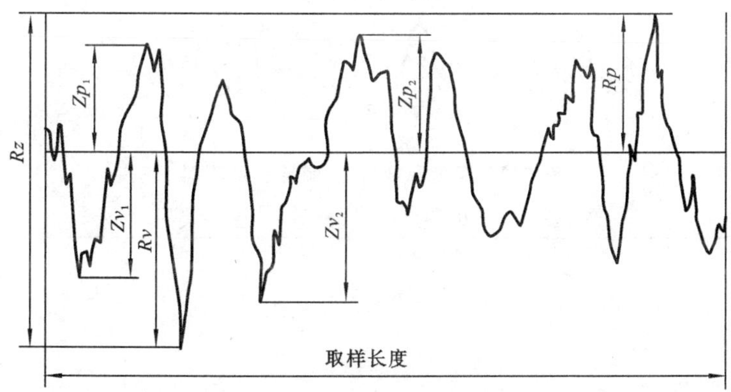

图 5-5　轮廓最大高度

值得注意的是，在 GB 3505—83 中，符号 *Rz* 曾用于指“微观不平度十点高度”，现在使用的一些表面粗糙度测量仪器大多数是测量以前的 *Rz* 参数，因此，当采用现行的技术文件和图样时必须小心慎重。新国家标准中的 *Rz* 与旧国家标准中的 R_y 参数的含义是一致的。*Rz* 值越大，说明表面越粗糙，但它不如 *Ra* 对表面粗糙程度反映得客观、全面。*Rz* 的数值如表 5-3 所示。

表 5-3　*Rz* 的数值(摘自 GB/T 1031—2009)　　单位:μm

Rz	0.025	0.4	6.3	100	1 600
	0.05	0.8	12.5	200	—
	0.1	1.6	25	400	—
	0.2	3.2	50	800	—

2. 轮廓单元的平均宽度 *Rsm*

轮廓单元是轮廓峰与轮廓谷的组合。轮廓单元的平均宽度是指在一个取样长度内,轮廓单元宽度 *Xs* 的平均值,轮廓单元宽度如图 5-6 所示。*Rsm* 用公式表示为

$$Rsm = \frac{1}{m}\sum_{i=1}^{m} Xs_i \tag{5-3}$$

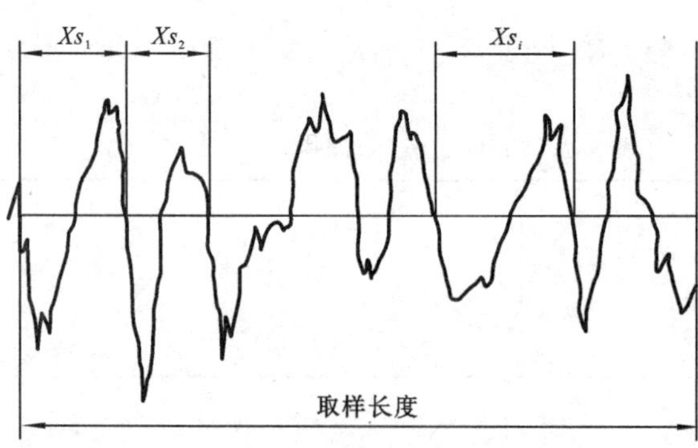

图 5-6　轮廓单元的宽度

Rsm 是评定轮廓的间距参数,它的大小反映了轮廓表面峰谷的疏密程度。*Rsm* 越大,峰谷越稀,密封性越差,如图 5-7 所示。*Rsm* 的数值如表 5-4 所示。

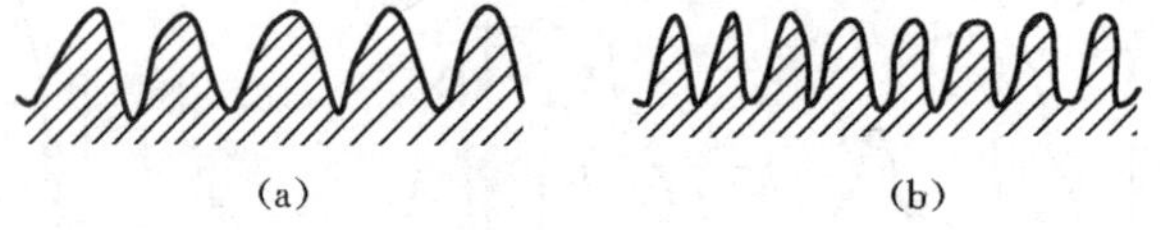

图 5-7　高度参数相近,疏密程度不同

表 5-4　*Rsm* 的数值(摘自 GB/T 1031—2009)　　单位:mm

Rsm	0.006	0.1	1.6
	0.012 5	0.2	3.2
	0.025	0.4	6.3
	0.05	0.8	1.25

3. 轮廓支承长度率 *Rmr*(*c*)

轮廓支承长度率 *Rmr*(*c*)是在给定水平截面高度 *c* 上轮廓的实体材料长度 *Ml*(*c*)与评定长度的比率,如图 5-8 所示,用公式表示为

$$Rmr(c) = \frac{Ml(c)}{ln} \tag{5-4}$$

$$Ml(c) = Ml_1 + Ml_2 + \cdots + Ml_n \tag{5-5}$$

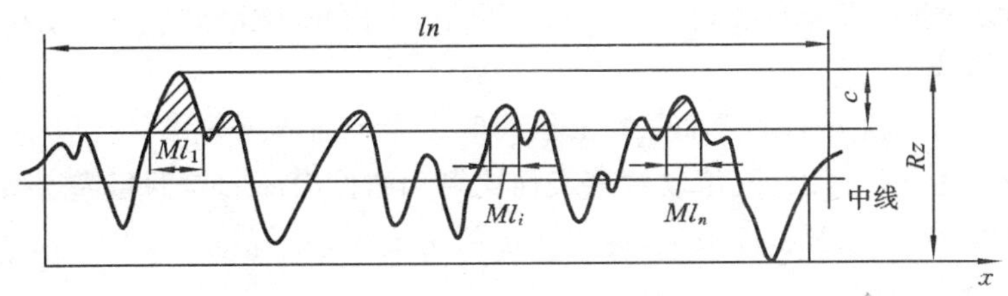

图 5-8 轮廓支承长度率

$Rmr(c)$的值是对应于不同的 c 值而给出的,c 值可用微米或与 Rz 的百分比表示。

$Rmr(c)$的大小反映了轮廓表面峰谷的形状。$Rmr(c)$越大,表面实体材料越长,接触刚度和耐磨性越好,如图 5-9 所示。$Rmr(c)$的数值如表 5-5 所示。

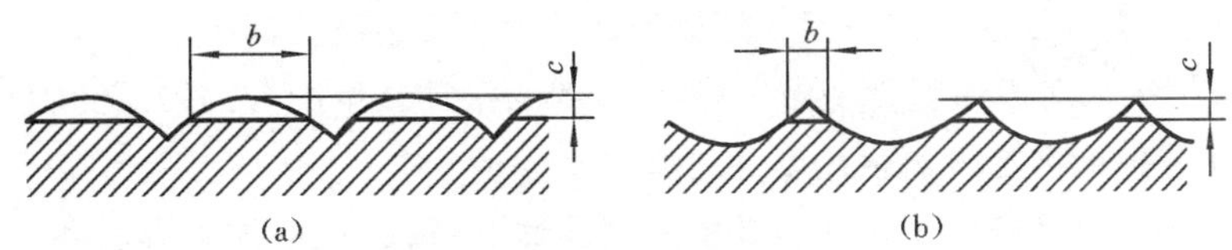

图 5-9 高度参数相近,形状不同

表 5-5 $Rmr(c)$的数值(摘自 GB/T 1031—2009) 单位:%

10	15	20	25	30	40	50	60	70	80	90

注:选用轮廓的支承长度率时,必须同时给出水平截面高度 c 的数值。c 值多用 Rz 的百分数表示,其系列如下:5%,10%,15%,20%,25%,30%,40%,50%,60%,70%,80%,90%。

5.3 表面粗糙度的选择与标注

一、评定参数的选择

选择评定参数时,首先应考虑零件使用功能要求,同时也应考虑检测的方便性及仪器设备条件等因素。

在幅度参数中,Ra 参数最常用,因为它比较全面、客观地反映了零件表面微观几何特征。通常在常用数值(Ra=0.025~6.3 μm)内,优先使用 Ra。在上述范围内,用轮廓仪能方便地测量出 Ra 的实际值。当表面相当粗糙(Ra=6.3~100 μm)或相当光滑(Ra=0.008~0.020 μm)时,用双管显微镜、干涉显微镜测量 Rz 较为方便,所以当表面不允许出现较深加工痕迹,防止应力集中,或表面长度很小,不宜采用 Ra 时,可选用 Rz,但 Rz 反映轮廓表面特征不如 Ra 全面。Rz 可与 Ra 联合使用。

一般情况下,选用幅度参数 Ra(或 Rz)控制表面粗糙程度即可满足要求。但对有特殊要求的零件表面,如要使喷涂均匀、涂层有极好的附着性和光泽,或要求良好的密封性,就要控制 Rsm 的值;对于要求有较高支承刚度和耐磨性的表面,应采用 $Rmr(c)$参数。

二、评定参数值的选择

表面粗糙度参数值的选用原则是:在满足功能要求的前提下,尽可能选用较大的粗糙度数值,以减小加工困难,降低生产成本。

选择评定参数值时,多采用类比法。一般情况下,可根据类比法初步确定表面粗糙度,并结合以下情况进行考虑。

(1) 同一零件上工作表面的表面粗糙度值比非工作表面的表面粗糙度值小。

(2) 摩擦表面比非摩擦表面、滚动摩擦表面比滑动摩擦表面的表面粗糙度值应小些。

(3) 运动速度高、单位面积压力大、受交变负荷作用的零件表面,以及最易产生应力集中的沟槽、圆角部位,表面粗糙度值均应小些。

(4) 要求配合稳定可靠时,表面粗糙度值也应小些。小间隙配合表面、受重载作用的过盈配合表面,表面粗糙度值要小些。

(5) 表面粗糙度与尺寸公差及几何公差应协调。通常尺寸公差及几何公差小,表面粗糙度值也要小;同尺寸公差的轴的表面粗糙度值比孔的表面粗糙度值要小。

(6) 密封性、防腐性要求高的表面或外形美观的表面粗糙度值都应小。

(7) 凡有关标准已对表面粗糙度做出规定的(如与滚动轴承配合的轴颈和轴承座孔的表面粗糙度),应按相关标准确定表面粗糙度参数值。

表5-6和表5-7分别列出了表面粗糙度的表面微观特征、经济加工方法和应用举例,以及常用表面粗糙度的参数值。

表5-6　表面粗糙度的表面微观特征、经济加工方法及应用举例

<table>
<tr><th colspan="2">表面微观特征</th><th>$Ra/\mu m$</th><th>经济加工方法</th><th>应用举例</th></tr>
<tr><td>粗糙表面</td><td>微见刀痕</td><td>≤20</td><td>粗车、粗铣、粗刨、钻、粗纹锉刀和砂轮加工</td><td>半成品粗加工过的表面,非配合的加工表面,如端面、齿轮和带轮侧面、键槽底面、垫圈接触面</td></tr>
<tr><td rowspan="3">半光表面</td><td>可见加工痕迹</td><td>≤10</td><td>车、刨、铣、钻、粗铰</td><td>轴上不安装轴承、齿轮处的非配合表面,紧固件的自由装配表面,轴和孔的退刀槽</td></tr>
<tr><td>微见加工痕迹</td><td>≤5</td><td>车、刨、铣、镗、磨、拉、粗刮、滚压</td><td>半精加工表面,箱体、支架、盖面、套筒等和其他零件的接合而无配合要求的表面,需要发蓝的表面等</td></tr>
<tr><td>看不清加工痕迹</td><td>≤2.5</td><td>车、刨、铣、镗、磨、拉、精刮、滚压、铣齿</td><td>接近于精加工表面,箱体上安装轴承的镗孔表面,齿轮的工作面</td></tr>
<tr><td rowspan="3">光表面</td><td>可辨加工痕迹方向</td><td>≤1.25</td><td>车、镗、磨、拉、精铰、滚压、磨齿</td><td>圆柱销、圆锥销、与滚动轴承配合的表面,卧式车床的导轨面,内、外花键定心表面</td></tr>
<tr><td>微辨加工痕迹方向</td><td>≤0.63</td><td>精车、精镗、精铰、磨、精刮</td><td>要求配合性质稳定的配合表面,工作时受交变应力的重要零件,较高精度车床的导轨面</td></tr>
<tr><td>不可辨加工痕迹方向</td><td>≤0.32</td><td>精磨、珩磨、研磨、超精加工</td><td>精密机床主轴锥孔、顶尖圆锥面,发动机曲轴、凸轮轴工作表面,高精度齿轮齿面</td></tr>
<tr><td rowspan="4">极光表面</td><td>暗光泽面</td><td>≤0.16</td><td>精磨、研磨、普通抛光</td><td>精密机床主轴轴颈表面,一般量规工作表面,气缸套内表面,活塞销表面</td></tr>
<tr><td>亮光泽面</td><td>≤0.08</td><td rowspan="2">超精磨、精抛光、镜面磨削</td><td rowspan="2">精密机床主轴轴颈表面,滚动轴承的滚珠,高压油泵中柱塞和柱塞套配合表面</td></tr>
<tr><td>镜状光泽面</td><td>≤0.04</td></tr>
<tr><td>镜面</td><td>≤0.01</td><td>镜面磨削、超级精细研磨</td><td>高精密量具的工作表面,光学仪器中的金属镜面</td></tr>
</table>

表 5-7 常用表面粗糙度的参数值

<table>
<tr><th colspan="4">经常装拆的配合表面</th><th colspan="6">过盈配合的配合表面</th><th colspan="3">定心精度高的配合表面</th><th colspan="3">滑动轴承表面</th></tr>
<tr><th rowspan="3">公差等级</th><th rowspan="3">表面</th><th colspan="2">基本尺寸/mm</th><th colspan="2" rowspan="3">公差等级</th><th rowspan="3">表面</th><th colspan="3">基本尺寸/mm</th><th rowspan="3">径向跳动</th><th>轴</th><th>孔</th><th rowspan="3">公差等级</th><th rowspan="3">表面</th><th rowspan="3">Ra/μm</th></tr>
<tr><th>~50</th><th>>50~500</th><th>~50</th><th>>50~500</th><th>>50~500</th><th colspan="2" rowspan="2">Ra/μm</th></tr>
<tr><th colspan="2">Ra/μm</th><th colspan="3">Ra/μm</th></tr>
<tr><td rowspan="2">IT5</td><td>轴</td><td>0.2</td><td>0.4</td><td rowspan="6">装配采用机械压入法</td><td rowspan="2">IT5</td><td>轴</td><td>0.1~0.2</td><td>0.4</td><td>0.4</td><td>2.5</td><td>0.05</td><td>0.1</td><td rowspan="2">IT6至IT9</td><td>轴</td><td>0.4~0.8</td></tr>
<tr><td>孔</td><td>0.4</td><td>0.8</td><td>孔</td><td>0.2~0.4</td><td>0.8</td><td>0.8</td><td>4</td><td>0.1</td><td>0.2</td><td>孔</td><td>0.8~1.6</td></tr>
<tr><td rowspan="2">IT6</td><td>轴</td><td>0.4</td><td>0.8</td><td rowspan="2">IT6至IT7</td><td>轴</td><td>0.4</td><td>0.8</td><td>1.6</td><td>6</td><td>0.1</td><td>0.2</td><td rowspan="2">IT10至IT12</td><td>轴</td><td>0.8~3.2</td></tr>
<tr><td>轴</td><td>0.4~0.8</td><td>0.8~1.6</td><td>轴</td><td>0.8</td><td>1.6</td><td>1.6</td><td>10</td><td>0.2</td><td>0.4</td><td>轴</td><td>1.6~3.2</td></tr>
<tr><td rowspan="2">IT7</td><td>轴</td><td>0.4~0.8</td><td>0.8~1.6</td><td rowspan="2">IT8</td><td>轴</td><td>0.8</td><td>0.8~1.6</td><td>1.6~3.2</td><td>16</td><td>0.4</td><td>0.8</td><td rowspan="2">流体润滑</td><td>轴</td><td>0.1~0.4</td></tr>
<tr><td>孔</td><td>0.8</td><td>1.6</td><td>孔</td><td>1.6</td><td>1.6~3.2</td><td>1.6~3.2</td><td>20</td><td>0.8</td><td>1.6</td><td>孔</td><td>0.2~0.8</td></tr>
<tr><td rowspan="2">IT8</td><td>轴</td><td>0.8</td><td>1.6</td><td colspan="2" rowspan="2">装配采用热装法</td><td>轴</td><td colspan="3">1.6</td><td colspan="6" rowspan="2">—</td></tr>
<tr><td>孔</td><td>0.8~1.6</td><td>1.6~3.2</td><td>孔</td><td colspan="3">1.6~3.2</td></tr>
</table>

三、表面粗糙度符号、代号及标注

1. 表面粗糙度符号

在图样上表示表面粗糙度的符号有五种，如表 5-8 所示。

表 5-8 表面粗糙度符号及意义

符　　号	意义及说明
	基本图形符号，表示表面可用任何方法获得。当不加注粗糙度参数值或有关说明时，仅适用于简化代号标注
	基本图形符号加一短画，表示表面是用去除材料的方法获得的，如车、铣、钻、磨、剪切、抛光、腐蚀、电火花加工、气割等
	基本图形符号加一小圆，表示表面是用不去除材料的方法获得的，如铸、锻、冲压变形、热轧、冷轧、粉末冶金等。它还可用于保持原供应状况的表面(包括保持上道工序的状况)
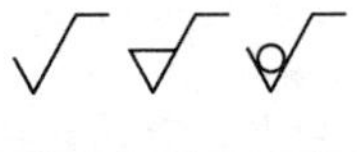	在三种类别图形符号的长边上均可边一横线，用于标注有关参数和说明
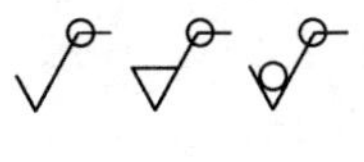	在上述三种图形符号上均可加一小圆，表示所有表面具有相同的粗糙度要求

2. 表面粗糙度代号与标注

表面粗糙度数值及其有关规定在符号中注写的位置如图 5-10 所示。位置 a 标注表面粗糙度参数代号、极限值和传输带或取样长度。位置 b 用于需要注写两个或多个表面粗糙度要求的场合：当有两个要求时，位置 a 注写第一个要求，位置 b 注写第二个要求；当需要注写第三个或更多要求时，图形符号应在垂直方向扩大，以空出足够的空间，扩大图形符号时，a 和 b 的位置随之上移。位置 c 注写加工方法、表面处理、涂层或其他加工工艺要求等。位置 d 注写所要求的表面纹理及其方向。位置 e 注写所要求的加工余量，以 mm 为单位给出数值。

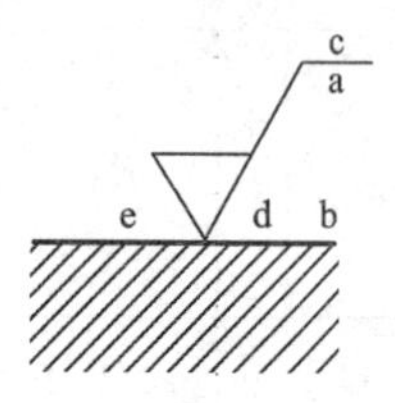

图 5-10　表面粗糙度代号

表面粗糙度参数的“上限值”(或“下限值”)和“最大值”(或“最小值”)的含义是不同的。“上限值”表示所有实测值中，允许 16% 的测得值超过规定值；“最大值”表示不允许任何测得值超过规定值。

表面粗糙度幅度参数的标注如表 5-9 所示。

表 5-9　表面粗糙度幅度参数的标注

代　　号	意　　义	代　　号	意　　义
√Ra 3.2	用任何方法获得的表面粗糙度，Ra 的上限值为 3.2 μm	√Ramax 3.2	用任何方法获得的表面粗糙度，Ra 的最大值为 3.2 μm
▽Ra 3.2	用去除材料的方法获得的表面粗糙度，Ra 的上限值为 3.2 μm	▽Ramax 3.2	用去除材料方法获得的表面粗糙度，Ra 的最大值为3.2 μm
◯Ra 3.2	用不去除材料的方法获得的表面粗糙度，Ra 的上限值为 3.2 μm	◯Ramax 3.2	用不去除材料方法获得的表面粗糙度，Ra 的最大值为3.2 μm
U Ra 3.2 L Ra 1.6	用去除材料的方法获得的表面粗糙度，Ra 的上限值为 3.2 μm，Ra 的下限值为 1.6 μm	Ramax 3.2 Ramin 1.6	用去除材料方法获得的表面粗糙度，Ra 的最大值为3.2 μm，Ra 的最小值为1.6 μm
▽Rz 3.2	用任何方法获得的表面粗糙度，Rz 的上限值为 3.2 μm	√Rzmax 3.2	用任何方法获得的表面粗糙度，Rz 的最大值为3.2 μm
U Rz 3.2 L Rz 1.6 Rz 3.2 Rz 1.6	用去除材料的方法获得的表面粗糙度，Rz 的上限值为 3.2 μm，Rz 的下限值为 1.6 μm(在不引起误会的情况下，也可省略标注 U、L)	Rzmax 3.2 Rzmin 1.6	用去除材料的方法获得的表面粗糙度，Rz 的最大值为3.2 μm，Rz 的最小值为1.6 μm
U Ra 3.2 U Rz 1.6	用去除材料的方法获得的表面粗糙度，Ra 的上限值为 3.2 μm，Rz 的上限值为 1.6 μm	Ramax 3.2 Rzmin 1.6	用去除材料的方法获得的表面粗糙度，Ra 的最大值为 3.2 μm，Rz 的最大值为1.6 μm
0.008－0.8/Ra 3.2	用去除材料的方法获得的表面粗糙度，Ra 的上限值为 3.2 μm，传输带为 0.008～0.8 mm	－0.8/Ra3 3.2	用去除材料的方法获得的表面粗糙度，Ra 的上限值为3.2 μm，取样长度为 0.8 mm，评定长度包含3个取样长度

若需要标出 *Rsm* 和 *Rmr*(*c*)值，应注在符号长边的横线下面，数值写在相应的代号后面，如图 5-11 所示。图 5-11(a)为 *Rsm* 上限值的标注示例。图 5-11(b)为 *Rmr*(*c*)的标注示例，表示水平截面高度 *c* 在 *Rz* 的 50％位置上，*Rmr*(*c*)为 70％，给出的 *Rmr*(*c*)为下限值。

若某表面粗糙度要求按指定的加工方法获得，标注如图 5-12(a)所示。

若需要控制表面加工纹理方向，可在规定之处加注纹理方向符号，如图 5-12(b)所示。国标规定了常见的加工纹理方向符号，如表 5-10 所示。

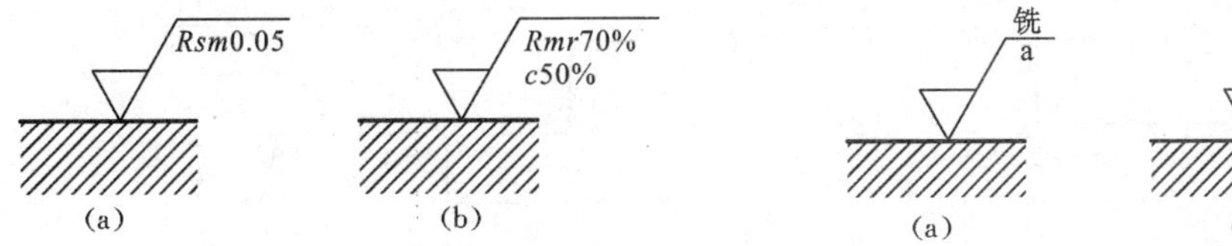

图 5-11　表面粗糙度附加参数的标注

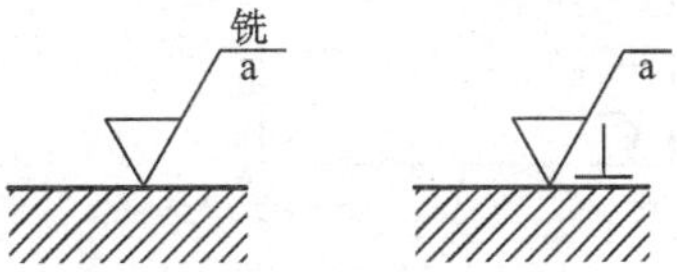

图 5-12　加工方法和纹理方向符号标注

表 5-10　加工纹理方向符号

符号	说　　明	示　意　图
＝	纹理平行于视图所在的投影面	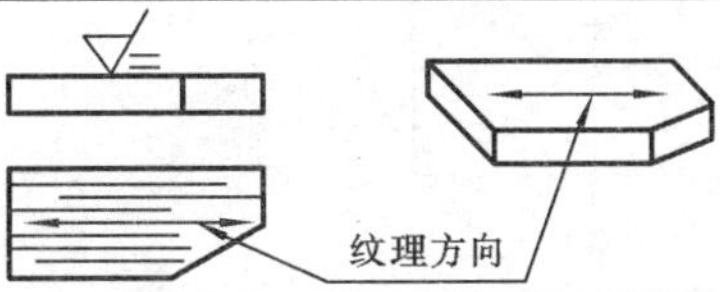
⊥	纹理垂直于视图所在的投影面	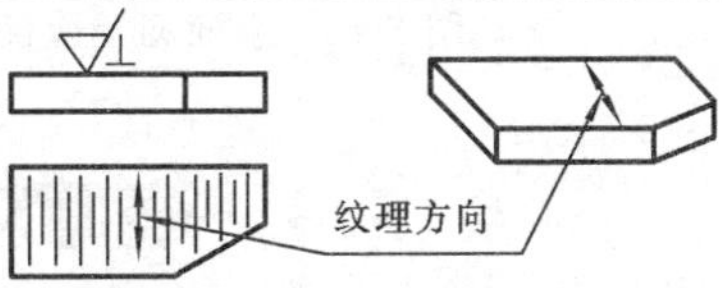
×	纹理呈两斜向交叉且与视图所在的投影面相交	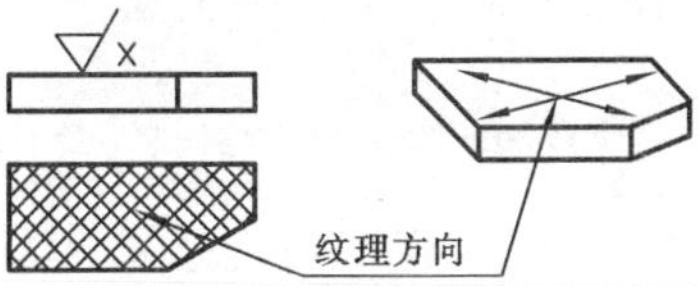
C	纹理呈近似同心圆且圆心与表面中心相关	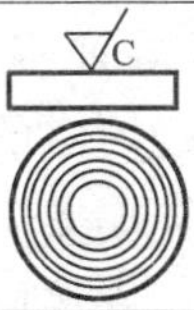
M	纹理呈多方向	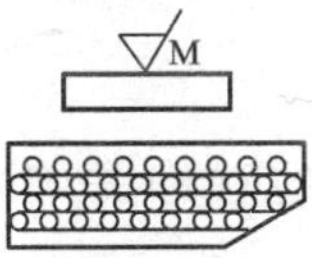
R	纹理呈近似放射状且与表面圆心相关	
P	纹理呈微粒、凸起，无方向	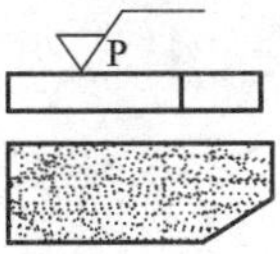

注：如果表面纹理不能清楚地用这些符号表示，必要时，可以在图样上加注说明。

3. 表面粗糙度在图样上的标注方法

表面粗糙度符号、代号一般标注在可见轮廓线、尺寸界线、引出线或它们的延长线上。符号的尖端必须从材料外指向表面,表面粗糙度的代号中的数字与符号的方向必须按图 5-13 中的规定标注。

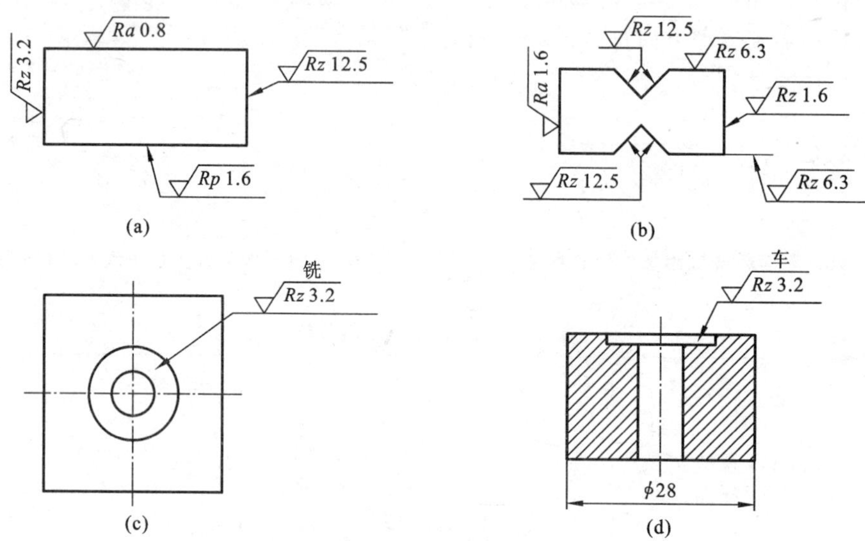

图 5-13　表面粗糙度代号、符号在图样上的标注

5.4　表面粗糙度的测量

目前,测量表面粗糙度的方法比较多,常用的方法有比较法、光切法、干涉法和针描法。

1. 比较法

比较法就是将被测零件表面与表面粗糙度样板(见图 5-14)通过视觉、触觉方法等进行比较,以对被测表面粗糙度进行评定的方法。被测零件及表面粗糙度样板的加工方法和材质应尽可能相同,否则可能产生较大误差。这种方法由于测量器具简单,使用方便、易行且能满足一般的生产要求,多用于车间等生产场所,但其评定的准确性在很大程度上取决于检验人员的经验。

2. 光切法

光切法是指利用光切原理来测量零件表面粗糙度的方法。光切法测量表面粗糙度常用的仪器是双管显微镜,如图 5-15 所示。光切法一般适用于测量采用车、铣、刨等加工方法所加工的零件平面或外圆表面,以及测量范围是 0.5～50 μm 的零件表面。

3. 干涉法

干涉法是利用光波干涉原理来测量零件表面粗糙度的方法。干涉法测量表面粗糙度所用的仪器为干涉显微镜,如图 5-16 所示。干涉法通常用于测量表面粗糙度参数 Rz 值,一般测量范围是 0.03～1 μm。

4. 针描法

针描法又称为接触法,是一种利用金刚石针尖与被测表面接触测量粗糙度的方法。针描法测量表面粗糙度所用的仪器为电动轮廓仪，如图5-17所示，它可直接测量 Ra 值。

图5-14 表面粗糙度样板

图5-15 双管显微镜

图5-16 干涉显微镜

图5-17 电动轮廓仪

【复习提要】

表面粗糙度是一种微观的几何形状误差，相关的术语及符号含义都是要熟悉的知识点。要了解表面粗糙度对零件工作性能的影响，表面粗糙度的标注必须符合规范，如何正确标注也是一个要掌握的知识点。

表面粗糙度参数值的选用是本章的难点，选择时应从零件的工作条件、与配合件的配合性质、工作时的运动状态、承载负荷的大小等方面综合考虑，要注意所选用的参数值要与尺寸公差及几何精度有合理的配比关系。另外，对除 Ra 值外的几个指标值也要有充分的了解。

【思考与练习题】

5-1 表面粗糙度的含义是什么？它对零件的使用性能有何影响？

5-2 评定表面粗糙度时，为什么要规定取样长度和评定长度？

5-3 常用表面粗糙度的测量方法有哪几种？各种测量方法分别适合哪些评定参数？

5-4 ϕ50H7/f6 和 ϕ50H7/h6 相比，哪一个表面粗糙度要求较高？为什么？

第6章 量具与光滑极限量规

尺寸公差、几何公差、表面粗糙度参数值的设计和选择都服务于保证零件的互换性能及工作性能。离开了检测，无法判定零件是否符合设计、使用要求。同一被测要素、同一公差项目的检测、验收方法很多，但这些检测、验收方法都离不开能够满足测量精度要求的量具、量仪。选择与使用量具是一门技术。只有正确地认识量具、量仪的性能，才能正确地选择和使用它们，才能对零件的质量提供可靠的鉴定数据。

6.1 量 具

一、量具的分类

量具从类别上可分为通用量具、专用量具、量仪、辅助器具、标准计量器具。

1. 通用量具

通用量具是指通过读值而获得尺寸的计量器具。通用量具通用性强，一般有一定的测值范围及测量精度，如游标卡尺（见图6-1）、千分尺等。

2. 专用量具

专用量具按特定的尺寸和精度制造，本身没有通用性，但使用方便、结果直观，如光滑极限量规（见图6-2）、塞规、环规、块规等。

3. 量仪

量仪是指利用机械、光学、电学原理，通过直观地获取读值或经光电转换方式获取测值的专业仪器，如指示表（见图6-3）、比较仪、水平尺、硬度计、光学干涉仪、圆度仪、工具显微镜等。

图6-1 游标卡尺

图6-2 光滑极限量规

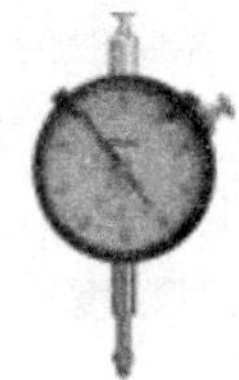

图6-3 指示表

4. 辅助器具

辅助器具是指以一定等级精度制造，直接或间接为通用量具检测或被测零件安装提供基准或参与比较鉴定零件被测要素几何误差的计量器具，如方箱、检测平板、偏摆仪、宽座直角尺、正弦规等。

5. 标准计量器具

标准计量器具是指担负量值传递及验证在用计量器具技术状态或作标准值与量取值进行

比较的计量器具。它的测定比较结果具有在其等级标准内的权威性。标准计量器具本身也接受上一级标准计量器具的检定、验收，一般只在质量管理部门使用、存放。长度标准器具、量块组、线纹尺、力学标准器具等都属于标准计量器具。

二、量具的选择

量具应根据被测零件的结构、被测要素实际表面、尺寸的大小及其设计精度在量具量程及测量精度的许可范围内选用。游标卡尺、千分尺和指示表等通用量具和量仪都有有效量程的限制。同一类型的量具的测量精度也会因量程不同而有所不同，如常用游标卡尺就有 0.02 mm、0.05 mm、0.10 mm 三种示值精度，指示表也有 0.01 mm、0.001 mm 两种示值精度，比较仪的示值精度有 0.5 μm、1 μm、2 μm、5 μm。量具量程及测量精度是选择量具的根本依据。

我们知道，测量的准确性受到很多客观条件的制约，因为来自量具本身的误差(工作性磨损引起的误差、调整误差、制造误差等)是固有的，所以在量具的选用上，尤其是在操作保养方面，要细致小心，以使量具始终处于优良的技术状态。

三、验收原则与验收极限

零件的被测实际表面定义为经过加工符合设计要求的光滑表面。在现实的生产过程中，对尺寸的测量多为两点式测量，如通用量具中的游标卡尺、千分尺均采用的是两点式测量。采用两点式测量获取的测得值仅为被测实际要素单一截面上的距离或直径，是一个局部尺寸。量具存在固有误差(以某一尺寸段同时标出标准值与测得值并记录在量具检定证书上)、零件加工后存在几何误差，操作者在量取读值时对数据处理往往带有主观性及片面性，而且常常忽略测量条件、验收环境、偏离标准要求等，往往导致读数偏离真值。由于各种误差的潜在影响，人们对测得尺寸位于上极限尺寸之上、下极限尺寸之下或边缘的读值往往易误判，将尚处于公差带范围内的合格品误判为废品(误废)，将公差带之外的非合格品误判为合格品(误收)。

误废与误收都会对产品的互换性造成损害。为保证验收的严肃性及有效性，保证零件的互换性能，国家标准《产品几何技术规范(GPS)　光滑工件尺寸检验》(GB/T 3177—2009)中规定了尺寸检查验收的原则。安全裕度(A)就是国家标准为防止因量具的测量不确定度的影响，造成产品的误收与误废而设置的内缩式公差带修正值。安全裕度作用在公差带之内，设置安全裕度的依据是验收原则。

(1) 验收原则——所用验收方法应只接收位于规定极限尺寸之内的工件，即允许误废而不允许误收。

(2) 安全裕度(A)——测量不确定度的允许值。它由被测工件的设计公差值确定，一般规定为工件被测部位尺寸公差量的 10%。

(3) 验收极限——检验工件尺寸时判断合格与否的尺寸界限，在操作上验收极限具有权威性。

1. 验收极限的方式

验收极限的方式有两种：一种是内缩式验收极限，标志是含安全裕度(A)的作用效果；一种是非内缩式验收极限，特点是将安全裕度设定为 0。

以 K_s、K_i 分别代表上、下验收极限，以 A 代表安全裕度，那么内缩式验收极限示意图如图 6-4 所示。

显然，

$$K_s = d_{max} - A = d + \mathrm{es} - A \tag{6-1}$$

或

$$K_s = D_{max} - A = D + \mathrm{ES} - A \tag{6-2}$$

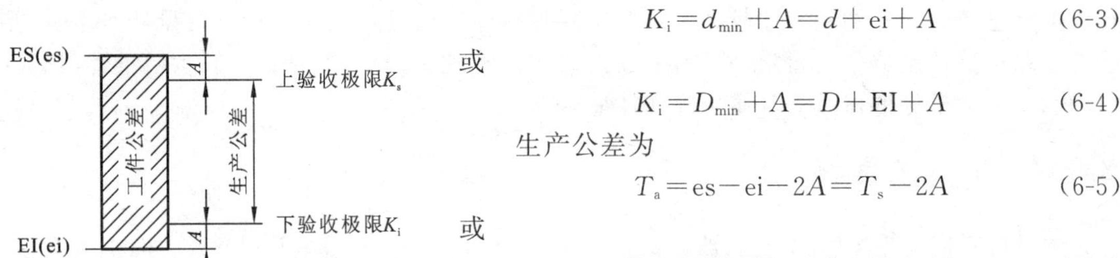

图 6-4　内缩式验收极限示意图

$$K_i = d_{min} + A = d + ei + A \tag{6-3}$$

或

$$K_i = D_{min} + A = D + EI + A \tag{6-4}$$

生产公差为

$$T_a = es - ei - 2A = T_s - 2A \tag{6-5}$$

或

$$T_a = ES - EI - 2A = T_h - 2A \tag{6-6}$$

前面说过，量具本身存在固有误差、修调误差。这些误差以安全裕度来规范。不同型号、种类的量具的测量不确定度是客观存在的。通过以下例子可以充分理解设立验收极限对预防零件误收与误废所起的作用。

【例 6-1】　采用量程为 25 ～ 50 mm 的外径千分尺验收尺寸为 $\phi 30k6(^{+0.015}_{+0.002})$Ⓔ的轴颈，已知该外径千分尺的测量不确定度允许值 $u_1 = 0.004$ mm。试说明在哪些情况下，会出现误收与误废。

解：在实际验收操作中，会出现以下误收与误废。

(1) 实际偏差大于 0.015 mm 且小于 +0.019 mm 或大于 −0.002 mm 且小于 +0.002 mm 时的尺寸误收。

(2) 实际偏差大于 +0.011 mm 且小于 +0.015 mm 或大于 +0.002 mm 且小于 +0.006 mm 时的尺寸误废。

【例 6-2】　试计算 $\phi 30k6(^{+0.015}_{+0.002})$Ⓔ的内缩式验收极限。

解：依题意，es=0.015mm，ei=0.002 mm，则

$$T_s = es - ei = (0.015 - 0.002)\,mm = 0.013\ mm$$

$$A = 10\% \times T_s = (0.1 \times 0.013)\,mm = 0.001\,3\ mm$$

于是有验收极限为

$$K_s = d_{max} - A = d + es - A = (30 + 0.015 - 0.001\,3)\,mm = 30.013\,7\ mm$$

$$K_i = d_{min} + A = d + ei + A = (30 + 0.002 + 0.001\,3)\,mm = 30.003\,3\ mm$$

因为验收原则只允许接收验收极限之内尺寸的工件，因此验收时应以生产公差(也称为工作公差)T_a 进行验收，即验收尺寸为 $\phi 30^{+0.0137}_{+0.0033}$ mm。

2. 验收极限的推荐使用场合

选择验收极限的方式时，应综合考虑工件的精度要求、操作者的操作习惯、实际尺寸的分布情况以及工艺能力指数等因素。

(1) 实际被测要素遵守包容要求。公差等级高、大批大量生产时采用内缩式验收极限。

(2) 如果工艺能力指数 C_p(或 C_{pk})≥1，采用非内缩式验收极限，但对于遵守包容要求的工件，最大实体尺寸一侧应采用单向内缩式验收极限。

(3) 如果实际尺寸呈偏态分布(实际尺寸绝大部分落在公差带中心一侧)，应在该侧采用单向内缩验收极限。

(4) 对于一般尺寸、公差等级低的尺寸、非配合尺寸的验收极限，按非内缩式验收极限方式确定。

四、量具的选择

测量对象即被测实际要素的结构、尺寸、大小和尺寸精度(公差值)是量具选择的决定因素。线性长度尺寸一般以游标卡尺或专用卡规为主进行验收，精度较高的轴径多采用千分尺进行验

收，而精度较高的孔径以用内径百分表及光滑极限塞规进行验收为多。对几何误差的测量多采用指示表、偏摆仪。

对于产品的加工精度而言，操作者的素质、工作经验和检测环境等影响测量精度的因素都是可控的。当选定量具（主要是指通用量具）后，量具的测量不确定度允许值就成为影响测量结果是否可靠的重要因素。对与安全裕度对应的量具测量不确定度允许值 u_1（称为许用测量不确定度 u_1），国家标准（GB/T 3177—2009）做了规定，摘录部分如表 6-1 所示。

表 6-1 与安全裕度对应的量具测量不确定度允许值 u_1 单位：μm

孔、轴的标准公差等级		IT6					IT7					IT8					IT9				
公称尺寸/mm		T	A	u_1			T	A	u_1			T	A	u_1			T	A	u_1		
>	至			Ⅰ	Ⅱ	Ⅲ			Ⅰ	Ⅱ	Ⅲ			Ⅰ	Ⅱ	Ⅲ			Ⅰ	Ⅱ	Ⅲ
—	3	6	0.6	0.5	0.9	1.4	10	1.0	0.9	1.5	2.3	14	1.4	1.3	2.1	3.2	25	2.5	2.3	3.8	5.6
3	6	8	0.8	0.7	1.2	1.8	12	1.2	1.1	1.8	2.7	18	1.8	1.6	2.7	4.1	30	3.0	2.7	4.5	6.8
6	10	9	0.9	0.8	1.4	2.0	15	1.5	1.4	2.3	3.4	22	2.2	2.0	3.3	5.0	36	3.6	3.3	5.4	8.1
10	18	11	1.1	1.0	1.7	2.5	18	1.8	1.7	2.7	4.1	27	2.7	2.4	4.1	6.1	43	4.3	3.9	6.5	9.7
18	30	13	1.3	1.2	2.0	2.9	21	2.1	1.9	3.2	4.7	33	3.3	3.0	5.0	7.4	52	5.2	4.7	7.8	12
30	50	16	1.6	1.4	2.4	3.6	25	2.5	2.3	3.8	5.6	39	3.9	3.5	5.9	8.8	62	6.2	5.6	9.3	14
50	80	19	1.9	1.7	2.9	4.3	30	3.0	2.7	4.5	5.8	46	4.6	4.1	6.9	10	74	7.4	6.7	11	17
80	120	22	2.2	2.0	3.3	5.0	35	3.5	3.2	5.3	7.9	54	5.4	4.9	8.1	12	87	8.7	7.8	13	20
120	180	25	2.5	2.3	3.8	5.6	40	4.0	3.6	6.0	9.0	63	6.3	5.7	9.5	14	100	10	9.0	15	23
180	250	29	2.9	2.6	4.4	6.5	46	4.6	4.1	6.9	10	72	7.2	6.5	11	16	115	12	10	17	26
250	315	32	3.2	2.9	4.8	7.2	52	5.2	4.7	7.8	12	81	8.1	7.3	12	18	130	13	12	19	29
315	400	36	3.6	3.2	5.4	8.1	57	5.7	5.1	8.4	13	89	8.9	8.0	13	20	140	14	13	21	32
400	500	40	4.0	3.6	6.0	9.0	63	6.3	5.7	9.5	14	97	9.7	8.7	15	22	155	16	14	23	35

孔、轴的标准公差等级		IT10					IT11					IT12				IT13			
公称尺寸/mm		T	A	u_1			T	A	u_1			T	A	u_1		T	A	u_1	
>	至			Ⅰ	Ⅱ	Ⅲ			Ⅰ	Ⅱ	Ⅲ			Ⅰ	Ⅱ			Ⅰ	Ⅱ
—	3	40	4.0	3.6	6.0	9.0	60	6.0	5.4	9.0	14	100	10	9.0	15	140	14	13	21
3	6	48	4.8	4.3	7.2	11	75	7.5	6.8	11	17	120	12	11	18	180	18	16	27
6	10	58	5.8	5.2	8.7	13	90	9.0	8.1	14	20	150	15	14	23	220	22	20	33
10	18	70	7.0	6.3	11	16	110	11	10	17	25	180	18	16	27	270	27	24	41
18	30	84	8.4	7.6	13	19	130	13	12	20	29	210	21	19	32	330	33	30	50
30	50	100	10	9.0	15	23	160	16	14	24	36	250	25	23	38	390	39	35	59
50	80	120	12	11	18	27	190	19	17	29	43	300	30	27	45	460	46	41	69
80	120	140	14	13	21	32	220	22	20	33	50	350	35	32	53	540	54	49	81
120	180	160	16	15	24	36	250	25	23	38	56	400	40	36	60	630	63	57	95
180	250	185	18	17	28	42	290	29	26	44	65	460	46	41	69	720	72	65	110
250	315	210	21	19	32	47	320	32	29	48	72	520	52	47	78	810	81	73	120
315	400	230	23	21	35	52	360	36	32	54	81	570	57	51	86	890	89	80	130
400	500	250	25	23	38	56	400	40	36	60	90	630	63	57	95	970	97	87	150

量具的选用应与量具的测量尺寸段相对应，且所选用量具的测量不确定度 u 值应小于或等于其许用测量不确定度 u_1 值，u_1 值共分Ⅰ、Ⅱ、Ⅲ档或Ⅰ、Ⅱ档，优先选用Ⅰ档，Ⅱ、Ⅲ档次之。游标卡尺和千分尺、比较仪、指示表的测量不确定度 u 值分别如表 6-2、表 6-3、表 6-4 所示。

表 6-2　游标卡尺和千分尺的测量不确定度 u 值　　单位：mm

<table>
<tr><th colspan="2" rowspan="2">尺寸范围</th><th colspan="4">计量器具类型</th></tr>
<tr><th>外径千分尺
(分度值 0.01 mm)</th><th>内径千分尺
(分度值 0.01 mm)</th><th>游标卡尺
(分度值 0.02 mm)</th><th>游标卡尺
(分度值 0.05 mm)</th></tr>
<tr><th>大于</th><th>至</th><th colspan="4">测量不确定度 u</th></tr>
<tr><td>0</td><td>50</td><td>0.004</td><td rowspan="3">0.008</td><td rowspan="6">0.020</td><td rowspan="4">0.050</td></tr>
<tr><td>50</td><td>100</td><td>0.005</td></tr>
<tr><td>100</td><td>150</td><td>0.006</td></tr>
<tr><td>150</td><td>200</td><td>0.007</td><td rowspan="3">0.013</td></tr>
<tr><td>200</td><td>250</td><td>0.008</td><td rowspan="2">0.100</td></tr>
<tr><td>250</td><td>300</td><td>0.009</td></tr>
<tr><td>300</td><td>350</td><td>0.010</td><td rowspan="3">0.020</td><td rowspan="7">—</td><td rowspan="5">—</td></tr>
<tr><td>350</td><td>400</td><td>0.011</td></tr>
<tr><td>400</td><td>450</td><td>0.012</td></tr>
<tr><td>450</td><td>500</td><td>0.013</td><td>0.025</td></tr>
<tr><td>500</td><td>600</td><td rowspan="3">—</td><td rowspan="3">0.030</td></tr>
<tr><td>600</td><td>700</td><td rowspan="2">0.150</td></tr>
<tr><td>700</td><td>1 000</td></tr>
</table>

表 6-3　比较仪的测量不确定度 u 值　　单位：mm

<table>
<tr><th colspan="2" rowspan="2">尺寸范围</th><th colspan="4">所使用的比较仪</th></tr>
<tr><th>分度值 0.000 5 mm
(放大 2 000 倍)</th><th>分度值 0.001 mm
(放大 1 000 倍)</th><th>分度值 0.002 mm
(放大 400 倍)</th><th>分度值 0.005 mm
(放大 250 倍)</th></tr>
<tr><th>大于</th><th>至</th><th colspan="4">测量不确定度 u</th></tr>
<tr><td>—</td><td>25</td><td>0.000 6</td><td rowspan="2">0.001 0</td><td>0.001 7</td><td rowspan="6">0.003 0</td></tr>
<tr><td>25</td><td>40</td><td>0.000 7</td><td rowspan="3">0.001 8</td></tr>
<tr><td>40</td><td>65</td><td rowspan="2">0.000 8</td><td rowspan="2">0.001 1</td></tr>
<tr><td>65</td><td>90</td></tr>
<tr><td>90</td><td>115</td><td>0.000 9</td><td>0.001 2</td><td rowspan="2">0.001 9</td></tr>
<tr><td>115</td><td>165</td><td>0.001 0</td><td>0.001 3</td></tr>
<tr><td>165</td><td>215</td><td>0.001 2</td><td>0.001 4</td><td>0.002 0</td><td rowspan="3">0.003 5</td></tr>
<tr><td>215</td><td>265</td><td>0.001 4</td><td>0.001 6</td><td>0.002 1</td></tr>
<tr><td>265</td><td>315</td><td>0.001 6</td><td>0.001 7</td><td>0.002 2</td></tr>
</table>

表 6-4 指示表的测量不确定度 u 值 单位：mm

<table>
<tr><th colspan="2" rowspan="2">尺 寸 范 围</th><th colspan="4">所使用的指示表</th></tr>
<tr><th>分度值为 0.01 mm 的千分表（0 级全程，1 级在 0.20 mm 内），分度值为 0.002 mm 的千分表（在 1 转量程内）</th><th>分度值为 0.001 mm、0.002 mm、0.005 mm 的千分表（1 级在全程内），分度值为 0.01 mm 的百分表（0 级在任意 1 mm 内）</th><th>分度值为 0.01 mm 的百分表（0 级在全量程范围内，1 级在任意 1 mm 范围内）</th><th>分度值为 0.01 mm 的百分表（1 级在全量程范围内）</th></tr>
<tr><th>大于</th><th>至</th><th colspan="4">测量不确定度 u</th></tr>
<tr><td>—</td><td>25</td><td rowspan="5">0.005</td><td rowspan="9">0.010</td><td rowspan="9">0.018</td><td rowspan="9">0.030</td></tr>
<tr><td>25</td><td>40</td></tr>
<tr><td>40</td><td>65</td></tr>
<tr><td>65</td><td>90</td></tr>
<tr><td>90</td><td>115</td></tr>
<tr><td>115</td><td>165</td><td rowspan="4">0.006</td></tr>
<tr><td>165</td><td>215</td></tr>
<tr><td>215</td><td>265</td></tr>
<tr><td>265</td><td>315</td></tr>
</table>

【例 6-3】 试确定 ϕ100M8 孔的安全裕度及内缩式验收极限，并以Ⅰ档的许用测量不确定度 u_1 合理选择验收量具。

解：依题意，ϕ100M8 的公差 $T_h = \mathrm{IT8} = 0.054$ mm。

查表 3-5 得：ES＝＋0.006 mm，由 $T_h = \mathrm{ES} - \mathrm{EI}$ 得，

$$\mathrm{EI} = \mathrm{ES} - T_h = (0.006 - 0.054)\,\mathrm{mm} = -0.048\ \mathrm{mm}$$

安全裕度为 $$A = T_h \times 10\% = (0.054 \times 0.1)\,\mathrm{mm} = 0.005\ 4\ \mathrm{mm}$$

验收极限如下：

$$K_s = D + \mathrm{ES} - A = (100 + 0.006 - 0.005\ 4)\,\mathrm{mm} = 100.000\ 6\ \mathrm{mm}$$

$$K_i = D + \mathrm{EI} + A = [100 + (-0.048) + 0.005\ 4]\,\mathrm{mm} = 99.957\ 4\ \mathrm{mm}$$

查表 6-1 得：u_1(Ⅰ)＝0.004 9 mm。

查表 6-3，选量程为 90～115 mm，分度值为 0.005 mm 的比较仪为验收量具。因为它的测量不确定度 u＝0.003 0 mm，满足 $u \leqslant u_1$(Ⅰ)，即所选量具的测量不确定度 u 小于计量器具的测量不确定度允许值 u_1(Ⅰ)。

比较仪的分度值有 0.000 5 mm、0.001 mm、0.002 mm、0.005 mm 四种，这里选用分度值为 0.005 mm 的比较仪是因为在量程范围内分度值为 0.005 mm 的比较仪已经满足测量不确定度允许值 u_1(Ⅰ)。如果选用分度精度更高的比较仪，则测量费用将变得更高，故选用分度值为 0.005 mm 的比较仪从经济性角度考虑较为合理。

由于比较仪属于精密程度高、价值不低的量仪，所以要求加工岗位都配备比较仪去完成精度等级高的零件测量是不太现实的，而且操作者的素质及车间环境也制约着比较仪的应用。实际上，零件加工的尺寸精度控制更多的是利用游标卡尺、千分尺、内径量表或光滑极限量规进行。为保证测量结果的可靠性，可采用相对测量法进行比较测量。实践证明，当采用形状与工

件形状相同的标准器具(游标卡尺、千分尺的标准器具为量块组)进行比较测量时,千分尺的测量不确定度下降为原值的40%左右,而采用形状与工件形状不同的标准器具进行比较测量,千分尺的测量不确定度降至原值的60%左右,利用比较测量的这种效能,可以利用千分尺替代比较仪进行验收,但测得值仍以确定的验收极限进行验收。

【例6-4】 采用相对测量方式验收ϕ100js6尺寸,试合理选用千分尺。

解:以量块组(83块组)为标准器具。为保证获得较高的量块组合精度,遵循组合的量块数量越少越好的组合原则,本例只选用一块尺寸为100 mm的量块。

被测工件尺寸为ϕ100 mm,从量具的制造误差角度出发,应选取100～125 mm量程(尺寸段起点位置积累的制造误差很小),而从许用测量不确定度角度考虑,应选择u_1值较小的75～100 mm的量程。为了使结果更具说服性,本例选用75～100 mm量程、分度值为0.01 mm的外径千分尺,查表6-2,u=0.005 mm,根据经验数据得:

$$0.005\ \text{mm}\times 40\%=0.002\ \text{mm}$$

验收ϕ100js6尺寸的量具的许用测量不确定度u_1(Ⅰ)=0.002 mm。

这样就有:

$$u\times 40\%=u_1(\text{Ⅰ})$$

满足$u\leqslant u_1$(Ⅰ)。

例6-4说明,利用标准器具校验量具后,测量不确定度实际上是相应缩小的,这样就可以使用通用的、一般精度的量具、量仪替代较高精度的量具、量仪进行尺寸测量。关于借助标准器具进行相对测量,补充说明如下。

当用尺寸为81.005 mm的量块组合校验量程75～100 mm /0.01 mm的千分尺时,如果千分尺读数为81.003 mm,则实际测量误差为−0.002 mm。当使用此千分尺进行尺寸验收时,实际上,千分尺的测量不确定度将不再予以考虑,只需要记住−0.002 mm为测得值的修正值(修正值必须带其方向符号"+"号或"−"号),即实测时千分尺示值尺寸100.000 mm等于实际尺寸100.002 mm。

【例6-5】 参照上列补充说明,现有用量程为75～100 mm、分度值为0.01 mm的千分尺测量获得的测得尺寸为96.013 mm、80.998 mm,分别求二者的实际尺寸。

解:因为经标准量块校验的测量误差为−0.002 mm,即测得尺寸为100.00 mm时,实际尺寸为100.002 mm。

由于　　测得尺寸=实际尺寸+相对测量误差

所以,　　实际尺寸=测得尺寸−相对测量误差

当测得尺寸为96.013 mm时,

$$\text{实际尺寸}=[96.013-(-0.002)]\text{mm}=96.015\ \text{mm}$$

当测得尺寸为80.998 mm时,

$$\text{实际尺寸}=[80.998-(-0.002)]\text{mm}=81.000\ \text{mm}$$

在生产车间的量具管理方面,规定操作人员下班前必须将所使用过的量具归还量具房,由专业的校验员利用量块或校验棒进行测量、误差核对,合格后才重新发放使用,校验员进行测量、误差核对所遵循的也是当采用形状与工件形状相同的标准器具(标准量块组)进行比较测量时,千分尺的测量不确定度下降为原值的40%左右这个道理。每把千分尺都配置一根校验棒也是这个目的。由此,我们也就能够理解在加工岗位上常见千分尺而不常见比较仪这个现象了。

6.2 光滑极限量规

一、概述

光滑极限量规是指检验光滑孔或者光滑轴所用的极限量规的总称，简称量规。在大批量生产时，为了提高产品质量和检验效率，常常采用量规进行检验。量规结构简单、使用方便，用量规检验零件的优点是方便、迅速、可靠、检验效率高，并能保证互换性。因此，量规在机械制造行业大批量生产中得到了广泛的应用。

1. 量规的作用

量规是一种没有刻度的定值专用检验量具，适用于检验大批量生产中遵守包容原则的孔、轴。目前，我国机械行业中所使用的量规的种类很多，除有检验孔、轴尺寸的光滑极限量规外，还有螺纹量规、圆锥量规、花键量规、位置量规和直线尺寸量规等。

一种规格的量规只能检验同种尺寸的零件，用它来检验零件时，只能判断零件的实际尺寸是否在规定允许的极限尺寸范围内，而不能测量出零件的实际尺寸和几何误差的具体数值。

当图样上被测要素的尺寸公差和几何公差按独立原则标注时，一般使用通用量具分别测量尺寸误差和几何误差。当单一要素的尺寸公差和几何公差采用包容要求标注时，应使用量规来检验，把尺寸误差和几何误差都控制在极限尺寸范围内。

量规结构简单，通常是一些具有准确尺寸和形状的实体，如圆柱体、圆锥体、块体平板等。量规分为通规和止规两种。

检验孔用的量规称为塞规，如图 6-5(a)所示；检验轴用的量规称为卡规(或环规)，如图 6-5(b)所示。

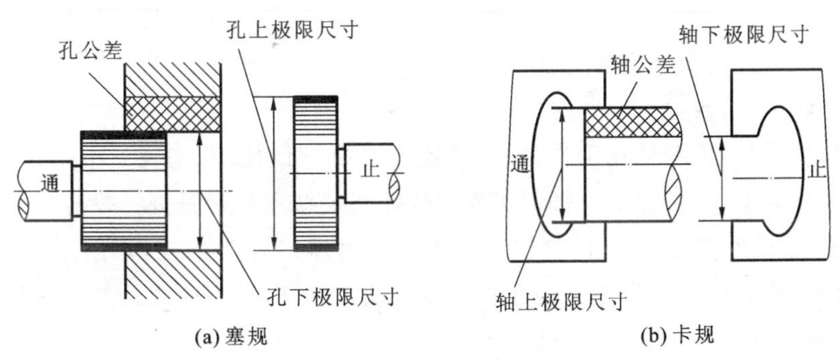

图 6-5 量规

量规都是通规和止规成对使用的，通规用来检验孔或轴的作用尺寸是否超过最大实体尺寸，止规用来检验孔或轴的实际尺寸是否超过最小实体尺寸。因此，通规应按零件的最大实体尺寸制造，止规应按零件的最小实体尺寸制造。

检验孔时：塞规的通规应该通过被检验孔，即被检验孔的体外作用尺寸大于下极限尺寸(最大实体边界)；止规应不能通过被检验孔，即被检验孔实际尺寸小于上极限尺寸。当通规通过被检验孔而止规不能通过被检验孔时,说明被检验孔的尺寸误差和几何误差都控制在极限尺寸范围内,被检验孔是合格的。

卡规的通规按被检验轴的最大实体尺寸(上极限尺寸)制造,止规按被检验轴的最小实体尺寸(下极限尺寸)制造。检验轴时:卡规的通规应通过被检验轴,即被检验轴的体外作用尺寸小于上极限尺寸(最大实体边界尺寸);止规应不能通过被检验轴,即被检验轴的实际尺寸大于下极限尺寸。当通规通过被检验轴而止规不能通过被检验轴时,说明被检验轴的尺寸误差和几何误差都控制在极限尺寸范围内,被检验轴是合格的。

综上所述,量规的通规用于控制零件的体外作用尺寸,止规用于控制零件的实际尺寸。用量规检验工件时,工件合格的标志是通规能通过,止规不能通过,否则工件不合格。因此,用量规检验工件时,只有通规和止规成对使用,才能判断被检验孔或者被检验轴是否合格。

2. 量规的种类

量规按用途分为工作量规、验收量规和校对量规三种。

1) 工作量规

工作量规是在零件制造过程中,生产人员对零件进行检验时所使用的量规。生产人员使用的应是新的或者磨损较少的量规。对于工作量规,用“T”表示通规,用“Z”表示止规。

2) 验收量规

验收量规是检验部门或用户代表在验收产品时所使用的量规。验收量规一般不需要另行设计和制造。在验收量规中,通规是从磨损较多,但未超过磨损极限的工作量规中挑选出来的,当工作量规的通规磨损到接近磨损极限时,该通规转为验收量规的通规;验收量规的止规应该接近零件的最小实体尺寸,工作量规的止规也就是验收量规的止规。检验人员检验零件时应该使用与生产人员所使用的工作量规形式相同但磨损较多、未超过磨损极限的通规和与工作量规中的止规相同的止规。生产人员用工作量规自检合格的零件,验收人员用验收量规验收时一般也应该判定合格。

用量规检验零件有争议时,应使用下述尺寸量规解决:等于或接近工件的最大实体尺寸的通规,等于或接近零件的最小实体尺寸的止规。

3) 校对量规

校对量规是专门为检验轴用工作量规(环规或卡规)而制造的量规。由于孔用工作量规测量方便,不需要校对量规,所以只有轴用工作量规才需要使用校对量规。校对量规分以下三种。

校通-通量规(代号 TT)——检验轴用工作量规通端的校对量规,作用是防止通规尺寸小于其下极限尺寸,故它的公差带是从通规的下极限偏差起,向轴用通规公差带内分布。检验时,通过轴用工作量规的通端,该通规合格。

校止-通量规(代号 ZT)——检验轴用工作量规止端的校对量规,作用是防止止规尺寸小于其下极限尺寸,故其公差带是从止规的下极限偏差起,向轴用止规公差带内分布。检验时,通过轴用工作量规的止端,该止规合格。

校通-损量规(代号 TS)——检验轴用验收量规的通端是否已达到或者超过磨损极限的量规,作用是防止轴用通规在使用过程中超过磨损极限尺寸,故它的公差带是从轴用通规的磨损极限起,向轴用通规公差带内分布。检验时,通过通端,说明轴用验收量规已超过磨损极限,不应该继续使用。

二、量规设计

由于零件存在着形状尺寸误差，加工出来的孔或轴的实际形状尺寸不可能是一个理想的圆柱体，所以仅控制实际尺寸在极限尺寸范围内，还是不能保证配合性质。为了准确地评定遵守包容要求的孔和轴是否合格，国家标准从设计角度出发，提出了包容原则。另外，国家标准又从零件检验角度出发，在设计量规时，对要求遵守包容原则的孔和轴提出了应遵守泰勒原则（极限尺寸判断原则）的规定。

1. 泰勒原则及量规的结构

如图 6-6 所示，泰勒原则是指孔或轴的实际尺寸与几何误差综合形成的体外作用尺寸不允许超出最大实体尺寸，在孔或轴任何位置上的实际尺寸不允许超出最小实体尺寸。对符合泰勒原则的量规的要求如下。

$$\left.\begin{array}{ll}\text{对于孔：} & D_{fe}\geqslant D_{min}\text{且 }D_a\leqslant D_{max}\\ \text{对于轴：} & d_{fe}\leqslant d_{max}\text{且 }d_a\geqslant d_{min}\end{array}\right\}\tag{6-7}$$

式中 D_{max}与D_{min}——孔的上极限尺寸与下极限尺寸；

d_{max}与d_{min}——轴的上极限尺寸与下极限尺寸。

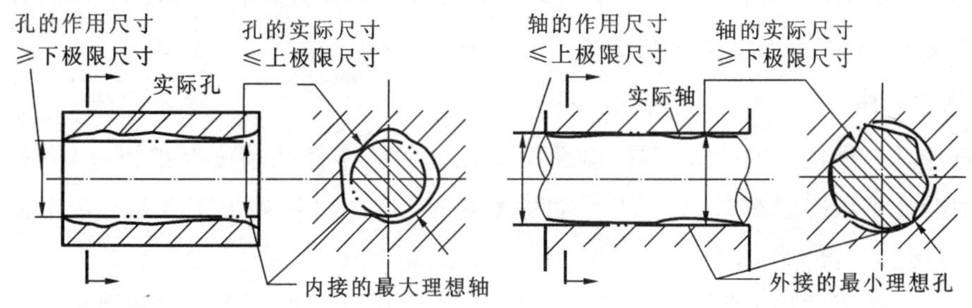

图 6-6 孔、轴体外作用尺寸与实际尺寸

包容要求从设计的角度出发，反映对孔、轴的设计要求；而泰勒原则从验收的角度出发，反映对孔、轴的验收要求。从保证孔与轴配合性质的角度看，两者是一致的。

当用量规检验零件时，对符合泰勒原则的量规有以下要求：通规用来控制零件的作用尺寸，应设计成全形量规，测量面应该具有与被检验孔或被检验轴相应的完整表面；通规的尺寸应等于被检验孔或被检验轴的最大实体尺寸，且通规的长度应与被检验孔或被检验轴的配合长度一致；止规应设计成两点式的非全形量规，两点间的距离应等于被检验孔或被检验轴的最小实体尺寸。

用符合泰勒原则的量规检验零件时，若通规能通过、止规不能通过，则表示零件合格，否则表示零件不合格。量规的形状对测量结果有影响，如图 6-7 所示。当孔存在几何误差时，若将止规制成全形量规，就发现不了这种几何误差，会将零件误判为合格品。若将止规制成非全形量规，检验时，与被检验孔是两点接触，只需要稍稍转动，就可能发现这种过大的几何误差，从而判定零件为不合格品。

严格遵守泰勒原则设计的量规，具有既能控制零件尺寸，又能控制零件几何误差的优点。但在实际生产中，由于量规制造和使用方面的原因，允许光滑极限量规偏离泰勒原则，如采用非

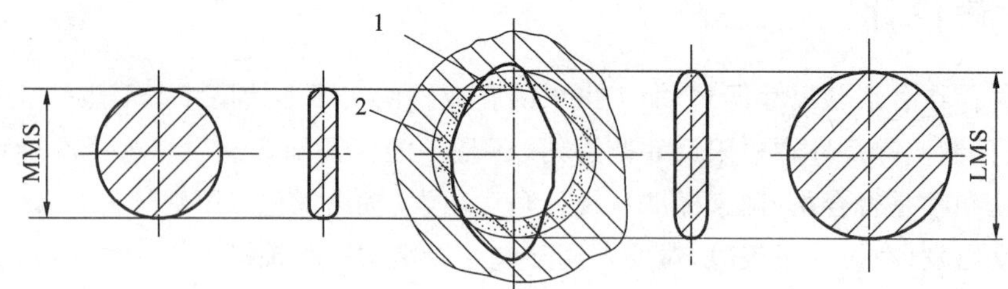

图 6-7　量规的形状对测量结果的影响

1—工件实际轮廓;2—允许轮廓变动的区域

全形通规、全形止规或长度不够的量规等。例如:为了使用标准化的量规,允许通规的长度小于接合面的全长;对于尺寸大于 ϕ100 mm 的孔,当用全形塞规检验显得很笨重,而且不方便使用全形塞规时,允许使用非全形塞规;环规通规不能检验正在顶尖上加工的零件及曲轴,此时允许使用卡规代替环规;检验小孔常使用便于制造的全形塞规;刚度差的零件,由于考虑到受力变形,也常使用全形塞规或环规进行检验。必须指出的是,只有在保证被检验零件的几何误差不致影响配合性质的前提下,才允许使用偏离泰勒原则的量规。当采用不符合泰勒原则的量规检验零件时,应注意操作的正确性,在零件的多方位上进行多次检验,并从工艺上采取措施以限制零件的几何误差,尽量避免由于检验操作不当而造成误判。

2. 量规公差带

虽然量规是一种精密的检验工具,制造精度比被检验零件的精度要求更高,但在制造时也不可避免地会产生误差。在生产中,不可能将量规的工作尺寸刚好加工到某一规定值,因此,对量规也必须规定制造公差。

通规由于在使用过程中经常通过零件的孔,因而会逐渐磨损。为了使通规具有一定的使用寿命,应当留出适当的磨损储备量,因此:对通规应规定磨损极限,即将通规公差带从最大实体尺寸向零件公差带内缩一个距离;而止规通常不通过零件,所以不需要留磨损储备量,故将止规公差带放在零件公差带内紧靠最小实体尺寸处。校对量规也不需要留磨损储备量。

1) 工作量规的公差带

(1) 工作量规尺寸公差 T_1 按国家标准 GB/T 1957—2006 的规定取值,如表 6-5 所示。国家标准规定量规的公差带不得超越零件的公差带,这样有利于防止误收,保证产品的质量与互换性。但这有时会把一些合格的零件检验成不合格的,即在实质上缩小了零件的公差范围,提高了零件的制造精度。

(2) 通端公差带中心线至工件最大实体尺寸 MMS 线的距离用 Z_1 表示。

(3) 止规公差带的位置 $T_1/2$ 是指工作量规尺寸公差 T_1 的中心线到零件最小实体尺寸 LMS 线的距离。

(4) 工作量规的几何尺寸与几何公差之间的关系应遵守包容要求。几何公差取值为 $t=T_1/2$(但当 $T_1\leqslant 0.002$ mm 时,取 $t=0.001$ mm)。

(5) 工作量规测量面的表面粗糙度 Ra 值一般取 0.05～0.80 μm,如表 6-6 所示。

表 6-5 工作量规尺寸公差 T_1 值与 Z_1 值

工件孔或轴的公称尺寸/mm		IT6			IT7			IT8		
		T	T_1	Z_1	T	T_1	Z_1	T	T_1	Z_1
大于	至	μm								
0	3	6	1.0	1.0	10	1.2	1.6	14	1.6	2.0
3	6	8	1.2	1.4	12	1.4	2.0	18	2.0	2.6
6	10	9	1.4	1.6	15	1.8	2.4	22	2.4	3.2
10	18	11	1.6	2.0	18	2.0	2.8	27	2.8	4.0
18	30	13	2.0	2.4	21	2.4	3.4	33	3.4	5.0
30	50	16	2.4	2.8	25	3.0	4.0	39	4.0	6.0
50	80	19	2.8	3.4	30	3.6	4.6	46	4.6	7.0

工件孔或轴的公称尺寸/mm		IT9			IT10			IT11		
		T	T_1	Z_1	T	T_1	Z_1	T	T_1	Z_1
大于	至	μm								
0	3	25	2.0	3	40	2.4	4	60	3	6
3	6	30	2.4	4	48	3.0	5	75	4	8
6	10	36	2.8	5	58	3.6	6	90	5	9
10	18	43	3.4	6	70	4.0	8	110	6	11
18	30	52	4.0	7	84	5.0	9	130	7	13
30	50	62	5.0	8	100	6.0	11	160	8	16
50	80	74	6.0	9	120	7.0	13	190	9	19

注：T 为孔或轴的公差值。

表 6-6 工作量规测量面的表面粗糙度参数 Ra 值

工作量规	工作量规的公称尺寸 $D(d)$/mm		
	$D(d)\leqslant 120$	$120<D(d)\leqslant 315$	$315<D(d)\leqslant 500$
	Ra/μm		
IT6 级孔用工作塞规	0.05	0.10	0.20
IT7 级～IT9 级孔用工作塞规	0.10	0.20	0.40
IT10 级～IT12 级孔用工作塞规	0.20	0.40	0.80
IT13 级～IT16 级孔用工作塞规	0.40	0.80	
IT6 级～IT9 级轴用工作环规	0.10	0.20	0.40
IT10 级～IT12 级轴用工作环规	0.20	0.40	0.80
IT13 级～IT16 级轴用工作环规	0.40	0.80	

2）校对量规的公差带

（1）校对量规公差 T_p。校对量规公差取值为 $T_p=T_1/2$。

（2）T_p 的位置。对于 TT 规、ZT 规，T_p 在 T_1 的中心以下；对于 TS 规，T_p 在轴零件公差的最大实体尺寸 MMS 线以下。

(3) 校对量规的几何公差。校对量规的几何公差与其尺寸公差之间的关系遵守包容要求。

(4) 校对量规测量面的表面粗糙度 Ra 值。校对量规测量面的表面粗糙度 Ra 值比工作量规测量面的要小,约为工作量规表面粗糙度 Ra 值的一半。

由于校对量规精度高、制造困难,因此在实际生产中通常用量块或计量器具代替校对量规。

3) 量规公差带

光滑极限量规中的工作量规、校对量规的公差带如图 6-8 所示。

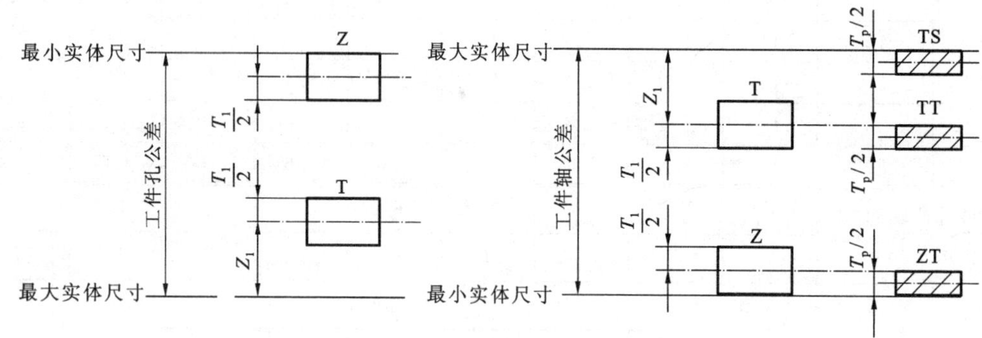

图 6-8　量规公差带分布

三、工作量规设计

工作量规的设计步骤一般如下。

(1) 根据被检验零件的尺寸大小和结构特点等因素选择量规的结构形式。

(2) 根据被检验零件的公称尺寸和公差等级查出量规的尺寸公差 T_1 和位置要素 Z_1 值,画量规公差带图,计算量规工作尺寸的上、下极限偏差。

(3) 确定量规结构尺寸,计算量规工作尺寸,绘制量规工作图,并标注尺寸及技术要求。

1. 量规的结构形式

检验圆柱形零件的量规的结构形式有很多,量规的选择和使用是否合理对正确判断测量结果影响很大。选用量规的结构形式时,必须考虑零件的结构、大小、产量和检验效率等。图6-9、图 6-10 分别给出了几种常用的孔用和轴用量规的结构形式及应用尺寸范围,可供设计时选用。

2. 量规的技术要求

1) 量规材料

量规测量面的材料与硬度对量规的使用寿命有一定的影响。量规可用合金工具钢(如 CrMn、CrMnW、CrMoV)、碳素工具钢(如 T10A、T12A)、渗碳钢(如 15 钢、20 钢)及其他耐磨材料(如硬质合金)制造。手柄一般用 Q235、ZA11 等材料制造。量规测量面硬度一般为58～65 HRC,并经过稳定性处理。

2) 几何公差

国家标准规定了 IT6～IT12 级零件的量规公差,量规的几何公差一般为量规制造公差的一半。考虑到制造和测量的困难,当量规的尺寸公差小于 0.002 mm 时,量规几何公差仍取 0.001 mm。

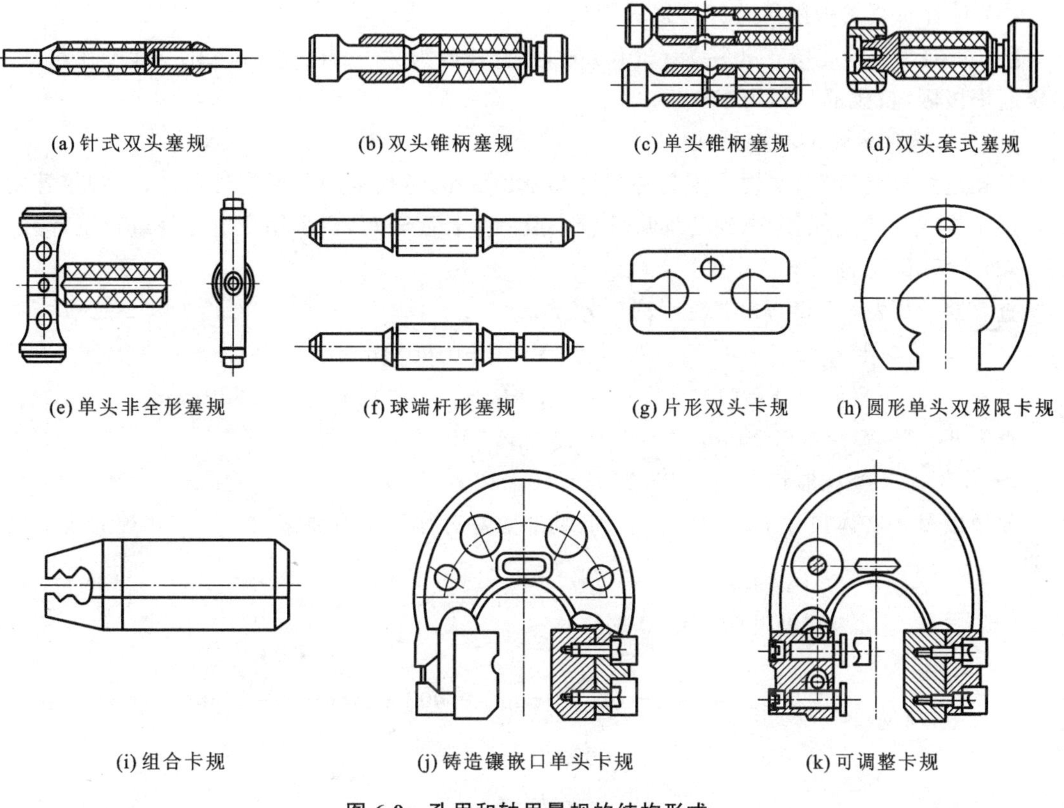

(a) 针式双头塞规　(b) 双头锥柄塞规　(c) 单头锥柄塞规　(d) 双头套式塞规

(e) 单头非全形塞规　(f) 球端杆形塞规　(g) 片形双头卡规　(h) 圆形单头双极限卡规

(i) 组合卡规　(j) 铸造镶嵌口单头卡规　(k) 可调整卡规

图 6-9　孔用和轴用量规的结构形式

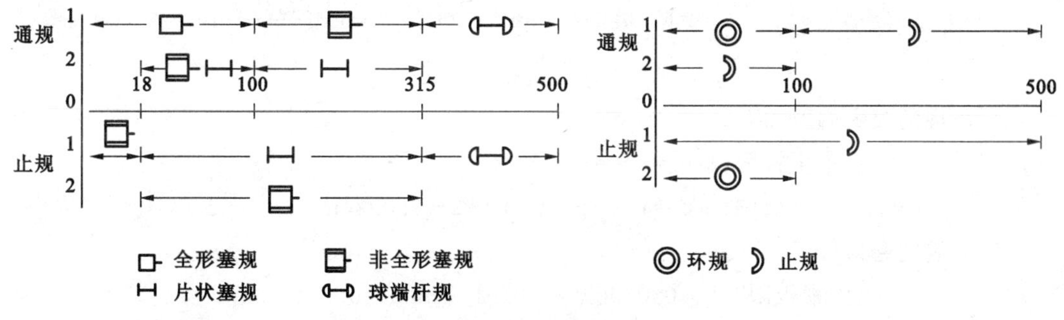

图 6-10　量规形式和应用尺寸范围

3）表面粗糙度

量规测量面不应有锈迹、毛刺、黑斑、划痕等明显影响外观和使用质量的缺陷。工作量规测量面的表面粗糙度参数 Ra 值如表 6-6 所示。

3. 量规工作尺寸的计算

量规工作尺寸的计算通常按以下步骤进行。

(1) 由标准公差数值表、孔或轴极限偏差数值表得到被检验零件孔或轴的上、下极限偏差。

(2) 由光滑极限量规公差表查出工作量规的制造公差 T_1 和位置要素 Z_1 值，并确定量规的几何公差。

(3) 画出零件和量规的公差带图。

(4) 计算量规的极限偏差。

(5) 计算量规的极限尺寸和磨损极限尺寸。

【例6-6】 受检光滑孔孔径为ϕ30K6 Ⓔ,配合长度为20 mm。请对该孔设计工作量规,并确定磨损极限(量规的材料为Cr12)。

解:(1) 选择量规的结构形式。

对孔进行检验,可用塞规。因公称尺寸为ϕ30 mm,通规采用全形塞规形式;止规推荐使用非全形止规或片状止规,考虑到公称尺寸较小及测量长度较短,仍采用全形止规进行设计。

(2) 计算量规的工作尺寸。

查表3-1及表3-5得:$\phi 30\text{K6}=\phi 30^{+0.002}_{-0.011}$ mm 。

$$上极限尺寸=D_{max}=D+\text{ES}=(30+0.002)\text{mm}=30.002\ \text{mm}$$

$$下极限尺寸=D_{min}=D+\text{EI}=[30+(-0.011)]\text{mm}=29.989\ \text{mm}$$

查表6-5得:$T_1=0.002$ mm,$Z_1=0.0024$ mm。

$$塞规形状误差=T\times 20\%=(0.013\times 0.2)\text{mm}=0.0026\ \text{mm}$$

通规以最大实体尺寸D_{MMS}制造,上、下极限偏差对称于位置要素Z_1,故有塞规通规的极限偏差如下。

$$\begin{aligned}上极限偏差&=\text{EI}+Z_1+\frac{T_1}{2}\\&=(-0.011)\text{mm}+0.0024\ \text{mm}+\frac{0.002}{2}\ \text{mm}\\&=-0.0076\ \text{mm}\end{aligned}$$

$$\begin{aligned}下极限偏差&=\text{EI}+Z_1-\frac{T_1}{2}\\&=(-0.011)\text{mm}+0.0024\ \text{mm}-\frac{0.002}{2}\ \text{mm}\\&=-0.0096\ \text{mm}\end{aligned}$$

塞规止规的极限偏差如下。

$$上极限偏差=\text{ES}=+0.002\ \text{mm}$$

$$下极限偏差=\text{ES}-T_1=(0.002-0.002)\text{mm}=0\ \text{mm}$$

确定通规的磨损极限如下。

$$磨损极限=[-0.0096-(-0.011)]\text{mm}=0.0014\ \text{mm}$$

(3) 选择测量面表面粗糙度。

本量规为IT6级孔用工作塞规,尺寸小于120 mm,Ra值取0.04 mm,通过在工具磨床上磨削加工保证。

(4) 测量面表面精度要求。

① 量规的材料为Cr12合金工具钢,采用淬火工艺获取58~62 HRC硬度以保证耐用度,淬火后进行低温回火,消除应力。

② 表面应无毛刺、划痕、凹陷、裂纹、锈蚀等缺陷。

(5) 标记。

量规验收合格后打标记T(通端)、Z(止端)及$\phi 30\text{K6}\left(^{+0.002}_{-0.011}\right)$ mm。

(6) 油封,入仓。

【例6-7】 为检验光滑轴ϕ120js8Ⓔ轴颈，设计工作量规及校对量规。工作面采用YG3硬质合金镶焊。

解：(1) 参照国家标准推荐的量规的结构形式，当公称尺寸为120 mm时，不宜采用环规形式，故以卡规形式设计。轴用卡规测量如图6-11所示。

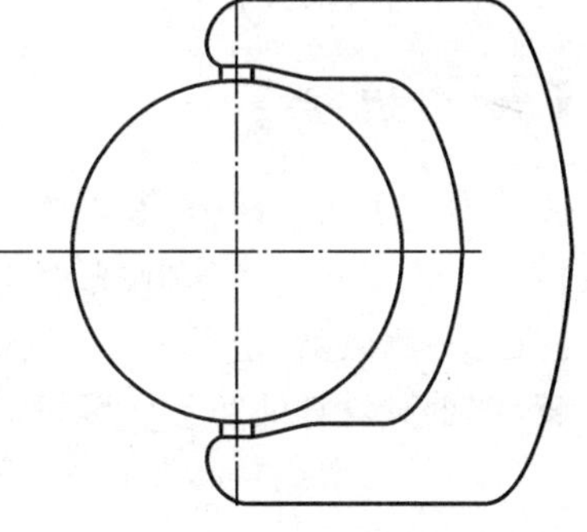

图6-11 轴用卡规测量

(2) 计算量规的各种偏差。

查表3-1及表3-4得，$\phi 120\text{js}8=\phi 120_{-0.027}^{+0.027}$。

查国家标准GB/T 1957—2006得量规制造公差如下。

$$T_1=0.0054\ \text{mm},\quad Z_1=0.008\ \text{mm}$$

塞规形状误差$=T\times 20\%$

$$=(0.054\times 0.2)\text{mm}=0.0108\ \text{mm}$$

$$\text{通规上极限偏差}=es-Z_1+\frac{T_1}{2}$$

$$=+0.027\ \text{mm}-0.008\ \text{mm}+\frac{0.0054}{2}\ \text{mm}$$

$$=+0.0217\ \text{mm}$$

$$\text{通规下极限偏差}=es-Z_1-\frac{T_1}{2}$$

$$=+0.027\ \text{mm}-0.008\ \text{mm}-\frac{0.0054}{2}\ \text{mm}$$

$$=+0.0163\ \text{mm}$$

$$\text{止规上极限偏差}=ei+T_1=(-0.027+0.0054)\text{mm}=-0.0216\ \text{mm}$$

$$\text{止规下极限偏差}=ei=-0.027\ \text{mm}$$

$$\text{通规磨损极限}=(0.027-0.0217)\text{mm}=0.0053\ \text{mm}$$

校对量规参数如下。

$$T_p=\frac{T_1}{2}=\frac{0.0054}{2}\ \text{mm}=0.0027\ \text{mm}$$

校通-通量规：

$$\text{上极限偏差}=es-Z_1=(+0.027-0.008)\text{mm}=+0.019\ \text{mm}$$

$$\text{下极限偏差}=es-Z_1-T_p=(+0.027-0.008-0.0027)\text{mm}=+0.0163\ \text{mm}$$

校通-损量规：

$$\text{上极限偏差}=es=+0.027\ \text{mm}$$

$$\text{下极限偏差}=es-T_p=(+0.027-0.0027)\text{mm}=+0.0243\ \text{mm}$$

校止-通量规：

$$\text{上极限偏差}=ei+T_p=(-0.027+0.0027)\text{mm}=-0.0243\ \text{mm}$$

$$\text{下偏差}=ei=-0.027\ \text{mm}$$

(3) 确定测量面表面粗糙度参数值。

本量规为IT8级卡规，公称尺寸为ϕ120 mm，表面粗糙度Ra值取0.08 μm，通过在工具磨床磨削加工保证。

(4) 技术要求。

① 硬质合金镶焊后进行时效处理。

② 工作表面无毛刺、划痕、凹陷和裂纹。

③ 工作表面形状误差控制在0.01 mm以内。

(5) 验收合格后,在适当位置上打标记。

(6) 油封,入仓。

【复习提要】

在现实的生产中,专业量仪一般很少配置在加工岗位上,现场普遍使用的是常用量具和专用量具。在专用量具中,光滑极限量规是最有代表性的一种。本章把普遍适用的通用量具中的游标类、测微类、指示表类与光滑极限量规放在一起介绍,目的是方便对不同类别量具进行比较,侧重对量具的初步认识和了解。

本章的重点是掌握验收原则及验收极限的概念和计算,了解生产公差对防止误收与误废所起的作用。

安全裕度的定义是必须掌握的知识点。本章另一重要内容就是对验收所用量具的选择,选择量具时的一个重要参数就是安全裕度。学习时,应掌握量具许用测量不确定度 u_1 与备选量具测量不确定度 u 值的关系,并重点了解 $u \leqslant u_1$ 的含义和重要性。

本章的难点是光滑极限量规的设计。量规的形状与测量效果之间的关系是一个重要的知识点。对通、止规边界尺寸所模拟的是被检验零件的哪种边界必须有正确的认识。要谨记,量规制造有其本身的公差带,通规公差带的位置、关联位置要素是要重点掌握的知识点。

【思考与练习题】

6-1 试计算孔 ϕ50K7 工作量规的极限尺寸,并画出公差带图。

6-2 试计算轴 ϕ25n6 工作量规的极限尺寸,并画出公差带图。

6-3 填表题。

试计算遵守包容要求的 ϕ25H8/f7Ⓔ配合的孔、轴工作量规的极限尺寸,将计算的结果填入表6-7中,并画出公差带图。

表6-7 题6-3表

工件	量规	$T_1/\mu m$	$Z_1/\mu m$	量规公称尺寸/mm	量规极限尺寸/mm	
					上极限尺寸	下极限尺寸
孔 ϕ25H8Ⓔ	通规					
	止规					
轴 ϕ25f7Ⓔ	通规					
	止规					

6-4 计算题。

用普通计量器具测量下列孔和轴,试分别确定它们的安全裕度、验收极限,以及使用的量具的名称和分度值。

(1) ϕ100h10。

(2) ϕ30H6。

(3) ϕ25f7。

(4) ϕ80E6。

第 7 章

典型零件公差配合及检测

7.1 圆锥配合概述

一、圆锥配合的特点

圆锥配合在机械产品中应用较广。与圆柱配合相比，圆锥配合具有以下特点。

1. 对中性好

在圆柱间隙配合中，孔和轴的轴线不重合，如图 7-1(a)所示；而在圆锥配合中，内、外圆锥在轴向力的作用下能自动对中，如图 7-1(b)所示。

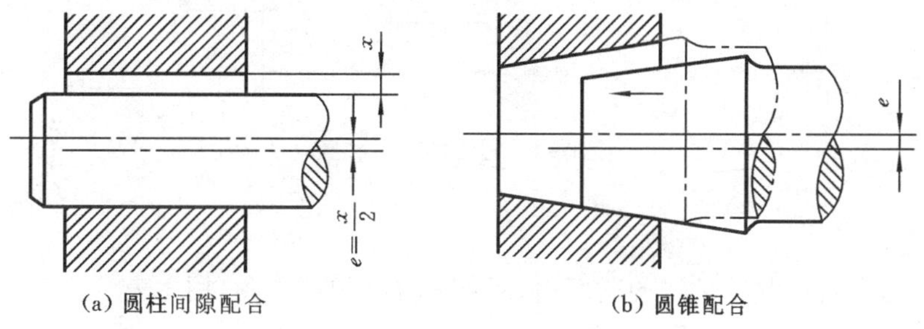

图 7-1 圆柱间隙配合与圆锥配合的比较

2. 配合间隙或过盈可以调整

在圆柱配合中，间隙或过盈的大小不能调整；而在圆锥配合中，间隙或过盈的大小可以通过内、外圆锥的轴向相对移动来调整，且装拆方便。

3. 密封性好

内、外圆锥的表面经过配对研磨后，具有良好的密封性。

虽然圆锥配合有以上优点，但与圆柱配合相比，它结构比较复杂，影响互换性的参数比较多，加工和检测也比较困难，故圆锥配合的应用不如圆柱配合的应用广泛。

二、圆锥配合的种类

1. 间隙配合

间隙配合具有间隙，而且在装配和使用过程中间隙的大小可以调整，常用于有相对运动的机构中，如某些车床主轴的圆锥轴颈与圆锥滑动轴承衬套的配合。

2. 过盈配合

过盈配合具有过盈,能借助相互配合的圆锥面间的自锁,产生较大的摩擦力来传递转矩,如钻头(或铰刀)的圆锥柄与机床主轴圆锥孔的接合、圆锥形摩擦离合器等。

3. 过渡配合

过渡配合接触紧密,间隙为零或存在过盈。它主要用于定心或密封的场合,如锥形旋塞、发动机中气阀和阀座的配合等。采用过渡配合时,通常要将内、外锥配对研磨,故这类配合一般没有互换性。

三、圆锥及圆锥配合的基本参数

1. 圆锥的基本参数

圆锥的基本参数如图7-2所示。

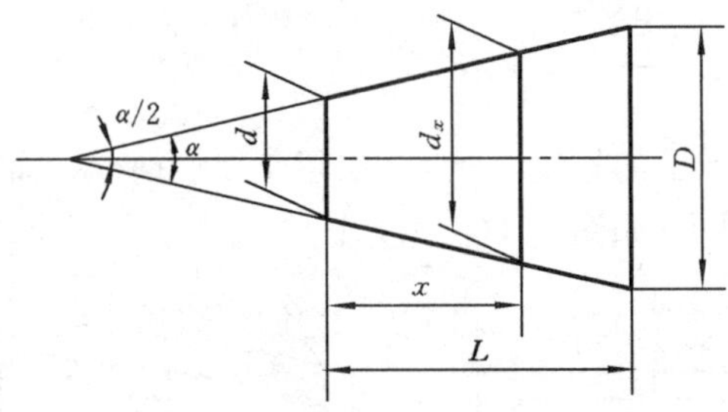

图7-2 圆锥的基本参数

1) 圆锥角

圆锥角是指在通过圆锥轴线的截面内,两条素线之间的夹角,用 α 表示。

2) 圆锥素线角

圆锥素线角是指圆锥素线与圆锥轴线的夹角,等于圆锥角的一半,即 $\alpha/2$。

3) 圆锥直径

圆锥直径是指与圆锥轴线垂直的截面内的直径。圆锥直径包括内、外圆锥的最大直径 D_i、D_e,内、外圆锥的最小直径 d_i、d_e,任意给定截面圆锥直径 d_x(距端面有一定距离)。设计时,一般选用内圆锥最大直径 D_i 或外圆锥最小直径 d_e 作为基本直径。

4) 圆锥长度

圆锥长度是指圆锥最大直径与圆锥最小直径所在截面之间的轴向距离。内、外圆锥的长度分别用 L_i、L_e 表示。

5) 锥度

锥度是指圆锥的最大直径与最小直径之差对圆锥长度之比,用 C 表示,即 $C=(D-d)/L=2\tan\dfrac{\alpha}{2}$。锥度常用比例或分数表示,如 $C=1:20$ 或 $C=1/20$。

2. 圆锥配合的基本参数

圆锥配合的基本参数如图7-3所示。

1) 圆锥配合长度

圆锥配合长度是指内、外圆锥配合面间的轴向距离,用 H 表示。

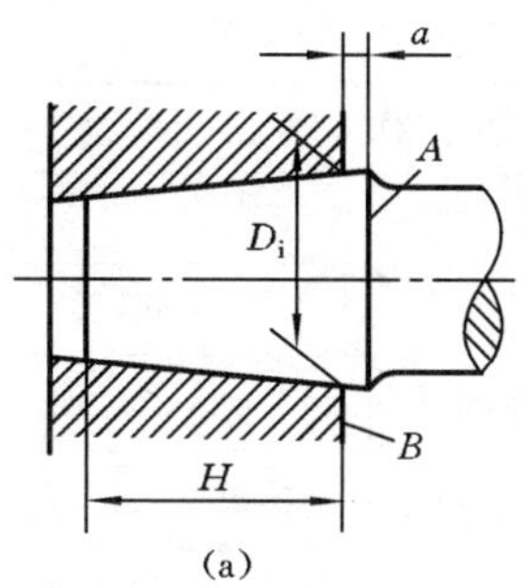

(a)

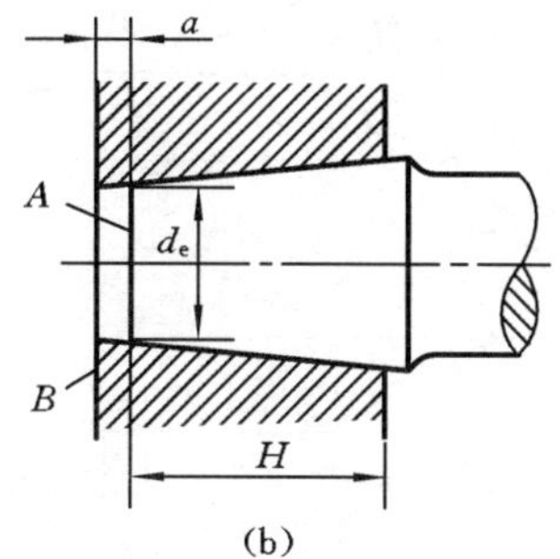

(b)

图 7-3 圆锥配合的基本参数

2）基面距

基面距是指相互接合的内、外圆锥基面间的距离，用 a 表示。基面距用来确定内、外圆锥的轴向相对位置。基面距的位置取决于所指定的基本直径。若以内圆锥最大直径 D_i 为基本直径，则基面距在大端；若以外圆锥最小直径 d_e 为基本直径，则基面距在小端。

四、锥度与锥角系列

为了减少加工圆锥工件所用的专用刀具、量具的种类和规格，满足生产需要，国家标准 GB/T 157—2001规定了一般用途圆锥的锥度与圆锥角系列，如表 7-1 所示。选用时，优先选用系列 1，当不能满足要求时，可选系列 2。国家标准还规定了特殊用途圆锥的锥度与圆锥角系列，如表 7-2 所示。

表 7-1 一般用途圆锥的锥度与圆锥角系列（摘自 GB/T 157—2001）

基本值		推算值			
		圆锥角 α			锥度 C
系列 1	系列 2	(°)(′)(″)	(°)	rad	
120°		—	—	2.094 395 10	1∶0.288 675 1
90°		—	—	1.570 796 33	1∶0.500 000 0
	75°	—	—	1.308 996 94	1∶0.651 612 7
60°		—	—	1.047 197 55	1∶0.866 025 4
45°		—	—	0.785 398 16	1∶1.207 106 8
30°		—	—	0.523 598 78	1∶1.866 025 4
1∶3		18°55′28.719 9″	18.924 644 42°	0.330 297 35	—
	1∶4	14°15′0.117 7″	14.250 032 70°	0.248 709 99	—
1∶5		11°25′16.270 6″	11.421 186 27°	0.199 337 30	—
	1∶6	9°31′38.220 2″	9.527 283 38°	0.166 282 46	—
	1∶7	8°10′16.440 8″	8.171 233 56°	0.142 614 93	—
	1∶8	7°9′9.607 5″	7.152 668 75°	0.124 837 62	—
1∶10		5°43′29.317 6″	5.724 810 45°	0.099 916 79	—

续表

基本值		推算值			
		圆锥角 α			锥度 C
系列1	系列2	(°)(′)(″)	(°)	rad	
	1:12	4°46′18.797 0″	4.771 888 06°	0.083 285 16	—
	1:15	3°49′5.897 5″	3.818 304 87°	0.066 641 99	—
1:20		2°51′51.092 5″	2.864 192 37°	0.049 989 59	—
1:30		1°54′34.857 0″	1.909 682 51°	0.033 330 25	—
1:50		1°8′45.158 6″	1.145 877 40°	0.019 999 33	—
1:100		34′22.630 9″	0.572 953 02°	0.009 999 92	—
1:200		17′11.321 9″	0.286 478 30°	0.004 999 99	—
1:500		6′52.529 5″	0.114 591 52°	0.002 000 00	—

注：系列1中120°～1:3的数值近似按R10/2优先数系列，1:5～1:500的数值近似按R10/3优先数系列(见GB/T 321)。

表7-2 特殊用途圆锥的锥度与圆锥角(摘自GB/T 157—2001)

基本值	推算值				用途
	圆锥角 α			锥度 C	
	(°)(′)(″)	(°)	rad		
11°54′	—	—	0.207 694 18	1:4.797 451 1	纺织机械和附件
8°40′	—	—	0.151 261 87	1:6.598 441 5	
7°	—	—	0.122 173 05	1:8.174 927 7	
1:38	1°30′27.708 0″	1.507 696 67°	0.026 314 27	—	
1:64	0°53′42.822 0″	0.895 228 34°	0.015 624 68	—	
7:24	16°35′39.444 3″	16.594 290 08°	0.289 625 00	1:3.428 571 4	机床主轴工具配合
1:12.262	4°40′12.151 4″	4.670 042 05°	0.081 507 61	—	贾各锥度 No.2
1:12.972	4°24′52.903 9″	4.414 695 52°	0.077 050 97	—	贾各锥度 No.1
1:15.748	3°38′13.442 9″	3.637 067 47°	0.063 478 80	—	贾各锥度 No.33
6:100	3°26′12.177 6″	3.436 716 00°	0.059 982 01	1:16.666 666 7	医疗设备
1:18.779	3°3′1.207 0″	3.050 335 27°	0.053 238 39	—	贾各锥度 No.3

续表

基本值	推算值				用途
	圆锥角 α			锥度 C	
	(°)(′)(″)	(°)	rad		
1:19.002	3°0′52.395 6″	3.014 554 34°	0.052 613 90	—	莫氏锥度 No.5
1:19.180	2°59′11.725 8″	2.986 590 50°	0.052 125 84	—	莫氏锥度 No.6
1:19.212	2°58′53.825 5″	2.981 618 20°	0.052 039 05	—	莫氏锥度 No.0
1:19.254	2°58′30.421 7″	2.975 117 13°	0.051 925 59	—	莫氏锥度 No.4
1:19.264	2°58′24.864 4″	2.973 573 43°	0.051 898 65	—	贾各锥度 No.6
1:19.922	2°52′31.446 3″	2.875 401 76°	0.050 185 23	—	莫氏锥度 No.3
1:20.020	2°51′40.796 0″	2.861 332 23°	0.049 939 67	—	莫氏锥度 No.2
1:20.047	2°51′26.928 3″	2.857 480 08°	0.049 872 44	—	莫氏锥度 No.1
1:20.288	2°49′24.780 2″	2.823 550 06°	0.049 280 25	—	贾各锥度 No.0
1:23.904	2°23′47.624 4″	2.396 562 32°	0.041 827 90	—	布朗夏普锥度 No.1 至 No.3
1:28	2°2′45.817 4″	2.046 060 38°	0.035 710 49	—	复苏器(医用)
1:36	1°35′29.209 6″	1.591 447 11°	0.027 775 99	—	麻醉器具
1:40	1°25′56.351 6″	1.432 319 89°	0.024 998 70	—	

五、圆锥配合的误差分析

1. 直径误差的影响

直径误差影响圆锥配合的实际初始位置，影响装配后的基面距。设以内圆锥最大直径 D_i 为基本直径，基面距在大端。若圆锥角不存在误差，只有内、外圆锥直径误差 ΔD_i、ΔD_e(见图 7-4)，则内、外圆锥对接触均匀性没有影响，但对基面距有影响。基面距偏差为

$$\Delta a' = \frac{\Delta D_e - \Delta D_i}{2\tan\frac{\alpha}{2}} = \frac{1}{C}(\Delta D_e - \Delta D_i) \tag{7-1}$$

当 $\Delta D_i > \Delta D_e$ 时，$\Delta a'$ 为负值，基面距减小；反之，基面距增大，如图 7-4(b)所示。

2. 圆锥角误差的影响

设以内圆锥最大直径 D_i 为基本直径，基面距在大端，内、外圆锥大端直径均无误差，只有圆锥角误差 $\Delta\alpha_i$、$\Delta\alpha_e$，且 $\Delta\alpha_i \neq \Delta\alpha_e$，如图 7-5 所示。

当 $\Delta\alpha_i < \Delta\alpha_e$，即 $\alpha_i < \alpha_e$ 时，内、外圆锥在大端接触，它们对基面距的影响很小，可忽略不计。但内、外圆锥在大端局部接触，接触面积小，将使磨损加剧，且可能导致内、外圆锥相对倾斜，影响使用性能。

当 $\Delta\alpha_i > \Delta\alpha_e$，即 $\alpha_i > \alpha_e$ 时，内、外圆锥在小端接触，不但影响接触均匀性，而且影响位移型圆锥配合的基面距。设由此而产生的基面距的变化量为 $\Delta a''$，由 $\triangle EFG$ 可得

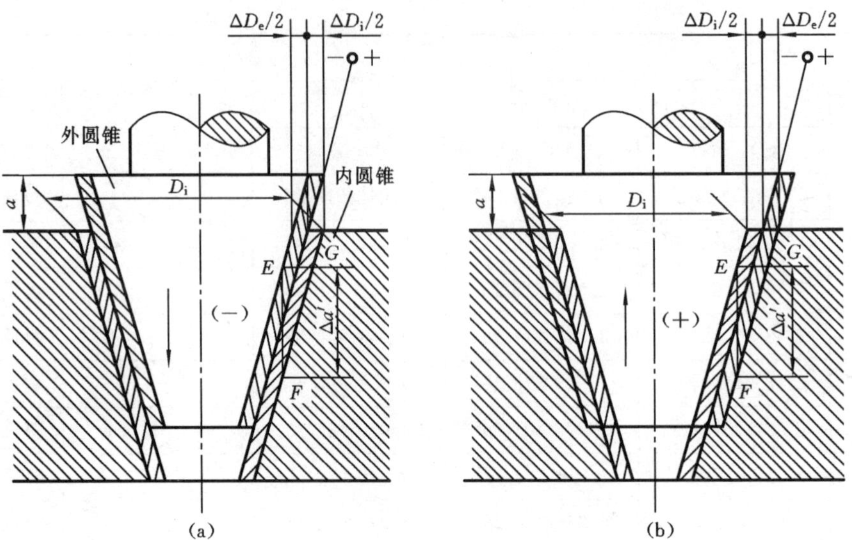

图 7-4　直径误差对基面距的影响

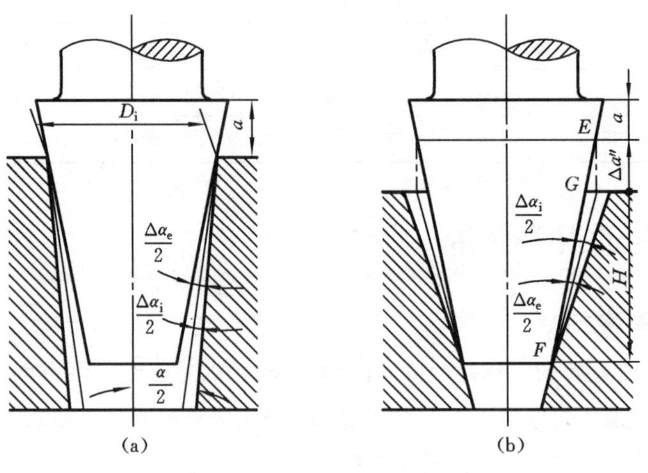

图 7-5　圆锥角误差的影响

$$\Delta a'' = EG = \frac{FG\sin\left(\frac{\alpha_i}{2}-\frac{\alpha_e}{2}\right)}{\sin\frac{\alpha_e}{2}} = \frac{H\sin\left(\frac{\alpha_i}{2}-\frac{\alpha_e}{2}\right)}{\sin\frac{\alpha_e}{2}\cos\frac{\alpha_i}{2}} \tag{7-2}$$

由于角度很小,故 $\cos\frac{\alpha_i}{2}\approx\cos\frac{\alpha}{2}$,$\sin\frac{\alpha_e}{2}\approx\sin\frac{\alpha}{2}$,$\sin\left(\frac{\alpha_i}{2}-\frac{\alpha_e}{2}\right)\approx\frac{\alpha_i}{2}-\frac{\alpha_e}{2}$,将角度单位化成“′”(1′=0.000 3 rad),则有

$$\Delta a'' = \frac{0.000\,6H\left(\frac{\alpha_i}{2}-\frac{\alpha_e}{2}\right)}{\sin\alpha} \tag{7-3}$$

当圆锥角较小时,还可认为 $\sin\alpha\approx 2\tan\frac{\alpha}{2}=C$,则

$$\Delta a'' = \frac{0.0006H\left(\frac{\alpha_i}{2} - \frac{\alpha_e}{2}\right)}{C} \tag{7-4}$$

一般情况下，直径误差和圆锥角误差同时存在，当 $\alpha_i > \alpha_e$ 时，对于位移型圆锥配合，基面距的最大可能变动量为

$$\Delta a = \Delta a' + \Delta a'' = \frac{1}{C}\left[(\Delta D_e - \Delta D_i) + 0.0006H\left(\frac{\alpha_i}{2} - \frac{\alpha_e}{2}\right)\right] \tag{7-5}$$

(1) 定心与密封效果。定心与密封效果主要依靠配合圆锥的内、外表面的有效贴合面积来保证，这关系到配合圆锥的形状误差和圆锥角误差。在加工中，尽管圆锥角误差控制在圆锥角公差范围内，如果刀具加工圆锥时安装高度没有严格对准设备的轴线，则圆锥素线会出现双曲线现象，影响有效贴合面积。圆锥角偏差过大属于配合的致命缺陷，圆锥角的公差带很能说明这一点，不仅密封不了，也起不到定位作用。

(2) 配合性质。无论是结构型配合还是位移型配合，都是以一定的基面距来衡量实际效果的。基面距在配合设计时确定，但配合的基面距是否符合设计要求，要由内、外圆锥表面相贴合时的初始位置确定，影响初始位置的是直径误差和圆锥角误差。

(3) 贴合均匀性。圆锥配合除起导向、定心作用外，更主要的是传递转矩。贴合的有效面积足够且均匀是转矩传递的有效保证，只有具有足够的配合精度及可靠的配合效果，圆锥配合才能完成设计赋予它的效能。影响贴合均匀性的因素有素线直线度误差、截面圆度误差及表面粗糙度。

对于用于配合的圆锥工件，直径误差、圆锥角误差、形状(素线直线度、截面圆度)误差、表面粗糙度都是必须严格控制的。对于尺寸较大的圆锥工件，在加工时可采用用万能角度游标尺、专用角度卡板进行检测等方法控制圆锥角，用刀口尺检查素线的直线度。而对于尺寸较小的圆锥工件，一般采用光滑圆锥量规进行测量。量规上的标记(刻线或台阶面)是为控制圆锥的综合误差而配置的，检查时如果量规与圆锥工件的有效贴合面积达到 70%，一般可认为圆锥角误差、形状误差基本符合设计要求。为保证更好的使用效果，有效贴合面积取至 90%也不是太难的事。一般用途的配合圆锥的表面粗糙度 Ra 应为 0.5～0.2 μm。对于批量生产的圆锥，以铰削加工或磨削加工去保证各种参数的精度是最有效的手段。对于燃气阀的圆锥配合，不适用互换性，必须对内、外锥体进行配对精细研磨。

7.2 圆锥公差及其确定

一、圆锥公差项目

《产品几何量技术规范(GPS) 圆锥公差》(GB/T 11334—2005)适用于锥度为1:3～1:500，长度为 6～630 mm 的光滑圆锥(即对锥齿轮、锥螺纹等不适用)。该标准中规定了四个圆锥公差项目。

1. 圆锥直径公差 T_D

圆锥直径公差 T_D 是指圆锥直径的允许变动量。它适用于圆锥全长，公差带为两个极限圆锥所限定的区域。极限圆锥是上、下极限圆锥的统称，它们与基本圆锥共轴且圆锥角相等，在垂

直于轴线的任意截面上两圆锥的直径差相等,如图 7-6 所示。

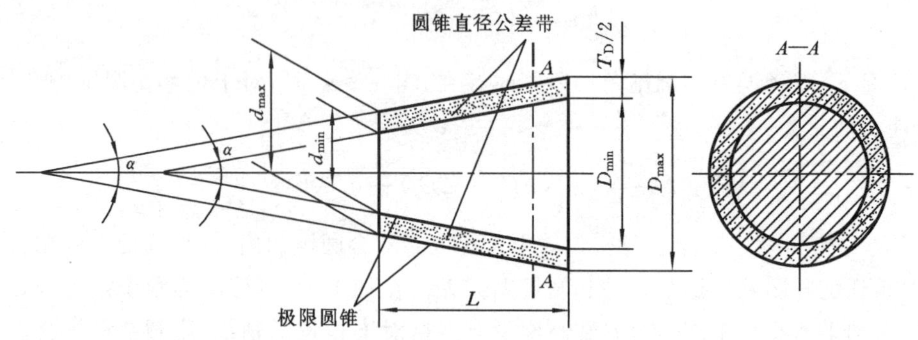

图 7-6　圆锥直径公差带

为了统一公差标准,对圆锥直径公差带的标准公差和基本偏差都没有专门制定标准,而是从《产品几何技术规范(GPS)　极限与配合　第 1 部分:公差、偏差和配合的基础》(GB/T 1800.1—2009)中选取。

2. 圆锥角公差 AT

圆锥角公差 AT 是指圆锥角的允许变动量,以弧度或角度为单位时用 AT_α 表示,以长度为单位时用 AT_D 表示。

圆锥角公差带是两个极限圆锥角所限定的区域。极限圆锥角是指允许的最大圆锥角 α_{max} 和最小圆锥角 α_{min}(见图 7-7)。

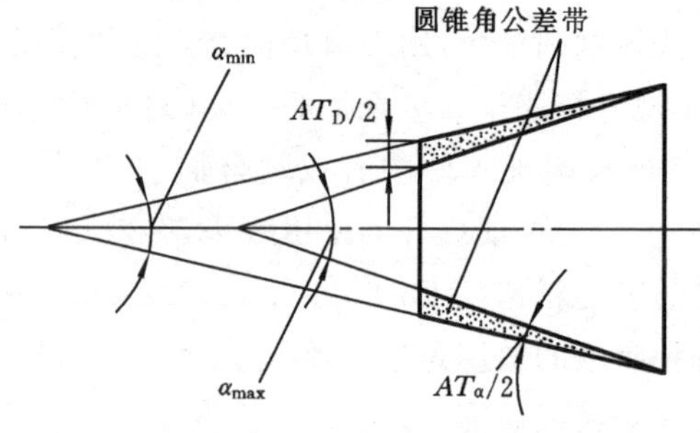

图 7-7　圆锥角公差带

GB/T 11334—2005 对圆锥角公差规定了 12 个等级,其中 $AT1$ 为最高公差等级,其余依次降低。$AT4$~$AT9$ 级圆锥角公差数值如表 7-3 所示。表中每一圆锥角公差等级的 AT_α 值是随着公称圆锥长度 L 的增大而减小的,因为根据实验,圆锥角的加工误差是随 L 的增大而减小的。表 7-3 中,在每一公称圆锥长度 L 的尺寸段内,当公差等级一定时,AT_α 为一定值,对应 AT_D 随长度的不同而变化。

$$AT_D = AT_\alpha \times L \times 10^{-3} \tag{7-6}$$

式中,AT_α 的单位为 μrad,AT_D 的单位为 μm,L 的单位为 mm。1 μrad 等于半径为 1 m、弧长为 1 μm 所对应的圆心角。微弧度与分、秒的关系为 5 μrad≈1″,300 μrad≈1′。

表 7-3 **$AT4$～$AT8$ 级圆锥角公差数值**(摘自 GB/T 11334—2005)

公称圆锥长度 L/mm		圆锥角公差等级								
		$AT4$			$AT5$			$AT6$		
		AT_α		AT_D	AT_α		AT_D	AT_α		AT_D
大于	至	(μrad)	(″)	(μm)	(μrad)	(″)	(μm)	(μrad)	(″)	(μm)
16	25	125	26	>2.0～3.2	200	41	>3.2～5.0	315	65	>5.0～8.0
25	40	100	21	>2.5～4.0	160	33	>4.0～6.3	250	52	>6.3～10.0
40	63	80	16	>3.2～5.0	125	26	>5.0～8.0	200	41	>8.0～12.5
63	100	63	13	>4.0～6.3	100	21	>6.3～10.0	160	33	>10.0～16.0
100	160	50	10	>5.0～8.0	80	16	>8.0～12.5	125	26	>12.5～20.0
公称圆锥长度 L/mm		圆锥角公差等级								
		$AT7$			$AT8$			$AT9$		
		AT_α		AT_D	AT_α		AT_D	AT_α		AT_D
大于	至	(μrad)	(′)(″)	(μm)	(μrad)	(′)(″)	(μm)	(μrad)	(′)(″)	(μm)
16	25	500	1′43″	>8.0～12.5	800	2′45″	>12.5～20.0	1 250	4′18″	>20～32
25	40	400	1′22″	>10.0～16.0	630	2′10″	>16.0～20.5	1 000	3′26″	>25～40
40	63	315	1′05″	>12.5～20.0	500	1′43″	>20.0～32.0	800	2′45″	>32～50
63	100	250	52″	>16.0～25.0	400	1′22″	>25.3～40.0	630	2′10″	>40～63
100	160	200	41″	>20.0～32.0	315	1′05″	>32.0～50.0	500	1′43″	>50～80

例如，当 $L=100$ mm，AT_α 为 9 级时，查表 7-3 得 $AT_\alpha=630$ μrad 或 2′10″，$AT_D=63$ μm。若 $L=80$ mm，AT_α 仍为 9 级，则有 $AT_D=(630\times80\times10^{-3})$ μm$=50.4$ μm≈50.0 μm。

3. 给定截面圆锥直径公差 T_{DS}

给定截面圆锥直径公差 T_{DS} 是指在垂直于圆锥轴线的给定截面内圆锥直径的允许变动量，如图 7-8 所示。它仅适用于该给定截面的圆锥直径。给定截面圆锥直径公差带是在给定的截面内两同心圆所限定的区域。

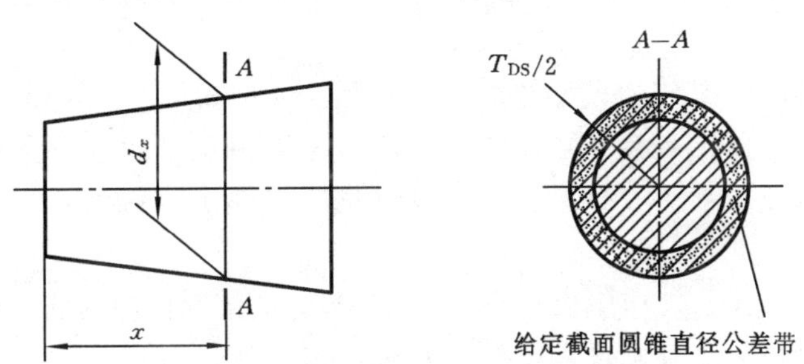

图 7-8 给定截面圆锥直径公差带

给定截面圆锥直径公差带所限定的是平面区域，而圆锥直径公差带限定的是空间区域，两者是不同的。

4. 圆锥的形状公差 T_F

圆锥的形状公差包括素线直线度公差和截面圆度公差等。T_F 的数值从《形状和位置公差未注公差值》(GB/T 1184—1996)中选取。

二、圆锥公差的给定方法

对于一个具体的圆锥工件,并不需要给定上述四项公差,而是根据工件的不同要求来给公差项目。

GB/T 11334—2005 中规定了两种圆锥公差的给定方法。

第一种圆锥公差给定方法:给出圆锥的理论正确圆锥角 α(或锥度 C)和圆锥直径公差 T_D,由 T_D 确定两个极限圆锥。此时,圆锥角误差和圆锥的形状误差均应在极限圆锥所限定的区域内。当对圆锥角公差、圆锥的形状公差有更高的要求时,可再给出圆锥角公差 AT、圆锥的形状公差 T_F,此时,AT、T_F 仅占 T_D 的一部分。

这一种方法通常适用于有配合要求的内、外圆锥。

第二种圆锥公差给定方法:给出给定截面圆锥直径公差 T_{DS} 和圆锥角公差 AT,此时,T_{DS} 和 AT 是独立的,应分别满足要求。当对圆锥的形状公差有更高的要求时,可再给出圆锥的形状公差。

这一种方法通常适用于对给定圆锥截面直径有较高要求的情况。例如,在某些阀类零件中,两个相互接合的圆锥在规定截面上要求接触良好,以保证密封性。

三、圆锥公差的选用

由于有配合要求的圆锥公差通常以第一种方法给定,所以,本节主要介绍在该种情况下圆锥公差的选用。

1. 直径公差的选用

对于结构型圆锥配合,直径误差主要影响实际配合间隙或过盈。选用时,可与圆柱配合一样,根据配合公差 T_{DP} 来确定内、外圆锥直径公差 T_{Di}、T_{De}。

$$\left.\begin{aligned} T_{DP} &= S_{max} - S_{min} = \delta_{max} - \delta_{min} = S_{max} + \delta_{max} \\ T_{DP} &= T_{Di} + T_{De} \end{aligned}\right\} \tag{7-7}$$

上述公式中,S、δ 分别表示配合间隙、配合过盈。为了保证配合精度,直径公差一般不低于 9 级。

GB/T 12360—2005 推荐结构型圆锥配合优先采用基孔制,外圆锥直径基本偏差一般在 d～zc中选取。

【例 7-1】 某圆锥根据传递转矩的需要,最大过盈量 $\delta_{max}=159\ \mu m$,最小过盈量 $\delta_{min}=70\ \mu m$,基本直径为 100 mm,锥度 $C=1:50$,试确定其内、外圆锥的直径公差代号。

解:圆锥配合公差 $T_{DP}=\delta_{max}-\delta_{min}=(159-70)\ \mu m=89\ \mu m$

因为 $T_{DP}=T_{Di}+T_{De}$

查 GB/T 1800.1—2009,IT7+IT8=89 μm,一般孔的精度比轴的低一级,故取内圆锥直径公差为 $\phi 100H8(^{+0.054}_{0})$ mm,外圆锥直径公差为 $\phi 100u7(^{+0.159}_{+0.124})$ mm。

2. 圆锥角公差的选用

按国家标准规定的圆锥公差的第一种给定方法,圆锥角误差限制在两个极限圆锥范围内,可不另给圆锥角公差。$L=100$ mm 时,圆锥直径公差 T_D 可限制的最大圆锥角误差如表 7-4 所示。当 $L\neq 100$ mm 时,应将表中数值乘以 $100/L$(L 的单位为 mm)。如果对圆锥角有更高的要求,可另给出圆锥角公差。

表 7-4 $L=100$ mm 时，圆锥直径公差 T_D 所限制的最大圆锥角误差 $\Delta\alpha_{max}$（摘自 GB/T 11334—2005）

圆锥直径公差等级	圆锥直径/mm												
	≤13	>3 ~6	>6 ~10	>10 ~18	>18 ~30	>30 ~50	>50 ~80	>80 ~120	>120 ~180	>180 ~250	>250 ~315	>315 ~400	>400 ~500
	$\Delta\alpha_{max}/\mu$rad												
IT4	30	40	40	50	60	70	80	100	120	140	160	180	200
IT5	40	50	60	80	90	110	130	150	180	200	230	250	270
IT6	60	80	90	110	130	160	190	220	250	290	320	360	400
IT7	100	120	150	180	210	250	300	350	400	460	520	570	630
IT8	140	180	220	270	330	390	460	540	630	720	810	890	970
IT9	250	300	360	430	520	620	740	870	1 000	1 150	1 300	1 400	1 550
IT10	400	480	580	700	840	1 000	1 200	1 400	1 600	1 850	2 100	2 300	2 500

对于国家标准规定的圆锥角的 12 个公差等级，适用范围大体如下。

① $AT1 \sim AT5$：用于高精度的圆锥量规、角度样板等。

② $AT6 \sim AT8$：用于工具圆锥和传递大力矩的摩擦锥体、锥销等。

③ $AT8 \sim AT10$：用于中等精度锥体或角度零件。

④ $AT11 \sim AT12$：用于低精度零件。

从加工角度考虑，角度公差 AT 的等级与相应的 IT 公差等级有大体相当的加工难度。如 $AT6$ 级与 IT6 级加工难度大体相当。

圆锥角极限偏差可按单向（$\alpha + AT$ 或 $\alpha - AT$）或双向取。双向取时，可以对称取 $\left(\alpha \pm \frac{AT}{2}\right)$，也可以不对称取。

对有配合要求的圆锥，内、外圆锥角极限偏差的方向及组合影响初始接触部位和基面距，选用时必须考虑。若对初始接触部位和基面距无特殊要求，只要求贴合均匀性，内、外圆锥角极限偏差方向应尽量一致。

四、圆锥公差的标注

《技术制图　圆锥的尺寸和公差注法》（GB/T 15754—1995）在正文里规定，通常圆锥公差应按面轮廓度法标注，必要时还可给出附加的几何公差要求，如图 7-9(a)和图 7-10(a)所示，它们的公差带分别如图 7-9(b)和图 7-10(b)所示，附加的几何公差只占面轮廓度公差的一部分。

此外，该标准还在附录中规定了两种标注方法。

1）*基本锥度法*

基本锥度法与 GB/T 11334—2005 中第一种圆锥公差给定方法一致，图 7-11(a)所示为标注示例，图 7-11(b)所示为其公差带。

2）*公差锥度法*

公差锥度法与 GB/T 11334—2005 中第二种圆锥公差给定方法一致，图 7-12 所示为标注示例及其公差带。

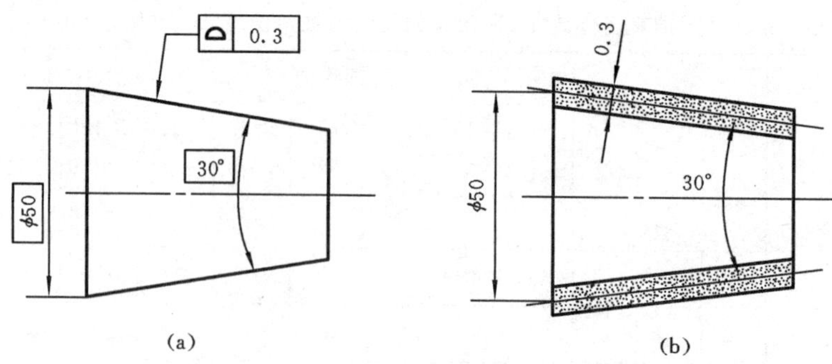

图 7-9 圆锥公差标注示例及其公差带(一)

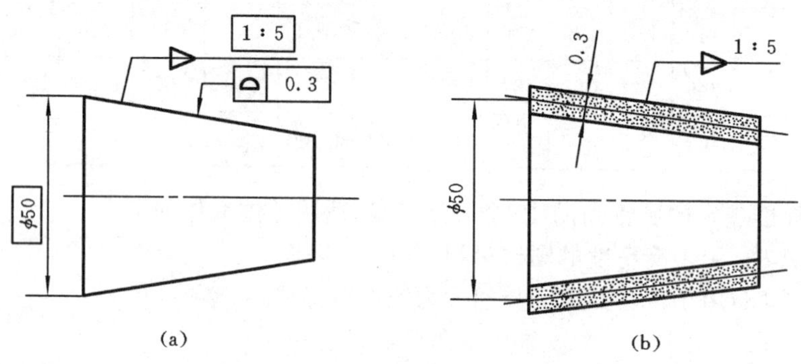

图 7-10 圆锥公差标注示例及其公差带(二)

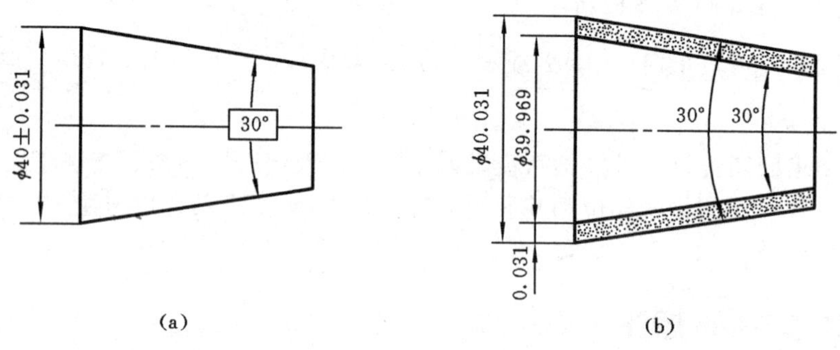

图 7-11 圆锥公差标注示例及其公差带(三)

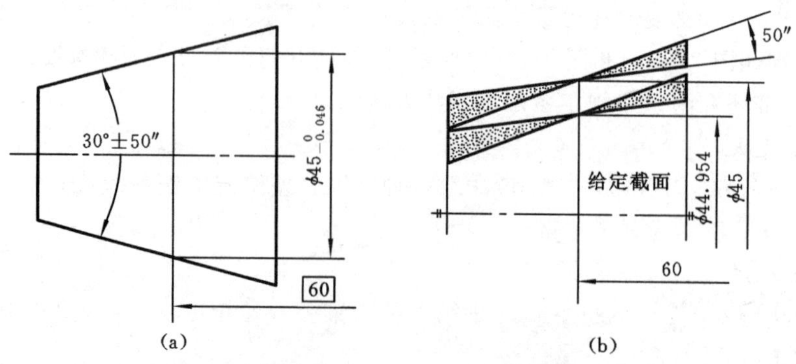

图 7-12 圆锥公差标注示例及其公差带(四)

7.3 角度及角度公差

一、基本概念

除圆锥外的其他带角度的几何体可统称为棱体。棱体是指由两个相交平面与一定尺寸所限定的几何体。

具有较小角度的棱体可称为楔;具有较大角度的棱体可称为 V 形体或燕尾体。相交的平面称为棱面,棱面的交线称为棱。

棱体的主要几何参数如下。

1. 棱体角 β

两相交棱面形成的两面角为棱体角 β。

2. 棱体厚

平行于棱并垂直于棱体中心平面 E_M(平分棱体角的平面)的截面与两棱面交线之间的距离为棱体厚。常用的棱体厚有最大棱体厚 T 和最小棱体厚 t。

3. 棱体高

平行于棱并垂直于一个棱面的截面与两棱面交线之间的距离为棱体高。常用的棱体高有最大棱体高 H 和最小棱体高 h。

4. 斜度 S

棱体高之差与平行于棱并垂直于一个棱面的两截面之间的距离之比为斜度 S,即

$$S = \frac{H-h}{L} \tag{7-8}$$

斜度 S 与棱体角 β 的关系为

$$S = \tan\beta = 1:\cot\beta \tag{7-9}$$

5. 比率 C_p

棱体厚之差与平行于棱并垂直于棱体中心平面的两个截面之间的距离之比称为比率 C_p,即

$$C_p = \frac{T-t}{L} \tag{7-10}$$

比率 C_p 与棱体角 β 的关系为

$$C_p = 2\tan\frac{\beta}{2} = 1:\frac{1}{2}\cos\frac{\beta}{2} \tag{7-11}$$

二、棱体的角度与斜度系列

《产品几何量技术规范(GPS)　棱体的角度与斜度系列》(GB/T 4096—2001)中规定了 25 种一般用途棱体的角度与斜度(见表7-5)和 4 种特殊用途棱体的角度与斜度(见表 7-6)。

一般用途棱体的角度与斜度,优先选用系列 1,当系列 1 不能满足需要时,选用系列 2。

特殊用途棱体的角度与斜度,通常只适用于表中用途栏所指的适用范围。GB/T 11334—2005 中规定的圆锥角的公差数值同样适用于棱体角,此时以角度短边长度作为公称圆锥长度。

表 7-5　一般用途棱体的角度与斜度

基本值			推算值		
系列 1	系列 2	S	C_p	S	β
120°	—	—	1∶0.288 675	—	—
90°	—	—	1∶0.500 000	—	—
—	75°	—	1∶0.651 613	1∶0.267 949	—
60°	—	—	1∶0.866 025	1∶0.577 350	—
45°	—	—	1∶1.207 107	1∶1.000 000	—
—	40°	—	1∶1.373 739	1∶1.191 754	—
30°	—	—	1∶1.866 025	1∶1.732 051	—
20°	—	—	1∶2.835 641	1∶2.747 477	—
15°	—	—	1∶3.797 877	1∶3.732 051	—
—	10°	—	1∶5.715 026	1∶5.671 282	—
—	8°	—	1∶7.150 333	1∶7.115 370	—
—	7°	—	1∶8.174 928	1∶8.144 346	—
—	6°	—	1∶9.540 568	1∶9.514 364	—
—	—	1∶10	—	—	5°42′38.1″
5°	—	—	1∶11.451 883	1∶11.430 052	—
—	4°	—	1∶14.318 127	1∶14.300 666	—
—	3°	—	1∶19.094 230	1∶19.081 137	—
—	—	1∶20	—	—	2°51′44.7″
—	2°	—	1∶28.644 981	1∶28.636 253	—
—	—	1∶50	—	—	1°8′44.7″
—	1°	—	1∶57.294 325	1∶57.289 962	—
—	—	1∶100	—	—	34′22.6″
—	0°30′	—	1∶114.590 832	1∶114.588 650	—
—	—	1∶200	—	—	17′11.3″
—	—	1∶500	—	—	6′52.5″

表 7-6　特殊用途棱体的棱体角与斜度

基本值	推算值	用途
棱体角 β	比率 C_p	
108°	1∶0.363 271	V形体
72°	1∶0.688 191	V形体
55°	1∶0.960 491	燕尾体
50°	1∶1.072 253	燕尾体

三、未注公差角度的极限偏差

GB/T 1804—2000 对金属切削加工的圆锥角和棱体角，包括在图样上注出的角度和通常不需要标注的角度（如 90°等）规定了未注公差角度的极限偏差（见表 7-7）。该极限偏差应为一般工艺方法可以达到的精度。应用时，可根据不同产品的需要，从标准中所规定的四个未注公差角度的公差等级中选取合适的等级。

未注公差角度的公差等级在图样或技术文件上用标准号和公差等级表示。例如，选用中等级时，则表示为 GB/T 1804—m。

表 7-7 未注公差角度的极限偏差（摘自 GB/T 1804—2000）

公差等级	长度/mm[①]				
	≤10	>10～50	>50～120	>120～400	>400
f（精密级） m（中等级）	±1°	±30′	±20′	±10′	±5′
c（粗糙级）	±1°30′	±1°	±30′	±15′	±10′
v（最粗级）	±3°	±2°	±1°	±30′	±20′

注：① 对于角度，指短边长度；对于圆锥角，指圆锥素线长度。

7.4 角度和锥度的检测

一、比较检测法

比较检测法的实质是将角度量具或锥度量具与被测角度或被测锥度相比较，用光隙法或涂色法估计出被测角度或被测锥度的偏差，或者判断被测角度或被测锥度是否在允许的公差范围之内。

比较检测法常用的角度量具有角度量块、角度样板、90°角尺和圆锥量规等。

角度量块（见图 7-13）是角度测量中的标准量具，用来检定和调整一般精度的测角仪器和量具，也可直接用于检验精度高的工件。

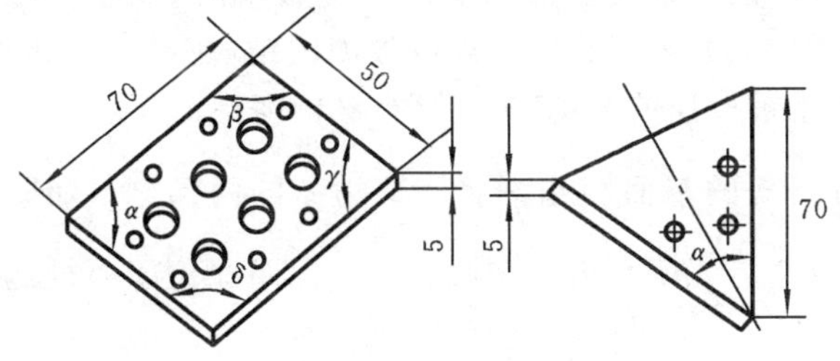

图 7-13 角度量块

角度样板（见图 7-14）是根据被测角度的两个极限角值制成的，因此包括通端角度样板和止端角度样板两种。检验工件角度时，若用通端角度样板，光线从角顶到角底逐渐增多；若用止端角度样板，光线从角顶到角底逐渐减少。这就表明，被测角度的实际值在规定的两个极限角值范围内,被测角度合格,反之,则不合格。

90°角尺(见图7-15)的公称角度为90°。用90°角尺检验工件的直角偏差时,是通过目测光隙或用塞尺来确定偏差大小的。

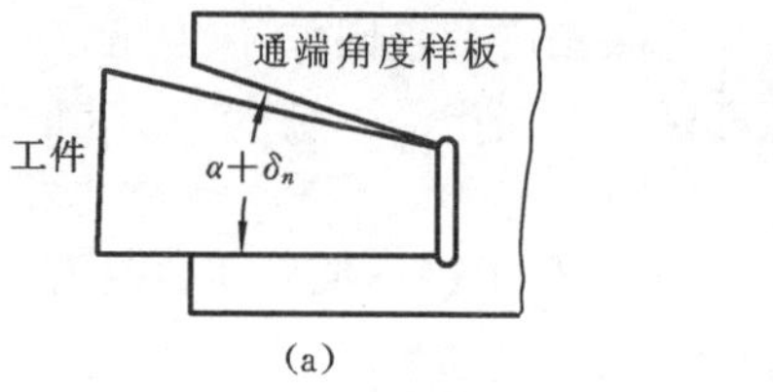

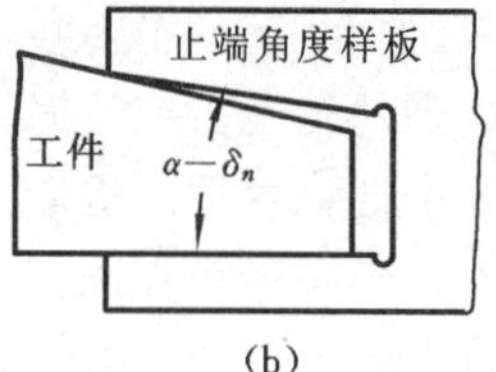

图7-14　角度样板

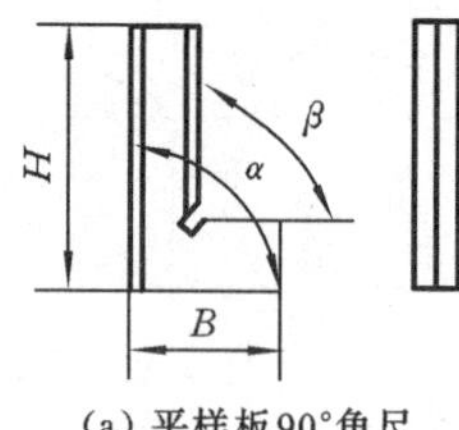

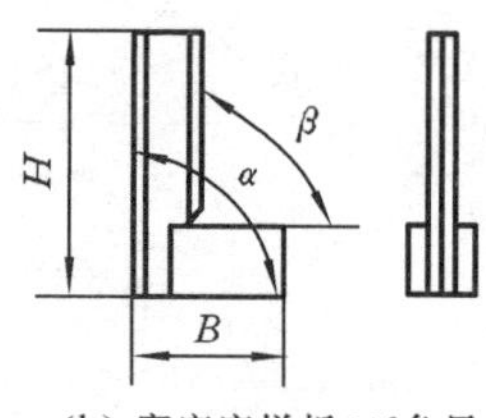

图7-15　90°角尺

圆锥量规(见图7-16)用来检验内、外圆锥的锥度和直径偏差。检验内圆锥时,用圆锥塞规;检验外圆锥时,用圆锥环规。

图7-16　圆锥量规

检验时,先在量规圆锥面的素线全长上涂3～4条极薄的显示剂,然后将量规测量面与被测圆锥面轻轻接触,稍加轴向力并来回旋转量规或被测圆锥,注意来回转角应小于180°。根据被测圆锥上的着色或量规上被擦掉的痕迹,来判断被测锥度是否合格。圆锥量规还可用来检验被测圆锥的直径偏差。在量规的基面距端刻有距离为z的两条刻线(或小台阶),$z=\frac{T_D}{c}\times10^{-3}$($T_D$为圆锥直径公差,单位为μm)。若被测圆锥的基面距端位于量规的两刻线之间,则表示被测圆锥的直径合格。

二、绝对测量法

角度的绝对测量法就是指直接从量具上读出被测角度的一种测量方法。对于精度不高的工件,常用万能角度尺进行角度的测量;对于精度较高的零件,用工具显微镜、光学测角仪、光学分度头等仪器测量角度。

光学分度头是用得较多的仪器，多用于测量工件（如花键、齿轮、铣刀等）的分度中心角。它的测量范围为 0°～360°，分度值有多种。图 7-17 所示为分度值为 10″的光学分度头的光学系统图。

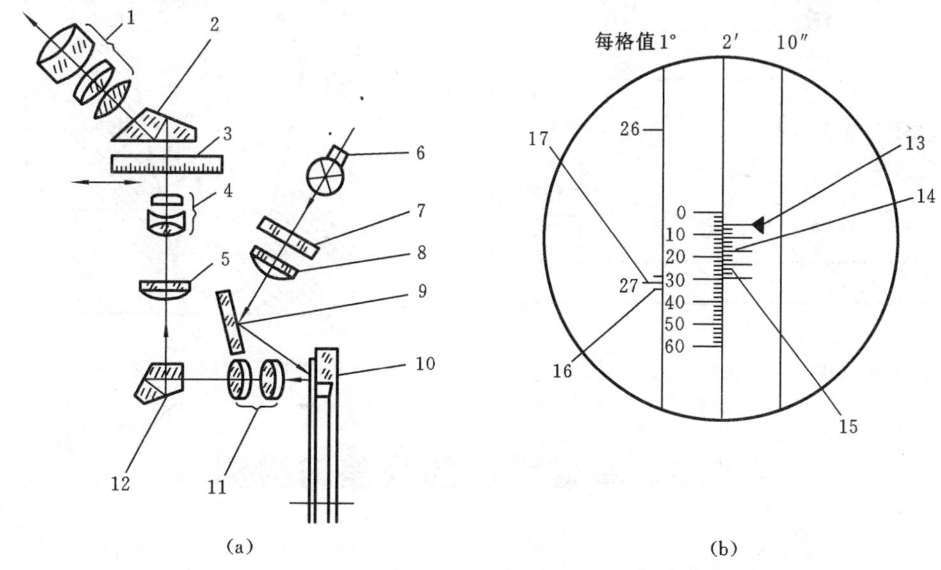

图 7-17 分度值为 10″的光学分度头的光学系统图

1—目镜；2，12—棱镜；3—分值分划板；4—后组物镜；5—秒值分划板；6—光源；
7—滤光片；8—聚光镜；9—反射镜；10—玻璃分度盘；11—前组物镜；
13—三角形指标；14—连通亮线；15—秒值刻线；16—双刻线；17—度值刻线

光源 6 发出的光线经滤光片 7、聚光镜 8 到反射镜 9，反射照亮主轴上分度值为 1°的玻璃分度盘 10（测量时，主轴与玻璃分度盘和被测工件同步旋转），玻璃分度盘 10 上的刻线影像投射到前组物镜 11，经棱镜 12 成像在秒值分划板 5 的刻线表面上，然后连同秒值刻线影像一起经后组物镜 4 成像在分值分划板 3 的刻线表面上。通过目镜 1 可以同时观察到度、分和秒值刻线的影像。图 7-17(b)所示为光学分度头读数装置的视场。读数时：先通过手轮使双刻线 16 和分值分划板 3 一起转动，以使临近的度值刻线 17 准确地套在双线中间，读取“度”值；在三角形指标 13 的指示处读取“分”值；“秒”值通过分值刻线和秒值刻线 15 光亮的连通亮线在秒值刻线上读取。

三、间接测量法

间接测量法是指通过测量与被测锥度或被测角度有关的尺寸，按几何关系换算出被测锥度或被测角度的一种测量方法。图 7-18 所示是用正弦规测量外圆锥锥度。测量前先按公式 $h=L\sin\alpha$（式中 α 为公称圆锥角，L 为正弦规两圆柱中心距），计算并组合量块组，然后按图进行测量。工件锥度偏差为

$$\Delta C=\frac{h_a-h_b}{l} \tag{7-12}$$

式中 h_a、h_b——分别为指示表中 a、b 两点的读数；

l——a、b 两点间的距离。

图 7-19 所示为用不同直径的钢球测量内圆锥锥度。被测锥度为

$$\sin\frac{\alpha}{2}=\frac{D_0-d_0}{2(H-h)+d_0-D_0} \tag{7-13}$$

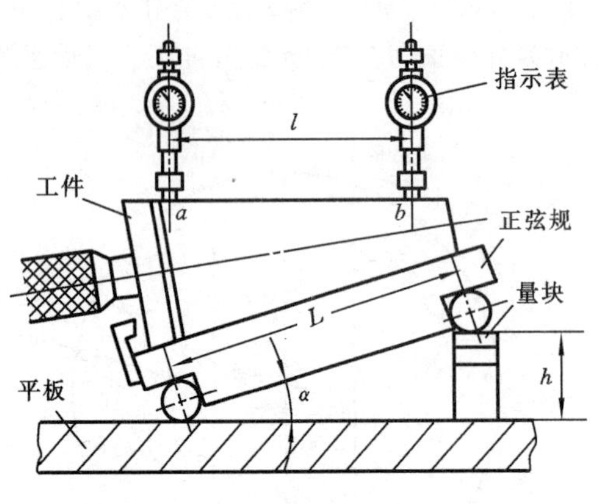

图 7-18　用正弦规测量外圆锥锥度

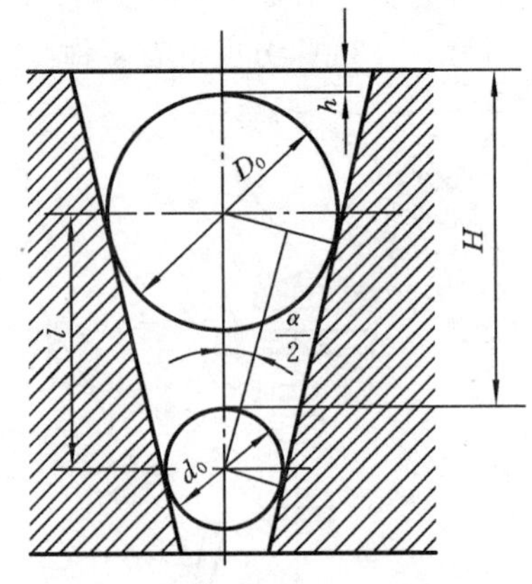

图 7-19　用钢球测量内圆锥锥度

7.5　单键结合的公差与检测

单键连接广泛用于轴与轴上传动零件(如齿轮、带轮、手轮等)之间的连接,用于传递扭矩并兼起导向作用。

单键(通常称键)的类型有平键、半圆键、楔键和切向键几种,应用最广的是平键。这里只讨论平键的公差与检测。

一、平键连接的结构和主要几何参数

平键连接主要靠键的侧面与轴槽和毂槽侧面相互接触来传递扭矩,键的上表面与轮毂键槽间留有一定的间隙。平键连接及几何参数如图 7-20 所示。

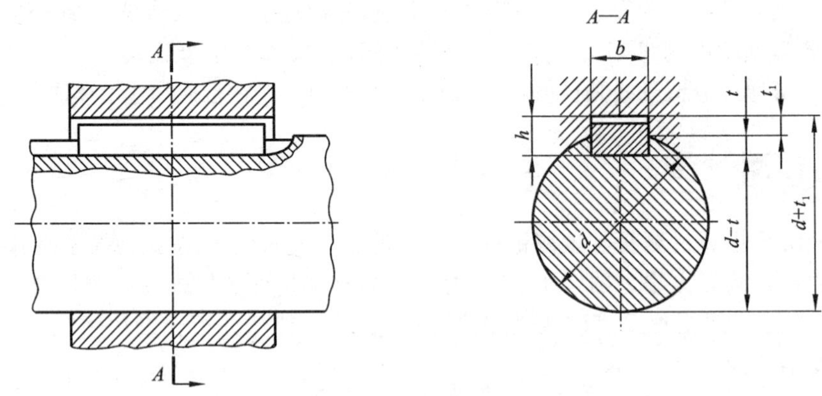

图 7-20　平键连接及几何参数

在图 7-20 中,b 为键和键槽(包括轴槽和毂槽)的宽度,t 和 t_1 分别为轴槽和毂槽的深度,h 为键的高度,d 为轴和轮毂孔直径。

轴的直径是平键连接的主参数,轴的直径确定后,平键的其他规格参数也就根据轴的直径而确定了,如表 7-8 所示。

表 7-8　平键键槽剖面尺寸及键槽公差　　单位：mm

<table>
<tr><th>轴　颈</th><th>键</th><th colspan="12">键　　槽</th></tr>
<tr><th rowspan="4">公称直径
d</th><th rowspan="4">公称尺寸
$b\times h$</th><th colspan="6">宽　度</th><th colspan="4">深　度</th><th rowspan="3" colspan="2">半径 r</th></tr>
<tr><th rowspan="3">公称尺寸b</th><th colspan="5">轴槽宽与毂宽的极限偏差</th><th rowspan="2" colspan="2">轴槽深 t</th><th rowspan="2" colspan="2">毂槽深 t_1</th></tr>
<tr><th colspan="2">较松连接</th><th colspan="2">一般连接</th><th>较紧连接</th></tr>
<tr><th>轴 H9</th><th>毂 D10</th><th>轴 N9</th><th>毂 JS10</th><th>轴和毂 P9</th><th>公称尺寸</th><th>极限偏差</th><th>公称尺寸</th><th>极限偏差</th><th>最小</th><th>最大</th></tr>
<tr><td>≥6～8</td><td>2×2</td><td>2</td><td rowspan="2">+0.025
0</td><td rowspan="2">+0.060
+0.020</td><td rowspan="2">−0.004
−0.029</td><td rowspan="2">±0.012 5</td><td rowspan="2">−0.006
−0.031</td><td>1.2</td><td rowspan="5">+0.1
0</td><td>1</td><td rowspan="5">+0.1
0</td><td rowspan="3">0.08</td><td rowspan="3">0.16</td></tr>
<tr><td>>8～10</td><td>3×3</td><td>3</td><td>1.8</td><td>1.4</td></tr>
<tr><td>>10～12</td><td>4×4</td><td>4</td><td rowspan="3">+0.030
0</td><td rowspan="3">+0.078
+0.030</td><td rowspan="3">0
−0.030</td><td rowspan="3">±0.015</td><td rowspan="3">−0.012
−0.042</td><td>2.5</td><td>1.8</td></tr>
<tr><td>>12～17</td><td>5×5</td><td>5</td><td>3.0</td><td>2.3</td><td rowspan="3">0.16</td><td rowspan="3">0.25</td></tr>
<tr><td>>17～22</td><td>6×6</td><td>6</td><td>3.5</td><td>2.8</td></tr>
<tr><td>>22～30</td><td>8×7</td><td>8</td><td rowspan="2">+0.036
0</td><td rowspan="2">+0.098
+0.040</td><td rowspan="2">0
−0.036</td><td rowspan="2">±0.018</td><td rowspan="2">−0.015
−0.051</td><td>4.0</td><td rowspan="10">+0.2
0</td><td>3.3</td><td rowspan="10">+0.2
0</td></tr>
<tr><td>>30～38</td><td>10×8</td><td>10</td><td>5.0</td><td>3.3</td><td rowspan="5">0.25</td><td rowspan="5">0.40</td></tr>
<tr><td>>38～44</td><td>12×8</td><td>12</td><td rowspan="4">+0.043
0</td><td rowspan="4">+0.120
+0.050</td><td rowspan="4">0
−0.043</td><td rowspan="4">±0.021 5</td><td rowspan="4">−0.018
−0.061</td><td>5.0</td><td>3.3</td></tr>
<tr><td>>44～50</td><td>14×9</td><td>14</td><td>5.5</td><td>3.8</td></tr>
<tr><td>>50～58</td><td>16×10</td><td>16</td><td>6.0</td><td>4.3</td></tr>
<tr><td>>58～65</td><td>18×11</td><td>18</td><td>7.0</td><td>4.4</td></tr>
<tr><td>>65～75</td><td>20×12</td><td>20</td><td rowspan="4">+0.025
0</td><td rowspan="4">+0.149
+0.065</td><td rowspan="4">0
−0.052</td><td rowspan="4">±0.026</td><td rowspan="4">−0.022
−0.074</td><td>7.5</td><td>4.9</td><td rowspan="4">0.40</td><td rowspan="4">0.60</td></tr>
<tr><td>>75～85</td><td>22×14</td><td>22</td><td>9.0</td><td>5.4</td></tr>
<tr><td>>85～95</td><td>25×14</td><td>25</td><td>9.0</td><td>5.4</td></tr>
<tr><td>>95～110</td><td>28×16</td><td>28</td><td>10</td><td>6.4</td></tr>
</table>

注：① $d-t$ 和 $d+t_1$ 两个组合尺寸的偏差按相应的 t 和 t_1 的偏差选取，但 $d-t$ 偏差值应取负号（−）；

② 导向平键的轴槽与毂槽用较松连接的公差。

在平键连接中，键宽和键槽宽 b 是配合尺寸，因此，键宽和键槽宽的公差与配合是本节主要研究的问题。

键由型钢制成，是标准件，是平键结合中的“轴”，所以键宽和键槽宽的配合采用基轴制配合。国家标准《平键　键槽的剖面尺寸》（GB/T 1095—2003）从 GB/T 1801—2009 中选取公差带，对键宽规定一种公差带，对轴和轮毂的键槽宽各规定三种公差带，构成三种不同性质的配合，以满足各种不同用途的需要。平键连接键宽和键槽宽 b 的公差带如图 7-21 所示，三组配合的应用场合如表 7-9 所示。

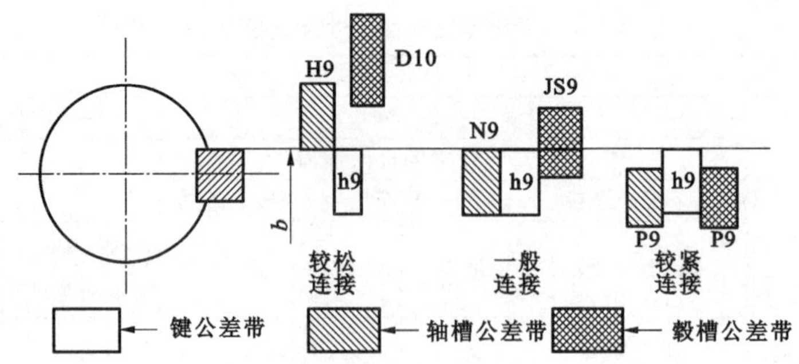

图 7-21　平键连接键宽和键槽宽 b 的公差带

表 7-9　平键连接的三组配合及其应用

连接类型	尺寸 b 的公差带			应　用
	键	轴　槽	毂　槽	
较松	h9	H9	D10	用于导向平键,轮毂可在轴上移动
一般		N9	JS9	键固定在轴槽中和毂槽中,用于载荷不大的场合
较紧		P9	P9	键牢固地固定在轴槽中和毂槽中,用于载荷较大、有冲击和双向扭矩的场合

非配合尺寸中,键高 h 的极限偏差为 h11,键长 L 的极限偏差为 h14,轴槽长的极限偏差为 H14。

二、键连接公差配合的选用与标注

根据使用要求和应用场合确定键连接的配合类型。

对于导向平键,应选用较松连接。因为在较松连接下,由于受几何误差的影响,键(h9)的配合实为不可动连接,而键与毂槽(D10)的配合间隙较大,因此轮毂可以在轴上相对移动。

对于承受重载荷、冲击载荷或双向扭矩的键连接,应选用较紧配合。因为这时键(h9)与键槽(P9)配合较紧,再加上几何误差的影响,使之接合紧密、可靠。

除了这两种情况外,在承受一般载荷的情况下,考虑到拆装方便,应选用一般连接。

平键连接选用时,还应考虑其配合表面的几何误差和表面粗糙度的影响。

为了保证键侧与键槽之间有足够的接触面积和避免装配困难,应分别规定轴槽和毂槽的对称度公差。对称度公差按《形状和位置公差　未注公差值》(GB/T 1184—1996)确定,一般取 7～9 级,以键宽 b 为公称尺寸。

当平键的键长 L 与键宽 b 之比大于或等于 8($L/b \geqslant 8$)时,应规定键的两工作侧面在长度方向上的平行度要求,这时平行度公差也按 GB/T 1184—1996 的规定选取:当 $b \leqslant 6$ mm 时,公差等级取 7 级;当 $b \geqslant 8 \sim 36$ mm 时,公差等级取 6 级;当 $b \geqslant 40$ mm 时,公差等级取 5 级。

键槽配合面的表面粗糙度 Ra 值一般取 1.6～6.3 μm,非配合面的表面粗糙度 Ra 值取 6.3～10 μm。

键槽尺寸和公差的标注示例如图 7-22 所示。

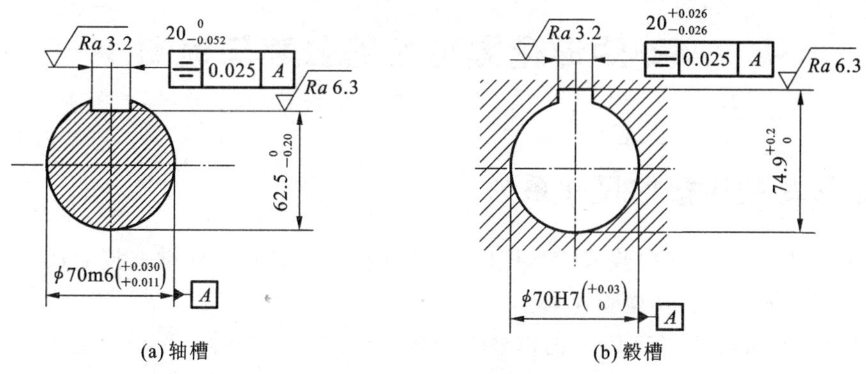

(a) 轴槽　　(b) 毂槽

图 7-22　键槽尺寸和公差的标注示例

三、平键的检测

单件小批生产时，采用通用量具（如千分尺、游标卡尺等）测量键槽尺寸。键槽对称度误差可用图 7-23 所示方法测量。

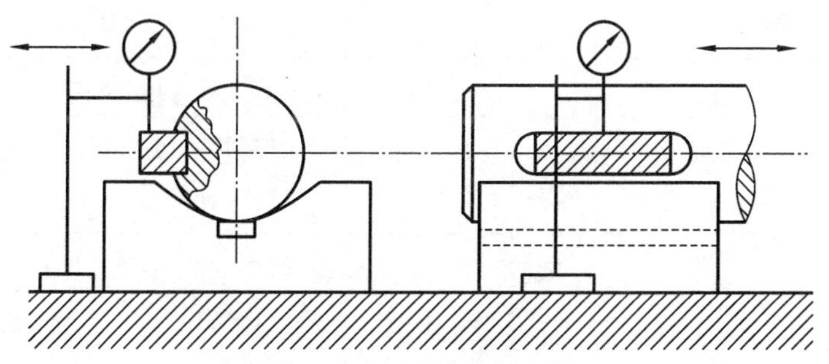

图 7-23　轴槽对称度误差测量

将与键槽宽度相等的定位块插入键槽，用 V 形块模拟基准轴线，测量分两步进行。第一步是截面测量。调整被测工件，使定位块沿径向与平板平行，测量定位块至平板的距离，再将被测工件旋转 180°，重复上述测量，得到该截面上、下两对应点的读数差为 a，则该截面的对称度误差为 $f_1=ah/(d-h)$（式中，d 为轴的直径，h 为槽深）。第二步是长向测量。沿键槽长度方向测量，取长度方向两点的最大读数差为长度方向对称度误差，为 $f_2=a_{高}-a_{低}$。取 f_1、f_2 中较大者作为该零件对称度误差的近似值。

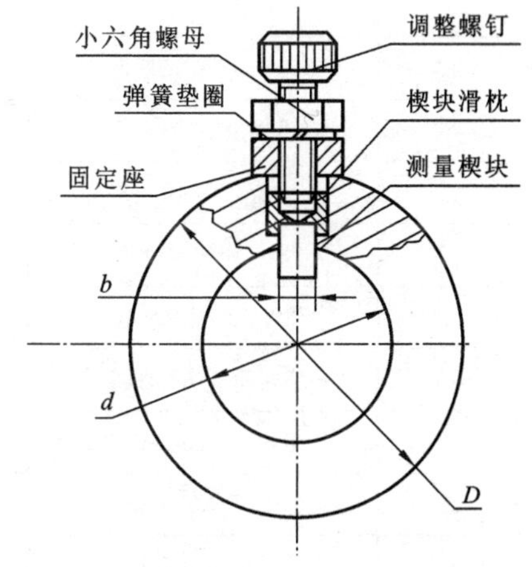

图 7-24　检验键槽对称度的位置量规

大批量生产时，常用极限量规（通端、止端）检验键槽尺寸。例如，用图 7-24 所示的位置量规检验键槽对称度误差。位置量规能插入毂槽中或伸入轴槽底，说明键槽合格。但必须说明，位置量规只适用于检验遵守最大实体要求的工件。

7.6 矩形花键结合的公差与检测

一、矩形花键连接的尺寸系列

《矩形花键尺寸、公差和检验》(GB/T 1144—2001)规定了矩形花键连接的尺寸系列、定心方式、公差与配合标注方法及检验规则。

为了便于加工和测量,矩形花键的键数为偶数,有6、8、10三种。按承载能力不同,矩形花键可分为中、轻两个系列。中系列矩形花键的键高尺寸较大,承载能力强;轻系列矩形花键的键高尺寸较小,承载能力相对低。矩形花键的尺寸系列如表7-10所示。

表7-10　矩形花键的尺寸系列(摘自GB/T 1144—2001)　　单位:mm

小径 d	轻系列				中系列			
	规格 $N\times d\times D\times B$	键数 N	大径 D	键宽 B	规格 $N\times d\times D\times B$	键数 N	大径 D	键宽 B
11	—	—	—	—	6×11×14×3	6	14	3
13	—	—	—	—	6×13×16×3.5	6	16	3.5
16	—	—	—	—	6×16×20×4	6	20	4
18	—	—	—	—	6×18×22×5	6	22	5
21	—	—	—	—	6×21×25×5	6	25	5
23	6×23×26×6	6	26	6	6×23×28×6	6	28	6
26	6×26×30×6	6	30	6	6×26×32×6	6	32	6
28	6×28×32×7	6	32	7	6×28×34×7	6	34	7
32	6×32×36×6	6	36	6	8×32×38×6	8	38	6
36	8×36×40×7	8	40	7	8×36×42×7	8	42	7
42	8×42×46×8	8	46	8	8×42×48×8	8	48	8
46	8×46×50×9	8	50	9	8×46×54×9	8	54	9
52	8×52×58×10	8	58	10	8×52×60×10	8	60	10
56	8×56×62×10	8	62	10	8×56×65×10	8	65	10
62	8×62×68×12	8	68	12	8×62×72×12	8	72	12
72	10×72×78×12	10	78	12	10×72×82×12	10	82	12
82	10×82×88×12	10	88	12	10×82×92×12	10	92	12
92	10×92×98×14	10	98	14	10×92×102×14	10	102	14
102	10×102×108×16	10	108	16	10×102×112×16	10	112	16
112	10×112×120×18	10	120	18	10×112×125×18	10	125	18

矩形花键连接的配合尺寸有大径 D、小径 d 和键(或键槽)宽 B(见图 7-25)。在矩形花键连接中,要保证三个配合面同时达到高精度的配合很困难,也没必要,因此,为了保证使用性能、改善加工工艺,只能选择一个接合面作为主要配合面,对其规定较高的精度,以保证配合性质和定心精度,这样的表面称为定心表面,由于花键接合面的硬度通常要求较高,需要对其进行淬火热处理,为保证定心表面的尺寸精度和形状精度,淬火后需要进行磨削加工。从加工工艺性看,小径便于磨削(内花键小径可在内圆磨床上磨削,外花键小径可用成形砂轮磨削),因此标准规定采用小径定心,而在大径处留有较大的间隙。矩形花键是靠键侧接触传递扭矩的,所以键宽和键槽宽应有足够的精度。

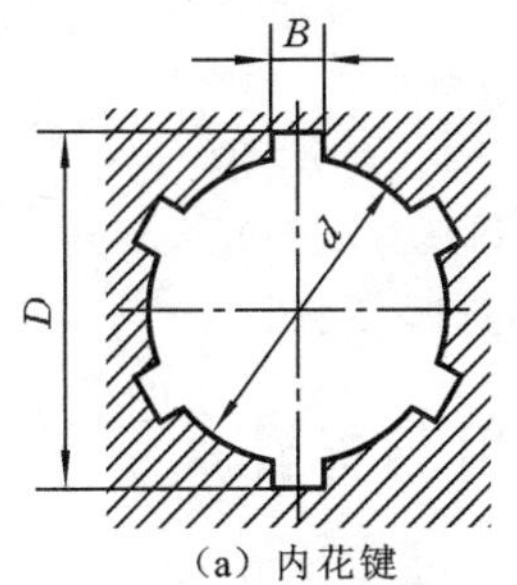

(a) 内花键

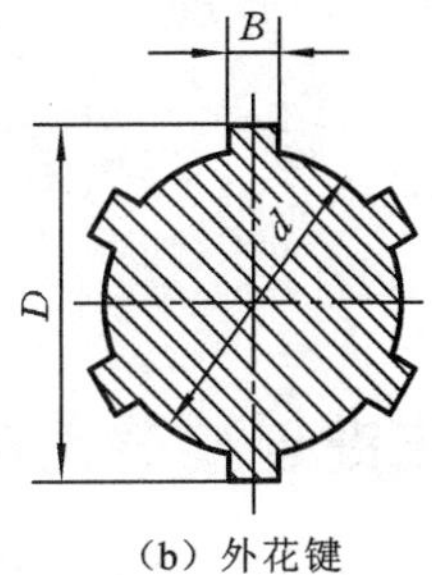

(b) 外花键

图 7-25 矩形花键的主要尺寸

矩形花键的公差与配合分两种情况:一种为一般用矩形花键的公差与配合,另一种为精密传动用矩形花键的公差与配合。内、外花键的尺寸公差带如表 7-11 所示。

表 7-11 内、外花键的尺寸公差带

<table>
<tr><th colspan="5">内 花 键</th><th colspan="4">外 花 键</th></tr>
<tr><th rowspan="2">类型</th><th rowspan="2">d</th><th rowspan="2">D</th><th colspan="2">B</th><th rowspan="2">d</th><th rowspan="2">D</th><th rowspan="2">B</th><th rowspan="2">装配形式</th></tr>
<tr><th>拉削后不热处理</th><th>拉削后热处理</th></tr>
<tr><td rowspan="3">一般用</td><td rowspan="3">H7</td><td rowspan="3">H10</td><td rowspan="3">H9</td><td rowspan="3">H11</td><td>f7</td><td rowspan="3">a11</td><td>d10</td><td>滑动</td></tr>
<tr><td>g7</td><td>f9</td><td>紧滑动</td></tr>
<tr><td>h7</td><td>h10</td><td>固定</td></tr>
<tr><td rowspan="6">精密传动用</td><td rowspan="3">H5</td><td rowspan="6">H10</td><td rowspan="6" colspan="2">H7、H9</td><td>f5</td><td rowspan="6">all</td><td>d8</td><td>滑动</td></tr>
<tr><td>g5</td><td>f7</td><td>紧滑动</td></tr>
<tr><td>h5</td><td>h8</td><td>固定</td></tr>
<tr><td rowspan="3">H6</td><td>f6</td><td>d8</td><td>滑动</td></tr>
<tr><td>g6</td><td>f7</td><td>紧滑动</td></tr>
<tr><td>h6</td><td>h8</td><td>固定</td></tr>
</table>

在表 7-11 中,公差带及其极限偏差数值与《产品几何技术规范(GPS) 极限与配合 第 1 部分:公差、偏差和配合的基础》(GB/T 1800.1—2009)中的规定一致。

为了减少加工和检验内花键用花键拉刀和花键量规的规格和数量,矩形花键采用基孔制配合。

在一般情况下，内、外花键取相同的公差等级，这个规定不同于普通光滑孔、轴的配合(一般精度较高的情况下，孔比轴低一级)，主要是考虑到矩形花键采用小径定心，使加工难度由内花键转向外花键。但在有些情况下，内花键允许与高一级的外花键配合，公差带为 H7 的内花键可以与公差带为 f6、g6、h6 的外花键配合，公差带为 H6 的内花键可以与公差带为 f5、g5、h5 的外花键配合，这主要是考虑到矩形花键常用来作为齿轮的基准孔，在贯彻齿轮标准的过程中，有可能出现外花键的定心直径公差等级高于内花键定心直径公差等级的情况。

矩形花键规格的标记为 $N\times d\times D\times B$，即键数×小径×大径×键宽。例如，6×23×26×6 表示花键的键数为 6，小径、大径和键宽的公称尺寸分别为 23 mm、26 mm 和 6 mm。在需要表明花键连接的配合性质时，按 GB/T 1144—2001，还应该在公称尺寸后加注配合代号，例如

$$6\times 23\,\frac{\mathrm{H7}}{\mathrm{f6}}\times 26\,\frac{\mathrm{H10}}{\mathrm{a11}}\times 6\,\frac{\mathrm{H11}}{\mathrm{d10}}$$

即内花键为 6×23H7×26H10×6H11

外花键为 6×23f6×26a11×6d10

二、矩形花键连接公差配合的选用与标注

矩形花键公差配合的选用关键是确定连接精度和配合松紧程度。

根据定心精度要求和传递扭矩大小选用连接精度。精密传动因花键连接定心精度高、传递扭矩大而且平稳，多用于精密机床主轴变速箱和重载减速器。

对于配合松紧程度的选用，首先根据内、外花键之间是否有轴向移动来确定是选固定连接还是选滑动连接。对于内、外花键之间要求有相对移动，而且移动距离长、移动频率高的情况，应选用配合间隙较大的滑动连接，以保证运动的灵活性及配合面间有足够的润滑油层，如汽车、拖拉机等变速箱中的变速齿轮与轴的连接。对于内、外花键之间虽有相对滑动但定心精度要求高、传递扭矩大或经常有反向转动的情况，应选用配合间隙较小的紧滑动连接。对于内、外花键间无轴向移动，只用来传递扭矩的情况，应选用固定连接。

由于矩形花键连接表面复杂，键长与键宽的比值较大，因而几何误差是影响连接质量的重要因素，必须对其进行控制。

为了保证定心表面的配合性质，内、外花键小径(定心直径)的尺寸公差和几何公差的关系必须采用包容要求。

键和键槽的位置误差包括它们的中心平面相对于定心轴线的对称度、等分度及键(键槽)侧面对定心轴线的平行度误差，可规定位置度公差予以综合控制，并采用最大实体要求，用综合量规(即位置量规)检验。矩形花键位置度公差值 t_1 如表 7-12 所示。

表 7-12　矩形花键位置度公差值 t_1(摘自 GB/T 1144—2001)　单位：mm

键槽宽或键宽 B			3	3.5～6	7～10	12～18
t_1	键槽宽		0.010	0.015	0.020	0.025
	键宽	滑动、固定	0.010	0.015	0.020	0.025
		紧滑动	0.006	0.010	0.013	0.016

在单件小批生产中，采用单项检测，可规定对称度和等分度公差(见图 7-26 的标注示例)。矩形花键对称度公差值 t_2 如表 7-13 所示。花键或花键槽中心平面偏离理想位置(沿圆周均布)的最大值为等分误差，等分度公差值与对称度相同，故省略不注。

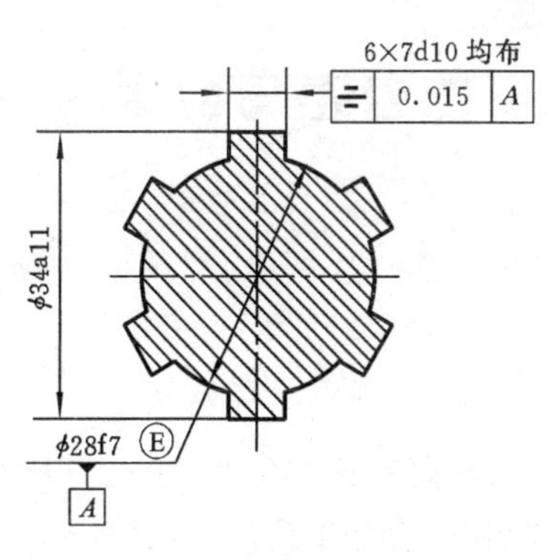

(a) 外花键

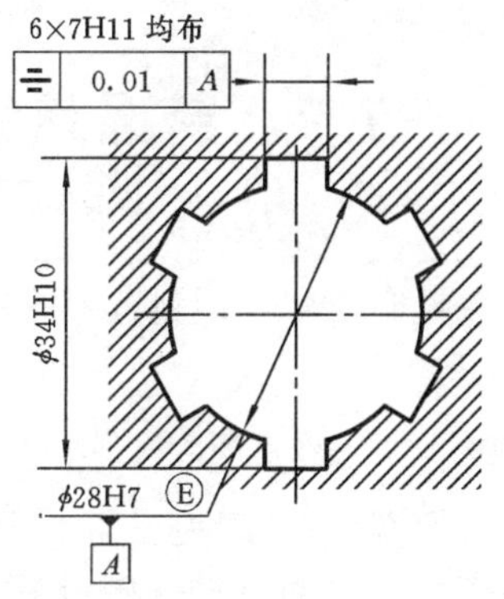

(b) 内花键

图 7-26 花键对称度公差的标注示例

表 7-13 矩形花键各接合面的对称度公差值 t_2(摘自 GB/T 1144—2001) 单位:mm

键槽宽或键宽 B		3	3.5～6	7～10	12～18
t_2	一般用	0.010	0.012	0.015	0.018
	精密传动用	0.006	0.008	0.009	0.011

对于较长的花键,可根据使用要求自行规定键侧面对定心轴线的平行度公差,标准未做规定。

矩形花键各接合面的表面粗糙度推荐值如表 7-14 所示。

表 7-14 矩形花键各接合面的表面粗糙度推荐值 单位:μm

加工表面	内花键	外花键
	Ra 不大于	
大径	6.3	3.2
小径	0.8	0.8
键侧	3.2	0.8

三、矩形花键的检测

矩形花键的检测有单项检测和综合检测两种。在单件小批生产中,花键的尺寸和位置误差用千分尺、游标卡尺、指示表等通用量具分别检测。

在大批大量生产中,先用花键位置量规(塞规或环规)同时检测花键的小径、大径、键宽及大小径的同轴度误差、各键(键槽)的位置度误差等。若位置量规能自由通过则为合格,内、外键用位置量规检测合格后,再用单项止端塞规(卡规)或普通量具检测其小径、大径及键槽宽(键宽)的实际尺寸是否超越其最小实体尺寸。矩形花键位置量规如图 7-27 所示。

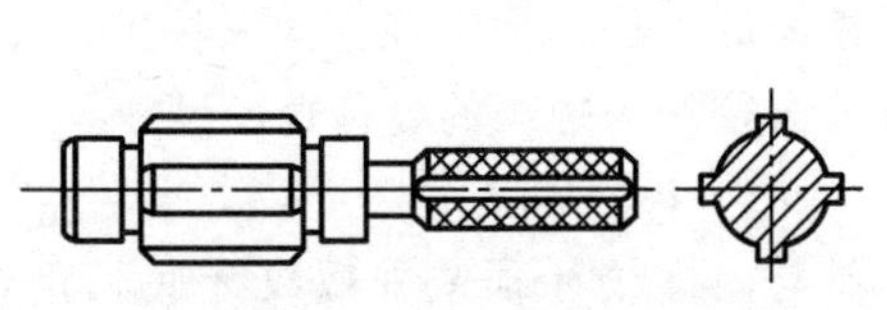

(a) 花键塞规(两短柱起导向作用)

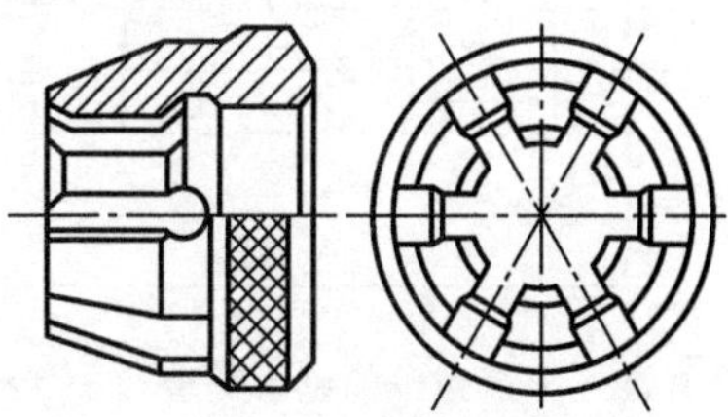

(b) 花键环规(圆孔起导向作用)

图 7-27 矩形花键位置量规

7.7 普通螺纹连接的公差与检测

螺纹连接在机械制造和仪器制造中的使用非常广泛。按用途,螺纹可分为紧固螺纹、传动螺纹、紧密螺纹三类。

1. 紧固螺纹

紧固螺纹为普通螺纹,牙型为三角形,主要用于紧固和连接零件,分粗牙螺纹和细牙螺纹。紧固螺纹的使用要求主要为可旋合性和连接可靠性。可旋合性是指内、外螺纹易于旋入和拧出,以便装配和拆换;连接可靠性是指螺纹具有一定的连接强度,螺牙不得过早损坏和自动松脱。

2. 传动螺纹

根据螺纹副的摩擦性质不同,传动螺纹可以用于滑动螺旋传动、滚珠丝杠传动和静压螺旋传动。传动螺纹主要通过螺杆和螺母的旋合传递运动和动力,如机床中的丝杠螺母副、量仪中的测微螺旋副等。传动螺纹的使用要求是传递动力可靠,传动比稳定,有一定的保证间隙,以利于传动和储存润滑油。滑动螺旋传动的牙型主要为梯形、锯齿形、矩形和三角形等。滚珠丝杠传动的螺杆和螺母的螺纹滚道之间置有滚动体,它们之间的相对运动为滚动摩擦。静压螺旋传动的螺杆和螺纹之间充满具有一定压力的液压油。由于滚珠丝杠传动和静压螺旋传动具有独特的性能,目前滚珠丝杠传动和静压螺旋传动也在机械行业中得到了广泛的应用。

3. 紧密螺纹

紧密螺纹又称为密封螺纹,主要用于密封,如连接管道用的螺纹。它的使用要求是接合紧密,不漏水、气、油。

本章主要介绍应用最广泛的米制普通螺纹的公差、配合、检测和应用。

一、普通螺纹的几何参数及其对互换性的影响

1. 普通螺纹的基本牙型及主要几何参数

螺纹的几何参数取决于螺纹轴向剖面内的基本牙型。所谓基本牙型,是将原始三角形(两个底边连接着且平行于螺纹轴线的等边三角形,其高用 H 表示)的顶部截去 $H/8$ 和底部截去 $H/4$ 所形成的理论牙型,如图 7-28 所示。该牙型具有螺纹的基本尺寸。

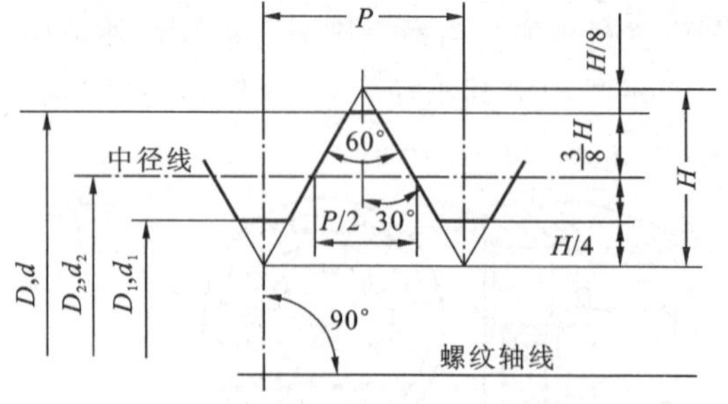

图 7-28 普通螺纹的基本牙型

1) 大径(D、d)

与外螺纹牙顶或内螺纹牙底相重合的假想圆柱面的直径称为大径。国家标准规定,普通螺纹的大径作为螺纹的公称直径尺寸。

2) 小径(D_1、d_1)

与内螺纹牙顶或外螺纹牙底相重合的假想圆柱面的直径称为小径。

为了应用方便,与牙顶相重合的直径又称为顶径,即外螺纹大径和内螺纹小径。与牙底相

重合的直径称为底径，即外螺纹小径和内螺纹大径。

3）中径（D_2、d_2）

中径是一个假想圆柱的直径。该圆柱的母线通过牙型上沟槽宽度和凸起宽度相等的地方。

4）螺距（P）和导程（p_n）

螺距是指相邻两牙在中径线上对应两点间的轴向距离。导程是指同一条螺旋线上的相邻两牙在中径线上对应两点间的轴向距离。对于单线螺纹，导程等于螺距；对于多线螺纹，导程等于螺距与螺纹线数的乘积。

5）牙型角（α）与牙型半角（$\alpha/2$）

牙型角是指在螺纹轴向截面内，相邻两牙侧间的夹角。普通螺纹的理论牙型角为 60°。牙型半角是指某一牙侧与螺纹轴线的垂线之间的夹角。普通螺纹的理论牙型半角为 30°。

牙型角正确时，牙型半角仍可能有误差，如两牙型半角分别为 29°和 31°，故对牙型半角的控制尤为重要。

6）螺纹旋合长度

螺纹旋合长度是指两配合螺纹沿螺纹轴线方向相互旋合的长度。

普通螺纹的基本尺寸如表 7-15 所示。

表 7-15　普通螺纹的基本尺寸（摘自 GB/T 196—2003）　单位：mm

公称直径（大径）D、d	螺距 P	中径 D_2、d_2	小径 D_1、d_1	公称直径（大径）D、d	螺距 P	中径 D_2、d_2	小径 D_1、d_1
1	0.25	0.838	0.729	3	0.5	2.675	2.459
	0.2	0.870	0.783		0.35	2.773	2.621
1.1	0.25	0.938	0.829	3.5	0.6	3.110	2.850
	0.2	0.970	0.883		0.35	3.273	3.121
1.2	0.25	1.038	0.929	4	0.7	3.545	3.242
	0.2	1.070	0.983		0.5	3.675	3.459
1.4	0.3	1.205	1.075	4.5	0.75	4.013	3.688
	0.2	1.270	1.183		0.5	4.175	3.959
1.6	0.35	1.373	1.221	5	0.8	4.480	4.134
	0.2	1.470	1.383		0.5	4.675	4.459
1.8	0.35	1.573	1.421	5.5	0.5	5.175	4.959
	0.2	1.670	1.583	6	1	5.350	4.917
2	0.4	1.740	1.567		0.75	5.513	5.188
	0.25	1.838	1.729	7	1	6.350	5.917
2.2	0.45	1.908	1.713		0.75	6.513	6.188
	0.25	2.038	1.929	8	1.25	7.188	6.647
2.5	0.45	2.208	2.013		1	7.350	6.917
	0.35	2.273	2.121		0.75	7.513	7.188

续表

公称直径(大径) D、d	螺距 P	中径 D_2、d_2	小径 D_1、d_1
9	1.25	8.188	7.647
	1	8.350	7.917
	0.75	8.513	8.188
10	1.5	9.026	8.376
	1.25	9.188	8.647
	1	9.350	8.917
	0.75	9.513	9.188
11	1.5	10.026	9.376
	1	10.350	9.917
	0.75	10.513	10.188
12	1.75	10.863	10.106
	1.5	11.026	10.376
	1.25	11.188	10.647
	1	11.350	10.917
14	2	12.701	11.835
	1.5	13.026	12.376
	1.25	13.188	12.647
	1	13.350	12.917
15	1.5	14.026	13.376
	1	14.350	13.917
16	2	14.701	13.835
	1.5	15.026	14.376
	1	15.350	14.917
17	1.5	16.026	15.376
	1	16.350	15.917
18	2.5	16.376	15.294
	2	16.701	15.835
	1.5	17.026	16.376
	1	17.350	16.917
20	2.5	18.376	17.294
	2	18.701	17.835
	1.5	19.026	18.376
	1	19.350	18.917
22	2.5	20.376	19.294
	2	20.701	19.835
	1.5	21.026	20.376
	1	21.350	20.917
24	3	22.051	20.752
	2	22.701	21.835
	1.5	23.026	22.376
	1	23.350	22.917
25	2	23.701	22.835
	1.5	24.026	23.376
	1	24.350	23.917
26	1.5	25.026	24.376
27	3	25.051	23.752
	2	25.701	24.835
	1.5	26.026	25.376
	1	26.350	25.917
28	2	26.701	25.835
	1.5	27.026	26.376
	1	27.350	26.917
30	3.5	27.727	26.211
	3	28.051	26.752
	2	28.701	27.835
	1.5	29.026	28.376
	1	29.350	28.917
32	2	30.701	29.835
	1.5	31.026	30.376
33	3.5	30.727	29.211
	3	31.051	29.752
	2	31.701	30.835
	1.5	32.026	31.376
35	1.5	34.026	33.376
36	4	33.402	31.670
	3	34.051	32.752

续表

公称直径（大径）D、d	螺距 P	中径 D_2、d_2	小径 D_1、d_1	公称直径（大径）D、d	螺距 P	中径 D_2、d_2	小径 D_1、d_1
36	2	34.701	33.835	55	4	52.402	50.670
	1.5	35.026	34.376		3	53.051	51.752
38	1.5	37.026	36.376		2	53.701	52.835
39	4	36.402	34.670		1.5	54.026	53.376
	3	37.051	35.752	56	5.5	52.428	50.046
	2	37.701	36.835		4	53.402	51.670
	1.5	38.026	37.376		3	54.051	52.752
40	3	38.051	36.752		2	54.701	53.835
	2	38.701	37.835		1.5	55.026	54.376
	1.5	39.026	38.376	58	4	55.402	53.670
42	4.5	39.077	37.129		3	56.051	54.752
	4	39.402	37.670		2	56.701	55.835
	3	40.051	38.752		1.5	57.026	56.376
	2	40.701	39.835	60	5.5	56.428	54.046
	1.5	41.026	40.376		4	57.402	55.670
45	4.5	42.077	40.129		3	58.051	56.752
	4	42.402	40.670		2	58.701	57.835
	3	43.051	41.752		1.5	57.026	58.376
	2	43.701	42.835	62	4	59.402	57.670
	1.5	44.026	43.376		3	60.051	58.752
48	5	44.752	42.587		2	60.701	59.835
	4	45.402	43.670		1.5	61.026	60.376
	3	46.051	44.752	64	6	60.103	57.505
	2	46.701	45.835		4	61.402	59.670
	1.5	47.026	46.376		3	62.051	60.752
50	3	48.051	46.752		2	62.701	61.835
	2	48.701	47.835		1.5	63.026	62.376
	1.5	49.026	48.376	65	4	62.402	60.670
52	5	48.752	46.587		3	63.051	61.752
	4	49.402	47.670		2	63.701	62.835
	3	50.051	48.752		1.5	64.026	63.376
	2	50.701	49.835	68	6	64.103	61.505
	1.5	51.026	50.376		4	65.402	63.670

续表

公称直径(大径) D、d	螺距 P	中径 D_2、d_2	小径 D_1、d_1	公称直径(大径) D、d	螺距 P	中径 D_2、d_2	小径 D_1、d_1
68	3	66.051	64.752	90	6	86.103	83.505
	2	66.701	65.835		4	87.402	85.670
	1.5	67.026	66.376		3	88.051	86.752
70	6	66.103	63.505		2	88.701	87.835
	4	67.402	65.670	95	6	91.103	88.505
	3	68.051	66.752		4	92.402	90.670
	2	68.701	67.835		3	93.051	91.752
	1.5	69.026	68.376		2	94.701	92.835
72	6	68.103	65.505	100	6	96.103	93.505
	4	69.402	67.670		4	97.402	95.670
	3	70.051	68.752		3	98.051	96.752
	2	70.701	69.835		2	98.701	97.835
	1.5	71.026	70.376	105	6	101.103	98.505
75	4	72.402	70.670		4	102.402	100.670
	3	73.051	71.752		3	103.051	101.752
	2	73.701	72.835		2	103.701	102.835
	1.5	74.026	73.376	110	6	106.103	103.505
76	6	72.103	69.505		4	107.402	105.670
	4	73.402	71.670		3	108.051	106.752
	3	74.051	72.752		2	108.701	107.835
	2	74.701	73.835	115	6	111.103	108.505
	1.5	75.026	74.376		4	112.402	110.670
78	2	76.700	75.835		3	113.051	111.752
80	6	76.103	73.505		2	113.701	112.835
	4	77.402	75.670	120	6	116.103	113.505
	3	78.051	76.752		4	117.402	115.670
	2	78.701	77.835		3	118.051	116.752
	1.5	79.026	78.376		2	118.701	117.835
82	2	80.701	79.835	125	6	121.103	118.505
85	6	81.103	78.505		4	122.402	120.670
	4	82.402	80.670		3	123.051	121.752
	3	83.051	81.752		2	123.701	122.835
	2	83.701	82.835	130	6	126.103	123.505

续表

公称直径(大径) D、d	螺距 P	中径 D_2、d_2	小径 D_1、d_1	公称直径(大径) D、d	螺距 P	中径 D_2、d_2	小径 D_1、d_1
130	4	127.402	125.670	170	3	168.051	166.752
	3	128.051	126.752	175	6	171.103	168.505
	2	128.701	127.835		4	172.402	170.670
135	6	131.103	128.505		3	173.051	171.752
	4	132.402	130.670	180	8	174.804	171.340
	3	133.051	131.752		6	176.103	173.505
	2	133.701	132.835		4	177.402	175.670
140	6	136.103	133.505		3	178.051	176.752
	4	137.402	135.670	185	6	181.103	178.505
	3	138.051	136.752		4	182.402	180.670
	2	138.701	137.835		3	183.051	181.752
145	6	141.103	138.505	190	8	184.804	181.340
	4	142.402	140.670		6	186.103	183.505
	3	143.051	141.752		4	187.402	185.670
	2	143.701	142.835		3	188.051	186.752
150	8	144.804	141.340	195	6	191.103	188.505
	6	146.103	143.505		4	192.402	190.670
	4	147.402	145.670		3	193.051	191.752
	3	148.051	146.752	200	8	194.804	191.340
	2	148.701	147.835		6	196.103	193.505
155	6	151.103	148.505		4	197.402	195.670
	4	152.402	150.670		3	198.051	196.752
	3	153.051	151.752	205	6	201.103	198.505
160	8	154.804	151.340		4	202.402	200.670
	6	156.103	153.505		3	203.051	201.752
	4	157.402	155.670	210	8	204.804	201.340
	3	158.051	156.752		6	206.103	203.505
165	6	161.103	158.505		4	207.402	205.670
	4	162.402	160.670		3	208.051	206.752
	3	163.051	161.752	215	6	211.103	208.505
170	8	164.804	161.340		4	212.402	210.670
	6	166.103	163.505		3	213.051	211.752
	4	167.402	165.670	220	8	214.804	211.340

续表

公称直径(大径) D、d	螺距 P	中径 D_2、d_2	小径 D_1、d_1	公称直径(大径) D、d	螺距 P	中径 D_2、d_2	小径 D_1、d_1
220	6	216.103	213.505	255	4	252.402	250.670
	4	217.402	215.670	260	8	254.804	251.340
	3	218.051	216.752		6	256.103	253.505
225	6	221.103	218.505		4	257.402	255.670
	4	222.402	220.670	265	6	261.103	258.505
	3	223.051	221.752		4	262.402	260.670
230	8	224.804	221.340	270	8	264.804	261.340
	6	226.103	223.505		6	266.103	263.505
	4	227.402	225.670		4	267.402	265.670
	3	228.051	226.752	275	6	271.103	268.505
235	6	231.103	228.505		4	272.402	270.670
	4	232.402	230.670	280	8	274.804	271.340
	3	233.051	231.752		6	276.103	273.505
240	8	234.804	231.340		4	277.402	275.670
	6	236.103	233.505	285	6	281.103	278.505
	4	237.402	235.670		4	282.402	280.670
	3	238.051	236.752	290	8	284.804	281.340
245	6	241.103	238.505		6	286.103	283.505
	4	242.402	240.670		4	287.402	285.670
	3	243.051	241.752	295	6	291.103	288.505
250	8	244.804	241.340		4	292.402	290.670
	6	246.103	243.505	300	8	294.804	291.340
	4	247.402	245.670		6	296.103	293.505
	3	248.051	246.752		4	297.402	295.670
255	6	251.103	248.505				

2. 螺纹几何参数对互换性的影响

如前所述,对普通螺纹互换性的主要要求是可旋合性与连接可靠性(有足够的接触面积,从而保证一定的连接强度)。由于螺纹的大径和小径处均留有间隙,螺纹的大径和小径一般不会影响配合性质。内、外螺纹连接就是依靠它们旋合以后牙侧接触的均匀性来实现的。因此,影响螺纹互换性的主要参数是中径、螺距和牙型半角。

1) 中径偏差对互换性的影响

中径偏差是指中径实际尺寸与中径公称尺寸的代数差。假设其他参数处于理想状态,若外螺纹的中径偏差大于内螺纹的中径偏差,就会产生干涉而难以旋合。如果外螺纹的中径过小,内螺纹的中径过大，虽然能旋合，但会削弱螺纹的连接强度。可见，中径偏差的大小直接影响着螺纹的互换性。

2）螺距偏差对互换性的影响

螺距偏差分单个螺距偏差和螺距累积偏差两种。前者是指单个螺距的实际尺寸与公称尺寸之代数差。后者是指在旋合长度内，任意单个螺距的实际尺寸与公称尺寸之代数差。后者的影响更为明显。为了保证可旋合性，必须对旋合长度范围内的任意两螺牙间的最大螺距累积偏差 ΔP_{Σ} 加以控制。

螺距偏差对可旋合性的影响如图 7-29 所示。

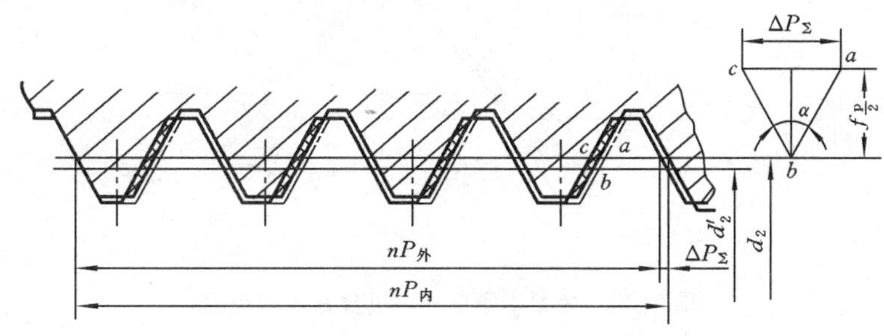

图 7-29　螺距偏差对可旋合性的影响

在图 7-29 中，假定内螺纹具有基本牙型，内、外螺纹的中径及牙型半角都相同，但外螺纹螺距有偏差。结果，内、外螺纹的牙型会产生干涉(图中阴影重叠部分)，外螺纹将不能自由旋入内螺纹。为了使有螺距偏差的外螺纹仍可自由旋入标准的内螺纹，在制造中应将外螺纹实际中径减小一个数值 f_p(或者将标准内螺纹加大一个数值 f_p)，这样可以防止干涉，消除干涉区。这个 f_p 就是补偿螺距偏差的影响而折算到中径上的数值，称为螺距偏差的中径当量。

从图 7-29 中的几何关系可得

$$f_p = |\Delta P_{\Sigma}| \cot \frac{\alpha}{2} \tag{7-14}$$

对于普通螺纹，有 $\alpha/2=30°$，于是有

$$f_p = 1.732 |\Delta P_{\Sigma}| \tag{7-15}$$

式中的 ΔP_{Σ} 之所以取绝对值，是由于 ΔP_{Σ} 不论是正值还是负值，影响可旋合性的性质不变，只是改变牙侧干涉的位置。ΔP_{Σ} 应是在旋合长度内最大的螺距累积偏差值，而该值并不一定就出现在最大旋合长度上。

3）牙型半角偏差对互换性的影响

牙型半角偏差是指牙型半角的实际值与公称值的代数差。它是螺纹牙侧相对于螺纹轴线的位置误差，对螺纹的可旋合性和连接强度均有影响。

假设内螺纹具有基本牙型，外螺纹中径及螺距与内螺纹相同，仅牙型半角有偏差，此时内、外螺纹旋合时牙侧将发生干涉，如图 7-30 所示。

在图 7-30(a)中，外螺纹的牙型角 $\alpha>60°$，外螺纹牙底部分的牙侧有干涉现象。

在图 7-30(b)中，外螺纹的牙型角 $\alpha<60°$，外螺纹牙顶部分的牙侧发生干涉。

在图 7-30(c)中，当左、右牙型半角偏差不相同时，两侧干涉区的干涉程度和位置不同。

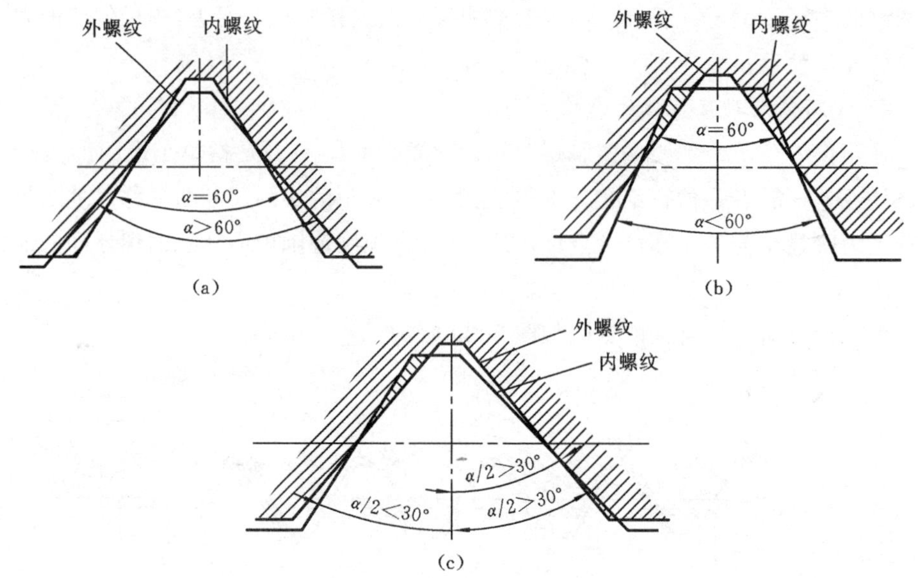

图7-30　牙型半角偏差对可旋合性的影响

通常中径当量取平均值。根据任意三角形的正弦定理,考虑到左、右牙型半角偏差可能同时出现的各种情况及必要的单位换算,可推得通式如下。

$$f_{\frac{\alpha}{2}} = 0.073P\left(K_1\left|\Delta\frac{\alpha_1}{2}\right| + K_2\left|\Delta\frac{\alpha_2}{2}\right|\right) \tag{7-16}$$

式中　$f_{\frac{\alpha}{2}}$——牙型半角偏差的中径当量,单位为 μm;

$\Delta\frac{\alpha_1}{2}$、$\Delta\frac{\alpha_2}{2}$——左、右牙型半角偏差,单位为′;

K_1、K_2——系数。

对于系数 K_1、K_2 的数值,当外螺纹的牙型半角偏差为正值时,K_1(或 K_2)取2;当牙型半角偏差为负值时,K_1(或 K_2)取3。对于内螺纹,当牙型半角偏差为正值时,K_1(或 K_2)取3;当牙型半角偏差为负值时,K_1(或 K_2)取2。

3. 螺纹作用中径及中径合格条件

(1) 作用中径。在规定的旋合长度内,恰好包容实际螺纹的一个假想螺纹的中径称为螺纹的作用中径。此假想螺纹具有基本牙型的螺距、半角及牙型高度,并在牙顶处和牙底处留有间隙,以保证不与实际螺纹的大、小径发生干涉。作用中径用 d_{2m}(D_{2m})表示。实际上,螺距偏差和牙型半角偏差是同时存在的,其效果相当于外螺纹的中径增大,内螺纹的中径减小。

因此,外螺纹的作用中径 d_{2m} 应当等于实际中径 d_{2a} 与螺距偏差的中径当量值 f_p 及牙型半角偏差的中径当量 $f_{\frac{\alpha}{2}}$ 之和,即

$$d_{2m} = d_{2a} + (f_p + f_{\frac{\alpha}{2}}) \tag{7-17}$$

内螺纹的作用中径 D_{2m} 应当等于实际中径 D_{2a} 与螺距偏差的中径当量及牙型半角偏差的中径当量($f_p + f_{\frac{\alpha}{2}}$)之差,即

$$D_{2m} = D_{2a} - (f_p + f_{\frac{\alpha}{2}}) \tag{7-18}$$

实际中径 D_{2a}(d_{2a})用螺纹的单一中径代替。母线通过牙型上沟槽宽度等于基本螺距一半的地方的假想圆柱的直径即为单一中径。单一中径是按三针测量法测量螺纹中径而定义的。

由于螺距偏差及牙型半角偏差的影响均可折算为中径当量,故只要规定中径公差即可控制中径本身的尺寸偏差、螺距偏差和牙型半角偏差的共同影响。可见,中径公差是一项综合公差。

(2) 中径的合格条件。外螺纹的作用中径过大、内螺纹的作用中径过小,将使螺纹难以旋合。外螺纹的单一中径过小、内螺纹的单一中径过大,将会影响螺纹的连接强度。因此,螺纹中径合格性判断准则应遵循泰勒原则,即螺纹的作用中径不能超越最大实体牙型的中径,任意位置的实际中径(单一中径)不能超越最小实体牙型中径。所谓最大实体牙型和最小实体牙型,是指在螺纹中径公差范围内分别具有材料最多和最少且与基本牙型形状一致的螺纹牙型。

对于外螺纹,作用中径不大于中径上极限尺寸,任意位置的实际中径不小于中径下极限尺寸,即

$$d_{2m} \leqslant d_{2max}, \quad d_{2a} \geqslant d_{2min} \tag{7-19}$$

对于内螺纹,作用中径不小于中径下极限尺寸,任意位置的实际中径不大于中径上极限尺寸,即

$$D_{2m} \geqslant D_{2min}, \quad D_{2a} \leqslant D_{2max} \tag{7-20}$$

二、普通螺纹连接的公差与配合

1. 普通螺纹的公差带

螺纹公差带由其大小(公差等级)和相对于基本牙型的位置(基本偏差)所组成。国家标准GB/T 197—2018 对其做了有关规定。

2. 公差等级

螺纹公差带大小由公差值确定,并按公差值大小分为若干等级,如表 7-16 所示。各公差值如表 7-17(中径公差值)和表 7-18 所示(顶径公差值)。

表 7-16 螺纹公差等级

螺纹直径	公差等级	螺纹直径	公差等级
外螺纹中径 d_2	3,4,5,6,7,8,9	内螺纹中径 D_2	4,5,6,7,8
外螺纹大径 d	4,6,8	内螺纹小径 D_1	4,5,6,7,8

表 7-17 普通螺纹中径公差(摘自 GB/T 197—2018)

公称直径/mm		螺距	内螺纹中径公差 T_{D2}/μm					外螺纹中径公差 T_{d2}/μm						
>	≤	P/mm	公差等级					公差等级						
			4	5	6	7	8	3	4	5	6	7	8	9
5.6	11.2	0.75	85	106	132	170	—	50	63	80	100	125	—	—
		1	95	118	150	190	236	56	71	90	112	140	180	224
		1.25	100	125	160	200	250	60	75	95	118	150	190	236
		1.5	112	140	180	224	280	67	85	106	132	170	212	265

续表

公称直径 D/mm		螺距	内螺纹中径公差 T_{D2}/μm					外螺纹中径公差 T_{d2}/μm						
			公差等级					公差等级						
>	≤	P/mm	4	5	6	7	8	3	4	5	6	7	8	9
11.2	22.4	1	100	125	160	200	250	60	75	95	118	150	190	236
		1.25	112	140	180	224	280	67	85	106	132	170	212	265
		1.5	118	150	190	236	300	71	90	112	140	180	224	280
		1.75	125	160	200	250	315	75	95	118	150	190	236	300
		2	132	170	212	265	335	80	100	125	160	200	250	315
		2.5	140	180	224	280	355	85	106	132	170	212	265	335
22.4	45	1	106	132	170	212	—	63	80	100	125	160	200	250
		1.5	125	160	200	250	315	75	95	118	150	190	236	300
		2	140	180	224	280	355	85	106	132	170	212	265	335
		3	170	212	265	335	425	100	125	160	200	250	315	400
		3.5	180	224	280	355	450	106	132	170	212	265	355	425
		4	190	236	300	375	475	112	140	180	224	280	355	450
		4.5	200	250	315	400	500	118	150	190	236	300	375	475

表 7-18　普通螺纹顶径公差(摘自 GB/T 197—2018)

螺距 P/mm	内螺纹小径公差 T_{D1}/μm					外螺纹大径公差 T_d/μm		
	公差等级					公差等级		
	4	5	6	7	8	4	6	8
1	150	190	236	300	375	112	180	280
1.25	170	212	265	335	425	132	212	335
1.5	190	236	300	375	475	150	236	375
1.75	212	265	335	425	530	170	265	425
2	236	300	375	475	600	180	280	450
2.5	280	355	450	560	710	212	335	530
3	315	400	500	630	800	236	375	600
3.5	355	450	560	710	900	265	425	670
4	375	475	600	750	950	300	475	750

在同一公差等级中,内螺纹中径公差比外螺纹中径公差大 32%左右,原因是内螺纹加工比较困难。

对外螺纹小径和内螺纹大径(即螺纹底径)没有规定公差值,而只规定该处的实际轮廓不得超越按基本偏差所确定的最大实体牙型,即应保证旋合时不发生干涉。由于螺纹加工时,外螺纹中径和小径、内螺纹中径和大径是同时由刀具切出的,尺寸由刀具保证,故在正常情况下,外螺纹小径不会过小,内螺纹大径不会过大。

3. 基本偏差

基本偏差为公差带两极限偏差中靠近零线的那个偏差。它确定了公差带相对基本牙型的位置。

标准对内螺纹规定了两种基本偏差，其代号为 G 和 H。大、中、小径的基本偏差(下极限偏差 EI)是相同的，如图 7-31(a)、(b)所示。

标准对外螺纹规定了八种基本偏差，其代号为 a、b、c、d、e、f、g、h。中径和大径的基本偏差(上极限偏差 es)是相同的，而小径只规定了上极限尺寸，如图 7-31(c)、(d)所示。

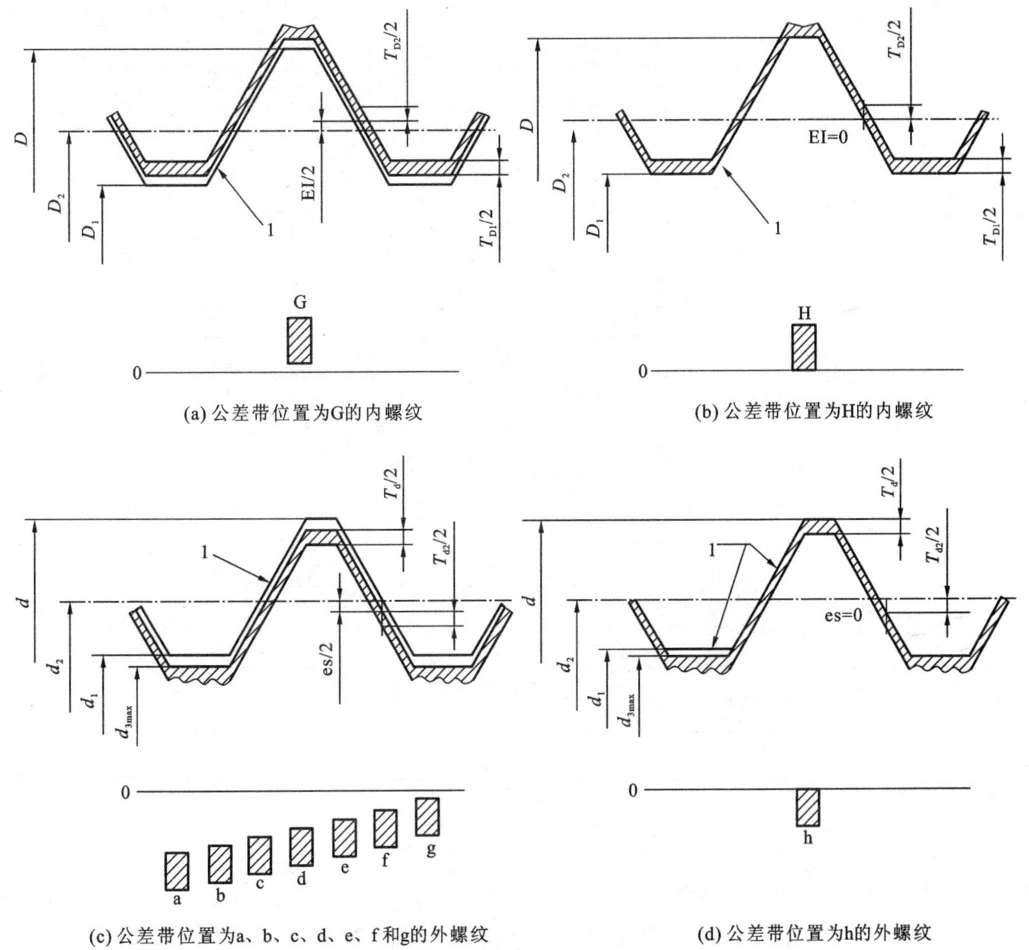

(a) 公差带位置为G的内螺纹
(b) 公差带位置为H的内螺纹
(c) 公差带位置为a、b、c、d、e、f和g的外螺纹
(d) 公差带位置为h的外螺纹

图 7-31　内、外螺纹的基本偏差

1—基本牙型

4. 螺纹的旋合长度与精度等级

为了满足普通螺纹不同使用性能的要求，国家标准规定了不同公称直径和螺距对应的旋合长度。螺纹的旋合长度分为短、中和长三种，分别用代号 S、N 和 L 表示。螺纹旋合长度如表 7-19 所示。

螺纹的精度不仅取决于螺纹直径的公差等级，而且与旋合长度有关。当公差等级一定时，旋合长度越长，加工时产生的螺距累积偏差和牙型半角偏差就可能越大，加工就越困难。因此，公差等级相同而旋合长度不同的螺纹的精度等级就不相同。为此，按螺纹公差等级和旋合长度规定了三种精度等级，分别称为精密级、中等级和粗糙级。螺纹精度等级的高低代表螺纹加工的难易程度。对于同一精度等级，随旋合长度的增加，应降低螺纹的公差等级，如表 7-20 所示。

表 7-19　螺纹旋合长度(摘自 GB/T 197—2018)

公称直径 D、d		螺距 P	旋合长度			
			S	N		L
>	≤		≤	>	≤	>
5.6	11.2	0.75	2.4	2.4	7.1	7.1
		1	3	3	9	9
		1.25	4	4	12	12
		1.5	5	5	15	15
11.2	22.4	1	3.8	3.8	11	11
		1.25	4.5	4.5	13	13
		1.5	5.6	5.6	16	16
		1.75	6	6	18	18
		2	8	8	24	24
		2.5	10	10	30	30
22.4	45	1	4	4	12	12
		1.5	6.3	6.3	19	19
		2	8.5	8.5	25	25
		3	12	12	36	36
		3.5	15	15	45	45
		4	18	18	53	53
		4.5	21	21	63	63

表 7-20　普通螺纹的推荐公差带(摘自 GB/T 197—2018)

公差精度	内螺纹推荐公差带						外螺纹推荐公差带											
	公差带位置 G			公差带位置 H			公差带位置 e			公差带位置 f			公差带位置 g			公差带位置 h		
	S	N	L	S	N	L	S	N	L	S	N	L	S	N	L	S	N	L
精密	—	—	—	4H	5H	6H	—	—	—	—	—	—	—	(4g)	(5g4g)	(3h4h)	**4h**	(5h4h)
中等	(5G)	**6G**	(7G)	**5H**	**6H**	**7H**	—	**6e**	(7e6e)	—	**6f**	—	(5g6g)	**6g**	(7g6g)	(5h6h)	6h	(7g6h)
粗糙	—	(7G)	(8G)	—	7H	8H	—	(8e)	(9e8e)	—	—	—	—	8g	(9g8g)	—	—	—

5. 螺纹的标记

完整标记由螺纹特征代号、尺寸代号、公差带代号及其他有必要进一步说明的个别信息组成。

(1) 普通螺纹的特征代号为字母“M”。单线螺纹的尺寸代号为“公称直径×螺距”,公称直径和螺距数值的单位为毫米(mm)。对粗牙螺纹,可以省略标注其螺距项。

标注示例如下。

公称直径为 8 mm、螺距为 1 mm 的单线细牙螺纹:M8×1。

公称直径为 8 mm、螺距为 1.25 mm 的单线粗牙螺纹:M8。

(2) 多线螺纹的尺寸代号为“公称直径×Ph 导程 P 螺距”,公称直径、导程和螺距数值的单位为毫米。如果要进一步表明螺纹的线数,可在后面增加括号说明(使用英语进行说明,双线为

two starts，三线为 three starts，四线为 four starts)。

标注示例如下。

公称直径为 16 mm、导程为 3 mm、螺距为 1.5 mm 的双线螺纹：M16×Ph3P1.5 或 M16×Ph3P1.5(two starts)。

(3) 公差带代号包含中径公差带代号和顶径公差带代号，中径公差带代号在前，顶径公差带代号在后。各直径的公差带代号由表示公差等级的数值和表示公差带位置的字母(内螺纹用大写字母，外螺纹用小写字母)组成。如果中径公差带代号与顶径公差带代号相同，则应只标注一个公差带代号。螺纹尺寸代号与公差带间用“-”号分开。

标注示例如下。

公称直径为 10 mm、螺距为 1 mm、中径公差带为 5g、顶径公差带为 6g 的外螺纹：M10×1-5g6g。

公称直径为 10 mm、中径公差带和顶径公差带均为 6g 的粗牙外螺纹：M10-6g。

公称直径为 10 mm、螺距为 1 mm、中径公差带为 5H、顶径公差带为 6H 的内螺纹：M10×1-5H6H。

公称直径为 10 mm、中径公差带和顶径公差带均为 6H 的粗牙内螺纹：M10-6H。

(4) 在下列情况下，中等公差精度螺纹不标注其公差带代号。

① 内螺纹：5H、公称直径小于或等于 1.4 mm 时；6H、公称直径大于或等于 1.6 mm 时。对螺距为 0.2 mm 的螺纹，其公差等级为 4 级。

② 外螺纹：6h、公称直径小于或等于 1.4 mm 时；6g、公称直径大于或等于 1.6 mm 时。

标注示例如下。

公称直径为 10 mm、中径公差带和顶径公差带均为 6g、中等公差精度的粗牙外螺纹：M10。

公称直径为 10 mm、中径公差带和顶径公差带均为 6H、中等公差精度的粗牙内螺纹：M10。

(5) 表示内、外螺纹配合时，内螺纹公差带代号在前，外螺纹公差带代号在后，中间用斜线分开。

标注示例如下。

公称直径为 20 mm、螺距为 2 mm、公差带为 6H 的内螺纹与公差带为 5g6g 的外螺纹组成配合：M20×2-6H/5g6g。

公称直径为 6mm、公差带为 6H 的内螺纹与公差带为 6g 的外螺纹组成配合(中等公差精度、粗牙)：M6。

(6) 标记内有必要说明的其他信息包括螺纹的旋合长度和旋向。对短旋合长度组和长旋合长度组的螺纹，宜在公差带代号后分别标注“S”和“L”代号。旋合长度代号与公差带间用“-”号分开。中等旋合长度组螺纹不标注旋合长度代号(N)。

标注示例如下。

短旋合长度的内螺纹：M20×2-5H-S。

长旋合长度的内、外螺纹：M6-7H/7g6g-L。

中等旋合长度的外螺纹(粗牙、中等精度的 6g 公差带)：M6。

(7) 对左旋螺纹，应在旋合长度代号之后标注“LH”代号。旋合长度代号与旋向代号间用“-”号分开。右旋螺纹不标注旋向代号。

标注示例如下。

左旋螺纹：M8×1-LH(公差带代号和旋合长度代号被省略)。

左旋螺纹：M6×0.75-5h6h-S-LH。

左旋螺纹:M14×Ph6P2-7H-L-LH 或 M14×Ph6P2(three starts)-7H-L-LH。

右旋螺纹:M6(螺距、公差带代号、旋合长度代号和旋向代号被省略)。

装配图上,螺纹公差带代号用斜线分开,分子为内螺纹公差带代号,分母为外螺纹公差带代号。

三、普通螺纹公差与配合的选用

1. 螺纹连接精度与旋合长度的确定

对于标准规定的普通螺纹连接的精密、中等和粗糙三级,应用情况如下。

(1) 精密级:用于精密连接螺纹,以及要求配合性质稳定,配合间隙变动较小,需要保证一定的定心精度的螺纹连接。

(2) 中等级:用于一般的螺纹连接。

(3) 粗糙级:用于不重要的螺纹连接,以及制造比较困难(长盲孔攻丝)或热轧棒上的螺纹。

实际选用时,还必须考虑螺纹的工作条件、尺寸的大小、加工的难易程度、工艺结构等情况。例如,当螺纹的承载较大,且为交变载荷或有较大的振动,应选用精密级;对于小直径螺纹,为了保证连接强度,也必须提高其连接精度;而对于加工难度较大的螺纹,虽是一般要求,但此时也需要降低其连接精度。

对于旋合长度的选择,一般多选用中等旋合长度。仅当结构和强度上有特殊要求时,才选用采用短旋合长度或长旋合长度。值得注意的是,应尽可能缩短旋合长度,改变那种认为螺纹旋合长度越大,螺纹连接的密封性、可靠性就越好的错误认识。实践证明,旋合长度过长,不仅结构笨重、加工困难,而且螺距累积误差增大,降低承载能力,造成螺牙强度和密封性下降。

2. 公差的确定

螺纹公差等级和基本偏差组合,可以组成各种不同的公差带。在生产中,为了减少螺纹刀具和螺纹量规的规格和数量,规定了内、外螺纹的推荐公差带,如表 7-20 所示。

其中,加框、黑体的公差带应优先选用,白体的公差带其次选用,加括号的公差带尽量不用,大量生产的精制紧固螺纹推荐采用带方框的公差带。

3. 配合的选择

从原则上讲,表 7-20 所列的内螺纹公差带和外螺纹公差带可以任意组合成各种配合。但从保证足够的接触高度出发,最好组成 H/g、H/h、G/h 的配合。选择配合时,主要考虑以下几种情况。

(1) 为了保证可旋合性,内、外螺纹应具有较高的同轴度,并有足够的接触高度和接合强度。通常采用最小间隙等于零的配合(H/h),即内螺纹为 H,外螺纹为 h。

(2) 需要容易拆卸,可选用较小间隙的配合(H/g 或 G/h),内螺纹用 H 或 G,外螺纹用 g 或 h。

(3) 对于需要镀层的螺纹,其基本偏差按所需镀层厚度确定。

内螺纹较难镀层,涂镀对象主要是外螺纹。镀层较薄时(厚度约 5 μm),内螺纹选用 6H,外螺纹选取 6g;镀层较厚时(厚度达 10 μm),内螺纹用 6H,外螺纹选 6e;内、外螺纹均需要镀层时,可选 6G/6e。

(4) 在高温条件下工作的螺纹,可根据装配时和工作时的温度来确定适当的间隙和相应的基本偏差,留有间隙以防螺纹卡死。一般常用基本偏差 e。例如汽车上用的 M14×1.25 规格的火花塞,温度相对较低时,可用基本偏差 g。

4. 螺纹的表面粗糙度

螺纹牙侧表面的粗糙度主要按用途和中径公差等级来确定，如表 7-21 所示。

表 7-21 螺纹牙侧表面的粗糙度 单位：μm

螺纹牙侧表面	螺纹公差等级		
	4,5	6,7	8,9
	Ra		
螺栓、螺钉、螺母轴及套上的螺纹牙侧表面	≤1.6 0.8～1.6	≤3.2 ≤1.6	3.2～6.3 ≤3.2

5. 应用举例

【例 7-2】 如图 7-32 所示，查阅及计算 M20-6H/5g6g 普通内、外螺纹的中径、大径和小径的基本尺寸、极限偏差和极限尺寸，并画出中径、大径、小径公差配合图解。

解： (1) 查表 7-17 得，螺距 $P=2.5$ mm。

(2) 查表 7-15 得：大径 $D=d=20$ mm；中径 $D_2=d_2=18.376$ mm；小径 $D_1=d_1=17.294$ mm。

(3) 极限偏差如下(单位为 mm)。

	ES(es)	EI(ei)
内螺纹大径	不规定	0
中径	+0.224	0
小径	+0.450	0
外螺纹大径	−0.042	−0.377
中径	−0.042	−0.174
小径	−0.042	不规定

(4) 计算极限尺寸(单位为 mm)。

	上极限尺寸	下极限尺寸
内螺纹大径	不超过实体牙型	20
中径	18.600	18.376
小径	17.744	17.294
外螺纹大径	19.958	19.623
中径	18.334	18.202
小径	17.252	不超出实体牙型

中径、大径、小径公差配合图解如图 7-32 所示。

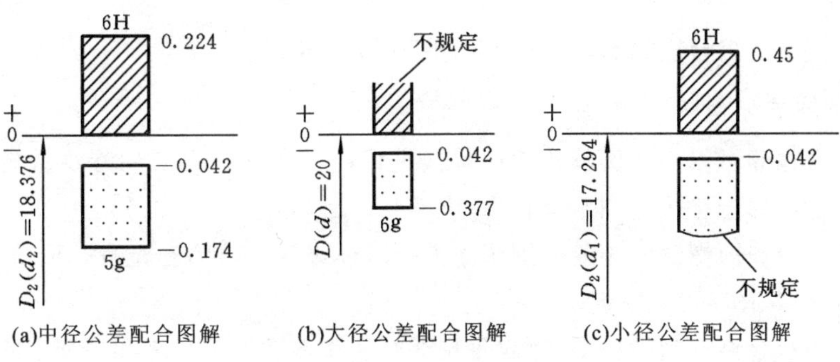

(a)中径公差配合图解 (b)大径公差配合图解 (c)小径公差配合图解

图 7-32 例 7-2 图

【例 7-3】 已知螺纹尺寸和公差要求为 M24×2-6g，加工后测得实际大径 $d_a=23.850$ mm，实际中径 $d_{2a}=22.521$ mm，螺距累积偏差 $\Delta P_\Sigma=+0.05$ mm，牙型半角偏差分别为$\Delta\frac{\alpha}{2}$(左)$=+20'$和$\Delta\frac{\alpha}{2}$(右)$=-25'$，试求顶径和中径是否合格，查出所需旋合长度的范围。

解： (1) 由表 7-15 查得 $d_2=22.701$ mm

由相关标准查得

$$\text{中径：es}=-38\ \mu\text{m},\quad T_{d2}=170\ \mu\text{m}$$

$$\text{大径：es}=-38\ \mu\text{m},\quad T_d=280\ \mu\text{m}$$

(2) 判断大径的合格性。

$$d_{max}=d+\text{es}=(24-0.038)\ \text{mm}=23.962\ \text{mm}$$

$$d_{min}=d_{max}-T_d=(23.962-0.28)\ \text{mm}=23.682\ \text{mm}$$

因 $d_{max}>d_a=23.850\ \text{mm}>d_{min}$，故大径合格。

(3) 判断中径的合格性。

$$d_{2max}=d_2+\text{es}=(22.701-0.038)\ \text{mm}=22.663\ \text{mm}$$

$$d_{2min}=d_{2max}-T_{d2}=(23.663-0.17)\ \text{mm}=22.493\ \text{mm}$$

$$d_{2m}=d_{2a}+(f_p+f_{\alpha/2})$$

式中，$d_{2a}=22.521$ mm。

$$f_p=1.732\,|\,\Delta P_\Sigma\,|=(1.732\times0.05)\ \text{mm}=0.087\ \text{mm}$$

$$f_{\alpha/2}=0.073P\left[K_1\left|\Delta\frac{\alpha_1}{2}\right|+K_2\left|\Delta\frac{\alpha_2}{2}\right|\right]$$

$$=[0.073\times2\times(2\times20+3\times25)]\ \mu\text{m}$$

$$=16.8\ \mu\text{m}=0.017\ \text{mm}$$

则 $$d_{2m}=22.521\ \text{mm}+(0.087\ \text{mm}+0.017\ \text{mm})=22.625\ \text{mm}$$

按极限尺寸判断原则(泰勒原则)，

$$d_{2m}=22.625\ \text{mm}<22.663\ \text{mm}(d_{2max})$$

$$d_{2a}=22.521\ \text{mm}>22.493\ \text{mm}(d_{2min})$$

故中径也合格。

(4) 根据该螺纹尺寸 $d=24$ mm，螺距 $P=2$ mm，查表 7-19 得，采用中等旋合长度为 8.5～25 mm。

四、螺纹的检测

螺纹的检测分为综合检测和单项测量两种。

1. 螺纹的综合检测

螺纹的综合检测可以用投影仪或螺纹量规进行。生产中只需要用螺纹量规来控制螺纹的极限轮廓。螺纹的综合检测适用于成批生产。

外螺纹的大径和内螺纹的小径分别用光滑极限环规(或卡规)和光滑极限塞规检查，其他参数均用螺纹量规(见图 7-33)检查。

根据螺纹中径合格性判断原则，螺纹量规通端和止端在螺纹长度和牙型上的结构特征是不同的。螺纹量规通端主要用于检查作用中径不得超出其最大实体牙型中径(同时控制螺纹的底

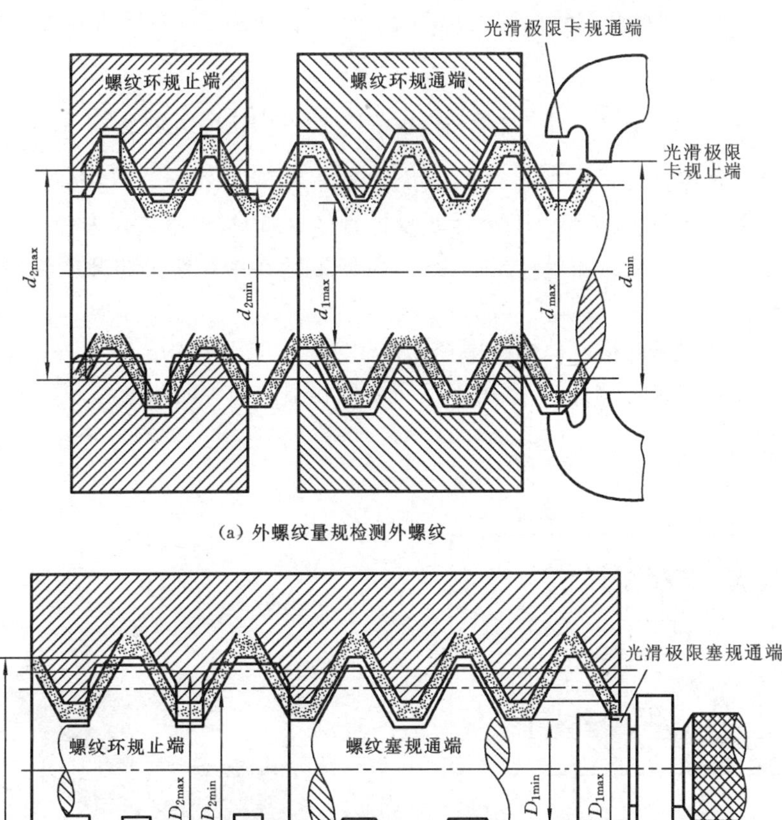

(a) 外螺纹量规检测外螺纹

(b) 内螺纹量规检测内螺纹

图 7-33 螺纹量规

径)，应该有完整的牙侧，且其螺纹长度至少要等于工件螺纹的旋合长度的 80%。当螺纹通规可以和螺纹工件自由旋合时，就表示螺纹工件的作用中径未超出最大实体牙型。螺纹量规止端只控制螺纹的实际中径不得超出其最小实体牙型中径，为了消除螺距误差和牙型半角误差的影响，其牙型应做成截短牙型且螺纹长度只有 2～3.5 牙。

2. 螺纹的单项测量

螺纹的单项测量用于螺纹工件的工艺分析或螺纹量规及螺纹刀具的质量检查。单项测量，即分别测量螺纹的每个参数，主要测量中径、螺距和牙型半角，其次测量顶径和底径，有时还需要测量牙底的形状。除了顶径可用内外径量具测量外，其他参数多用通用仪器测量，其中用得较多的是万能测量显微镜、大型工具显微镜和投影仪。在此不再赘述，请读者参阅有关资料，本书将介绍用三针测量法及用螺纹千分尺测量中径。

三针测量法主要用于测量精密螺纹(如螺纹塞规、丝杠等)的中径(d_2)。它是将三根直径相等的精密量针放在螺纹槽中，用光学或机械量仪(机械测微仪、光学计、测长仪等)量出尺寸 M

(见图 7-34),然后根据被测螺纹已知的螺距 P、牙型半角 $\alpha/2$ 及量针直径 d_0,按下式计算螺纹中径的实际尺寸。

$$d_2 = M - d_0\left[1+\frac{1}{\sin(\alpha/2)}\right]+[P/2\cot(\alpha/2)] \tag{7-21}$$

对于普通公制螺纹,$\alpha=60°$,$d_2=M-3d_0+0.886P$。

上列各式中的螺距 P、牙型半角 $\alpha/2$ 及量针直径 d_0 均按理论值代入。

为消除牙型半角误差对测量结果的影响,应使量针在中径线上与牙侧接触,这样的量针直径称为最佳量针直径 $d_{0最佳}$,$d_{0最佳}=0.5P/\cos(\alpha/2)$。

螺纹千分尺是测量低精度外螺纹中径的常用量具。它的结构与一般外径千分尺相似,所不同的是测量头。它有成对配套的、适用于不同牙型和不同螺距的测量头。螺纹千分尺如图7-35所示。

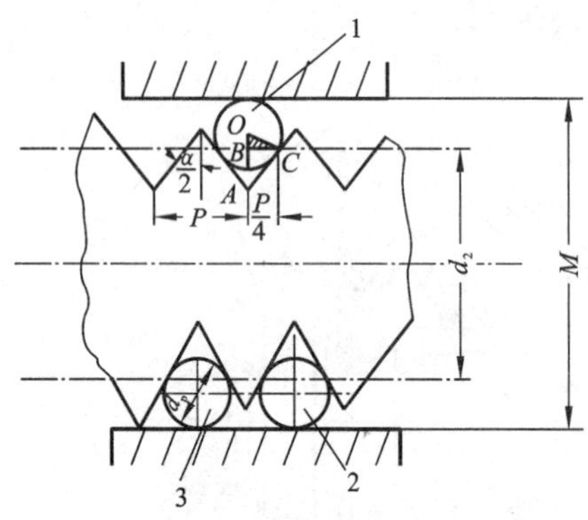

图 7-34　用三针测量法测螺纹中径

图 7-35　螺纹千分尺

7.8　滚动轴承的公差与配合

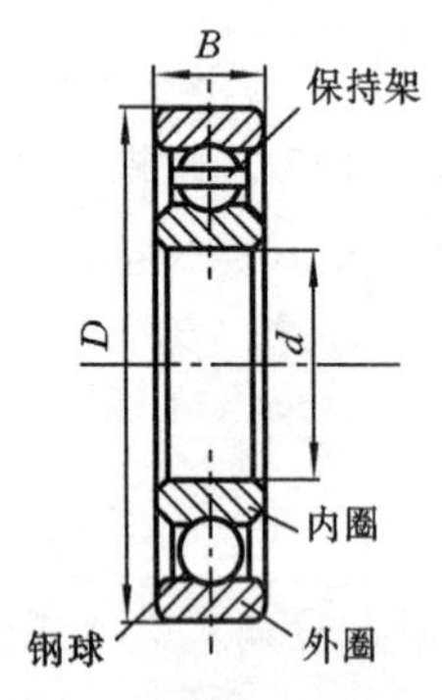

图 7-36　滚动轴承

滚动轴承是机器中广泛使用的标准部件,它一般由内圈、外圈滚动体(钢球或滚子)和保持架构成,如图 7-36 所示。本书主要介绍滚动轴承的精度和它与轴、轴承座孔的配合选项等问题。

滚动轴承工作时,要求运转平稳、旋转精度高、噪声小。为保证工作性能,除了轴承本身的制造精度外,还要正确选择轴承与轴和轴承座孔的配合性质、轴和轴承座孔的尺寸精度、几何公差和表面粗糙度等。

一、滚动轴承的精度等级及其应用

1. 滚动轴承的精度等级

滚动轴承的精度是按外形尺寸公差和旋转精度分级的。外形尺寸公差是指成套轴承的内径 d、外径 D 和宽度尺寸 B 的公差;旋转精度主要指轴承内、外圈的径向跳动、端面对滚道的跳动和端面对内径的跳动等。国家标准《滚动轴承　通用技术规则》(GB/T 307.3—2017)规定向心轴承(圆锥滚子轴承除外)分为普通级、6、5、4 和 2 等五级,精度依次升高;圆锥滚子轴承精度分为普通级、6X、5、4 和 2 等五级;推力轴承分为普通级、6、5 和 4

等四级。

2. 滚动轴承精度等级的选用

普通级——用于低、中速及旋转精度要求不高的一般旋转机构，在机械中应用最广。例如，用于普通机床变速箱、进给箱中的轴承，汽车、拖拉机变速箱中的轴承，普通电动机、水泵、压缩机等旋转机构中的轴承等。

6、6X 级——用于转速较高、旋转精度要求较高的旋转机构。例如，用于普通机床中的主轴后轴承、精密机床变速箱中的轴承等。

5、4 级——用于高速、高旋转精度要求的机构。例如，用于精密机床中的主轴承，精密仪器仪表中的主要轴承等。

2 级——用于转速很高、旋转精度要求也很高的机构。例如，用于齿轮磨床、精密坐标镗床中的主轴轴承，高精度仪器仪表及其他高精度精密机械中的主要轴承。

3. 滚动轴承内径、外径公差带及其特点

滚动轴承的内圈和外圈都是薄壁零件，在制造和过程中容易变形，但当轴承内圈与轴、外圈与轴承座孔装配后，这种微量变形又能跟随较圆的轴和孔的形状而得到一些矫正。因此，国家标准对轴承内径和外径尺寸公差做了两种规定：一是轴承套圈任意横截面内测得的最大直径与最小直径的平均值 $d_m(D_m)$ 与公称直径 $d(D)$ 的差，即单一平面平均内(外)径偏差 Δdmp(ΔDmp)必须在极限偏差范围内，目的是用于控制轴承的配合，因为平均尺寸是配合时起作用的尺寸；二是规定套圈任意横截面内最大直径、最小直径与公称直径之差的最大值，即单一内孔直径(外径)偏差 Δds(ΔDs)必须在极限偏差范围内，主要目的是限制变形量。

对于高精度的 2、4 级轴承，对上述两个公差项目都做了规定，而对其余公差等级的轴承，只规定了第一项。

表 7-22 列出了部分向心轴承内、外圈单一平面平均内(外)径偏差 Δdmp(ΔDmp)的值。

表 7-22 向心轴承的 Δdmp 和 ΔDmp

精度等级			普通级		6		5		4		2	
公称直径/mm			极限偏差/μm									
部位	大于	到	上极限偏差	下极限偏差	上极限偏差	下极限偏差	上极限偏差	下极限偏差	上极限偏差	下极限偏差	上极限偏差	下极限偏差
内圈	18	30	0	−10	0	−8	0	−6	0	−5	0	−2.5
	30	50	0	−12	0	−10	0	−8	0	−6	0	−2.5
外圈	50	80	0	−13	0	−11	0	−9	0	−7	0	−4
	80	120	0	−15	0	−13	0	−10	0	−8	0	−5

滚动轴承是标准部件，它的内圈与轴、外圈与轴承座孔的配合表面无须再加工。为了便于互换和大量生产，轴承内圈与轴的配合采用基孔制，外圈与轴承座孔的配合采用基轴制。

不同公差等级轴承内、外圈公差带的分布图如图 7-37 所示。

从图 7-37 中可看出，轴承内、外圈公差带上极限偏差均为 0，下极限偏差均为负值。这主要是考虑到轴承的特殊结构及要求。

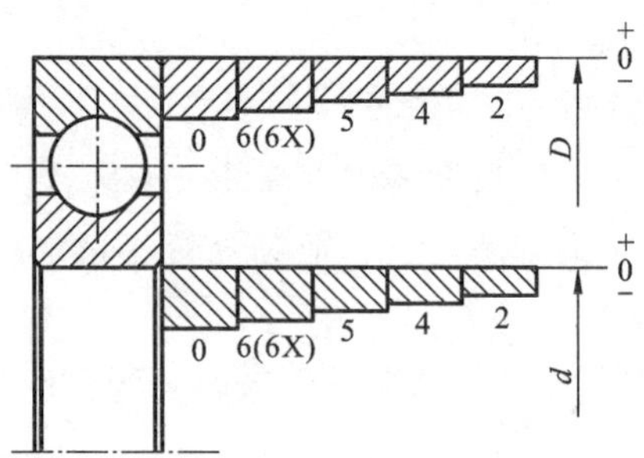

图 7-37　不同公差等级轴承内、外圈公差带的分布图

二、滚动轴承与轴及轴承座孔的配合

滚动轴承的配合是指成套轴承的内孔 d 与轴、外径 D 与轴承座孔的尺寸配合。合理地选择配合对于充分发挥轴承的技术性能、保证机器正常运转、提高机械效率、延长使用寿命都有重要意义。

1. 轴和轴承座孔的公差带

国家标准《滚动轴承　配合》(GB/T 275—2015)对于与普通级轴承配合的轴规定了 17 种公差带,对轴承座孔规定了 16 种公差带,如图 7-38 所示。

2. 滚动轴承与轴、轴承座孔配合的选用

选用滚动轴承与轴、轴承座孔的配合时,应主要考虑轴承套圈相对于负荷的状况、负荷的大小、轴承的工作条件及有关因素。

1) 轴承套圈相对于负荷的状况

作用在轴承上的径向负荷,一般有两种情况:一是定向负荷(如带拉力或齿轮的作用力);二是旋转负荷——由定向负荷和一个较小的旋转负荷(如机件的离心力)合成,如图 7-39 所示。

负荷的作用方向与套圈间存在着三种关系。

(1) 套圈相对于负荷方向固定,即径向负荷作用在套圈滚道的局部区域上。图7-39(a)固定的外圈和图 7-39(b)固定的内圈均受到一个方向固定的径向负荷 $\boldsymbol{F}_0$ 的作用。

(2) 套圈相对于负荷方向旋转,即作用于轴承上的合成径向负荷与套圈相对旋转,并依次作用在该套圈的整个圆周滚道上。图 7-39(a)旋转的内圈和图 7-39(b)旋转的外圈均受到一个作用位置依次改变的径向负荷 $\boldsymbol{F}_0$ 的作用。

(3) 套圈相对于负荷方向摆动,即大小和方向按一定规律变化的径向负荷作用在套圈的部分滚道上,此时套圈相对于负荷方向摆动。如图 7-39(c)和图 7-39(d)所示,轴承受到定向负荷 $\boldsymbol{F}_0$ 和较小的旋转负荷 $\boldsymbol{F}_1$ 的共同作用,两者的合成负荷 $\boldsymbol{F}$ 将以由小到大,再由大到小的周期变化,在弧 AB 区域内摆动(见图 7-40)。固定的套圈相对于负荷方向摆动,旋转的套圈相对于负荷方向旋转。

轴承套圈相对于负荷方向的关系不同,选择轴承配合的松紧程度也应不同。

当套圈相对于负荷方向固定时,配合应选得稍松些,让套圈在振动或冲击下被滚道间的摩擦力矩带动,偶尔产生少许转位,从而改变滚道的受力状态,使滚道磨损较均匀,延长轴承的使用寿命,一般选用过渡配合或具有极小间隙的间隙配合。

当套圈相对于负荷方向旋转时,为了防止套圈在轴或轴承座孔的配合表面打滑,引起配合表面发热、磨损,配合应选得紧些,一般选用过盈量较小的过盈配合或有一定过盈量的过渡配合。

当套圈相对于负荷方向摆动时,配合的松紧程度一般与相对于负荷方向旋转时相同或稍松些。

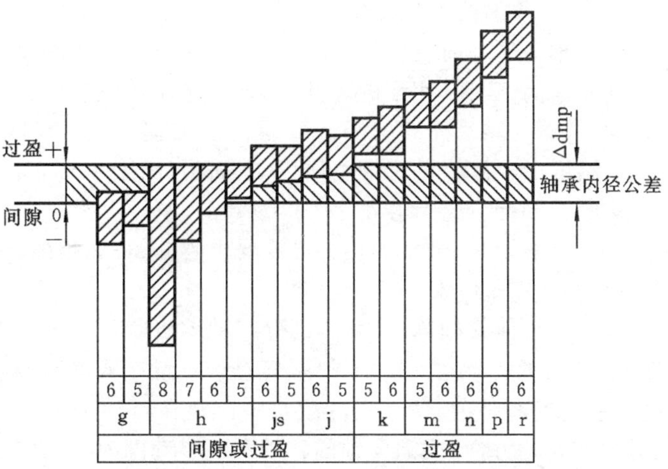

(a)普通级公差轴承与轴配合的常用公差带关系图

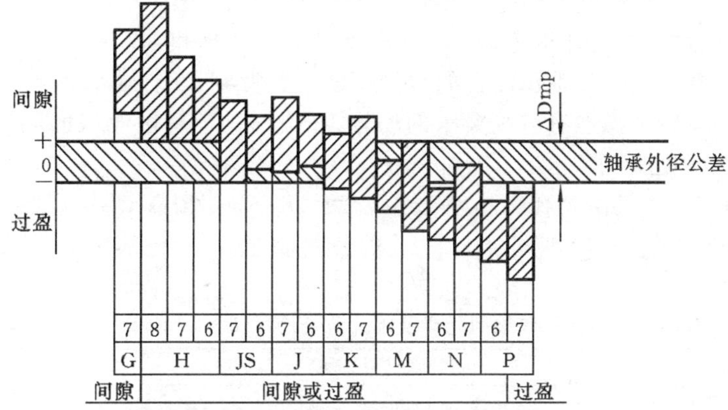

(b)普通级公差轴承与轴承座孔配合的常用公差带关系图

图 7-38　普通级公差轴承与轴和轴承座孔的配合

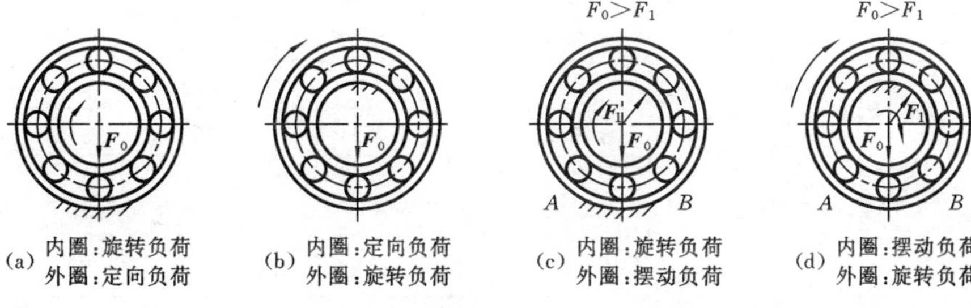

图 7-39　轴承套圈承受的负荷类型

2）负荷的大小

负荷的大小可用当量径向动负荷 F_r 与轴承的额定动负荷 C_r 的比值来区分，GB/T 275—2015 规定当 $F_r \leqslant 0.07C_r$ 时称为轻负荷，当 $0.07C_r < F_r \leqslant 0.15C_r$ 时称为正常负荷，当 $F_r > 0.15C_r$ 时称为重负荷。

额定动负荷 C_r 的值可从轴承手册中查到，F_r 的计算在“机械设计”课程中已做详细介绍。

轴承处于重负荷和冲击负荷的作用下，套圈容易产生变形，使配合表面受力不均匀，引起配合松动，因此，负荷越大，过盈量应越大，相对于承受冲击负荷应选用较紧的配合。

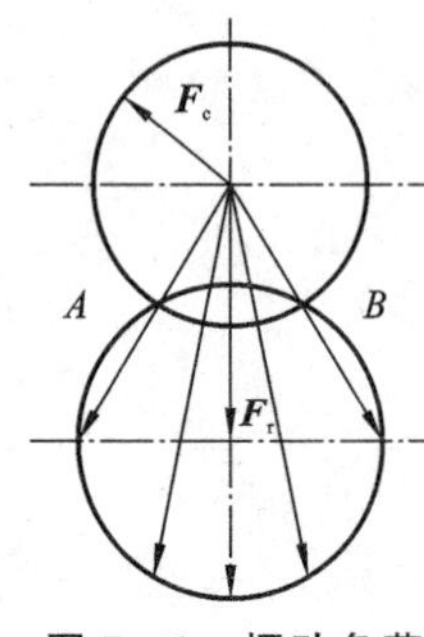

图 7-40 摆动负荷

3) 轴承的工作条件

轴承转动时,由于摩擦发热和散热条件不同等原因,轴承套圈的温度往往高于与其相配的零件的温度,这样,轴承内圈与轴的配合可能松动,外圈与轴承座孔的配合可能变紧,在选择配合时,必须考虑轴承工作温度(或温差)的影响。所以,在高温(高于 100 ℃)下工作的轴承,应对所选的配合进行修正。

一般说来,轴承的旋转精度要求越高、转速越高,配合应更紧些。

4) 其他因素

与整体式轴承座相比,剖分式轴承座孔与轴承外圈配合应松些,以免造成外圈产生圆度误差;当轴承安装在薄壁轴承座、轻合金轴承座或薄壁空心轴上时,为了保证轴承工作时有足够的支承刚度和强度;所采用的配合应比装在厚壁轴承座、铸铁轴承座或实心轴上紧一些;当考虑拆卸和安装方便,或需要轴向移动和调整套圈时,配合应松一些。

3. 与轴承配合的轴、轴承座孔公差等级的选用

在选择轴承配合的同时,还应考虑到公差等级的确定。轴和轴承座孔的公差等级与轴承的精度等级有关。与 0、6(6X)级轴承配合的轴的精度一般为 IT6 级,轴承座孔的精度一般为 IT7 级。在旋转精度和运转平稳性有较高要求的场合,在提高轴承精度等级的同时,与其相配的轴和轴承座的精度也要相应提高。

滚动轴承的配合,一般用类比的方法选用。GB/T 275—2015 列出了四张表,推荐与普通级、6(6X)级向心轴承和推力轴承配合的轴、孔的公差带。表 7-23、表 7-24 就是其中的两张表,供读者选用时参考。

表 7-23 向心轴承和轴的配合及轴公差带代号(摘自 GB/T 275—2015)

圆柱孔轴承						
负荷情况		举例	深沟球轴承、调心球轴承和角接触球轴承	圆柱滚子轴承和圆锥滚子轴承	调心滚子轴承	公差带
			轴承公称直径/mm			
内圈承受旋转负荷或方向不定负荷	轻负荷	输送机、轻载齿轮箱	≤18	—	—	h5
			>18~100	≤40	≤40	j6①
			>100~200	>40~140	>40~100	k6①
			—	>140~200	>100~200	m6①
	正常负荷	一般通用机械、电动机、泵、内燃机、正齿轮传动装置	≤18	—	—	j5 js5
			>18~100	≤40	≤40	k5②
			>100~140	>40~100	>40~65	m5②
			>140~200	>100~140	>65~100	m6
			>200~280	>140~200	>100~140	n6
			—	>200~400	>140~280	p6
			—	—	>280~500	r6
	重负荷	铁路机车车辆轴箱、牵引电机、破碎机等	—	>50~140	>50~100	n6③
			—	>140~200	>100~140	p6③
			—	>200	>140~200	r6③
			—	—	>200	r7③

续表

圆柱孔轴承						
负荷情况			举例	深沟球轴承、调心球轴承和角接触球轴承	圆柱滚子轴承和圆锥滚子轴承	调心滚子轴承	公差带
				轴承公称直径/mm			
内圈承受固定负荷	所有负荷	内圈需在轴向易移动	非旋转轴上的各种轮子	所有尺寸			f6 g6
		内圈不需在轴向易移动	张紧轮、绳轮				h6 j6
仅有轴向负荷			所有尺寸				j6、js6

圆锥孔轴承				
所有负荷	铁路机车车辆轴箱	装在退卸套上	所有尺寸	h8(IT6)④⑤
	一般机械传动	装在紧定套上	所有尺寸	h9(IT7)④⑤

注:① 凡对精度有较高要求的场合,应用 j5,k5,m5 代替 j6,k6,m6;
② 圆锥滚子轴承、角接触球轴承配合对游隙影响不大,可用 k6、m6 代替 k5、m5;
③ 重负荷下轴承游隙应选大于 N 组;
④ 凡有较高精度或转速要求的场合,应选用 h7(IT5)代替 h8(IT6)等;
⑤ IT6、IT7 表示圆柱度公差数值。

表 7-24 向心轴承和轴承座孔的配合及轴承座孔公差带代号(摘自 GB/T 275—2015)

负荷情况		举例	其他状态	公差带①	
				球轴承	滚子轴承
外圈承受固定负荷	轻、正常、重	一般机械、铁路机车车辆轴箱	轴向易移动,采用剖分式轴承座	H7、G7②	
	冲击		轴向能移动,可采用整体式或剖分式轴承座	J7、JS7	
方向不定负荷	轻、正常	电机、泵、曲轴主轴承			
	正常、重		轴向不移动,采用整体式轴承座	K7	
	重,冲击	牵引电机		M7	
外圈承受旋转负荷	轻	皮带张紧轮		J7	K7
	正常	轮毂轴承		M7	N7
	重			—	N7、P7

注:① 并列公差随尺寸的增大从左至右选择,对旋转精度有较高要求时,可相应提高一个公差等级;
② 不适用于剖分式轴承座。

4. 配合表面的其他技术要求

GB/T 275—2015 中规定了与轴承配合的轴和轴承座孔表面的圆柱度公差、轴肩及轴承座孔端面的端面圆跳动公差、各表面的粗糙度要求等,如表 7-25、表 7-26 所示。

表 7-25 轴和轴承座孔的几何公差

公称尺寸/mm		圆柱度 t				端面圆跳动 t_1			
		轴颈		轴承座孔		轴肩		轴承座孔肩	
		轴承公差等级							
		普通级	6(6X)	普通级	6(6X)	普通级	6(6X)	普通级	6(6X)
超过	到	公差值/μm							
—	6	2.5	1.5	4	2.5	5	3	8	5
6	10	2.5	1.5	4	2.5	6	4	10	6
10	18	3	2	5	3	8	5	12	8
18	30	4	2.5	6	4	10	6	15	10
30	50	4	2.5	7	4	12	8	20	12
50	80	5	3	8	5	15	10	25	15
80	120	6	4	10	6	15	10	25	15
120	180	8	5	12	8	20	12	30	20
180	250	10	7	14	10	20	12	30	20
250	315	12	8	16	12	25	15	40	25
315	400	13	9	18	13	25	15	40	25
400	500	15	10	20	15	25	15	40	25

表 7-26 配合表面和端面的表面粗糙度

轴或轴承座孔直径/mm		轴或轴承座配合表面直径公差等级数					
		IT7		IT6		IT5	
		表面粗糙度 Ra/μm					
超过	到	磨	车	磨	车	磨	车
—	80	1.6	3.2	0.8	1.6	0.4	0.8
80	500	1.6	3.2	1.6	3.2	0.8	1.6
端面		3.2	6.3	6.3	6.3	6.3	3.2

5. 应用举例

【例 7-4】 有一圆柱齿轮减速器，小齿轮轴要求有较高的旋转精度，装有普通级单列深沟球轴承，轴承尺寸为 50 mm×110 mm×27 mm，额定动负荷 C_r=32 000 N，轴承承受的当量径向负荷F_r=4 000 N。试用类比法确定轴和轴承座孔的公差带代号，画出公差带图，并确定轴承座孔、轴的几何公差值和表面粗糙度参数值，将它们分别标注在装配图和零件图上。

解：按给定条件，可算得 F_r=0.125C_r，属于正常负荷。内圈相对于负荷方向旋转，外圈相对于负荷方向固定。参考表 7-23、表 7-24 选轴公差带为 k6，轴承座孔公差带为 G7 或 H7。但由于该轴旋转精度要求较高，故选用更紧一些的配合 J7 较为恰当。

查出轴承内、外圈单一平面平均直径的上、下极限偏差，以及 k6 和 J7 的上、下极限偏差，从

而画出公差带图，如图7-41所示。由图可得出

内圈与轴　　$Y_{min}=-0.002$ mm，　$Y_{max}=-0.030$ mm

外圈与轴承座孔　　$X_{max}=+0.037$ mm，　$Y_{max}=-0.013$ mm

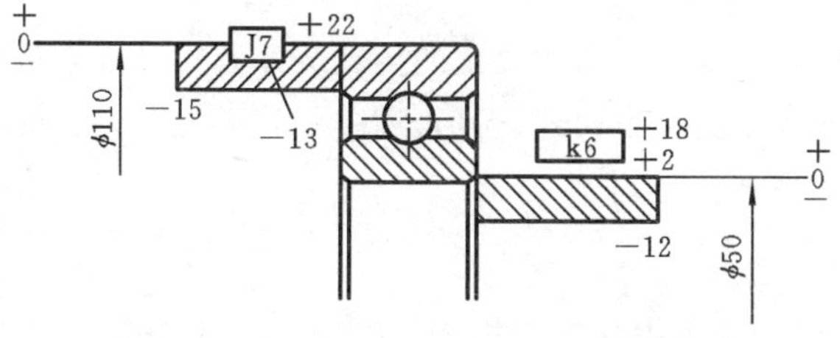

图7-41　轴承与外壳孔和轴的配合

为保证轴承正常工作，还应对轴和轴承座孔提出几何公差及粗糙度要求。查表7-25得圆柱度要求：轴为0.004 mm，轴承座孔为0.010 mm。端面圆跳动要求：轴肩0.012 mm，轴承座孔端面0.025 mm。

查表7-26得粗糙度要求：轴 $Ra\leqslant 0.8$ μm，轴承座孔表面 $Ra\leqslant 1.6$ μm，轴肩端面 $Ra\leqslant 6.3$ μm，轴承座孔端面 $Ra\leqslant 3.2$ μm。

选择的各项公差要求标注在图样上，如图7-42所示。由于轴承是标准件，因此，在装配图上只需要标出轴颈和轴承座孔的公差带代号。

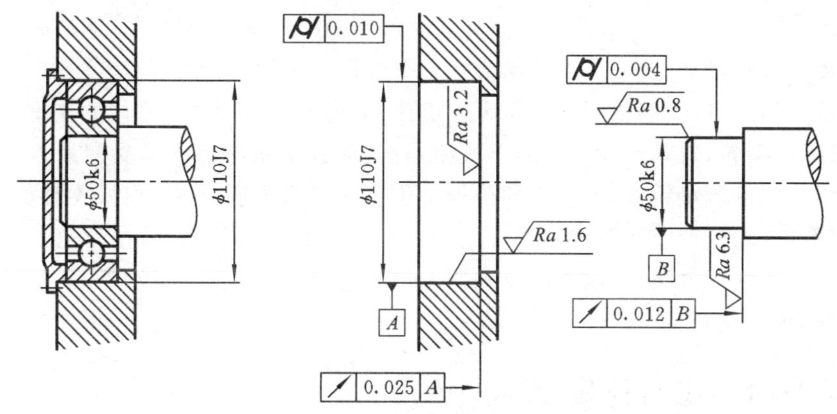

图7-42　轴颈和轴承座孔的公差标注

7.9　渐开线圆柱直齿齿轮公差及检测

齿轮传动在机械制造业中被广泛应用，齿轮的传动定义为定比传动，它有着很高的传动精度。在动力和转矩传递、速比改变的场合，齿轮传动优越的工作性能得到充分的体现。根据工作的性质不同，齿轮的轮齿在圆柱上的分布是不同的。根据齿形，齿轮一般可分为直齿圆柱齿轮、斜齿圆柱齿轮、弧齿圆柱齿轮、人字齿圆柱齿轮。齿轮的制造精度影响着机器的运行，工作精度误差过大会造成机器的振动及运行噪声。另外，瞬时传动比不稳等不良状况对于量具、量仪来说会影响检测的精度，严重时将会降低机器、量仪的使用寿命。

一、渐开线圆柱齿轮的工作要求

1. 传动精度

传动精度是指齿轮副工作时，由速比决定的传动关系与设计要求的相符程度。虽然齿轮传动是定比传动，但是由于齿轮的加工误差(齿形、周节等误差)会影响到瞬时的速比，所以瞬时速比的变化越小，传动精度越高。

2. 传动平稳性

瞬时速比的存在造成齿轮副中从动齿轮产生被动响应并产生对主动轮的惯性冲击，导致齿轮副的振动及运行噪声。控制瞬时速比的大小，事实上就是控制齿轮的制造误差、齿轮副的安装误差。误差越小，传动平稳性也就越高。

3. 啮合精度

啮合精度是指传动中主、从动齿轮齿廓相啮合时相啮合两齿侧面接触状态与设计要求的相符程度。啮合精度影响传递时负荷分布的合理和均匀性。齿侧面啮合不理想，将导致轮齿工作时应力分布不匀，过早磨损及发生疲劳，严重时，造成崩齿甚至折断。啮合精度影响齿轮副的工作寿命。

4. 合理侧隙

合理侧隙是指啮合时非接触侧面应有的间隙。此间隙在传动中可储存润滑脂或润滑油，更可在较大程度上弥补制造、安装误差及受荷状态下运行带来的热变形误差。

在实际的工作中，以上四种要求根据工作负荷、运行条件不同会有不同的侧重。例如，在量具、量仪中传动的齿轮，对其传动精度的要求相当高；而在测量中齿轮只受测量力的作用，由于量具要求具有一定的测量精度，测量力即使很小也要由标准器具严格控制，故对负荷分布的非均匀性不敏感。在重荷低速的工作场合，齿轮的啮合精度相当重要。但在高速工作中，传动平稳性及侧隙的重要性十分明显，因为涉及机器工作的稳定，无侧隙或侧隙过小，也会因齿轮的热变形造成卡死，损坏机器。

二、误差的形成与评定指标

1. 影响传动精度的误差

齿坯定位误差也称为径向误差，是指齿坯轴线与定位轴线不重合时，齿轮加工后实际齿形发生齿高、齿厚的周期性变化而出现的误差。齿距不均匀且齿厚的不断变化，又使得传递变得很不稳定。齿轮切制时的定位误差如图 7-43所示。

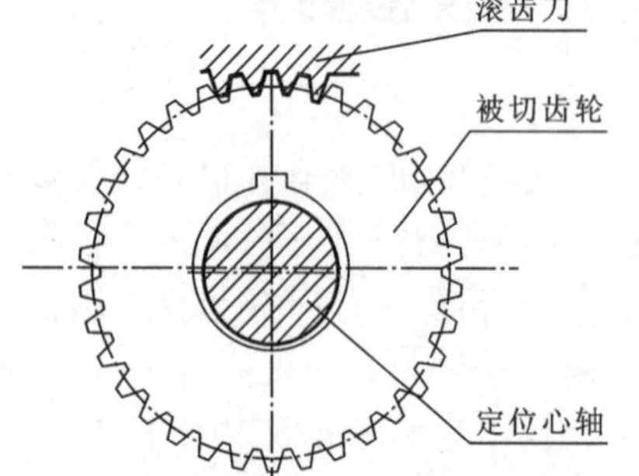

图 7-43　齿轮切制时的定位误差

2. 传动精度的评定指标

(1) 切向综合误差。切向综合误差是指被测齿轮与理想精确齿轮啮合时，在被测齿轮旋转一整圈内，理想精确齿轮实际转角与理论转角的最大代数差。它是定位误差和制造误差的综合反映，是评定传动精度的最佳综合指标。切向综合误差的测量应用到单面啮合综合测量仪，此量仪价格昂贵，结构复杂，操作讲究，在生产现场应用较少。

(2) 齿距累积误差和 K 个齿距累积误差。齿距积累误差是指在分度圆上任意两个同侧齿面间的实际弧长与理论弧长的最大代数差的绝对值。在齿距较大或过小时，可采用 K 个(K 为 2 至小于齿轮齿数一半的整数)齿距累积误差，这是 K 个齿距的实际弧长与理论弧长的最大代数差的绝对值。齿距积累误差反映了齿轮在一转之内，任意两个齿距间的弧长最大变动量对应的转角误差，综合反映了制造误差和定位误差的作用效果，由于齿距积累误差只在分度圆上进行测量，故相比切向误差有所不足。

(3) 齿圈(分度圆)径向跳动。齿圈径向跳动是指齿轮一转内触头与齿槽两侧面接触，在直径方向上获得的最大读数差。量仪的触头可分为球形触头和锥形触头两种，如果触点为分度圆的假想圆柱面，用量仪所获得的数据反映的是分度圆的径向跳动。

(4) 公法线长度误差。公法线长度误差是指被测齿轮圆周之内，实际公法线长度的最大值与理论公法线长度的代数差。公法线长度的变动说明齿廓沿基圆切线方向有误差存在。公法线长度误差是定位误差、范成切制时齿轮坯转角不稳定因素的综合反映。公法线长度误差的测量要使用公法线千分尺。

(5) 径向综合误差。径向综合误差是指被测齿轮与理想精确齿轮相啮合，在被测齿轮转动 1 周内，两齿轮中心距的最大变动量。测量基于无侧隙啮合，若被测齿轮存在切制时的定位误差及基节误差，在与理想精确齿轮啮合转动时，两齿轮的中心距将发生变化。由于啮合运转与切制运转模式基本一致，因此径向综合误差是定位误差、齿廓误差、基节误差、公线线长度误差、刀具误差及切制时安装调整误差的综合反映。径向综合误差的检测操作容易，结构简单。

3. 影响传动平稳性的误差

齿轮具有相同的模数及压力角就可传动，但传动的平稳性有赖于两个齿轮的基节相等。除此以外，齿形误差也是影响传动平稳性的重要因素。一般来说，基节误差及齿形误差主要来自切制时加工系统的误差。滚齿刀同一模数而刀号不同，实际切出的齿形不尽相同，甚至同一滚齿刀加工的齿数不同，齿形也发生一定的变化，基节的变化源自工件在被切制时的周向线速的不稳定。

(1) 基节误差。两个齿轮相啮合的两齿基节不相等，有可能带来超前或滞后的啮合现象，满足正常的啮合系数为 1.1～1.3，意思是在 1.1～1.3 对齿的啮合下，传动就可以顺畅地连续下去。超前的啮合实际上使啮合系数小于 1.1，即下一对进入啮合的齿如果出现超前啮合，将造成尚在脱离啮合的上一对齿瞬间加速而导致被撞、脱离啮合。另一种情况是，相啮合两齿基节不等，分度圆的齿厚与齿槽也不相等，也可能引起实际传动中没有合理侧隙或侧隙过大的现象，导致传动不稳定。

(2) 齿形误差。剔除人为因素，齿形误差属于加工原理误差，是难以避免的因素。只能通过合理选用滚齿刀号(许用齿数与实际加工齿数尽量接近)或进行后期的剃齿、磨齿、珩齿工艺，来降低齿形误差对传动平稳性的影响。

4. 传动平稳性的评定指标

(1) 一齿切向综合误差。一齿切向综合误差是指被测齿轮与理想精确齿轮单面啮合时，在被测齿轮一齿距角内，实际转角与公称转角之差的最大值。一齿切向综合误差反映基节误差与齿形误差的综合影响情况。检测一齿切向综合误差要采用单齿仪,较难在生产现场进行。

(2) 一齿径向综合误差。一齿径向综合误差是指被测齿轮与理想精确齿轮双面啮合时,在被测齿轮一齿距角内,两个齿轮中心距最大的变动量。它同样反映基节误差及齿形误差的综合影响情况,是综合测定的指标项目,但不及一齿切向综合误差准确。

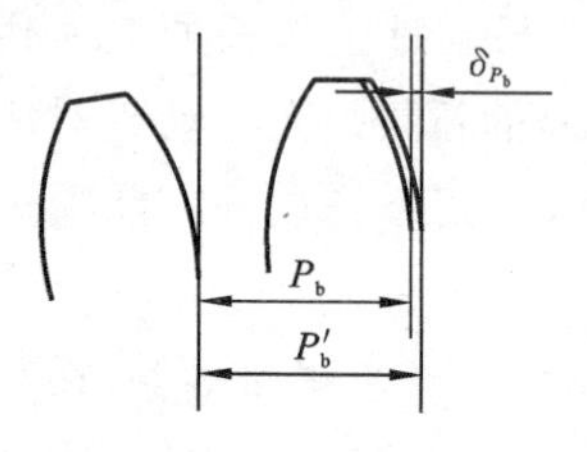

图 7-44 基节误差

(3) 基节误差是指实际基节与公称基节的代数差,如图 7-44 所示。

基节是基圆圆柱切平面所截的两相邻同侧齿面交线之间的距离。

(4) 齿形误差。齿形误差是指被测齿形状与理想齿形(渐开线)的偏离程度。它的测定原理为包容实际齿廓且法向距离为最小的两条互相平行的齿廓线之间的距离。齿形误差主要是由同一刀号加工齿数不同的齿轮带来的,如图 7-45 所示。

(5) 齿距偏差是指分度圆上实际齿距与公称齿距的代数差,如图 7-46 所示。

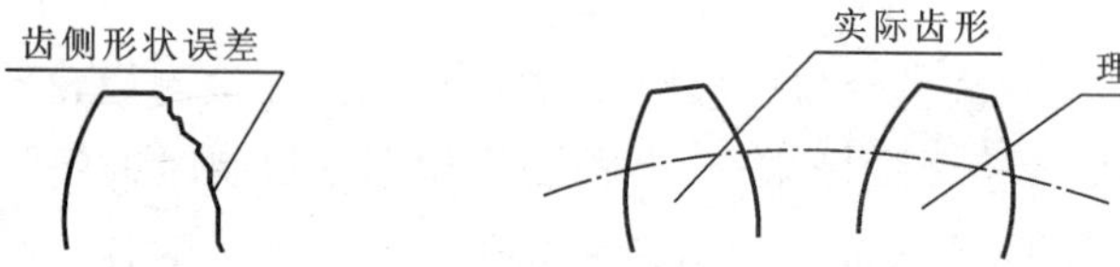

图 7-45 齿形误差

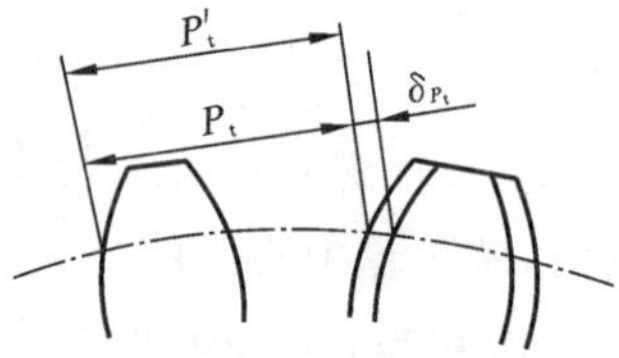

图 7-46 齿距偏差

5. 影响负荷均匀性的主要误差

一对啮合齿轮在传动时,齿廓啮合的程度越高,负荷的均匀性越好。如果两个理想的直齿圆柱齿轮相啮合,沿轴线方向的啮合线应为一条理想直线。

啮合时,两齿接触直线是否连续,接触点受力是否均匀都是负荷均匀性考虑的误差要素,误差的来源如下。

(1) 系统误差。在切制齿轮时,齿轮坯轴线与滚刀同转轴线在空间没有构成 90°夹角,实际切出的齿廓切平面与齿轮轴线平面产生一定程度的夹角,造成齿廓接触不均匀。

(2) 齿形误差与基节误差。

6. 负荷均匀性的评定指标

在齿高方向上,可借助传动平稳性的评定指标来评定负荷的均匀性 ,但在齿宽方向应由齿向误差来评定负荷的均匀性。

(1) 齿向误差用齿廓与分度圆柱的交线来定义,此交线称为齿线。对于圆柱直齿齿轮来说,齿线与轴线平行。齿向公差指两条距离为最小且包容实际齿线并互相平行的理想齿线之间的距离。

(2) 齿轮侧隙的主要误差。

合理的侧隙在齿轮副的传动中很有必要,它可以在很大程度上抵消齿形误差、基节误差、运动偏心、公法线长度误差等带来的影响,但在传动中也在一定程度上带来传动冲击、噪声,故此对侧隙大小的要求是比较严格的。

侧隙的获得一般有两种方式:一是设定齿厚公差,将齿厚加工到接近下极限偏差,也就是在符合公差要求的前提下，把齿切制得薄一些；二是在进行齿轮副的装配的时候，将中心距拉长一些，使两齿轮的分度圆柱表面稍稍错开。

（3）齿厚偏差。齿厚偏差是指在分度圆柱面上实际齿厚与公称齿厚的代数差。

（4）公法线平均长度偏差。

公法线平均长度偏差指齿轮旋转一周范围内，测取的各实际公法线长度均值与公称值的差，由于运动偏心造成公法线长度以正弦规律变化，故以平均值为变化参数。

7. 侧隙主要评定指标

（1）固定弦齿厚。固定弦齿厚定义在分度圆柱上，从原理上应以固定弧齿厚评定侧隙，由于弧齿厚较难测取，故以弦齿厚代替，在测量时，应与齿顶圆的实际尺寸去折算固定弦齿高，如图 7-47 所示。

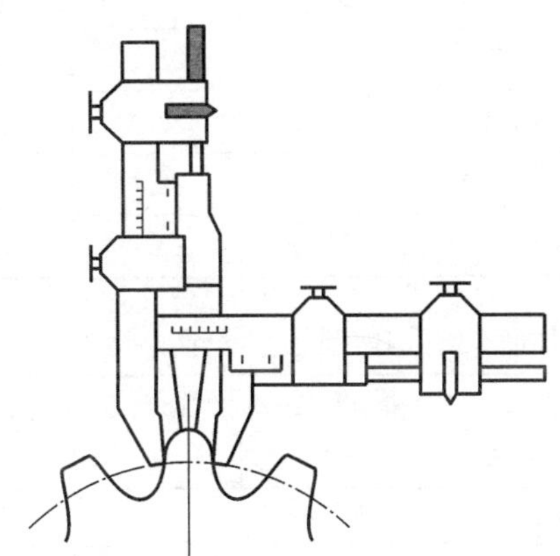

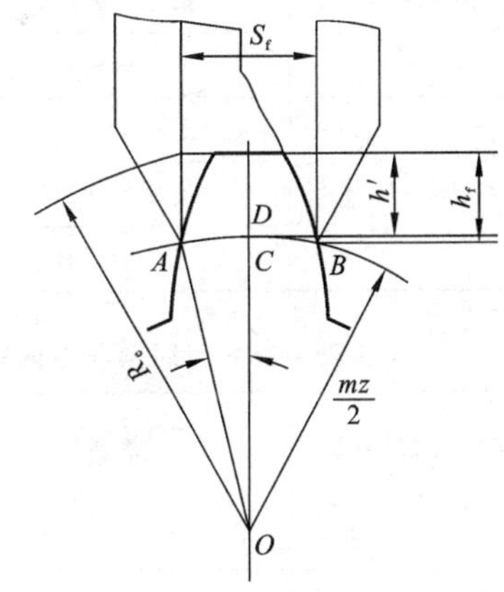

图 7-47 固定弦齿高

（2）公法线长度。公法线长度测取时与齿顶圆无关，通常齿数在 $3 \leqslant K \leqslant 8$ 范围内合理测取，测得值应尽可能在不同位置多次测取并做数据平均处理，用以与公称公法线长度做比较，如图 7-48 所示。

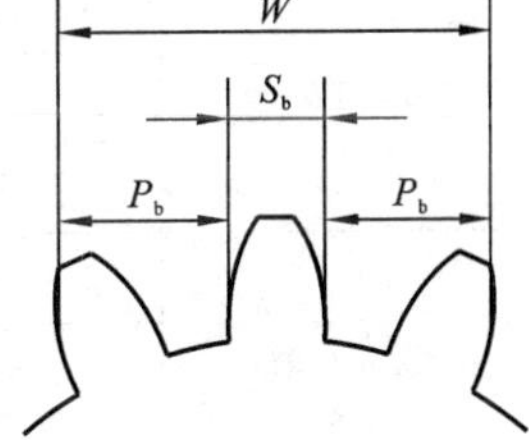

图 7-48 公法线长度 W

三、渐开线圆柱齿轮精度

国家标准对渐开线圆柱齿轮除径向综合总偏差及齿径向综合偏差规定了 4～12 共 9 个精度等级外，其余评定项目均设 0～12 共 13 个精度等级，其中 0 级精度最高，12 级精度最低，具体划分如下。

（1）0～2 级，为预备级。

（2）3～5 级，为高精度级。

（3）6～9 级，为常用级，中精度级。

（4）10～12 级，为低精度级。

渐开线圆柱齿轮有关偏差及公差值如表 7-27 至表 7-33（摘自国家标准 GB/T 10095.1—2008）所示。

表 7-27　单个齿距偏差 $\pm f_{pt}$ 值(摘自国家标准 GB/T 10095.1—2008)

分度圆直径 d /mm	模数 m/mm	精度等级				
		5	6	7	8	9
		$\pm f_{pt}/\mu m$				
$20<d\leqslant50$	$2<m\leqslant3.5$	5.5	7.5	11.0	15.0	22.0
	$3.5<m\leqslant6$	6.0	8.5	12.0	17.0	24.0
$50<d\leqslant125$	$2<m\leqslant3.5$	6.0	8.5	12.0	17.0	23.0
	$3.5<m\leqslant6$	6.5	9.0	13.0	18.0	26.0
	$6<m\leqslant10$	7.5	10.0	15.0	21.0	30.0
$125<d\leqslant280$	$2<m\leqslant3.5$	6.5	9.0	13.0	18.0	26.0
	$3.5<m\leqslant6$	7.0	10.0	14.0	20.0	28.0
	$6<m\leqslant10$	8.0	11.0	16.0	23.0	32.0
$280<d\leqslant560$	$2<m\leqslant3.5$	7.0	10.0	14.0	20.0	29.0
	$3.5<m\leqslant6$	8.0	11.0	16.0	22.0	31.0
	$6<m\leqslant10$	8.5	12.0	17.0	25.0	35.0

表 7-28　齿距累积总偏差 F_p 值(摘自国家标准 GB/T 10095.1—2008)

分度圆直径 d /mm	模数 m/mm	精度等级				
		5	6	7	8	9
		$F_p/\mu m$				
$20<d\leqslant50$	$2<m\leqslant3.5$	15.0	21.0	30.0	42.0	59.0
	$3.5<m\leqslant6$	15.0	22.0	31.0	44.0	62.0
$50<d\leqslant125$	$2<m\leqslant3.5$	19.0	27.0	38.0	53.0	76.0
	$3.5<m\leqslant6$	19.0	28.0	39.0	55.0	78.0
	$6<m\leqslant10$	20.0	29.0	41.0	58.0	82.0
$125<d\leqslant280$	$2<m\leqslant3.5$	25.0	35.0	50.0	70.0	100.0
	$3.5<m\leqslant6$	25.0	36.0	51.0	72.0	102.0
	$6<m\leqslant10$	26.0	37.0	53.0	75.0	106.0
$280<d\leqslant560$	$2<m\leqslant3.5$	33.0	46.0	65.0	92.0	131.0
	$3.5<m\leqslant6$	33.0	47.0	66.0	94.0	133.0
	$6<m\leqslant10$	34.0	48.0	68.0	97.0	137.0

表 7-29　齿廓总偏差 F_α 值(摘自国家标准 GB/T 10095.1—2008)

分度圆直径 d /mm	模数 m/mm	精度等级				
		5	6	7	8	9
		$F_\alpha/\mu m$				
$20<d\leqslant50$	$2<m\leqslant3.5$	7.0	10.0	14.0	20.0	29.0
	$3.5<m\leqslant6$	9.0	12.0	18.0	25.0	35.0

续表

分度圆直径 d /mm	模数 m/mm	精度等级				
		5	6	7	8	9
		F_α/μm				
50<d≤125	2<m≤3.5	8.0	11.0	16.0	22.0	31.0
	3.5<m≤6	9.5	13.0	19.0	27.0	38.0
	6<m≤10	12.0	16.0	23.0	33.0	46.0
125<d≤280	2<m≤3.5	9.0	13.0	18.0	25.0	36.0
	3.5<m≤6	11.0	15.0	21.0	30.0	42.0
	6<m≤10	13.0	18.0	25.0	36.0	50.0
280<d≤560	2<m≤3.5	10.0	15.0	21.0	29.0	41.0
	3.5<m≤6	12.0	17.0	24.0	34.0	48.0
	6<m≤10	14.0	20.0	28.0	40.0	56.0

表 7-30 螺旋线总偏差 F_β 值(摘自国家标准 GB/T 10095.1—2008)

分度圆直径 d /mm	齿宽 b/mm	精度等级				
		5	6	7	8	9
		F_β/μm				
20<d≤50	10<b≤20	7.0	10.0	14.0	20.0	29.0
	20<b≤40	8.0	11.0	16.0	23.0	32.0
50<b≤125	10<b≤20	7.5	11.0	15.0	21.0	30.0
	20<b≤40	8.5	12.0	17.0	24.0	34.0
	40<b≤80	10.0	14.0	20.0	28.0	39.0
125<b≤280	10<b≤20	8.0	11.0	16.0	22.0	32.0
	20<b≤40	9.0	13.0	18.0	25.0	36.0
	40<b≤80	10.0	15.0	21.0	29.0	41.0
280<b≤560	20<b≤40	9.5	13.0	19.0	27.0	38.0
	40<b≤80	11.0	15.0	22.0	31.0	44.0
	80<b≤160	13.0	18.0	26.0	36.0	52.0

表 7-31 径向综合总偏差 F_i'' 值(摘自国家标准 GB/T 10095.2—2008)

分度圆直径 d /mm	法向模数 m_n/mm	精度等级				
		5	6	7	8	9
		F_i''/μm				
20<d≤50	1.0<m_n≤1.5	16	23	32	45	64
	1.5<m_n≤2.5	18	26	37	52	73
50<d≤125	1.0<m_n≤1.5	19	27	39	55	77
	1.5<m_n≤2.5	22	31	43	61	86
	2.5<m_n≤4.0	25	36	51	72	102

续表

分度圆直径 d /mm	法向模数 m_n/mm	精度等级				
		5	6	7	8	9
		F_i''/μm				
$125<d\leqslant 280$	$1.0<m_n\leqslant 1.5$	24	34	48	68	97
	$1.5<m_n\leqslant 2.5$	26	37	53	75	106
	$2.5<m_n\leqslant 4.0$	30	43	61	86	121
	$4.0<m_n\leqslant 6.0$	36	51	72	102	144
$280<d\leqslant 560$	$1.0<m_n\leqslant 1.5$	30	43	61	86	122
	$1.5<m_n\leqslant 2.5$	33	46	65	92	131
	$2.5<m_n\leqslant 4.0$	37	52	73	104	146
	$4.0<m_n\leqslant 6.0$	42	60	84	119	169

表 7-32　一齿径向综合偏差 f_i'' 值(摘自国家标准 GB/T 10095.2—2008)

分度圆直径 d /mm	法向模数 m_n/mm	精度等级				
		5	6	7	8	9
		f_i''/μm				
$20<d\leqslant 50$	$1.0<m_n\leqslant 1.5$	4.5	6.5	9.0	13	18
	$1.5<m_n\leqslant 2.5$	6.5	9.5	13	19	26
$50<d\leqslant 125$	$1.0<m_n\leqslant 1.5$	4.5	6.5	9.0	13	18
	$1.5<m_n\leqslant 2.5$	6.5	9.5	13	19	26
	$2.5<m_n\leqslant 4.0$	10	14	20	29	41
$125<d\leqslant 280$	$1.0<m_n\leqslant 1.5$	4.5	6.5	9.0	13	18
	$1.5<m_n\leqslant 2.5$	6.5	9.5	13	19	27
	$2.5<m_n\leqslant 4.0$	10	15	21	29	41
	$4.0<m_n\leqslant 6.0$	15	22	31	44	62
$280<d\leqslant 560$	$1.0<m_n\leqslant 1.5$	4.5	6.5	9.0	13	18
	$1.5<m_n\leqslant 2.5$	6.5	9.5	13	19	27
	$2.5<m_n\leqslant 4.0$	10	15	21	29	41
	$4.0<m_n\leqslant 6.0$	15	22	31	44	62

表 7-33　径向跳动公差 F_r 值(摘自国家标准 GB/T 10095.2—2008)

分度圆直径 d /mm	法向模数 m_n/mm	精度等级				
		5	6	7	8	9
		F_r/μm				
$20<d\leqslant 50$	$2<m_n\leqslant 3.5$	12	17	24	34	47
	$3.5<m_n\leqslant 6$	12	17	25	35	49

续表

分度圆直径 d /mm	法向模数 m_n/mm	精度等级				
		5	6	7	8	9
		$F_r/\mu m$				
$50<d\leqslant125$	$2<m_n\leqslant3.5$	15	21	30	43	61
	$3.5<m_n\leqslant6$	16	22	31	44	62
	$6<m_n\leqslant10$	16	23	33	46	65
$125<d\leqslant280$	$2<m_n\leqslant3.5$	20	28	40	56	80
	$3.5<m_n\leqslant6$	20	29	41	58	82
	$6<m_n\leqslant10$	21	30	42	60	85
$280<d\leqslant560$	$2<m_n\leqslant3.5$	26	37	52	74	105
	$3.5<m_n\leqslant6$	27	38	53	75	106
	$6<m_n\leqslant10$	27	39	55	77	109

四、圆柱齿轮精度等级推荐应用范围

常用的机械齿轮精度等级如表 7-34 所示。

表 7-34　常用的机械齿轮精度等级(推荐)

应用范围	精度等级	应用范围	精度等级
单啮仪、双啮仪	2～5	载重汽车	6～9
涡轮减速器	3～5	通用减速器	6～8
金属切削机床	3～8	轧钢机	5～10
航空发动机	4～7	矿用绞车	6～10
内燃机车、电气机车	5～8	起重机	6～9
轻型汽车	5～8	拖拉机	6～10

圆柱齿轮精度等级应用范围如表 7-35 所示。

表 7-35　圆柱齿轮精度等级应用范围(推荐)

精度等级	工作条件及应用范围	圆周速度/(m/s)		效率	切齿方法	齿面的最后加工
		直齿	斜齿			
3级	用于特别精密的分度机构或在最平稳且无噪声的极高速度下工作的传动齿轮；特别精密机构中的齿轮；检测5、6级的测量齿轮	>50	>75	不低于99%（轴承不低于98.5%）	在周期误差特别小的精密机床上以展成方式加工	特精密的磨齿和研齿，不经淬火的齿轮用精密滚刀加工或进行单边剃齿

续表

精度等级	工作条件及应用范围	圆周速度/(m/s)		效率	切齿方法	齿面的最后加工
		直齿	斜齿			
4级	用于特别精密的分度机构或在最平稳且无噪声的极高速度下工作的传动齿轮;特别精密机构中的齿轮;检测7级的测量齿轮	>35	>70	不低于99%(轴承不低于98.5%)	在周期误差特别小的精密机床上以展成方式加工	精密磨齿,多采用精密滚刀加工,研齿或单边剃齿
5级	用于特别精密的分度机构或在最平稳且无噪声的极高速度下工作的传动齿轮;特别精密机构中的齿轮;检测8、9级的测量齿轮	>20	>40	不低于99%(轴承不低于98.5%)	在周期误差特别小的精密机床上以展成方式加工	精密磨齿,多采用精密滚刀加工,进行研齿或剃齿
6级	用于要求最高效率且无噪声、高速工作的齿轮或分度机构中的差动齿轮;特别重要的航空、汽车用齿轮;读数装置中的特别精密齿轮	~15	~30	不低于99%(轴承不低于98.5%)	在精密机床上以展成方式加工	精密磨齿或剃齿
7级	在高速、适度功率或中速、大功率状态下工作的齿轮;金属切削机床中传动精度要求高的齿轮;航空、汽车以及读数装置中的齿轮	~10	~15	不低于98%(轴承不低于97.5%)	在精密机床上以展成方式加工	不经热处理的齿轮用精确刀具加工;淬硬的齿轮必须经精整(磨齿、研齿、珩齿)加工
8级	非特别精密的一般机械用齿轮(分度机构除外);飞机、汽车制造业中的普通传动齿轮,农业机械中的重要齿轮;通用减速器齿轮	~6	~10	不低于97%(轴承不低于96.5%)	在滚齿机上以范成方式或在万能卧式铣床上以铣齿方式加工	必要时,剃齿或研齿
9级	在无传动平稳性要求及运动精度要求的粗重场合使用的齿轮,设计中已经保证满足负荷需求的齿轮	~2	~4	不低于96%(轴承不低于95%)	按实际需要选用范成、铣齿、插齿等加工方式	一般不安排齿部的精整加工

五、齿轮副的精度项目及图样标注

(1) 中心距极限偏差($\pm f_a$)如表 7-36 所示。

表 7-36 中心距极限偏差($\pm f_a$)

齿轮精度等级	5～6	7～8	9～10
$\pm f_a$	$\frac{IT7}{2}$	$\frac{IT8}{2}$	$\frac{IT9}{2}$

(2) 侧隙。齿轮副的侧隙用极限偏差衡量,是指齿轮实际装配后,在中心距最小或最大的条件下由临界齿厚作用的效果。最小侧隙即中心距最小而齿厚达到最大实体时非啮合侧的间隙,最大侧隙指中心距最大而齿厚处于最小实体状态时非啮合侧的间隙。为了弥补齿形误差、基节误差,可充分利用齿厚公差和中心距公差进行调整。

(3) 齿轮的必检项目。GB/T 10095.1—2008 中规定,必检的项目为齿距累积总偏差 F_p、K 个齿距累积偏差 F_{pk}、单个齿距偏差 f_{pt}、齿厚偏差 E_{sn}、齿廓总偏差 F_α、公法线长度极限偏差 E_{bn}。如果测量条件许可,则螺旋线总偏差 F_β 也应检定。

(4) 图样标注。齿轮精度等级视不同的情况分为三类:传动准确性、传动平稳性、负荷分布均匀性。根据传动准确性、传动平稳性、负荷分布均匀性的精度不同,将齿轮各自精度依次标出,并标出齿厚的上下极限偏差代号(GB/T 10095.1—2008),如图 7-49 所示。

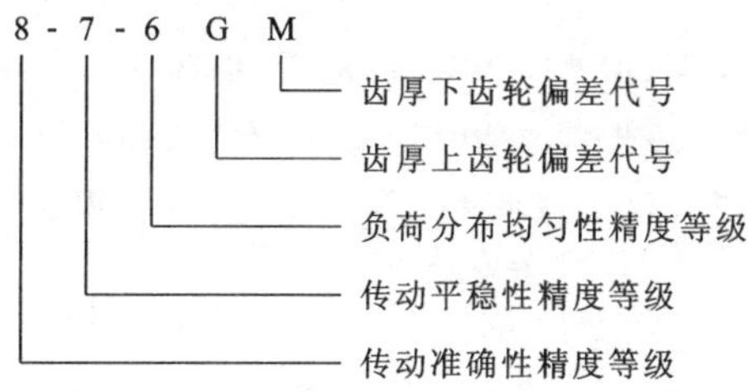

图 7-49 齿轮在图样上的标注

如果三种精度等级均相同,只标注 1 个精度等级,如 9 G M GB/T 10095.1—2008,也可以省略齿厚上、下极限偏差代号 G 及 M,将上、下极限偏差值直接附注在等级精度后,如三种精度等级均相同时可以标成:7-0.330-0.495。

六、渐开线圆柱直齿齿轮常规项目检测

渐开线圆柱直齿齿轮的主要参数为模数,对渐开线圆柱直齿齿轮的制造有专门的国家标准。因此,渐开线圆柱直齿齿轮与螺纹、轴承、键、销等典型零件一样被规定为标准件。与齿轮配合的结构部位参照配合齿轮的精度等级进行设计。齿轮传动的精确与否与齿轮的制造精度密切相关。我们知道,齿轮的精度有标志传动准确性的运动精度,标志使用寿命的接触精度以及标志综合误差补偿的合理侧隙。运动精度和接触精度取决于齿轮制造时机床动态精度、齿坯定位精度、刀具型号、分度精度、切削参数、材质及其基础硬度、切削方式等因素的影响。检测齿轮的制造精度时,对每一种的误差都进行单项的测量在一般的机械制造当中显得没有必要。因此,在生产过程中渐开线圆柱直齿齿轮的常规检测项目一般为齿顶圆跳动、分度圆跳动、固定弦

齿厚、固定弦齿高、公法线长度和径向综合误差。

1. 齿顶圆跳动检测

1) 测前准备

(1) 量具、量仪:磁性表座、百分表、芯轴、偏摆仪。

采用带微锥($k=0.01/200$)的芯轴与齿轮内孔相配,以保证齿轮内孔与芯轴的无隙配合。这种微锥芯轴与非锥内孔的配合在一定程度上属于位移型圆锥配合,效果也可看成是具轻微过盈的配合。装配组合时齿轮只要向芯轴大径端稍加推力就可达到无隙的配合效果。正是这种无隙状态保证了齿轮轴线对芯轴轴线的同轴度,测量结果就是齿顶圆(分度圆)对齿轮轴线的跳动误差。

(2) 配置芯轴。

由于齿轮孔带有制造公差,一般芯轴要配置3~4个,以确保微锥配合效果。配合表面的粗糙度 Ra 应在1.6~0.5(含)μm范围内。芯轴与齿轮内孔应有较高的圆柱度,芯轴两端应为B型(带120°护锥)中心孔。芯轴应采用合金结构钢或合金工具钢制造,经淬火热处理工艺达到56~60 HRC硬度,并经过时效或回火处理,以保证耐磨性及形状精度。

(3) 清理干净芯轴及齿轮孔配合表面、芯轴两端中心孔和偏摆仪两端顶尖圆锥表面,以保证安装精度、确保同轴精度。

(4) 齿轮与芯轴无隙装配后安装在偏摆仪两顶尖上。使用磁性表座适当安装百分表,百分表测头初始状态为齿顶以下0.5 mm左右。

2) 检测操作

尽管齿顶圆直径有公差要求,但表面粗糙度 Ra 一般仅为6.3~3.2 μm,这对于百分表测量而言显得过于粗糙。因此,测头跨齿时应提起2 mm左右,跨齿后轻轻回放于待测齿面上。每齿均记录百分表指针的指示值。最大读数与最小读数之差为齿顶圆对基准轴线(孔的轴线)的径向跳动误差。

2. 分度圆跳动检测

分度圆跳动也称为齿圈跳动。分度圆跳动检测对精密切制的齿轮有实际意义。因为受齿形误差、基节误差、公法线长度误差及分度不准确等的影响,每个齿槽的宽度都会有不同的变化,所以分度圆跳动的检测是制造标准齿轮才进行的检测项目。一般制造精度的齿轮适宜进行径向综合误差项目的检测,较少进行单项的分度圆跳动误差检测。如果进行很高精度的检测,则必须采用专业量仪。

1) 测前准备

(1) 量具、量仪:磁性表座、百分表、微锥芯轴、测针、偏摆仪。

(2) 基本准备工作与齿顶圆跳动检测相同。

(3) 准备测针。测针要有很高的表面精度。测针的几何精度要求主要是直线度和圆度要求,表面粗糙度 Ra 应在0.4 μm以下。测针采用合金结构钢(如40Cr)制造,调质处理为预备热处理,磨削加工前热处理淬火56~60 HRC,并经回火处理。

2) 检测操作

将微锥芯轴安装在被测齿轮上后,将这个整体安装在偏摆仪两端顶尖间,松紧以芯轴不发生窜动而又略带阻尼感为宜。百分表用磁性表座安装紧固好,测头位置应处于齿槽的平分线上。

(1) 将测针通过螺纹或特殊连接固定在百分表的测头上，每过一齿，将百分表的测头适当拉高，测值时轻放测针至与齿廓接触，观察百分表指针示值位置并做记录。

(2) 齿轮一周齿槽全部测量后，指针示值的最大值与最小值之差就是分度圆跳动误差。测针最好采用圆锥形，若采用圆柱形测针，测针的直径计算困难。不论采用哪种形状，测头与齿廓接触处都必须处于齿轮的分度圆柱面上。

3. 固定弦齿厚与固定弦齿高检测

由于理论齿距是在分度圆柱面上定义的，故在分度圆柱面上齿距是恒定的。但在实际的切制中，由于运动偏心及几何偏心的影响，齿距、齿形都产生一定的误差。为保证传动的稳定性以及尽量抵消齿形、齿距误差带来的影响，齿轮在设计时对齿轮副预留了合理的侧隙。合理侧隙的定义是，相啮合的两个齿轮轮齿均处于最大实体状态下且实际中心距又处于下极限尺寸时齿轮副啮合过程中相向齿廓侧面之间的理论间隙。这个间隙过小或过大均直接影响传动的稳定性。

齿形、齿距误差会造成合理侧隙的变化。由于齿轮副实际中心距是组合安装后才形成的，是随机出现的，要保证合理侧隙，就要在切制齿轮时对齿形、齿距误差加以限制。控制固定弦齿厚及固定弦齿高的制造误差是保证齿轮副合理侧隙的主要手段。简单一点说，保证侧隙控制的对象是实际齿厚。

1) 检前准备

实际上精确齿厚指的是分度圆上的弧齿厚，由于弧齿厚测量困难，在齿轮切制时均以弦齿厚代替弧齿厚。固定弦指轮齿被分度圆所截齿两侧的齿廓与分度圆交点的连线。固定弦的位置实际上无法由齿轮的轴线确定，只有利用齿顶作为测量基准进行测量。齿顶圆实际直径与齿顶圆的理论直径之间的代数差应作为固定弦齿厚及固定弦齿高测量时在齿顶方向上的修正值。用齿厚游标卡尺测量固定弦齿厚及固定弦齿高如图 7-50 所示。

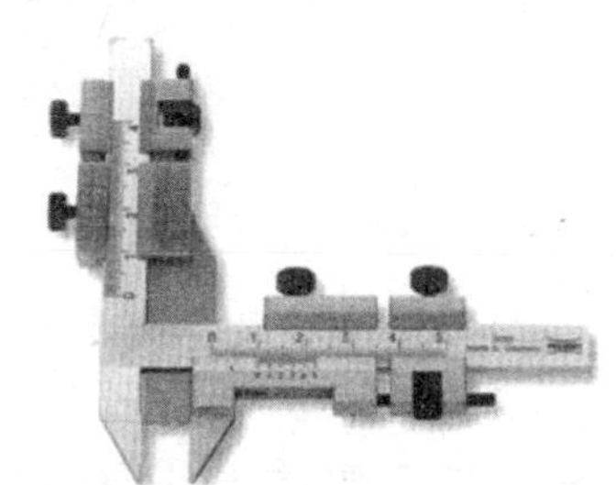
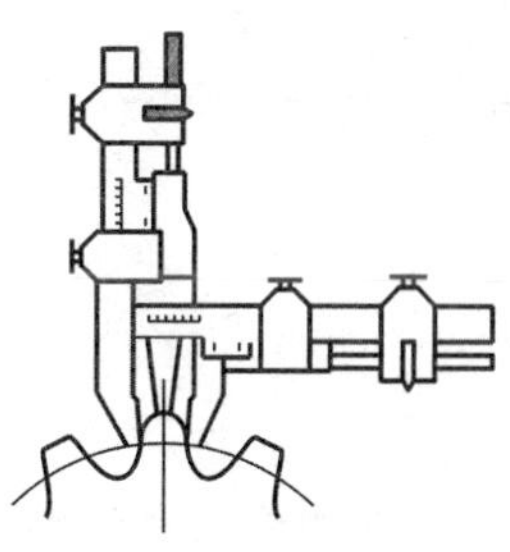

图 7-50 用齿厚游标卡尺测量固定弦齿厚及固定弦齿高

(1) 量具、量仪：齿厚游标卡尺、千分尺。

(2) 计算固定齿高 H 和固定弦齿厚 L 的理论值。

(3) 确定齿顶圆到固定弦的高度 H。理论齿顶高是一个模数 m，但这个 m 是相对于分度圆的高度的，因此理论齿顶圆到固定弦的高度 H 有修正值 a。

计算理论齿顶圆到固定弦高度的修正值 a。分度圆的直径 $d_2=mz$，固定弦到分度圆的高度为 a，固定弦尺高及固定弦齿厚示意图如图 7-51 所示。

由于 $\alpha=\dfrac{2\pi}{4z}$，故

$$a=\frac{d_2}{2}-\cos\left(\frac{2\pi}{4z}\right)\frac{d_2}{2}=\frac{mz\left[1-\cos\left(\frac{\pi}{2z}\right)\right]}{2} \tag{7-22}$$

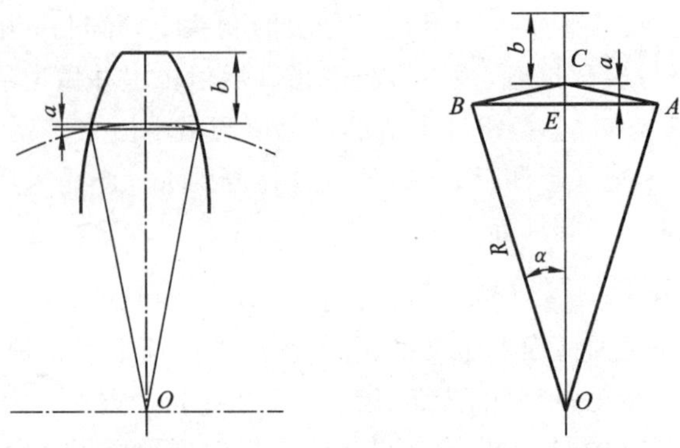

图 7-51　固定弦齿高及固定弦齿厚示意图

【例 7-5】 圆柱直齿齿轮模数 $m=6$ mm，齿数 $z=200$。参照图 7-51，试求固定弦齿高 H 和固定弦齿厚 L。

解：(1) 求固定弦齿高。

固定弦齿高 $H=b+a$，而 $b=m=6$ mm。

$$a=mz\frac{[1-\cos(\pi/2z)]}{2}$$

$$H=m+mz\frac{[1-\cos(\pi/2z)]}{2}$$

分别代入 m 和 z，有

$$H=6\ \text{mm}+600(1-\cos0°27')\text{mm}$$

$$H=(6+0.018)\text{mm}=6.018\ \text{mm}$$

(2) 求固定弦齿厚 L。

$$\begin{aligned}L&=2\times\frac{mz}{2}\times\sin(\frac{2\pi}{4z})\\&=mz\times\sin(\frac{\pi}{2z})=1\ 200\times\sin0°27'\ \text{mm}\\&=1\ 200\times\ 0.007\ 85\ \text{mm}\\&=9.425\ \text{mm}\end{aligned}$$

(3) 检测前先将被测齿部去除飞边、毛刺，清理干净齿侧的齿廓。齿部工作面的粗糙度 Ra 最大为 3.2μm。

2) 检测操作

将齿厚游标卡尺高度方向的游标定位在经修正后的高度(高度尺与齿顶接触的测量面到齿厚卡爪尖的距离)上，将高度尺测量面压在齿顶上，通过齿厚游标卡尺获取读值，该读值就是被测齿在分度圆柱面上的固定弦齿厚测得值。

测量固定弦齿高与上述同理。将齿厚游标定位在理论固定弦齿厚尺寸处开卡。退开高度尺至合适位置，参照游标卡尺测值规范并使高度尺轻触齿顶，此时高度尺的读数就是固定弦齿高的实际值。引入修正值 a 后，就可与理论弦齿高进行比较，进而确定误差。往往实际齿顶圆直径与理论齿顶圆直径会有一定的差异，也应注意另行修正。

因为存在齿顶圆误差、齿形误差、齿距误差等，固定弦齿厚和固定弦齿高的测量准确性并不太高，而恰恰这些因素均影响着齿轮的传动精度及传动稳定性和合理侧隙，这需要在加工及验收检测时特别留意。

4. 公法线长度检测

公法线长度指 $K(K\geqslant 3)$ 个齿中第一齿的左侧齿廓至第 K 个齿右侧齿廓测值点法线方向之间的长度。在设计时，对公法线长度都会给出一个变化取值区间。确定公法线长度要视跨齿数 K 的多少，而确定跨齿数 K 时法向长度的测量必须是可行的。由于受到几何偏心及运动偏心的共同影响，公法线长度在齿轮的一周里会呈正弦规律变化。对公法线的测量原则上要整周逐齿按跨齿数 K 进行测量。如果工作量过大，则可考虑视齿数及跨齿数 K 进行 6～10 次的对向(正弦值数据影响)状态测量，取测值的平均值为公法线实际长度。公法线测量示意图如图 7-52 所示。

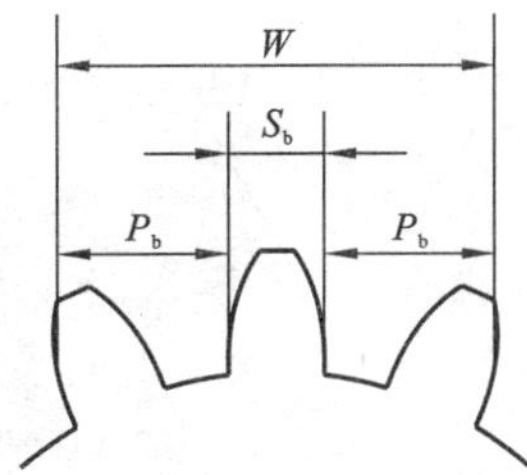

图 7-52 公法线测量示意图

【例 7-6】 对模数 $m=6$ mm、齿数 $z=200$、压力角 $\alpha=20°$ 的渐开线圆柱直齿齿轮按无变位系数进行切制。设跨齿数 $K=8$，求检测时的公法线理论长度值 W。

解：已知 $m=6$ mm，$z=200$，$\alpha=20°$。

由圆柱直齿齿轮公法线长度计算公式 $W=m\cos\alpha[\pi(K-0.5)+z\,\mathrm{inv}\alpha]+2m\xi\,\mathrm{inv}\alpha$ 得：

$$
\begin{aligned}
W &= \{6\times 0.939\,7\times[3.141\,6\times(8-0.5)+200\times 0.014\,904]+2\times 6\times 0\times 0.014\,904\}\text{mm} \\
&= [5.638\,2\times(23.562+2.980\,8)+0]\text{mm} \\
&= 149.654\text{ mm}
\end{aligned}
$$

这是理论公法线长度。

公法线长度的测量不基于齿顶圆进行，可避免因齿顶圆的制造误差影响测量结果。将实际公法线(平均)长度与理论公法线长度进行比较，其偏差可作为齿轮侧隙大小的评定指标。

1) 检前准备

(1) 量具、量仪：符合跨齿数量程的公法线千分尺、齿轮支承装置。

(2) 对被测齿轮所有轮齿齿廓进行去毛刺、披锋处理，将齿侧齿廓擦拭干净。检查公法线千分尺测量面有否变形、划伤、碰伤、锈蚀。测量面对零位后，参考公法线理论长度调整公法线千分尺的开口宽度，使其稍比理论值长。

2) 测量操作

按跨齿数将公法线千分尺测量面小心送至受测齿廓，按千分尺读数要求测取量值，注意应尽可能多地测取数据并取数据平均值与公法线理论值进行比较。如果公法线长度给出了公差，则公法线实际偏差必须处于公差要求范围之内。

5. 径向综合误差测量

径向综合误差测量指被测齿轮与理想精确齿轮双面啮合时，被测齿轮旋转 1 周双啮中心距的最大变动量。它反映的是被测齿轮与理想精确齿轮无侧隙啮合传动时中心距的变动过程。在检测仪器上，被测齿轮的轴心位置是固定的，被测齿轮只作纯旋转运动，理想精确齿轮安装在沿连心线方向可发生精密位移以及能够自动复位的支架上。齿轮副转动时,如果某对齿啮合后引起指示表示值发生变化,则说明该处存在径向综合误差。

径向综合误差综合反映齿轮切制时因运动偏心、几何偏心而带来的齿形误差、齿厚误差、基节误差、公法线长度误差等误差。因为只要相应的误差存在,在测量弹簧力的作用下就必定引起理想精确齿轮与被测齿轮实际中心距的变化,指示表100%地将这种变化通过指针的位置变化表示出来。这种径向综合误差检测方便易行,操作简单,测量仪器的构造和制造也较为容易,检测效率高。唯一一点不良是理想精确齿轮的制造比较严格,各项参数的制造精度要求很高。尽管如此,径向综合误差检测在生产现场、检定场合还是获得了广泛应用。径向综合误差检查仪如图7-53所示。

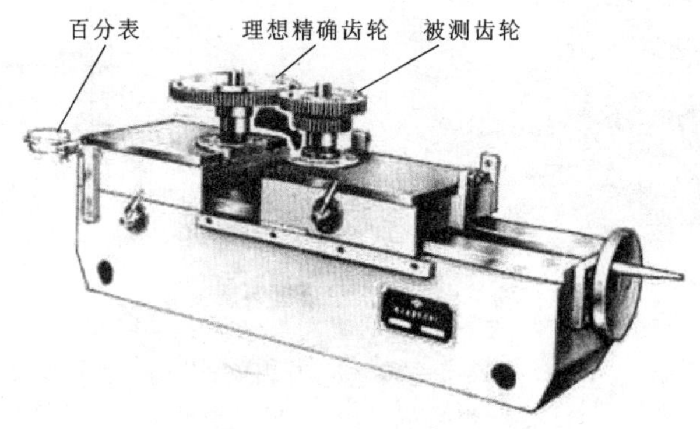

图7-53 径向综合误差检查仪

1) 检前准备

(1) 量具、量仪:0.01 mm/0~3 mm百分表、与被测齿轮齿数相同或相近的理想精确齿轮1只。

(2) 安装被测齿轮,保证就位正确。锁紧台架的紧定螺钉。

(3) 安装理想精确齿轮,保证就位准确。摇动被测齿轮所在滑动台架的丝杆,将理想精确齿轮送至与被测齿轮无侧隙双面啮合位置,锁紧丝杆,紧定扳手。

(4) 适度调整滑动台架上滑板端部的弹簧弹力,保证理想精确齿轮与被测齿轮在测量的整个过程中始终处于无侧隙双面啮合状态,以便百分表示值变化真实反映两啮合齿轮中心距的变化情况。

(5) 检查百分表的灵敏度和位置重复精度后在表夹上安装百分表,使百分表测头接触挡板时被自然压进0.5 mm深度左右,以保持一定的测量力。将表盘旋转至零刻度并使指针正对零刻度。

2) 检测操作

在被测齿轮已经完全双面啮合的齿上做记号,慢慢旋动理想精确齿轮安装盘下的蜗杆,观察滑动台架挡板端的指示表指针读数变化情况,在被测齿轮旋转1周内记录指针相对于零刻度的正、负向的最大值,取其和为被测齿轮综合径向误差值。

由于双面啮合综合测量时的啮合情况与齿轮范成切制时滚齿刀与齿在轴截面上的啮合情况一致,在检测时理想精确齿轮轮齿可认同为正在进行范成切制齿轮的滚齿刀齿,因此,检测时理想精确齿轮与被测齿轮中心距的变化综合反映出被测齿轮由运动偏心和几何偏心引起的基节误差、齿距误差、齿厚误差、公法线长度误差以及齿侧两工作面的表面粗糙度。

在制造理想精确齿轮时,其齿数应等于被测齿轮可避免齿轮因切制时加工原理误差带来的影响,从而令两个齿轮的啮合状态更好。

【复习提要】

本章对圆锥配合、圆锥公差及其确定、角度及角度公差、角度和锥度的检测、单键结合的公差与检测、矩形花键结合的公差与检测、普通螺纹连接的公差与检测、滚动轴承的公差与配合、渐开线圆柱直齿齿轮公差及检测进行了一般性介绍。本章具体讲述了常见典型零件的公差配合与检测，是本书的重点内容，需要系统掌握。

【思考与练习题】

7-1 单键连接有几种配合类型？它们各用在什么场合？

7-2 某减速器传递一般扭矩，其中某一齿轮与轴之间通过平键连接来传递扭矩。已知键宽 $b=8$ mm，试确定键宽 b 的配合代号，查出其极限偏差值，并作公差带图。

7-3 矩形花键连接的接合面有哪些？通常用哪个接合面作为定心表面？为什么？

7-4 某机床变速箱中有一个 6 级精度的齿轮花键孔与花键轴连接，花键规格为 6 mm×26 mm×30 mm×6 mm，花键孔长 30 mm，花键轴长 75 mm，齿轮花键孔经常需要相对花键轴作轴向移动，要求定心精度较高。

(1) 试计算齿轮花键孔和花键轴的公差带代号，计算小径、大径、键(槽)宽的极限尺寸。

(2) 试确定装配图上和零件图上的标注内容。

(3) 绘制公差带图，并将各参数的公称尺寸和极限偏差标注在图上。

7-5 以外螺纹为例，试说明螺纹中径、单一中径和作用中径的联系与区别，以及三者在什么情况下相等。

7-6 如何计算普通螺纹螺距和牙型半角误差的中径补偿值？如何计算螺纹的作用中径？如何判断螺纹中径是否合格？

7-7 查出螺纹连接 M20×2-6H/5g6g 内、外螺纹的各公称尺寸、基本偏差和公差，画出中径和顶径的公差带图，并在图上标出相应的偏差值。

7-8 有一螺母 M24×2-6H，加工后测得中径为 $D_{2a}=22.785$ mm，$\Delta P_{\Sigma}=0.030$ mm，$\Delta\frac{\alpha}{2}$(左)$=+35'$，$\Delta\frac{\alpha}{2}$(右)$=+25'$，试计算螺母的作用中径，并绘出中径公差带图，判断中径是否合格，并说明理由。

7-9 滚动轴承的精度有哪几个等级？哪个等级应用最广泛？

7-10 滚动轴承与轴、轴承座孔配合，采用何基准制？其公差带分布有何特点？

7-11 某机床转轴上安装 6 级精度的深沟球轴承，其内径为 40 mm，外径为 90 mm，该轴承承受一个 4 000 N 的定向径向负荷，轴承的额定动负荷为 31 400 N，内圈随轴一起转动，外圈固定。

(1) 试确定与轴承配合的轴、轴承座孔的公差带代号。

(2) 画出公差带图，计算出内圈与轴、外圈与轴承座孔配合的极限间隙、极限过盈。

(3) 试确定轴和轴承座孔的几何公差和表面粗糙度参数值。

(4) 把所选的公差带代号和各项公差标注在图样上。

第8章 尺寸及几何公差测量技术

尺寸及几何公差是设计员给出的允许几何量的变动范围(区域),是零件具备互换性的基础和保证。我们知道,由于各种误差的实际存在,实际要素的几何误差决定了零件的质量。对误差大小的衡量、鉴定,只有采用合理的检测方法、手段,使用适当的量具、量仪及辅助器具,才能获得精确度足够的测量结果,从而正确反映零件的技术状态,为零件的质量提供具有说服力的数据。

计量管理是机械制造行业的基础管理,形形色色的管理制度都作用于零件的加工和装配及售后服务度量。而这一切的原始数据,均属于计量管理工作范畴。一个检测数据真实与否的意义远超数据本身。测量的结果将影响着企业决策的思维和方向,因此,测量技术的应用和提高是机械制造行业在产品质量控制上的必修课。

提升检测能力及检测水平,硬件的配备是必要条件。具备专业理论指导及专业检测能力的检测人员则是检测水平的保证,可以说检测人员的高素质是检测水平得以提升的充分条件。具备了适用、能用的量具、量仪,而检测人员却无法胜任测量工作,就等于没有检测水平。在企业中,对线性尺寸具有检测能力的人不少,但满足几何误差检测能力需要的员工总体来说非常少。这种情况与会机械零件设计、绘图的人不少,而懂几何公差设计的人不多一样。

8.1 通用量具的调整

通用量具一般指游标类、螺旋测微类、机械指针类量具。

一、游标卡尺

1. 游标卡尺的分类、量程与示值精度

1) 游标卡尺

游标卡尺的量程及示值精度一般有0～125 mm/0.02 mm、0～200 mm/0.02 mm、0～300 mm/0.02 mm、0～500 mm/0.05 mm、0～1 000 mm/0.1 mm。

2) 深度游标卡尺

深度游标卡尺的量程及示值精度有0～200 mm/0.02 mm、0～200 mm/0.05 mm、0～300 mm/0.05 mm。

3) 高度游标尺

高度游标尺的量程及示值精度有0～300 mm/0.02 mm、0～500 mm/0.05 mm。

4) 万能角度游标尺

万能角度游标尺的量程及示值精度有0°～320°/2′。

5) 齿厚游标卡尺

齿厚游标卡尺的量程为0.5～10 mm。

2. 示值原理与读值

为方便叙述和更好理解，示值原理以游标卡尺为例进行说明。万能角度游标尺与游标卡尺的示值原理相同，不同的只是万能角度游标上的分度值以分值(′)表示，游标卡尺游标上的分度值以线性长度值(mm)表示。游标卡尺如图 8-1 所示。

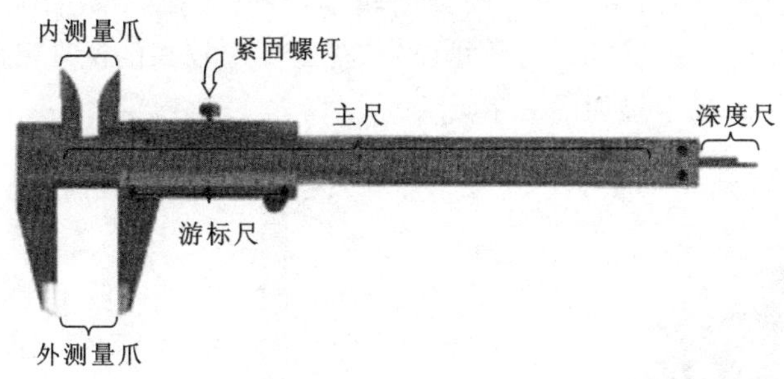

图 8-1 游标卡尺

由图 8-2 可知，当主尺零刻度线与游标尺零刻度线(即左端零线)同处零位时，主尺的 49 mm 刻度线与游标尺的 50 刻度线(即右端零线)对齐。这样我们可以得到，游标尺上 1 格的长度为 $L=49/50$ mm=0.98 mm。

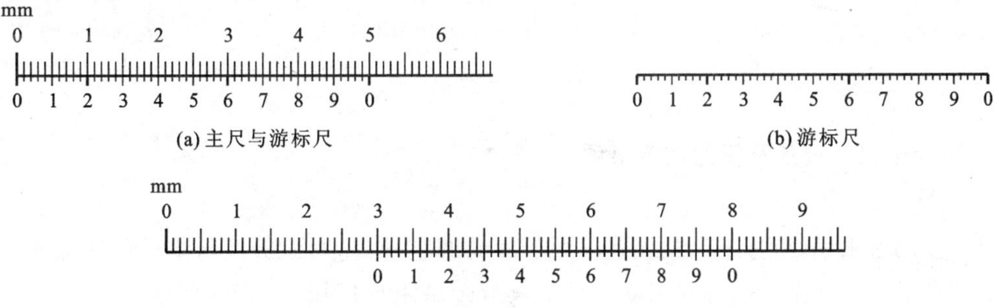

图 8-2 主尺与游标尺及读值示意图

对主尺 1 格等于 1 mm 来说，游标尺每一格的长度只有 0.98 mm，即实际误差为0.02 mm，那么当游标尺第 2 格对齐主尺第 2 格时，其左端刻度 0 与主尺的 0 的长度就为 0.04 mm，如此类推，第 3 格对齐主尺就为 0.06 mm，第 10 格(游标刻度板的大刻度“2”)对齐主尺的 0 与游标刻度板左端 0 的距离就为 0.2 mm，同理，第 35 格对齐为 0.7 mm，第 42 格对齐为 0.84 mm 等。

在测取读数时，游标尺的左端 0 用来决定工件被测量部位的整数尺寸，如游标尺左端处在 29 mm 之后和 30 mm 之前，则被测量部位的整数尺寸为 29 mm，依上述方法，找出游标尺上刻度线对主尺刻度线对得最正的那条刻度线，就是被测部位整数后的小数后两位的读数。图 8-2 所示读数为 29.90 mm。在读值时注意由于示值精度为0.02 mm，百分位数上不能读出奇数，如不能读出 45.27 mm、83.75 mm 等，只能分别读作 45.26 mm 或45.28 mm，83.74 mm或83.76 mm。

对同一部位用同一把在合格期内的游标卡尺测取读数，操作者不同可能会出现不同的读值。例如，获取的尺寸分别为 34.22 mm、34.24 mm、34.25 mm、34.26 mm、34.28 mm，假定 34.24 mm 为“真”，则 34.22 mm、34.26 mm 也是正确的读数。因为对于 34.24 mm 而言，它们均未超出测量的允许误差(示值精度)0.02 mm，而 34.25 mm 是不能读出的，34.28 mm 的读值也是错误的，因为对比 34.24 mm，读值超出了测量误差 0.02 mm 的允许范围而达到 0.04 mm。另一方面,倘若 34.28 mm 为"真",则 34.22 mm、34.24 mm、34.25 mm 均是错误读数,34.26 mm 为正确读数。对于带表游标卡尺,按照示值精度读值。

从结构上讲,游标卡尺的外测量爪主要用于对"轴"的测量,如外圆直径、长度尺寸;内测量爪主要用于对"孔"的测量,如内孔直径、槽宽等。0～125 mm、0～150 mm 游标卡尺的尺尾也可以量取深度尺寸。测量深度时,鉴于尺尾的截面较小,刚性不足,使用中容易碰伤、折弯、磨损,一般不适宜用于 0.1 mm 公差量以下的尺寸控制,精度要求较高的深度尺寸适宜使用深度游标卡尺下测取读值。常用游标卡尺如图 8-3 所示。

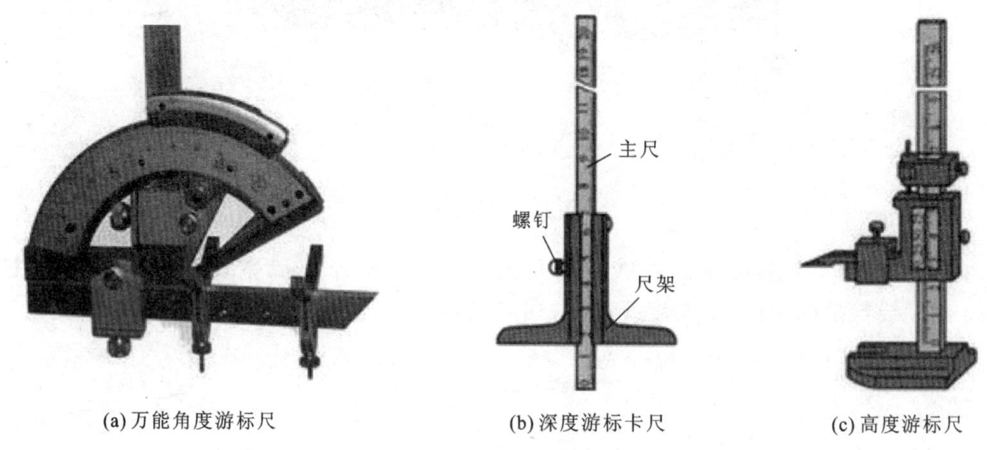

(a) 万能角度游标尺　　(b) 深度游标卡尺　　(c) 高度游标尺

图 8-3　常用游标卡尺

3. 游标卡尺的调整及使用注意事项

1) 调整

对于使用者来说,游标卡尺的调整仅限于旋动调整螺钉,对游标尺与主尺的间隙做合理调整。这种合理体现在拖动游标尺时既轻便又具有轻微阻尼作用。其余的调整应由专业的计量检定员负责,加工岗位的操作者不具备调整资格,不可自行拆解、调整游标卡尺。

2) 使用注意事项

(1) 使用中应避免碰撞、跌落,不允许超量程使用,不能在工件仍在运动的时候用游标卡尺进行测量。

(2) 注意对测量爪进行透光检查及对游标尺进行对线检查。测量爪透光检查指将测量爪清洁干净后,令测量爪的测量面贴在一起,然后对阳光或灯光检查测量爪间有无缝隙。如果有,则需要调节调整螺钉,令游标尺与主尺的间隙处于合理状态。观察缝隙,如果透光情况依旧,则说明测量爪已经发生磨损,应该更换或修理。

(3) 对线检查。游标尺依靠螺钉固定,一旦螺钉松动,游标尺就会发生位移,出现测量爪贴在一起时,不是零线对齐,而是某一刻度线对齐的情况。在不得已只能使用该游标卡尺的情况下,可做如下处理。

① 如果游标尺正对主尺刻度线的位置靠近左端 0,修正值为对齐线的读值,冠"－"号。例如,游标尺大刻度 2 后的第 1 条线正对主尺刻度线(即 0.22 mm 线),当测量的读数为 86.68 mm时,实际尺寸应为 86.68 mm－0.22 mm＝86.46 mm。

② 如果游标尺与主尺正对线靠近右端 0,则修正值为正对线至右端 0 的距离,冠"＋"号。例如,游标尺大刻度 8 之前的第 3 条线正对主尺刻度线(即 0.26 mm),当测量的读数为 86.68 mm

时，实际尺寸为 86.68 mm+0.26 mm=86.94 mm。

(4) 测量尺寸时，尺身应与该尺寸的方向(轴线)相一致(平行)。0～300 mm 游标卡尺的下测量爪结构特殊，也可进行“孔”的测量且使用方便。用 300 mm 游标卡尺测取内尺寸时，应以下测量爪外圆弧与被测部位接触，测量操作与 0～125 mm 游标卡尺的相同，但读出的数值加上 10.00 mm 才是被测部位的实际尺寸。数显游标卡尺、深度游标卡尺的读值原理、调整、修正值与普通游标卡尺相同。采用深度游标卡尺测取时，需要借助基准平面作为尺寸的零点，它可直接测取量值，不存在游标卡尺的摇尺操作。

(5) 测取量值时，测量力要适当，总体上要求测量力尽量小，以免造成测量爪测量面过早磨损。同时应注意，在固定其中一个测量爪的位置后，另一测量爪作幅度越来越小、基于尺寸方向上的左右摇尺操作，直至确定摆动测量爪处在摆动区间的中点时，适度旋紧调整螺钉后取出测量尺进行读值，或直接读值后取出游标卡尺。

用万能角度游标尺最取角度时，先将角度调整至零件的公称角度，采用左右摇摆法使可调直(角)尺处于被测角度的轴截面上，根据可调直(角)尺与工件轮廓的实际交角，适当旋动万能角度游标尺背面的调节齿轮直至可调直(角)尺与被测轮廓相吻合，然后根据游标卡尺读值原理及方法读取角度值。

二、螺旋测微尺

螺旋测微尺简称千分尺。它可分为外测(外径)千分尺、内测(内径)千分尺、深度千分尺、杠杆千分尺、螺纹千分尺和公法线千分尺等。

(1) 外径千分尺的基本构造如图 8-4 所示。

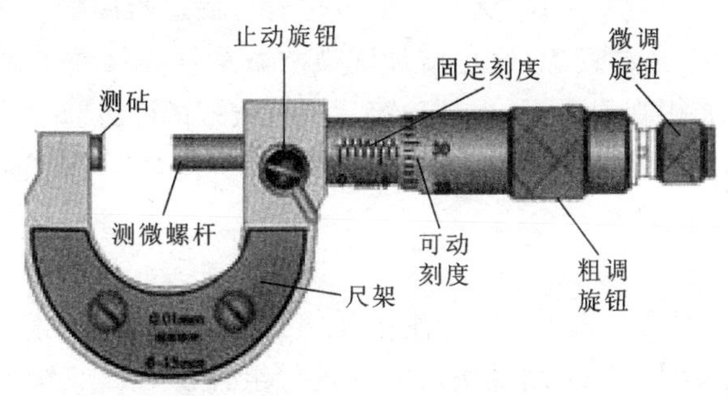

图 8-4　外径千分尺的基本构造

(2) 读数原理。

千分尺的读数是通过由测微螺杆的外螺纹与固定在尺架上的螺纹套的内螺纹构成的螺旋副传动实现的。螺旋副的螺距为 0.5 mm，微分筒与测微螺杆紧固在一起，由于微分筒的圆周均匀地分成了 50 等分，当旋动测力装置时，微分筒与测微螺杆同步转动，对于尺架上的固定套筒而言，微分筒每转过 1 格，相当于被测尺寸发生 0.01 mm 的变量。

尺架上的固定套筒上刻有整毫米的刻度线，中线上、下的刻度错开 0.5 mm。当测砧面与测微螺杆端面(或与校对杆两端面)相接触至测力装置打滑时，微分筒的零位应刚好落在固定套筒(尺身)的中线上，而此时微分筒刻有分度值的圆锥小径端处在中线上的量程起点刻度线，如果微分筒上尺寸起点刻度线没有对准中线或圆锥小径端没有刚好将固定套筒的零刻度线盖住，应将千分尺送检定部门检修。

量程大于 25 mm 的千分尺,出厂时一般均配有满足该千分尺最小量程的一根校对杆,用以微分筒对尺架上固定套筒的零位校对。一般来说,千分尺的量程以 25 mm 递进,即 0～25 mm、25～50 mm、50～75 mm、75～100 mm、100～125 mm 等。

(3) 千分尺的制造精度主要由示值误差(受螺纹精度与刻线精度影响)、测量面本身的平面度、表面粗糙度及测量面之间的平行度、测量面对测微螺杆轴心线的垂直度误差决定。千分尺的制造精度分为 0 级和 1 级两级,0 级的制造精度高于 1 级的制造精度。

(4) 千分尺的使用。

① 外径千分尺。

a. 校对零位。

b. 测量时应手握隔热板,以避免被测工件与千分尺间产生温度差,从而增大测量误差。如果被测工件温度较高,应注意待工件温度降至室温时再进行测量,以获取工件冷缩之后的实际数值,并将其作为继续加工时的参考量值。

c. 当测微螺杆的测量面将接触被测表面时,只能旋动测力装置,以让测量面接触被测工件,严禁旋动微分筒使测量面接触被测工件,以免碰撞及测量力过大,从而造成测量面磨损变形及增大测量误差。

d. 测量时,千分尺应与被测工件水平轴截面垂直。

e. 严禁工件仍在运动状态下进行测量。

② 内径千分尺。

a. 内径千分尺与外径千分尺的结构不同,使用基本球杆的测量范围为 50～63 mm,配置特定的配换测微螺杆可增大测量范围。检测前,不论是使用基本球杆还是使用配换测微螺杆,都必须用专用校对卡规或环规校对零位,无法正对零位时可做适当调整。

b. 配换测微螺杆的组合数宜少,避免增加配换测微螺杆连接数带来的积累误差。组合时较长的配换测微螺杆应旋接在尺身上,保证连接后具有较好的刚性。

c. 工件的被测尺寸要大于或等于 50 mm,以避免基本测微螺杆的保护螺母与工件孔壁产生干涉而误读数值。

③ 深度千分尺。

深度千分尺如图 8-5 所示。操作时,与使用外径千分尺及深度游标卡尺相仿,使用前及更换测微螺杆后应在 0 级检测平板上用量块对零件进行组合校对。工件定位面及被测表面应具有较好的表面粗糙度 Ra,Ra 一般应不大于 3.2 μm。

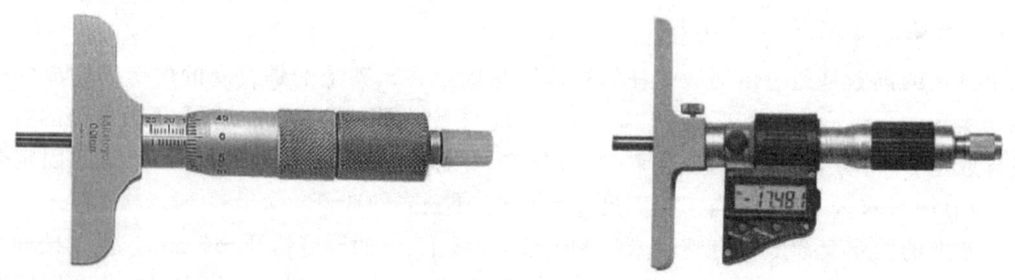

图 8-5　深度千分尺

④ 螺纹千分尺。

螺纹千分尺用于对普通螺纹中径进行测量,常用在制造精度要求较高的三角螺纹的制造场合。它的两个测量头以螺距为参数成对使用，并满足一定的螺距范围。检测时，螺纹的牙型角和牙型半角的误差、表面粗糙度均会影响到量值的准确性，因此对螺纹中径做合格性判断时，螺纹的牙型角、牙型半角及工作面的表面粗糙度必须符合设计要求。

螺纹千分尺测量示意图如图 8-6 所示。

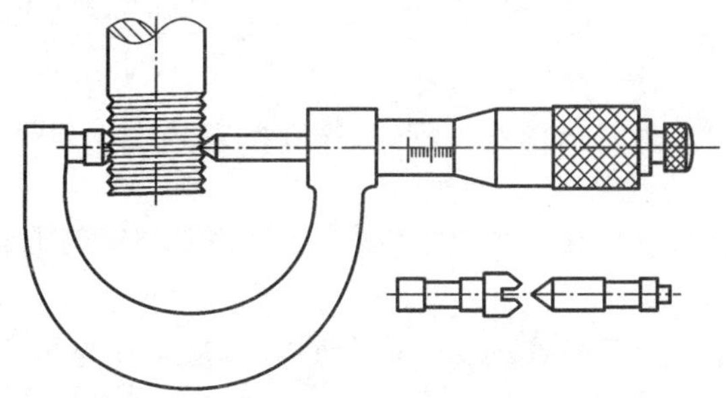

图 8-6 螺纹千分尺测量示意图

螺纹千分尺的测量头有 V 形测量头及圆锥形测量头两种。检测时，V 形测量头套入被测牙廓的两侧工作面，而圆锥形测量头楔入牙槽，与相邻两牙的侧工作面贴合，获取读数时应多测量几次，以较稳定的最大读数值为被测值。螺纹千分尺的读数操作与外径千分尺相同。测量时根据工作螺距选用适当螺距范围的测量头组，装嵌测量头后，分别旋紧止动钉，利用附带的校对规进行零位校对。除 0～25 mm 量程的螺纹千分尺外，25～50 mm、50～75 mm、75～100 mm 等规格的螺纹千分尺均配有相应的校对规供零位调整使用。

⑤ 公法线千分尺。

公法线千分尺用于测量齿轮的公法线长度（见图 8-7），其测量面均做成两个相互平衡的圆盘面，以保证测值时两测量面都处于齿廓的法线方向上。用公法线千分尺测量的基本操作与外径千分尺相仿。测量时参考零件图表列的跨齿数及公法线长度值，将公法线千分尺的开口调整到比公法线长度值稍大尺寸，将圆盘面放入齿间中，即可获得该齿轮的公法线长度测量值。

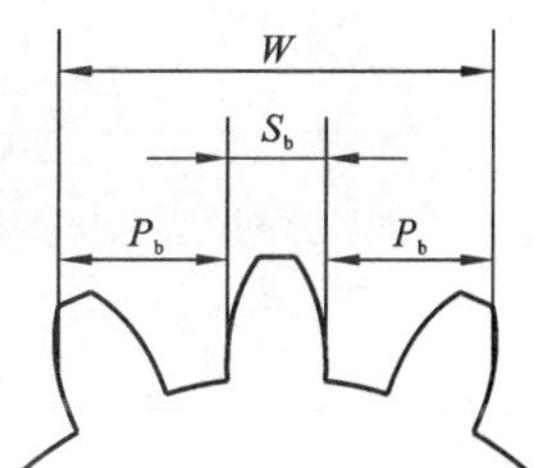

图 8-7 公法线长度

K 个跨齿的公法线长度为

$$W=(K-1)P_b+S_b \tag{8-1}$$

式中 K——跨齿数；

P_b——基节；

S_b——齿厚。

公法线千分尺及公法线长度测量如图 8-8 所示。

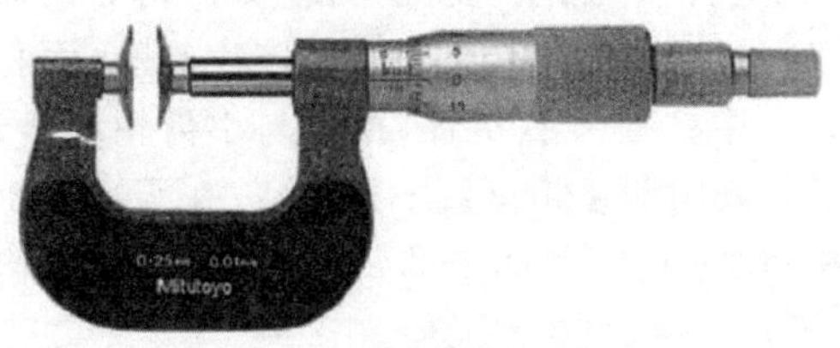

(a) 公法线千分尺

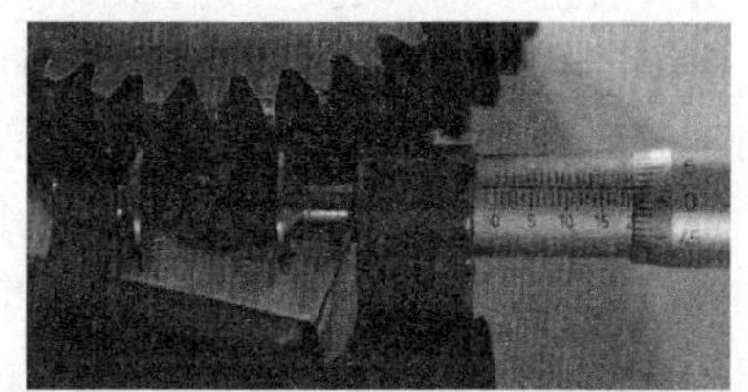

(b) 公法线长度测量

图 8-8 公法线千分尺及公法线长度测量

(5) 千分尺的保护。

千分尺属于较精密的通用量具,制造精度较高,使用及保养都有较高的要求。

① 测量面的形状及表面精度是测量值精确度的保证,使用时应避免碰撞、划伤。测量时被测工件应处于静止状态,被测表面的表面粗糙度 Ra 应在 3.2 μm 以下,工件表面过于粗糙不宜采用千分尺进行测量。

② 测值前必须利用校对杆校对零位。

③ 工作时应避免千分尺接触热源,手握时应握在绝热板上。如果千分尺的温度与被测工件温度不同,将影响到测值的精确度。

④ 当测微螺杆(测量面)将要接触被测工件时,必须采用旋动测力装置的方法,不可直接旋动微分筒使测量面接触被测表面。

⑤ 应保持整洁、干燥,存放于尺盒内;长期不使用时,应在测量面上涂上防锈油,并注意不要将两测量面贴在一起,以免锈蚀。

⑥ 不得使用普通机油、油脂润滑及柴油或低标号汽油清洗。以上油液进入微分筒或固定套筒中,必须采用 120 标号的汽油进行清洗。润滑油采用轻质低黏润滑油。

⑦ 尺寸较大的千分尺应平放保存。

三、指示表

指示表也称为机械式量仪,根据示值精度一般分为百分表(见图 8-9)与千分表两种。

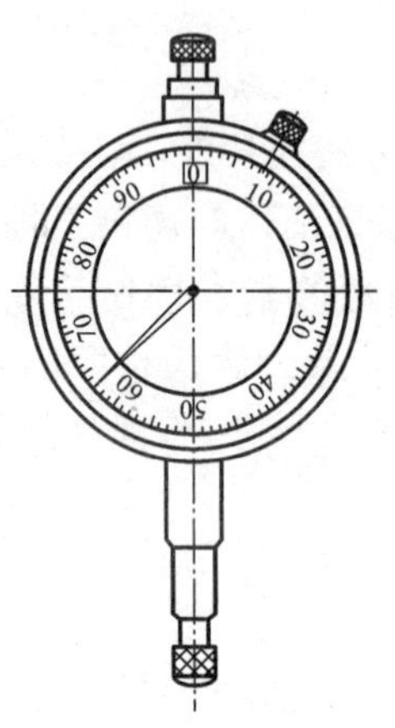

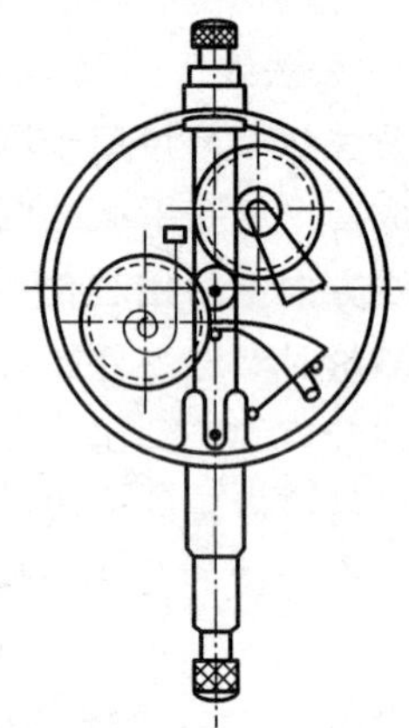

图 8-9　百分表

1. 百分表

百分表主要由表壳、表盘、指针、测杆、测头、齿轮、指针游丝、复位弹簧、保护帽等构成。测杆的上部制有齿距很小的齿条,当测杆上下位移时,与齿条相啮合的小齿轮产生转动,而与小齿轮同轴的大齿轮带动与之啮合的中轴小齿轮转动。中轴上装有指针,指针与小齿轮同步运转,具备指示测值的能力。由于齿轮传动的侧隙对百分表的测量精度影响极大,故在与中间小齿轮相啮合的另一个大齿轮上装有游丝。利用游丝扭矩作用,传动链上的每一对主、从动件均以同一侧齿廓进行啮合,抵消侧隙带来的影响。

百分表结构紧凑,读数直观方便,量程大,具有示值准确、灵敏,在最大量程上测杆自由复位后再次测量的示值重复度高的特征。百分表的测量原理是测杆轴向移动 1 mm,经传动链传动,中轴上的指针刚好转过 1 周,表盘将圆周分成 100 小格,每 1 小格的分度值就是 0.01 mm。百分表的缺点是对使用者的操作水平和使用环境的要求较高，清洁度及完好度对百分表显得尤为重要。另外，百分表的齿轮、齿条制造精细，对超量程使用、碰撞、跌落等损害性事件非常敏感；测杆也会因使用不当导致弯曲；润滑不当、表内不清洁都会导致示值不灵敏、不准确。

常用百分表的量程有 0～3 mm、0～5 mm、0～10 mm 三种。

2. 内径百分表

内径百分表由百分表与专用表杆组成。它也叫作内径量表、量缸表，主要用于检测工件内孔的直径与几何误差，尤其是对深孔、箱体内孔的测量，操作简单，结果直观。内径百分表如图 8-10 所示。

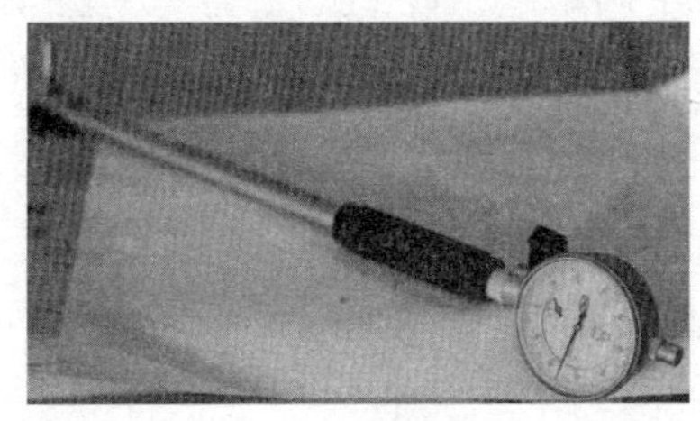

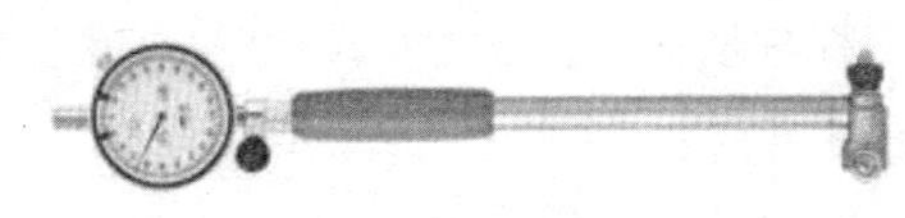

图 8-10　内径百分表

内径百分表的检测原理为表杆头部的定测量头（球形）与定位架上的两个球头形脚构成同心圆上的点，制造定位架时，保证表杆头部的定测量头与定位架上的两个球头形脚构成等腰三角形，从而保证被测孔的轴线也是该等腰三角形的高。定位架上活动测量头设计在该等腰三角形最长的高线上，测量时活动测量头受孔壁压迫后往表杆头部内缩进，将角形块推转一个角度。由设计保证位置的传动杆的抬升高度等于活动测量头的内缩深度，内径百分表的测量头接触传递杆顶部，传递杆上行多小，百分表指针转过多少，从而获得内径百分表的示值读数。

检测前，应首先检查内径百分表的灵活性，复位的重复性，以及活动测量头动作是否灵敏、有无迟缓和阻滞现象，定位架是否完好、有无表面变形和划伤及毛刺。

(1) 根据孔径选用合适量程的测杆，如采用 35～50 mm 内径百分表，测量 $\phi48^{+0.016}_{0}$ mm 的孔时，要选用 45～50 mm 的测杆，并调整其长度，使其在自然状态下与活动测量头球面的距离比被测孔径长 0.4～0.6 mm。

(2) 往表杆上安装百分表时，将百分表压至指针转过 40～50 格为宜，以保证检测时有一定的测量力作用在百分表上，适度锁紧表夹。安装好后，必须适当压下活动测量头，以检查百分表的灵活性和复位的准确性。如果复位情况并不稳定，可能是百分表的下压深度不够、表夹锁紧不足、百分表本身不灵敏所致。

(3) 一般被测的公称尺寸通过千分尺的调整确定，在锁紧千分尺测微螺杆前，应以一定的推力将测微螺杆推向测力装置方向，模拟千分尺对轴外径测量时的条件。

(4) 将内径百分表测量头放入千分尺已按工件设计尺寸开好长度的两测量面，沿测量头正对的测量（测砧）面方向上下来回摇动表杆，观察指针的移动，当指针转至尽头时，旋动表盘使表盘的零刚好被指针盖住。该点就是千分尺所决定的工件尺寸。此过程称为对零，对零必须进行多次，并借此观察内径百分表重复测量精度、复位精度是否稳定、可靠。

(5) 利用被测孔壁适当压下内径百分表的活动测量头，让定测量头无阻滞地进入内孔，摇动表杆，观察示值。读数时指针转至尽头即将回程的临界点时即为实际孔径，如果指针停在“0”之后表示实际孔径比标准孔径小；如果指针停在“0”前，表示实际孔径比标准孔径大，孔的尺寸是否合格需参照其上、下极限偏差。

(6) 使用时应避免碰撞跌落,工作中不测量时应将内径百分表整体置于表盒内,远离热源。使用过程中要密切留意指针所在的位置(刻度)是否稳定,如有变化,必须再次对零。多次校对证实表盘发生了转动的,应果断地调整零位,以保障测量的准确性,此时也应适当抽查已加工的孔实际尺寸是否符合图纸要求。实际上,对批量大、孔尺寸精度高的工件进行检测时,较理想的对零是采用量杯校对法。此法根据量杯标定的测量点及其公称测量值(精确到0.001 mm)开表对零。例如,量杯标定测量点的公称值为 ϕ48.012 mm,则在开表时,指针停定后,将指针调整处在+0.012 mm 的位置。这样表盘的零就是受测孔的公称尺寸 ϕ48.000 mm。量杯校对法可靠、稳定,对开表及校验零位的操作简单、迅速,实用性强。量杯校对法属于相对测量,类似于用标准量块校对千分尺后才进行测量一样,方便快捷且测量不确定度下降到原来的 40%左右。

(7) 检测工作完毕后,应及时从表杆上卸下百分表,查验百分表的灵活性,清洁表杆,将止动螺母、测杆按位置入盒排放好,锁好表盒并妥善保管。

3. 杠杆百分表

杠杆百分表的构造比百分表简单,它将测量头的位移,通过由杠杆一端的扇形齿轮与中间轴上的指针同轴并同步旋转的小齿轮组成的齿轮副,转为指针的转动。表盘上每一格为 0.01 mm,表盘通常分为 80 小格,一般量程为±0.4 mm。

杠杆百分表如图 8-11 所示。

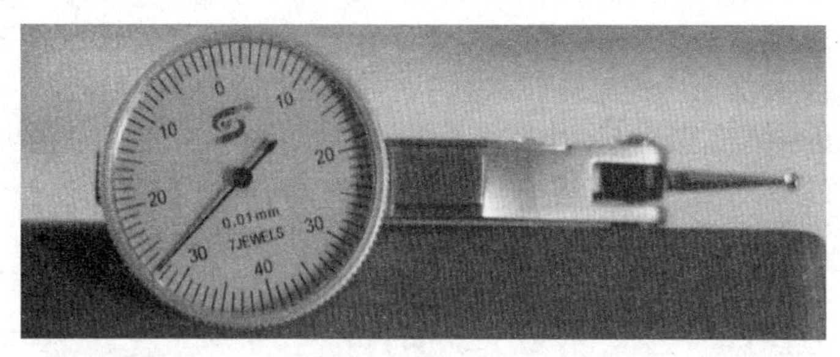

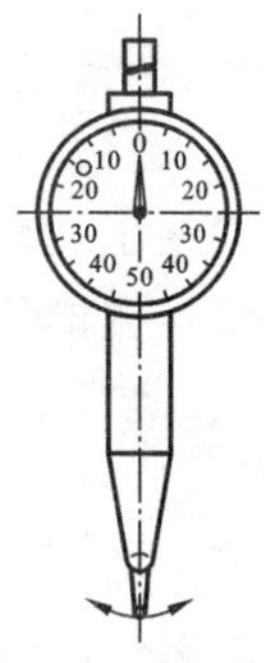

图 8-11 杠杆百分表

杠杆百分表体积小,结构紧凑,测量头的高低可以适当调整,以适应实际量程(单向或双向量程)的需要,一般要附在高度游标尺或滑动式表座、磁性表座上使用。杠杆百分表特别适用于立面上的孔之间相对高度的测取及孔轴线对基准平面高度的检测,在回转工件轴线的找正中也常常使用。

杠杆百分表在测定孔轴线对基准面的(高度)位置时,先将已经去除毛刺、披锋的工件以基准面贴放在清洁好的检测平板面上,将杠杆百分表装置在高度游标尺(或滑动表座等)上并码紧,在高度游标尺上选用合适的尺寸后将测量头轻压至平板面上,并通过游标尺的适当调整(也可通过调整表盘)使指针对准表盘零线。经高度游标尺在平板上的多次随意移动后,如果指针跳动极微,复位准确度高,表示安装及调整符合检测要求。测量时,升高游标尺,令杠杆百分表的测量头进入待测孔,调整游标尺的高度,使测量头接触孔内圆柱表面的最低点,左右适当摆动高度游标尺,此时指针会跟随高度游标尺的摆动而发生转动,检测者可发现内圆柱表面由指针反映出来的最低点有可能偏离表盘上的零点,此时通过适当调整游标(升高或降低)令指针刚好到达表盘零线,将此时的读数值与测量触平板面时的读数值相减所得的差,再加上孔径实际尺寸的一半,就是被测孔轴线对基准平面的位置(高度)尺寸。

在加工设备上对工件找正类似于指示表的找正,先利用划针对工件进行粗找正,再利用磁性表座码紧杠杆百分表(可能需借助杠杆百分表的附件),磁性表座吸紧在设备合理的位置上,旋动主轴或工件,即可进行周向找正,沿轴向移动主轴(刀杆,刀头)或工件,即可对轴线方向进行找正。注意指针的偏摆幅度必须在量程的范围之内,一般不应超过±0.4 mm。

四、万能角度尺

万能角度尺用于对工件 0°～320°内外角度的测量。它的结构有别于游标卡尺的结构,但分度原理、读数操作、读值方式与游标卡尺相同。

(1) 0°～320°万能角度尺如图 8-12 所示。

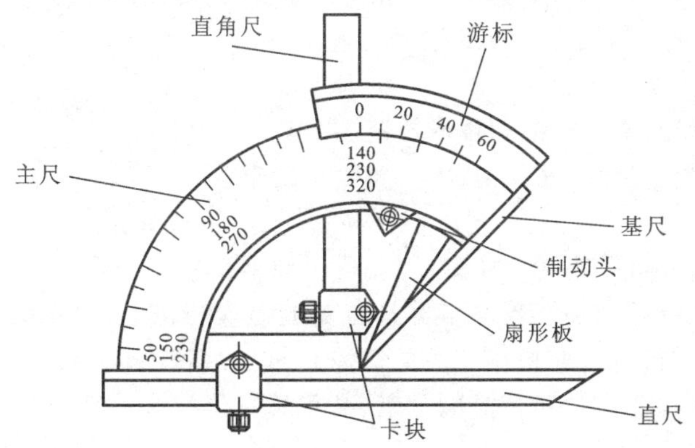

图 8-12　0°～320°万能角度尺

测量时,旋动背面的小滚花轮,使其与同轴相连的小齿轮带动尺身(扇形板)转动,当基尺及直尺(或直角尺)的夹角刚好与被测要素角度吻合时,主尺上的整数刻度为被测要素的公称度数,而游标上的刻度值为公称角度的偏差值,两者之和为被测要素的实际角度,直尺与直角尺的适当装配可满足 0°～320°内的测量需要。

(2) 读数原理及方法。

万能角度尺的主尺每一刻度为 1°,而游标上的 30 格对应主尺的 29°,此时游标上每一刻度值为(29/30)°,由游标卡尺读值原理可知,万能角度尺的读值精度为 2′。类似游标卡尺的读值方法,在读取被测要素的实际角度时,游标上的零刻线用于读取主尺的最大整数角度值 $K°$,而游标上第 n 条($n=1\sim30$)刻度线与主尺刻度对齐,就可确定非整数角度为 $2n'$,故被测要素的实际角度为 $K°+2n'$。万能角度尺测量示意图如图 8-13 所示。

注意,还有分度值为 5′的万能角度尺。

图 8-13　万能角度尺测量示意图

8.2 检测准备

在机械制造作业中,检测是指使用计量器具,对加工中或加工结束后的零部件的几何形状和尺寸进行检查以及采取符合规范设计要求的量仪对工件的硬度、表面粗糙度进行测定的全过程。

一、检测准备的具体内容

零件合格性的判断是一项极为认真、严肃的工作。检测过程的标准化、规范化、程序化以及符合经济性原则是保证检测结论可靠的途径。

检测准备的具体内容如下。

(1) 熟悉产品相关的质量标准和技术规范、要求。

(2) 阅读零件图纸,明确检测部位、项目及设计要求。

(3) 制订检测方案。

(4) 按照检测方案,确定选用的检测量具、量仪和辅助器具。

机械制造的零件、产品的质量检测依据是有关的国家标准、零件的设计图样,以及零件、产品的加工工艺文件。质检部门应根据相关的国家标准、设计图样、生产工艺制订出产品质量检验操作指导书,以指导检测人员对产品的加工、装配质量进行合格性检验。

二、标准的准备

国家标准对产品质量、品种规格、工艺及验收方法等做出了明确的规定,国家标准按性质分为四大类。

1) 基础标准

(1) 通用技术语言标准,如名词术语、标志标记、符号、代号和制图等。

(2) 精度与互换性标准,如极限与配合、几何公差、表面粗糙度等。

(3) 系列化和配套关系标准,如标准长度、直径、优先数与优先数系等。

(4) 结构要素标准,如锥度、中心孔、T形槽等。

在设计制造工艺的场合,基础标准还有工艺标准、材料标准等。

2) 产品标准

产品标准包括型号、尺寸、规格、主要性能、质量指标检验要求以及包装、运输、使用和维修等方面的国家规定。

3) 方法标准

方法标准包括设计计算验算方法、工艺方法、抽样方法、检验方法、实验方法等标准。

4) 安全环境保护标准

安全环境保护标准包含产品与人身安全、环境保护标准。

三、规范化准备

质量检测过程由检测人员实施。为保证检验质量的可靠与稳定,必须统一检验方法。质量管理部门应制订出统一并规范的产品质量检验方法、计划,并将有关的零部件图样、执行标准、检验标准、有关技术和工艺文件发至检验岗位,以便检测人员按标准化、规范化、程序化及相关技术要求进行质量检验。

规范化准备内容如下。

1. 质量控制准备

(1) 按工艺过程、设计检测流程,印制工序验收单据。

(2) 按产品质量控制点设置质量控制点。

(3) 按工序或工段设置验收检测站或成品检测站。

(4) 配置巡检、总检人员。

(5) 配置数据处理和质量反馈专职人员。

2. 检验文件准备

(1) 质量控制点、检测站的工作任务、检测项目说明文件及验收标准。

(2) 检测员工工作职责及检测规程文件,检验作业指导书。

(3) 零件、组件的加工工艺规程、零件图样、有关标准。

(4) 工序(成品)验收记录表格、单据。

(5) 数据处理、信息反馈单。

(6) 计量器具、量仪的使用规程。

3. 计量器具、量仪准备

(1) 满足测量不确定度允许值的量具、量仪。

(2) 符合测量精度要求的辅助器具(如方箱、检测平板、V 形块等)。

4. 程序化准备

(1) 生产现场质量管理程序:自检—互检—巡检—完工检。

(2) 产品合格性判断与质量等级记录、产品标记流转程序。

(3) 检测数据处理(包括样本数抽样方式、方法,检测频率等)及 PDCA 质量管理循环程序。

8.3 线性尺寸的特殊测量

线性尺寸的测量一般依靠通用量具、量仪便可进行。例如,游标类对一定精度的长度、孔径、外径均可直接进行测量。千分尺类也可在允许的测量不确定度允许值下去检测长度、孔径、外圆尺寸。指示表类可对被测尺寸做相对测量。通用量具、量仪的测量操作相对比较直观、容易。

尺寸的大小由机械零件的设计决定,而一般的通用量具均有一定的测量示值范围,尺寸过大将无法进行直接或间接的测量。这里提供三种较常用的大尺寸测量法,它们采用通用或特殊量具、量仪,运用一定的数理方法取得量值。

一、大轴径测量

1. 游标卡尺法

游标卡尺法测量原理如图 8-14 所示。

由图可知:

$$\left.\begin{aligned} r^2 &= (S/2)^2 + (r-H)^2 \\ 2rH &= (S/2)^2 + H^2 \\ 2r &= S^2/(4H) + H = d \end{aligned}\right\} \tag{8-2}$$

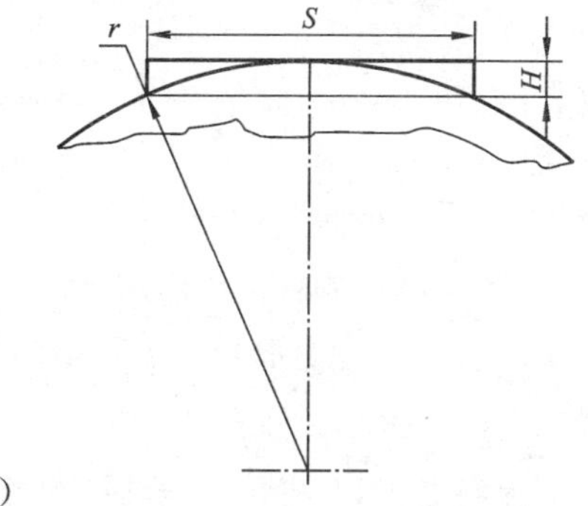

图 8-14 游标卡尺法测量原理

式中 $r\ (d)$——被测轴半(直)径；

H——游标卡尺主尺下缘到测量爪尖的距离；

S——游标卡尺主尺下缘接触被测轴外圆而获得的两测量爪尖之间的最短距离。

游标卡尺主尺下缘到测量爪尖的距离 H 可通过用深度游标卡尺测得。

2. 鞍形检具检测法

鞍形检具检测法使用的检测器具为鞍形检具。鞍形检具的原理为将某一弦长固定，通过测量被测轴最高点偏离固定弦的高度辅以数理计算获得轴径数据。方法如下。

(1) 指针零位调整。将鞍形检具置于检测平板上，调整表盘或指示表的高度，当指针指示的刻度为零时，块规的组合高度应等于小圆柱的半径，也就是指示表触头到检测平板的高度。因为计算参数要利用到两小圆柱的中心距 S，在计算高度变化值 Δh 时首先要减去 $d_1/2$，这样就得到指示表触头到固定弦(小圆柱连心线)位置的理论高度，Δh 从该固定弦算起。

(2) 检测原理。鞍形检具检测法检测原理图如图 8-15 所示。

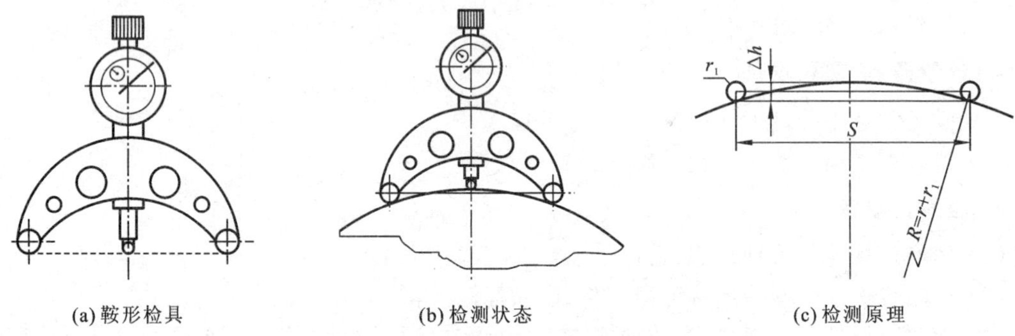

(a) 鞍形检具　(b) 检测状态　(c) 检测原理

图 8-15　鞍形检具检测法检测原理图

图中，$2r_1=d_1$，$2r=d$，$R=r+r_1$，所以有关系式：

$$R^2=(R-\Delta h)^2+(S/2)^2 \quad (\Delta h\neq 0)$$

$$=R^2-2R\Delta h+\Delta h^2+(S/2)^2$$

$$2R\Delta h=(S/2)^2+\Delta h^2$$

$$2R=S^2/(4\Delta h)+\Delta h$$

因为

$$R=r+r_1 \quad 且 \quad 2r_1=d_1$$

$$2r=S^2/(4\Delta h)+\Delta h-d_1$$

而

$$2r=d$$

故有：

$$d=S^2/(4\Delta h)+\Delta h-d_1 \tag{8-3}$$

式中 d——被测轴径；

S——两圆柱的中心距；

Δh——测量时指示表示值的变化量；

d_1——小圆柱直径。

很明显，如果将鞍形检具换为游标卡尺，即 $\Delta h=H$，此时 $d_1=0$，有 $d=S^2/(4H)+H$，结果完全一致。

二、大孔径测量

大孔径常用鞍形检具检测法进行测量，它属于相对测量，检具类似于测轴鞍形检具。鞍形检具检测法检测大孔径示意图如图 8-16 所示。

测量的原理与大轴径测量相仿，也是定弦(两圆柱中心距 S)法，通过测量弓高 H 的实际值，再根据相关计算，获得被测孔的直径尺寸。

测量前，将鞍形检具放置在检测平板上，在指示表测量头下放置高度与小圆柱半径 r 相等的量块并合理调整指示表测量头高度或调整表盘，使得指针指示值为零。这个零代表固定弦所在位置，这是弓高 H 变化的起点，并设 $H_1=H-r$。测量时根据弓高的变化量便可计得被测孔的直径 D。由示意图得：

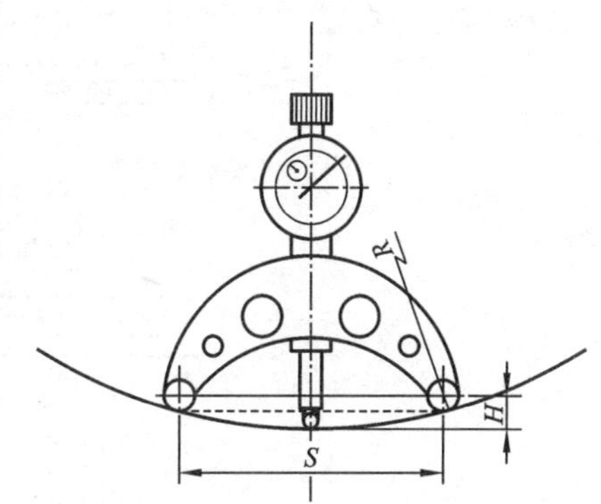

图 8-16 鞍形检具检测法检测大孔径示意图

$$(R-r)^2=(S/2)^2+(R-H)^2$$

$$(R-r)^2-(R-H)^2=(S/2)^2$$

$$(H-r)[2R-(H+r)]=S^2/4 \quad (H>r)$$

$$2R=S^2/[4(H-r)]+H+r$$

因为 $D=2R$，且 $H_1=H-r$，所以有

$$D=[S^2/4(H-r)]+H+r=S^2/(4H_1)+H_1+d \tag{8-4}$$

式中 $R\ (D)$——被测孔的半(直)径；

H_1——弓高的变化量；

$r\ (d)$——小圆柱的半(直)径；

S——两小圆柱的中心距。

三、万能测长仪测量孔径

零件的孔较深或公差等级较高，常常使用卧式万能测长仪进行比较(相对)测量。万能测长仪是以精密刻度尺为标准，利用平面螺旋式读数机构进行精密测量的长度计量仪器。测量时，根据不同需要安装不同的附件，即可对长度、孔径、内外螺纹中径进行测量。它既可进行绝对测量，又可进行相对测量，故称为万能测长仪。

1. 万能测长仪的构造

万能测长仪基本结构如图 8-17 所示。

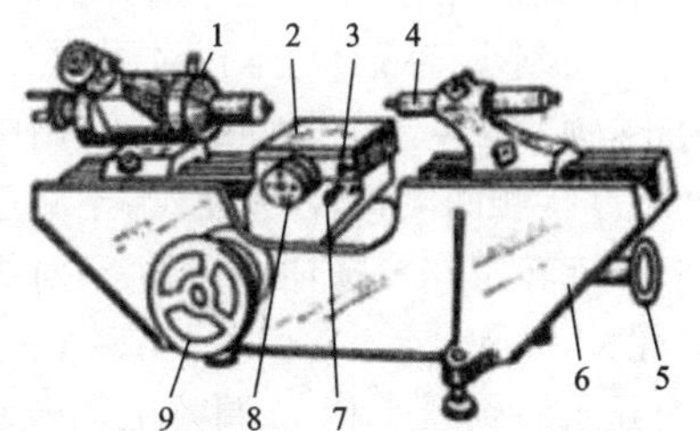

图 8-17 万能测长仪基本结构

1—主尺座；2—工作台；3—工作台水平调节扳手；4—尾座套管；5—平衡手轮；6—基座；7—水平锁紧手柄；8—工作台横向微分筒；9—工作台高度调节手轮

2. 万能测长仪的示值系统及读值原理

(1) 卧式万能测长仪的示值系统如图8-18所示。

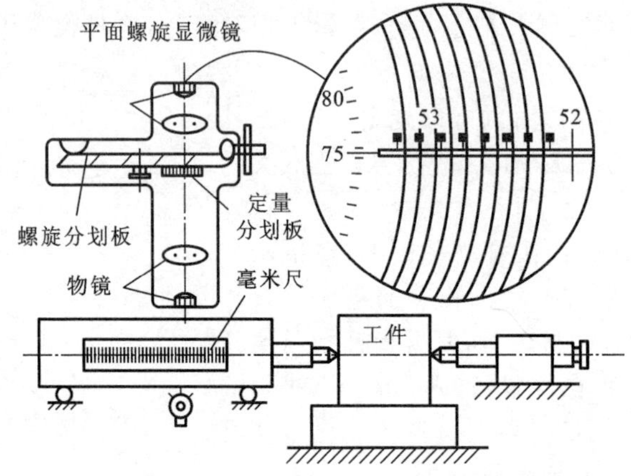

图 8-18　卧式万能测长仪的示值系统

(2) 读值原理。

万能测长仪在测量轴上镶有一条精密的毫米尺,这条毫米尺随测量轴的伸出长度变化而滑动。当测量轴上测钩(头)接触被测表面时,毫米尺停止滑动。若尺寸校零采用标准环或标准量块进行,则测量轴长度的改变量即为被测尺寸与标准环(量块)的线性长度差。通过目镜观察,除毫米尺的刻度可见外,还可见到有10个相等间距的定量分划板,其每一格间距代表0.1 mm。在定量划分板旁,还可见到随调节手轮示值变化的平面螺旋分划板,其上有10组同心且等距(0.1 mm)的双刻线。双刻线随螺距为0.1 mm的螺旋副运动而移动,双刻线在0.1 mm区间移动的实际距离由螺旋分划板中央分为100格的圆周刻度值决定。因为调节手轮丝杆的螺距为0.1 mm,而螺旋分划板将圆周均分为100格,所以圆周上每一格的读值为0.1/100 mm=0.001 mm。这样当代表定量分划板刻度的双刻线将居中的毫米线夹住时,指示线正对的螺旋分划板刻度就是被测尺寸的微米值。读值时,整毫米数由毫米尺读出,十分位数值从定量分划板上读取,而百分位及微米值均从螺旋分划板刻度上取值。

(3) 测量操作步骤。内孔的测量较外圆复杂,本节以内孔的测量为例介绍测量操作步骤。

① 接通电源。转动目镜的调节环,调节焦距、视场。

② 松开手轮上的紧固螺钉,转动手轮9,使工作台高度便于放置标准环。

③ 安装测钩(附件)。测钩分别装在测量轴及尾管上,钩嘴垂直向下。对向移动测量轴和尾管,两测钩的楔与楔槽相互嵌入后,锁紧测钩的紧定螺钉。

④ 校对视值零位。不管是相对零位的校对,还是绝对零位的校对,都要将标准环置于测钩之间,并令其上的刻线(标记)基本正对测钩头;适当调整测量轴与尾管,直到使两测钩将要接触标准环内壁为止,锁紧两基座的紧固螺钉;利用压板(附件)将标准环夹紧;调整尾管上的调节螺钉使标准环内壁刚好接触两测钩,锁紧尾管;于测量轴(主尺座1)端挂上重锤(保证一定的测量力)。

a. 来回旋转工作台横向微分筒8,对纵轴线进行找正,观察示值的变化,在示值最大时锁紧工作台手轮。

b. 松开水平锁紧手柄7,调整工作台水平调节扳手3,对工作台水平状态进行调整,观察示值变化,在示值最小时锁紧水平锁紧手柄7。

c. 两测钩相对原钩住标准环的位置一般都会有所变化,通过适当微调尾管长度可重新确定两测钩钩嘴间的距离即标准环的直径尺寸,此尺寸就是对工件实际测量时的尺寸零位(起点）。锁紧尾管调节螺钉，在整个测量过程中尾管不能再移动。

⑤ 解除标准环的紧固，向尾管方向移动测量轴并卸下标准环。

利用标准环确定尺寸的零位属于相对测量，相对零位校对完毕。但此种测量所得的实际尺寸结合标准环的直径尺寸进行适当的加减计算，才可获得被测孔的直径尺寸。为了使测量结果更加可靠、精确，可适当调整工作台的高度，多测几个截面的直径尺寸，亦可在同一截面位置上多找正几次，在不同的方向上测量。将被测工件的实际尺寸与设计给定的极限尺寸进行比较，判断被测工件尺寸是否符合设计要求。

8.4 几何误差检测

一、几何误差检测原则

零件在加工中无法避免地存在几何误差。几何误差在尺寸符合公差要求的情况下也会影响实际零件的配合效果。如果相配合的孔与轴的几何误差越大，则零件的几何尺寸精度肯定越低，这将会造成配合部位的使用寿命降低。根据几何公差带的特性，几何误差的检测处理一般遵循以下步骤：根据几何公差的项目和检测条件确定检测方案，选择检测量具、量仪、辅助器具，确定测量基准；根据几何误差的评定原则及最小条件确定的最小包容区域，通过检测获得被测实际要素的几何数据；对检测数据进行处理。

1. 几何误差的评定原则

不管采用何种检测方法，均应遵守相应的检测原则。

1）与理想要素比较原则

理想要素是指具有几何学意义的要素，规定为没有任何误差的点、线、面。构成零件的几何要素在图样上都是理想要素。在检测中，图样上的几何要素是评定实际要素几何误差的唯一依据。必须指出的是，理想要素在实际的加工中是无法得到的，这是因为有加工过程必定产生尺寸、形状、位置、方向等误差，误差是客观存在的。

对于具体的零件，实际要素由检测时的测得要素代替。但不管是实际要素，还是测得要素，都不符合理想要素的定义。

与理想要素比较原则是指测量时将被测实际要素与其理想要素做比较，通过比较获得数据并经过技术处理而得到几何误差值。运用这种检测原则的前提是要有理想要素作为检测评定的依据。在实际的操作中，理想要素一般用模拟的方式来获得。例如，检测平板的工作平面、方箱的立面、刀口尺的刃口、从微小孔中投过的一束光线等。

实际要素相对理想要素的测量量值既可采用直接测量法获得，也可采用间接测量法获得，图 8-19 所示为利用指示表、检测平板来测量零件工作面上的平面度误差。指针的读数直接反映工件上表面相对平板工作面（模拟理想平面）的形状变化数据，这种测量方法叫作直接测量法。所谓间接测量法，是指被测要素上各测量点相对于测量基准的量值只能间接得到的一种测量方法。图 8-20 所示为利用自准直仪、反射镜和桥板测量工件表面的直线度误差。从自准直仪中读到的是桥板两支承点对测量基轴（光线）的夹角，经数据换算可得到桥板两支承点高度差。

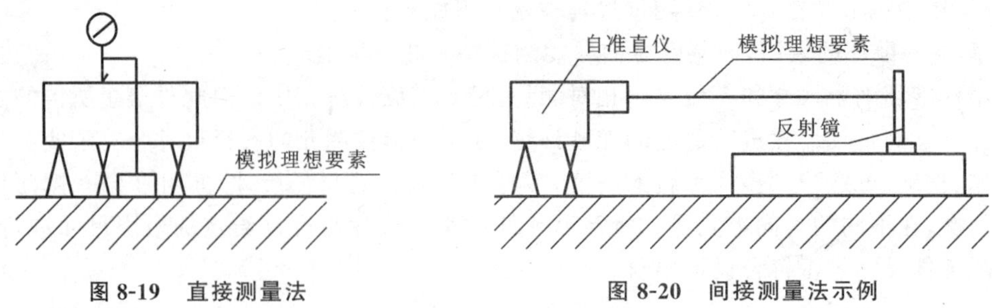

图 8-19　直接测量法　　　　图 8-20　间接测量法示例

2）测量跳动原则

测量跳动原则是指在被测实际要素绕基准要素(轴线)回转过程中，沿给定方向测量其对某参考点或线的变动量。此变动量即为相对基准要素(理想要素)的误差值。误差值的大小为指示表最大读数与最小读数的代数差。

测量跳动原则一般只适用于零件被测要素对轴线的跳动误差检测(见图 8-21)。跳动公差可作为被测要素的综合控制项目，而且跳动误差检测操作简单，在生产现场易于开展。跳动误差检测应用比较普遍，它只适用于回转体表面相对零件本身某一轴线跳动误差的误差检测。测量时，被测要素必须有一条基准轴线，这样的轴线只能通过模拟来获得。根据测量跳动原则进行测量时，常用的辅助器具有 V 形架、顶尖、微锥芯轴等。

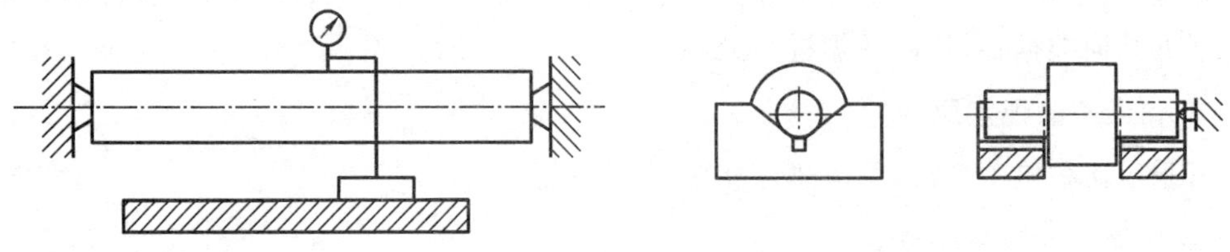

图 8-21　跳动误差检测示意图

3）测量特征参数原则

测量特征参数原则是指测量被测实际要素上具有代表性的参数，并以它表示被测实际要素的几何误差值。但这种检测结果在一定程度上背离了几何误差的定义，得到的是几何误差的近似值。例如，测量圆柱面的圆度误差时，在同一截面上多方向测量该圆截面直径，取最小直径为参考，其最大直径与最小直径的代数差就作为该截面上的圆度误差。这个结果其实并不符合用以评定几何误差的最小条件或最小包容区域的准则。但是如果进行多几个圆截面的测量及检测精度足够，还是可以作为实际要素检测结果的。采用测量特征参数原则可大大简化检测过程，对仪器、设备的要求也不太高，数据处理容易，操作费用低，经济性较好，因此，它在加工现场被广泛应用。测量特征参数示意图如图 8-22 所示。

4）测量坐标值原则

顾名思义，测量坐标值原则指通过对被测实际要素结构坐标进行测量，将测量所得坐标值与理想的坐标参数相比较而确定被测要素的尺寸、几何误差值。这种方式主要用于圆度、圆柱度、轮廓度尤其是位置度的测量。测量坐标值原则适用于形状较为复杂的零部件的结构检测，但数据处理复杂，应用受到较大限制。测量坐标值示例如图 8-23 所示。

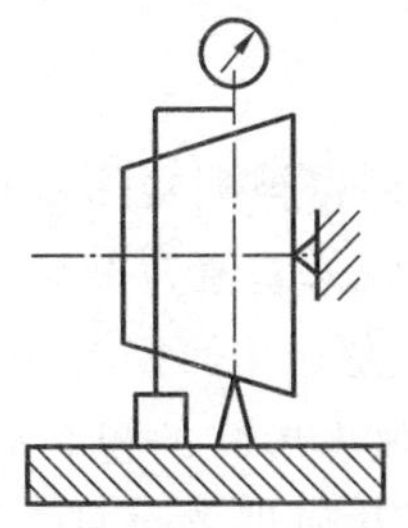

图 8-22 测量特征参数示意图

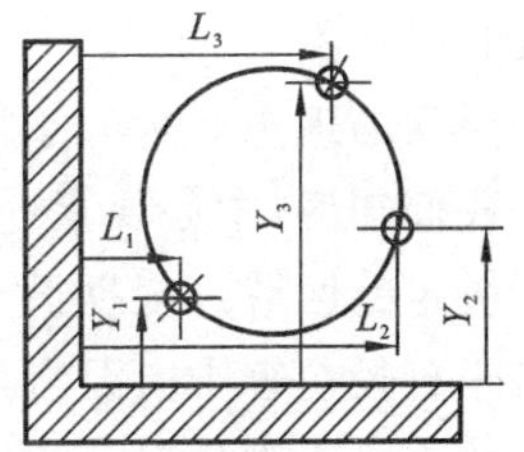

图 8-23 测量坐标值示例

5）理想边界控制原则

被测要素给定了包容要求或最大实体要求，那么实际要素就必须服从最大实体边界或最大实体实效边界。理想边界控制原则是指用光滑极限量规或功能量规模拟图样上给定的理想边界，用以检验被测实际要素是否处于理想边界所限定的区域之内。光滑极限量规检测属于综合误差检测，量规制作容易，检测操作简单，适用于零件中服从理想边界要求的光滑内、外表面检测，检测效率及可靠性高，宜用于生产现场及现场质量管理。理想边界控制原则示例如图 8-24 所示。

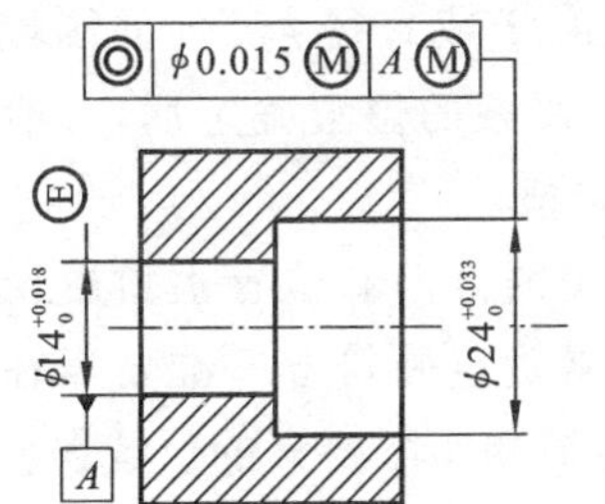

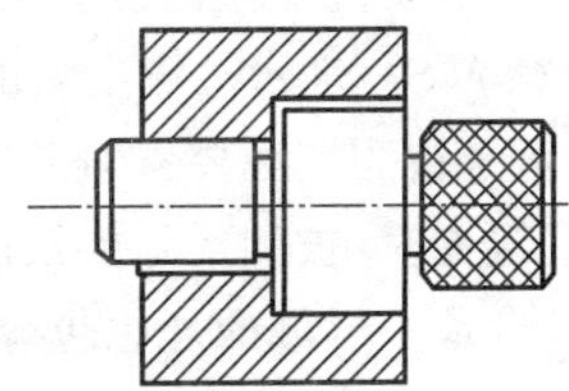

图 8-24 理想边界控制原则示例

2. 最小条件及最小区域法

1）最小条件

最小条件是指在确定理想要素时，应使得理想要素与被测实际要素接触并令实际要素对其理想要素的最大变动量最小。换句话说，在评定被测要素的几何误差时必须以最小的区间包容实际要素形状的最大变动范围。最小条件是评定几何误差的基本原则。在满足零件使用功能的前提下，也可以采用近似的方法来评定实际要素的几何误差。

几何误差是被测实际要素对其理想要素的变动量，应采用最小条件进行评定。要确定几何误差的大小，必须知道被测实际要素的变动情况，并与确定位置的理想要素进行比较。如果理想要素的方向、位置发生变化，基于理想要素而建立的最小条件在方向和位置上与几何公差带一样也是浮动的。

(1) 被测轮廓要素。

对于轮廓要素(不含轮廓度)，符合最小条件定义的理想要素应处于实体之外且与被测实际要素相接触，使得被测实际要素对其理想要素的变动量为最小。以直线度为例，被测实际要素的表面形状误差情况如图 8-25 所示，对直线度误差应以距离为 L_1 的两条理想直线所决定的最小区域进行评定。它符合以最小区域包容被测

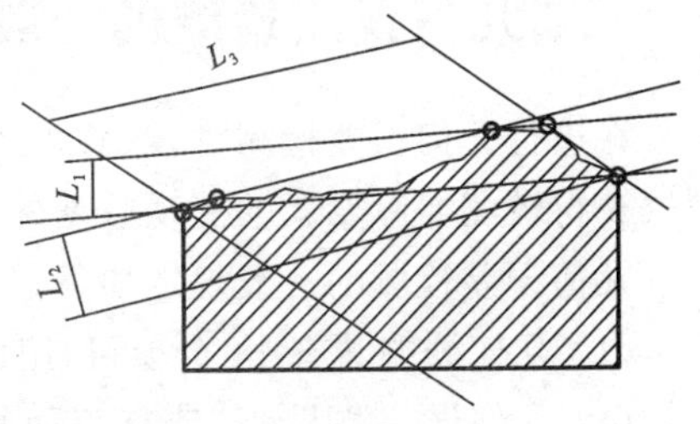

图 8-25 表面轮廓最小条件示意图

实际要素最大的变动范围这一最小条件定义。

（2）被测中心要素。

被测中心要素的理想要素处于被测要素之内，检测时要使得被测实际要素对其理想要素的变动量最小。我们知道，中心要素（直线度）的几何公差带是以公差值为直径的一个具有理想包容面的圆柱所决定的区域。根据最小条件定义，对中心要素进行几何误差评定时，其理想要素是必须能以最小直径包容中心要素最大变动量的一个具有理想形状的包容面。当中心要素的几何误差在方向上是三维的时，以最小理想包容面去评定其几何误差更具必要性和重要性，否则就不符合最小条件定义。中心要素（直线度）检测的最小条件示意图如图 8-26 所示。

2）最小区域

我们先回顾关于边界和边界尺寸的重要概念。

边界——设计给定的具有理想形状的极限包容面。

边界尺寸——极限包容面的直径或极限包容面之间的距离。当极限包容面为圆柱面时，边界尺寸为直径 ϕ，为球面时是 $S\phi$。当极限包容面是两平行平面时，边界尺寸为两平行平面之间的距离。

最小区域是指包容被测实际要素时具有最小宽度 f 或直径 $\phi(S\phi)$ 的区域。该包容区域符合最小条件定义，当被测实际要素的变化情况和理想要素的位置确定后，一般情况下可采用最小区域宽度 f 或直径 $\phi(S\phi)$ 表示被测要素的几何误差值。

位置公差实际上是被测实际要素对基准要素确定的方向和位置上位置误差允许的变动范围。因此，测量位置误差时，被测实际要素的理想要素确定并符合基准要素在方向和位置上的要求后，就可以以符合最小区域的理想包容面去评定被测实际要素的位置误差。这个基准要素所规定方向和位置的理想包容面的距离 f 或直径 $\phi f(S\phi f)$ 就是用以评定被测实际要素的最小区域的宽度或直径。图 8-27 所示为检测平行度误差时相对于基准平面的最小区域。

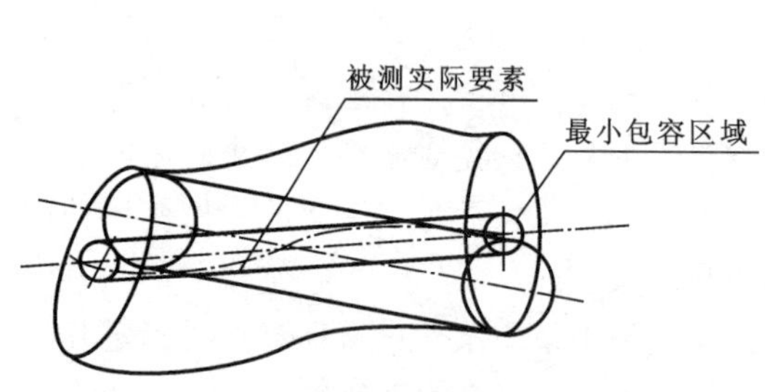

图 8-26 中心要素（直线度）检测的最小条件示意图

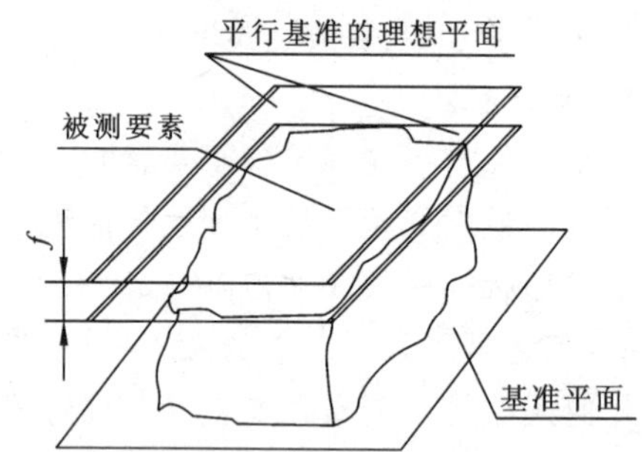

图 8-27 检测平行度误差时相对于基准平面的最小区域

二、几何误差检测的一般规定

在进行几何误差检测时，除必须注意检测原则的合理应用以及遵守最小条件和最小区域限制去获得被测实际要素的变动数据外，还必须遵守几何误差检测的一般规定。

几何误差检测的一般规定如下。

（1）几何公差共有 14 个项目，用以限制几何误差。

（2）几何误差测量时，带有表面粗糙度、划痕、碰伤、崩边及其他外观上缺陷的数据不予获取。

(3) 评定几何误差时，用测得要素作为实际要素。测量截面的布置、测量点的数目及安排应根据被测要素的结构特征、功能要求和加工工艺等因素确定。

(4) 依检测原则对检测项目拟订检测方案。

(5) 测量几何误差时的标准条件如下。

① 标准环境温度：20 ℃。

② 标准测量力：0 (N)。

因偏离标准条件而引起较大的测量误差时应进行测量误差估算。

(6) 测量精度是衡量所采用检测方案的重要依据之一，选择检测方案时应对该方案进行测量精度估计。

测量精度以测量总误差表示，测量总误差是几何误差的测得值与其真值之差。测量总误差是以下三方面误差的综合结果。

① 以测得要素作为实际要素的误差(测量点不是特征点带来的误差)。

② 测量设备、测量力等因素带来的误差。

③ 采用近似方法评定带来的误差。

(7) 极限检测总误差允许占给定几何公差值的 10%～30%，各公差等级允许的极限测量总误差按表 8-1 执行。

表 8-1 各公差等级允许的极限测量总误差

被测要素的公差等级	0	1	2	3	4	5	6	7	8	9	10	11	12
极限测量总误差占几何公差的百分比/(%)	33			25		20		16		12.5		10	

(8) 几何误差——被测实际要素对其理想要素的变动量。理想要素的位置应符合最小条件。

(9) 最小条件——被测实际要素对其理想要素的最大变动量为最小区间所包容。

(10) 最小条件是评定几何误差的基本原则，在满足零件使用功能要求的前提下，允许采用近似的方法评定几何误差。

(11) 定向误差——被测实际要素对一具有确定方向的理想要素的变动量。理想要素的方向由基准要素决定。理想要素最小区域的形状与项目公差带的形状一致，但宽度或直径由被测实际要素的参数决定。

(12) 定位误差——被测实际要素对一具有确定位置的理想要素的变动量。理想要素的位置由基准要素及其理论正确尺寸决定。对于同轴度、对称度而言，二者基准要素的理论正确尺寸为零。理想要素最小区域的形状与项目公差带的形状一致，但宽度或直径由被测实际要素的参数决定。

(13) 测量定向、定位误差时，在满足零件使用性能的条件下，按需要允许采用模拟方法体现被测实际要素。当采用模拟方法体现被测实际要素进行测量时，在实测范围内模拟测量获得的数据应按实际要素大小进行折算后作为实际要素的测得数据。

(14) 跳动测量。

① 圆跳动——被测实际要素绕基准轴线无轴向移动回转一周时，由位置固定的指示器在给定方向上测得的最大、最小读数差。

② 全跳动——被测实际要素绕基准轴线无轴向移动连续回转，指示器同时沿被测实际要素轴截面轴向或径向连续移动时，由指示器在给定方向上测得的最大、最小读数差。

(15) 以实际要素作为基准时,基准为该实际要素的理想要素。

(16) 以实际圆心或球心作为基准时,基准点(理想的圆心或球心)视同与实际圆心或球心重合。

(17) 由实际直线或其投影建立基准直线时,基准直线为该实际直线的理想直线。

(18) 由实际轴线或其投影建立基准轴线时,基准轴线为该实际轴线的理想轴线。

实际轴线的基准轴线如图 8-28 所示。

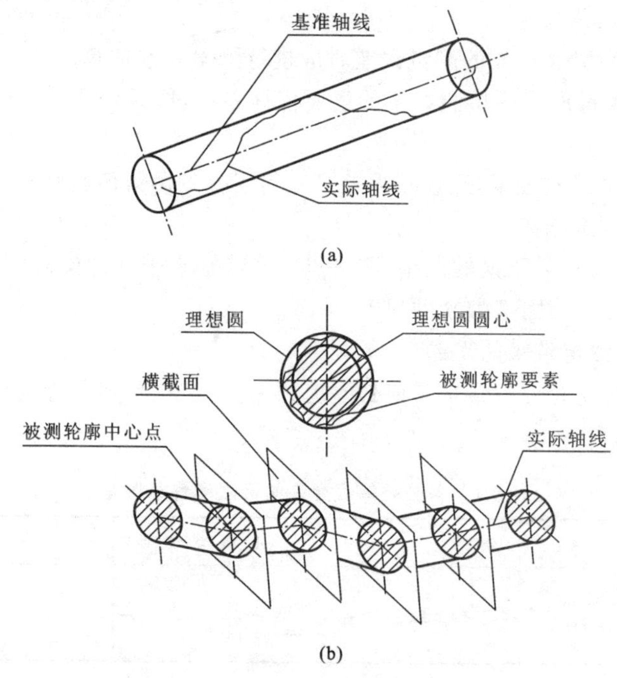

图 8-28 实际轴线的基准轴线

(19) 由两条或两条以上的实际轴线建立公共基准轴线时,公共基准轴线为所有关联实际轴线所共有的理想轴线,如图 8-29 所示。

(20) 由实际平面(表面)建立基准平面(表面)时,基准平面(表面)为该实际平面(表面)的理想平面(表面),如图 8-30 所示。

(21) 由两个或两个以上实际平面(表面)建立公共基准平面(表面)时,公共基准平面(表面)为所有关联实际平面(表面)所共有的理想平面(表面)。

(22) 由实际中心平面建立基准中心平面时,基准中心平面为该实际中心平面的理想平面,如图 8-31 所示。

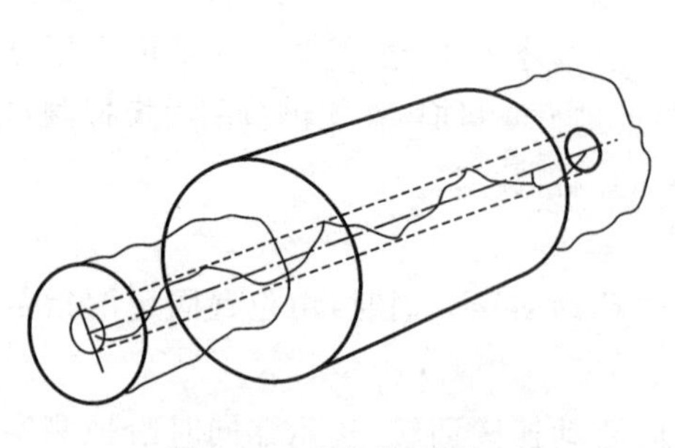

图 8-29 公共基准轴线

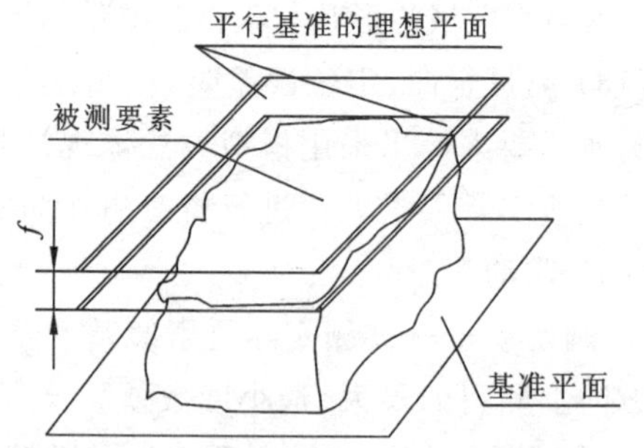

图 8-30 对基准平行的理想平面

(23) 由两个或两个以上的实际中心平面建立公共基准中心平面时，公共基准中心平面为所有关联实际中心平面所共有的理想中心平面，如图 8-32 所示。

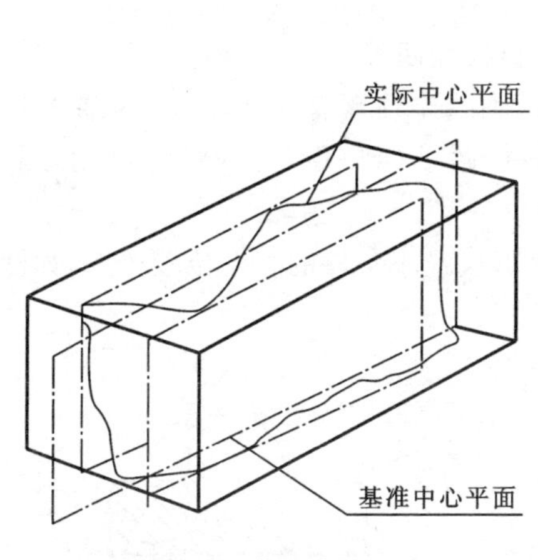

图 8-31　基准中心平面

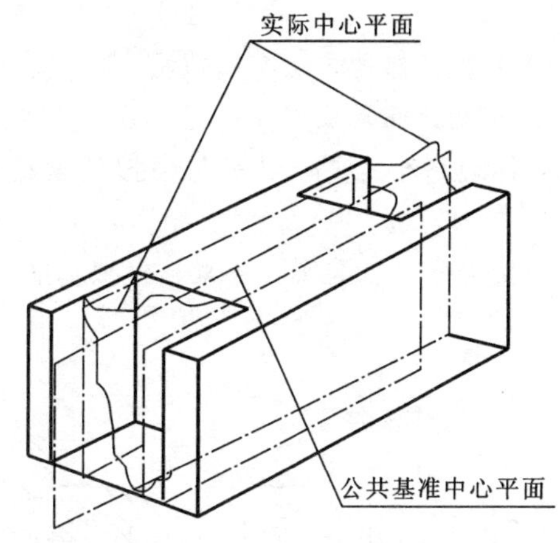

图 8-32　公共基准中心平面

(24) 三基准体系。

三基准体系由三个互相垂直的理想平面构成，这三个理想平面按功能要求分别称为第一基准平面、第二基准平面和第三基准平面。

① 以实际平面建立三基准体系。

第一基准平面由第一基准实际平面建立，为该实际平面的理想平面。

第二基准平面由第二基准实际平面建立，为该实际平面垂直于第一基准平面的理想平面。

第三基准平面由第三基准实际平面建立，为该实际平面同时垂直于第一基准平面和第二基准平面的理想平面，如图 8-33 所示。

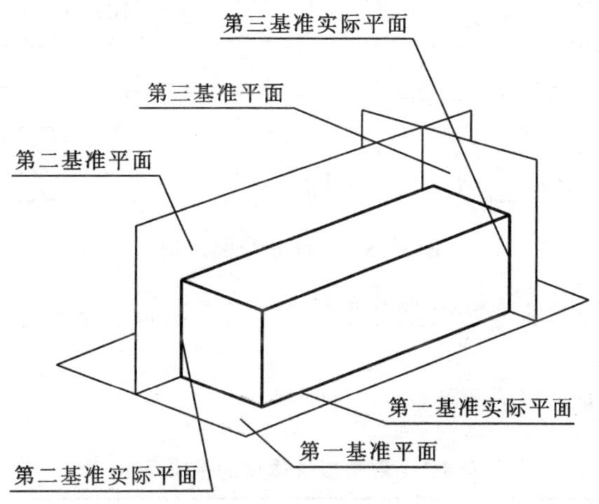

图 8-33　以实际平面建立三基准体系

② 以实际轴线建立三基准体系。

由实际轴线建立的基准轴线构成两基准平面的交线。当基准轴线为第一基准时，该轴线构成第一基准平面与第二基准平面的交线。

当基准轴线为第二基准时，该轴线垂直于第一基准平面并构成第二基准平面与第三基准平面的交线。

由实际平面建立三基准体系时,该实际平面的理想平面构成某一基准平面。

(25) 符合最小条件是建立基准的原则。测量时基准和三基准体系也可采用近似的方法来体现。

(26) 基准的体现方法有模拟法、直接法、分析法、目标法四种。

① 模拟法。通常采用具有足够精确形状的表面、轴线来体现基准平面、基准轴线或基准点。但当体现基准的实际要素与模拟要素接触时,该接触可能是稳定接触,也可能是非稳定接触。

稳定接触——基准实际要素与模拟基准之间自然形成最小条件的相对位置关系,如图 8-34 所示。

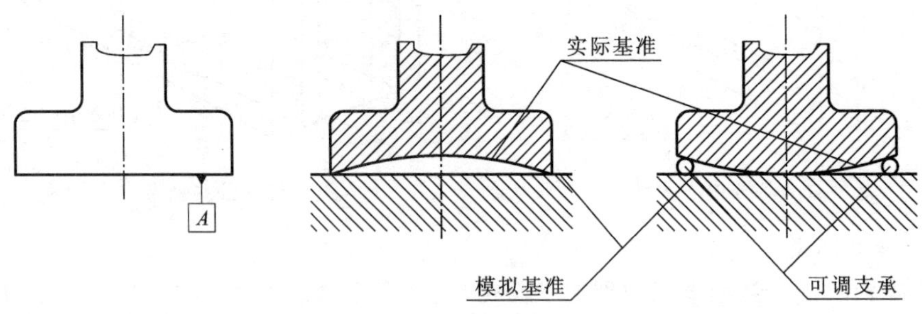

图 8-34　稳定接触示例

非稳定接触——基准实际要素与模拟基准之间可能存在多种位置状态。测量时应先做适当调整,使得基准实际要素与模拟基准之间尽可能达到符合最小条件的相对位置关系,如图 8-35所示。

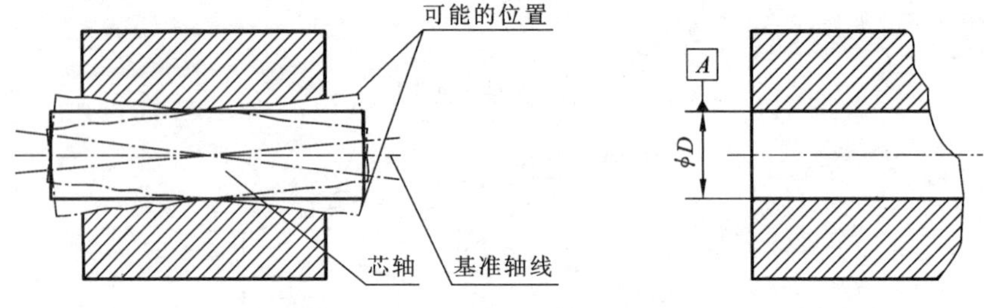

图 8-35　非稳定接触示例

测量中当基准实际要素的形状误差对测量结果的影响可忽略不计时,可不考虑非稳定接触带来的影响。

用模拟法体现的基准示例如表 8-2 所示。

表 8-2　用模拟法体现的基准示例

基准示例	基准模拟方法	说明
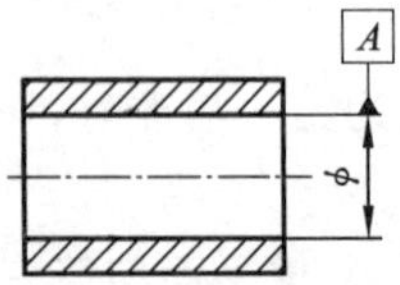 A φ	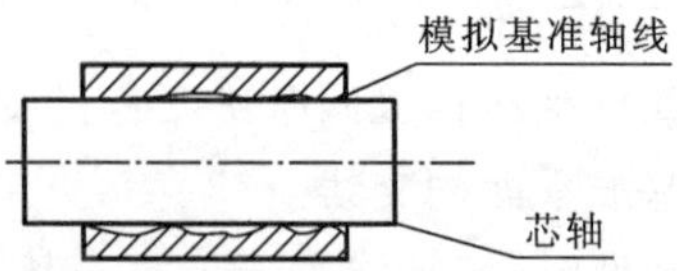 模拟基准轴线 芯轴	可胀式或与孔呈无间隙配合的圆柱形芯轴的轴线

续表

基准示例	基准模拟方法	说明
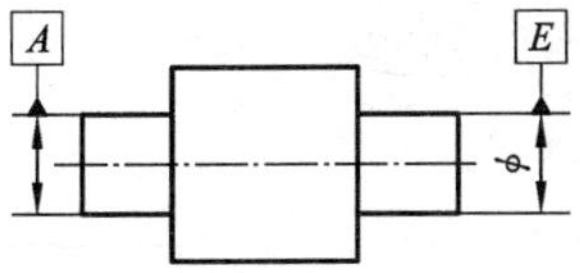 A　E　ϕ	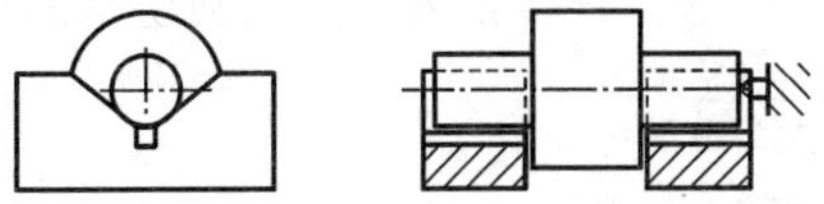	由 V 形架体现的模拟公共基准轴线
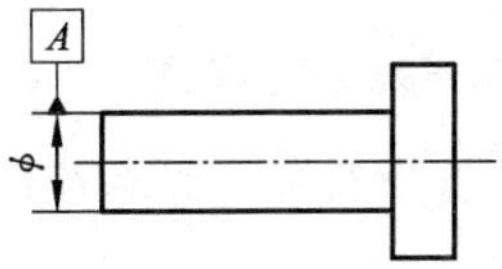 A　ϕ	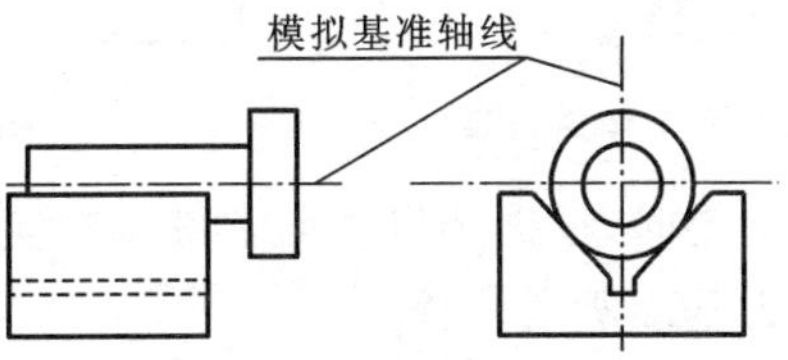 模拟基准轴线	由 V 形架体现的模拟基准轴线
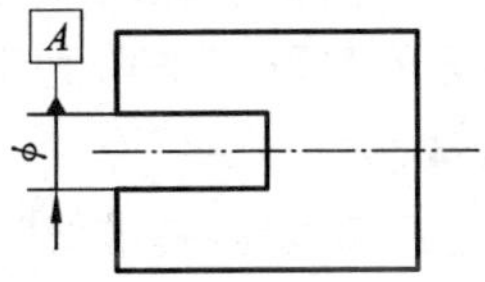 A　ϕ	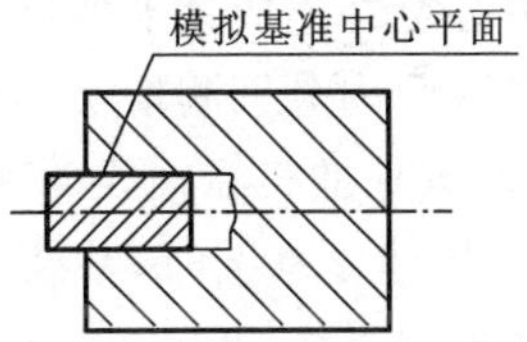 模拟基准中心平面	由实际轮廓形成无间隙配合的平行平面定位块的模拟基准中心平面
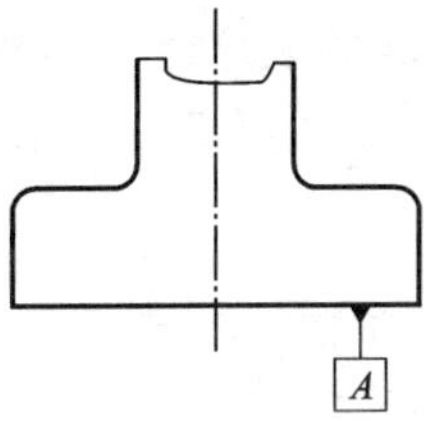 A	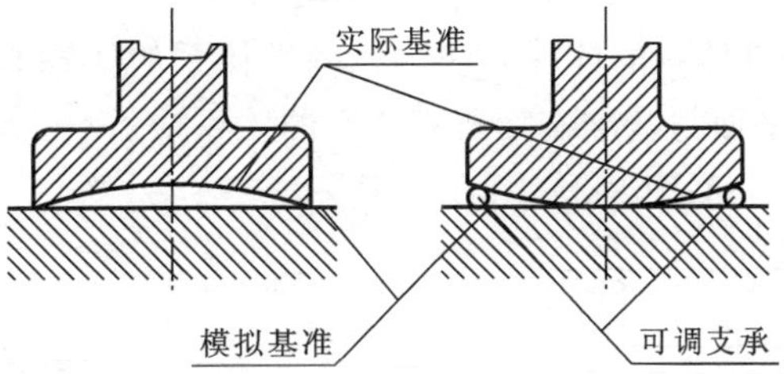 实际基准　模拟基准　可调支承	满足基准实际要素最小条件的模拟基准
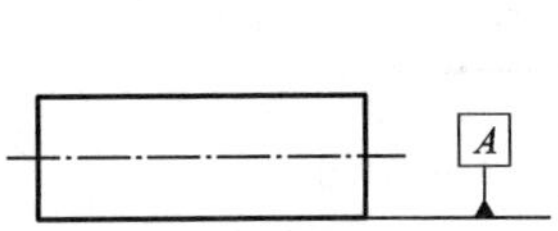 A	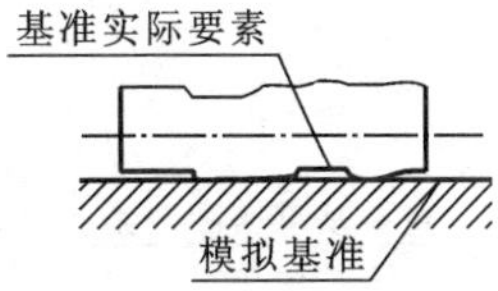 基准实际要素　模拟基准	模拟基准为与基准实际要素接触的检测平板或平台工作面
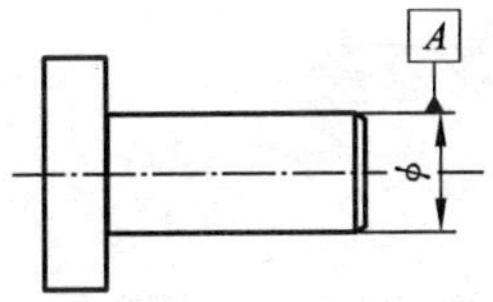 A　ϕ	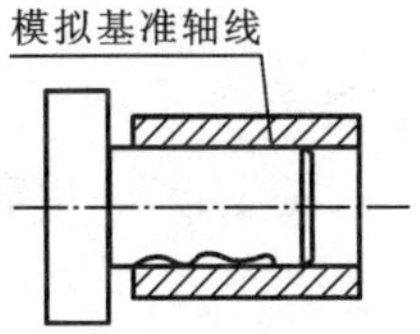 模拟基准轴线	可胀式或与轴形成无间隙配合的定位套筒的轴线
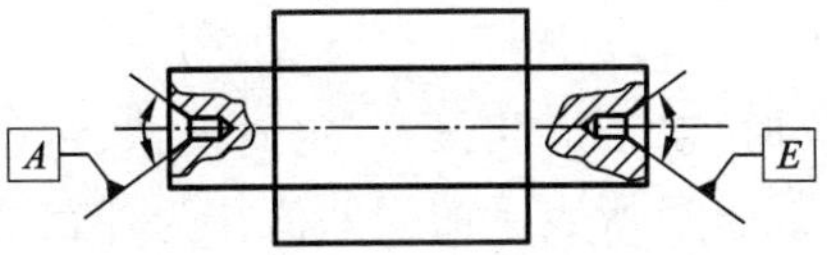 A　E	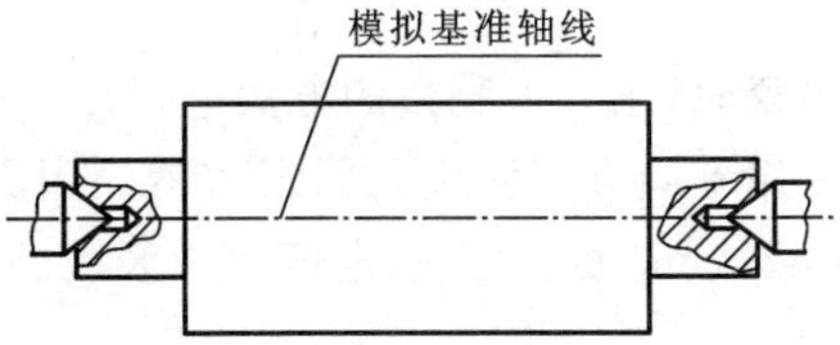 模拟基准轴线	同轴两顶尖的模拟公共基准轴线

② 直接法。基准实际要素具足够的形状精度时,可直接作为基准,如图 8-36 所示。

③ 分析法。对基准实际要素进行测量后,根据测得数据用图解法或计算法来确定基准所在的位置。

基准在轮廓要素上时,直接由测得数据确定基准位置,如图 8-37 所示。

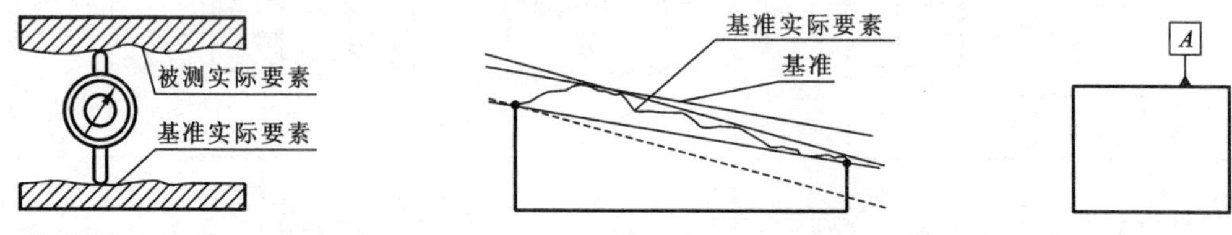

图 8-36 以基准实际要素作为基准

图 8-37 由测得数据确定基准位置

基准在中心要素上时,根据测得数据求得基准实际要素后,由该基准实际要素符合最小条件的理想要素位置为基准所在位置。

建立基准轴线的方式如下。一是在实际回转体若干横截面内测量轮廓要素的坐标值后,求出各圆截面测得轮廓的中心点并连成基准实际轴线。按最小条件确定的理想轴线即为基准轴线。二是在基准实际轴线截面内分别测取实际轴线上多个点的坐标值并取其平均值建立基准实际轴线,依最小条件确定该基准实际轴线的理想轴线即为基准轴线。

④ 目标法。由基准目标建立基准时,基准"点目标"可用球端支承来体现,基准"线目标"可用刃口状支承或由圆柱体素线来体现,基准"面目标"按图样规定的形状用具有相应形状的平面支承来体现。各支承的位置应按图样规定布置。

(27) 三基准体系的体现方法。三基准体系的体现必须注意基准的顺序。采用模拟法时,模拟的各基准平面与基准实际要素之间的关系应符合三基准体系建立的要求。三基准体系的模拟基准如图 8-38、图 8-39、图 8-40 所示。

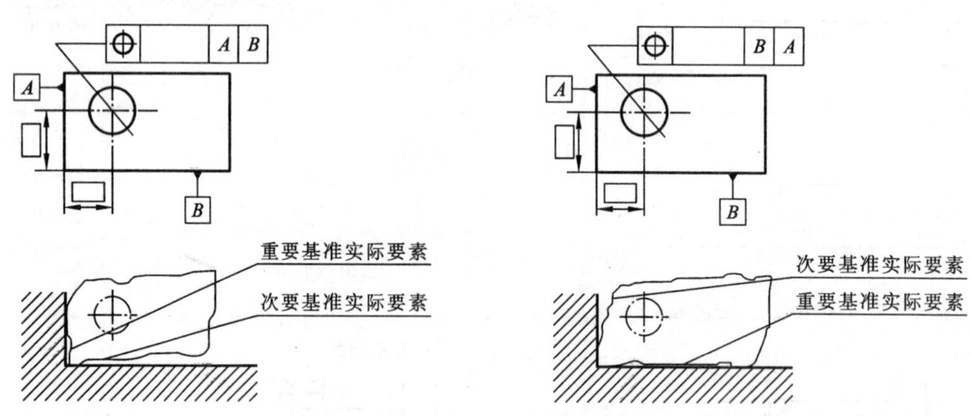

图 8-38 三基准体系的模拟基准(一)

在满足零件功能的前提下,当第一、第二基准平面与基准实际要素间为非稳定接触时允许其自然接触。

(28) 当发生争议时,用分析测量的方法进行仲裁。

(29) 当由于采用不同方法评定几何误差值而引起争议时,对于形状误差、定向误差、定位误差分别以最小区域、定向最小区域,定位最小区域的宽度或直径所表示的误差值作为仲裁的依据。

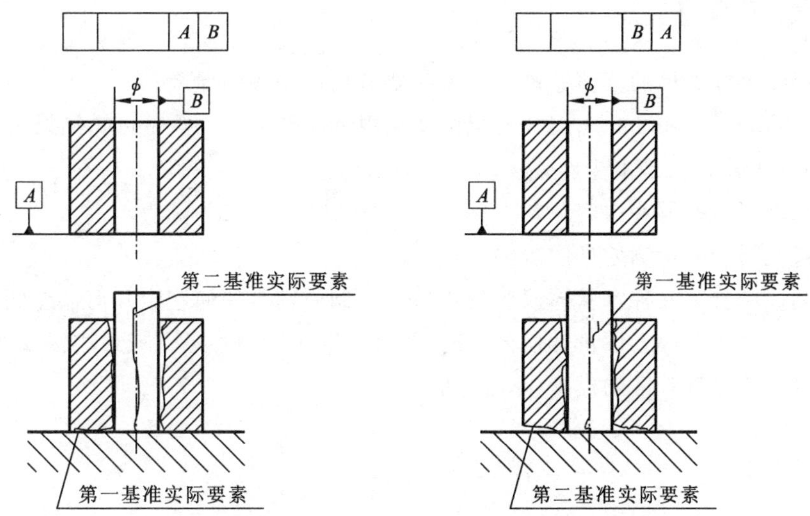

图 8-39 三基准体系的模拟基准(二)

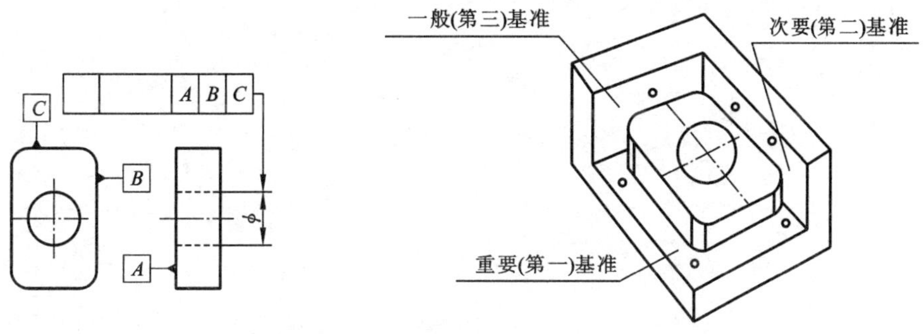

图 8-40 三基准体系的模拟基准(三)

(30) 若图样上已经给定检测方案,则按该方案仲裁。

几何误差检测的一般规定符合《产品几何技术规范(GPS) 几何公差 检测与验证》(GB/T 1958—2017)要求。

【复习提要】

本章对通用量具中的游标类、测微类、指示表类进行一般性的介绍。量具的调整(指使用前的对零及测值预设等操作)、测值、读值是本章的重点内容之一,需要熟悉和掌握;检测准备的具体内容是重要的知识点,要熟悉线性尺寸特殊测量的原理和了解万能测长仪的调整操作。

几何误差的检测原则是本章的另一项重点内容,几何误差评定的最小条件和最小区域概念是核心知识点,必须掌握。对"几何误差检测的一般规定"的理解是本章的难点,学习时有必要结合实际测量操作去读懂规定中各款条文的具体意义,也有必要重温前面学过的几何公差知识,以加深对"几何误差检测的一般规定"的认识及了解。要熟悉基准体现的方法并注意掌握有代表意义的几何误差检测的方式、方法。

【思考与练习题】

8-1　试谈谈游标卡尺的读值原理及测值时要有摇尺操作的原因。

8-2　25～50 mm/0.01 mm外径千分尺测量块规组合尺寸35.24 mm时，结果为35.237 mm，问此外径千分尺的修正值是多少？修正值的方向如何？

8-3　检测准备包括哪些内容？

8-4　试述几何误差检测处理的步骤。

8-5　检测原则分哪几种？具体谈谈理想边界控制原则是如何鉴定几何误差的。

8-6　什么叫最小条件？评价几何公差时，为什么要采用最小条件或最小区域法？

8-7　举例说明体现基准的模拟(基准)法。

参考文献 CANKAOWENXIAN

[1] 隗东伟.极限配合与测量技术基础[M].北京:化学工业出版社,2006.
[2] 邹吉权.公差配合与技术测量[M].重庆:重庆大学出版社,2004.
[3] 卢志珍,何时剑.机械测量技术[M].北京:机械工业出版社,2013.
[4] 张秀芳,赵姝娟.公差配合与精度检测[M].北京:电子工业出版社.2009.
[5] 杨昌义.极限配合与技术测量基础[M].3 版.北京:中国劳动社会保障出版社,2007.
[6] 黄云清.公差配合与技术测量[M].2 版.北京:机械工业出版社.2014.
[7] 徐红兵.几何量公差与检测实验指导书[M].北京:化学工业出版社,2010.
[8] 孔庆华,刘传绍.极限配合与测量技术基础[M].上海:同济大学出版社,2002.
[9] 何频.公差配合与技术测量习题及解答[M].北京:化学工业出版社,2004.